CHALLENGES IN TREATING COMBAT INJURIES

CHALLENGES IN TREATING COMBAT INJURIES

Viktor Homutov

Ildar Minnullin

Lev Glaznikov

Ravil Nigmedzyanov

COPYRIGHT © 2012 BY VIKTOR HOMUTOV, ILDAR MINNULLIN,
LEV GLAZNIKOV, AND RAVIL NIGMEDZYANOV.

LIBRARY OF CONGRESS CONTROL NUMBER:		2012908385
ISBN:	HARDCOVER	978-1-4771-1125-3
	SOFTCOVER	978-1-4771-1124-6
	EBOOK	978-1-4771-1126-0

This book was printed in the United States of America.

To order additional copies of this book, contact:
Xlibris Corporation
1-888-795-4274
www.Xlibris.com
Orders@Xlibris.com
114584

CONTENTS

Введение

1

ОПРЕДЕЛЕНИЕ, КЛАССИФИКАЦИЯ И ХАРАКТЕРИСТИКА БОЕВЫХ ПОВРЕЖДЕНИЙ В СОВРЕМЕННЫХ ЛОКАЛЬНЫХ КОНФЛИКТАХ

Постоянные вооруженные конфликты во многих странах мира поддерживают интерес медицинских специалистов к изучению особенностей боевой хирургической патологии, ведущую роль в которой играют поражения, наносимые боеприпасами взрывного действия (БВД). Многообразие поражающих факторов, действующих на человека при взрыве, своеобразие возникающих в организме общих и местных патологических изменений обусловили появление в литературе многочисленных терминов и понятий для обозначения последствий воздействия взрыва:

— контузия;
— общая контузия;
— воздушная контузия;
— контузионная травма;
— взрывное поражение;
— поражение взрывной волной;
— взрывная травма;
— взрывное повреждение;
— воздушная взрывная травма;
— детонационная травма;

— эксплозивные повреждения;
— контузионно-коммоционный синдром.

Последним, особенно популярным в настоящее время термином, мы обязаны С. И. Спасокукоцкому, который, ввиду трудности разграничения синдромов общего сотрясения (коммоции) и местных контузионных повреждений, предложил объединить их под названием *«контузионно-коммоционный синдром»* (цит. по: Нифонтов Б. В., 1957).

В годы Великой Отечественной войны, а также в иностранной литературе последующих лет, повреждения, полученные в результате взрыва БВД, объединялись общим термином *«минная стопа»*. Это понятие в свете последних представлений о механизме действия основных поражающих факторов БВД не только не отражает многообразия возможных повреждений, но и не позволяет дифференцировать качественно различающиеся виды взрывных повреждений и, следовательно, выбрать рациональную тактику лечения пострадавших. Некоторые зарубежные авторы под этим термином объединяют повреждения, нанесенные поражающими факторами взрыва и отдельными осколками вне зоны действия этих факторов, т. е., по сути дела, объединяют осколочные ранения и качественно отличающиеся от них повреждения, возникающие в зоне поражения от факторов взрыва. Такое объединение не дает возможности изучить структуру боевых повреждений и, что более важно, рассчитать необходимое количество сил и средств для оказания помощи одному из наиболее тяжелых контингентов пострадавших.

Теоретическая и практическая значимость любых обобщений и классификаций, их интегрирующая роль в развитии науки практически всегда носят условный характер, а со временем, особенно на базе новых достижений, требуют пересмотра и повторного осмысления. Вместе с тем трудно переоценить стимулирующую и консолидирующую роль итогов периодически возникающих дискуссий по проблемам травмы, шока и травматической болезни.

При рассмотрении вопросов определения и классификации взрывных поражений, следует учитывать, что зачастую причиной множества существующих классификаций является разная точка зрения на норму употребления того или иного термина. И еще одна особенность бросается в глаза при знакомстве с литературой по данному разделу проблемы—большинство создателей классификаций, предлагая собственную терминологию, не анализирует критически ошибки и положительный опыт своих предшественников и практически не цитирует их.

До середины 60-х годов взрывная травма традиционно рассматривалась как особая разновидность огнестрельных повреждений с присущими ей особенностями механогенеза и клинического течения. Исходя из такого подхода, *«огнестрельные повреждения этиологически причиняются либо выстрелом из огнестрельного оружия, либо взрывом снаряда или взрывчатого вещества»* [Молчанов В. И., 1965]. Суть этой принципиальной формулировки сохраняется в настоящее время в подавляющем большинстве классификаций боевой хирургической травмы. Вместе с тем, на протяжении последних 20 лет появились работы, в которых, по сути, предлагается пересмотр общей классификации огнестрельных повреждений с целью выделения взрывных травм в самостоятельную группу.

Так, в учебнике судебной медицины В. Л. Попова (1985) дается следующее определение: *«Огнестрельным называется повреждение, возникающее в результате выстрела из огнестрельного оружия ют огнестрельного устройства».* В монографии, посвященной судебно-медицинской экспертизе огнестрельных повреждений (1990), тот же автор огнестрельным именует такое повреждение, которое наносится одним или несколькими факторами выстрела. Еще более категорично его позиция выражена позже (1991): *«Под огнестрельным понимается такое повреждение, которое возникает* только (выделено нами) *в результате выстрела».* При этом под выстрелом автор понимает «процесс выбрасывания снаряда из канала ствола энергией пороховых газов».

Подобная формулировка понятия «огнестрельное повреждение» полностью исключает возможность получения огнестрельной травмы в результате взрыва боеприпаса. С другой стороны, при таком подходе все повреждения, которые возникают в результате взрыва, по логике противоположного определения, должны трактоваться как взрывные.

К данной позиции эти авторы пришли на основании изучения и систематизации повреждающих факторов выстрела и взрыва, которые проведены на протяжении 40-70-х годов. Благодаря этим исследованиям установлены принципиальные различия в характере повреждений, возникающих при выстрелах и взрывах. Это дало основание разделить всю совокупность травм на две группы. В одну из них включены повреждения, возникающие в результате выстрелов из различных видов стрелкового оружия. За этими повреждениями оставлено название огнестрельных. В другую вошли повреждения, возникающие в результате взрыва БП и ВУ. Их предложено называть повреждениями от взрывов, или взрывной травмой [Попов В. Л., 1991]. Впервые раздельное описание огнестрельных и взрывных повреждений было представлено В. И. Молчановым в 1964 г. в учебнике судебной медицины под редакцией И. Ф. Огаркова.

Трудно не согласиться с принципиальной точкой зрения авторов, настаивающих на качественных различиях огнестрельных и взрывных повреждений, однако только при одном условии—если речь идет о многофакторных взрывных повреждениях, где ведущую роль играет взрывная волна. Если же речь идет о многофакторных осколочных повреждениях, возникающих при взрыве БВД за пределами поражающего радиуса воздушной ударной волны, то такая позиция вызывает возражения принципиального характера. И дело не только в том, что будет окончательно запутана статистика взрывных травм, как это наблюдается в некоторых публикациях, когда осколочные ранения рассматриваются в группе взрывных повреждений. Многочисленные исследования поражающего действия стандартных и нестандартных осколков БВД, выполненные как отечественными, так и зарубежными исследователями, обобщенные наиболее полно в серии статей Bellamy et R. Zujtchuk (1991), свидетельствуют о принципиальном сходстве терминальной раневой баллистики пулевых и осколочных ранений (разумеется, при сопоставимых массах и скоростях ранящих снарядов), хотя существуют качественные и количественные различия в порядке формирования временной пульсирующей полости, силовых характеристик прямого и бокового удара, морфологии типовой пулевой и осколочной ран.

Не случайно в «Опыте советской медицины в Великой Отечественной войне» и в последующие годы наибольшее распространение получило деление огнестрельных ранений на две группы: *пулевые* и *осколочные*, т. е. по виду ранящего снаряда, а не по его происхождению. Однако даже такое, на первый взгляд, простое деление огнестрельных повреждений часто представляло собой трудную задачу для формирования диагноза.

«Рассматривать ранение в зависимости от вида ранящих пуль или рода осколков чрезвычайно трудно,—писал А. Н. Максименков (1952),—так как ни сам раненый, ни врач в процессе оказания помощи раненому не может в каждом отдельном случае точно определить, осколком какого снаряда нанесено данное ранение; равным образом трудно, особенно при сквозных ранениях, определить характер ранящего снаряда вообще, . . . настолько сходны были разрушения, причиненные пулями и осколками снарядов».

Несколько позже в классификации огнестрельных повреждений, предложенной С. С. Гирголавом (1956), было предусмотрено разделение осколочных ранений (от взрыва артиллерийских и минометных БП) и минных ранений как особой категории повреждений, наносимых взрывной волной заранее поставленных мин. Весьма примечателен взгляд С. С. Гирголава (1951) на последнюю категорию огнестрельных повреждений, т. е. собственно взрывные раны:

1. В Великой Отечественной войне имелось достаточно таких повреждений, когда рана возникала в результате воздействия только взрывной волны. Если же в подобных ранах и встречались мелкие частицы металла, обрывки одежды, кусочки мха, земли или торфа, они являлись лишь случайными инородными телами, занесенными в рану силой взрыва».

2. Раны, возникающие от взрывной волны, без внедрения инородных тел, не имеют раневого канала. В таких случаях наблюдается либо дефект покровов и подлежащих тканей с более или менее выраженной раневой полостью, либо отрыв части конечности. **Этим ранам свойственны все особенности огнестрельных ран**».

Таким образом, все местные повреждения тканей, возникавшие от действия факторов взрыва БВД, в период

Великой Отечественной войны и войны в Корее трактовались как огнестрельные.

Создание общей классификации боевых хирургических травм в настоящее время также является весьма непростой задачей в связи с исключительным многообразием применяющихся огнестрельных систем, боеприпасов и их поражающих факторов. Рассмотрим некоторые из них.

П. Н. Зубарев и М. И. Лыткин (1991) предложили классификацию, в которой, в зависимости от ранящего агента, рассматриваются 4 категории огнестрельных повреждений: *пулевые, осколочные, минно-взрывные* и *программированные поражающие элементы БП* (на наш взгляд, их следует понимать как «поражение программированными элементами БП»). Каждый вид ранящего снаряда, как справедливо отмечают авторы, имеет отличительные баллистические свойства, в конечном итоге определяющие морфофункциональные особенности вызываемых ими повреждений.

Не касаясь принципиальных замечаний относительно взгляда авторов на минно-взрывную травму как на разновидность огнестрельной, необходимо указать на формальные логические противоречия в данной классификации. Так, если статистические группы «пулевых», «осколочных» повреждений выражены по критерию *ранящий агент*, то категория «минно-взрывные» отвечает уже другому критерию—«*источник ранящих агентов*». Минный боеприпас может быть источником всех поименованных и других ранящих агентов, которые, в зависимости от условий подрыва, могут наносить как моно-, так и многофакторные повреждения.

Г. М. Иващенко в своей докторской диссертации, выполненной в 1963 г. под руководством А. Н. Максименкова, предложил классификацию, состоящую из 15 самостоятельных частных классификаций. В частности, по виду ранящего агента им выделялись следующие ранения: *пулевые, осколочные, пулевые и осколочные одновременно, ранения вторичными ранящими снарядами, взрывной волной в воздухе ют воде (баро—и гидротравма), комбинированные повреждения*. Все травмы, как и в более поздних работах, здесь именовались огнестрельными, а источник ранящих агентов во внимание не принимался.

С точки зрения выработки дифференцированных классификационных признаков огнестрельной и взрывной травм определенный интерес представляют подходы организаторов военно-медицинской службы, используемые, ими для расчетов безвозвратных и санитарных потерь от взрыва БВД. В качестве взрывной, или фугасной, травмы рассматриваются лишь те повреждения, которые возникают при взрывах в пределах радиуса действия воздушной ударной волны. Существует система расчетов величины санитарных потерь от взрывной травмы, проверенная в натурных экспериментах (для открытых пространств, закрытых оборонительных сооружений, бронеобъектов и т. д.). В пределах вычисленного радиуса могут возникать два вида фугасных травм—*многофакторные* (ударная волна в сочетании с другими поражающими факторами) и *монофакторные* (только воздушная ударная волна), что зависит от вида применяемого БВД и условий действия факторов взрыва на человека. За пределами радиуса действия воздушной ударной волны поражения носят главным образом осколочный характер и в качестве взрывной травмы не рассматриваются. В частности, косвенно судить о повреждающем воздействии ударной волны можно из расчета радиуса контузионных поражений, наносимых личному составу при взрывах обычных боеприпасов, по формуле:

$$R_y = \beta \left(1 \cdot q\right)^{1/4},$$

где R_y — радиус контузионных поражений ударной волны; β — коэффициент для каждого вида боеприпасов, L — коэффициент применяемого ВВ; q — вес заряда.

Из этих расчетов следует, что взрыв противопехотной мины может вызывать поражения в зоне 2-3 м, а противотанковой-6-8 м (в скальных грунтах эти дистанции увеличиваются на '/5 радиуса). Поэтому, принимая во внимание другие поражающие факторы, *под ранением, вызванным взрывом, следует понимать совокупность многофакторных повреждений, возникающих в зоне действия основных поражающих факторов, и прежде всего—ударной волны* (рис, 3.1).

Иной точки зрения придерживаются Ю. Г. Торонов и Э. П. Рослова (1991). По их мнению, взрывными следует назвать повреждения, возникающие в результате **совокупного** (выделено нами) воздействия на организм человека основных поражающих факторов взрыва: ударной волны, осколков, газовых струй, высокой температуры и пламени, токсических продуктов взрыва и мощного психоэмоционального воздействия. Из предложенного определения остается совершенно непонятным—как же должны трактоваться монофакторные поражения в результате взрыва, например, воздушной ударной волной? Можно ли по тому же принципу оценивать осколочные повреждения?

С появлением пороха человечество приобрело не только новое и особо опасное оружие, но и получило качественно иную разновидность механической травмы—огнестрельную. Во всякой войне, помимо политических и чисто военных целей и задач, всегда присутствуют еще две основных ее составляющих: средства вооруженной борьбы и способы ведения боевых действий. Если цели войны, а также способы ее ведения, могут как-то совпадать, перекликаться и даже повторяться, то главенствующей самой динамичной и постоянно меняющейся «величиной» общепризнанно являются средства вооруженной борьбы—оружие, боевая техника, вооружение и т. д. (рис. 3.2).

К настоящему времени известно более шести видов оружия, с медицинской точки зрения отличающихся, главным образом, повреждающим характером ведущего травмирующего фактора (отсюда травмы механические, в том числе огнестрельные, термические, химические и пр.) или комбинацией ряда «агентов физического действия» [Давыдовский И. В., 1952; 1954]. Примером последней могут быть комбинированные лучевые поражения при применении ядерного оружия.

Очевидно, что нельзя усложнять вопросы классификации боевой хирургической травмы до такой степени, чтобы при применении одного класса оружия—огнестрельного—одни виды этой специфической механической травмы имели честь именоваться огнестрельными, а другие—нет. Нельзя забывать и о том, что понятие «огнестрельное оружие» включает в себя не только «огнем стреляющее» (стрелковое), но и все другие виды вооружения с боеприпасами взрывного действия, т. е. снаряженные не ядерными взрывчатыми веществами—авиационные бомбы, торпеды и морские мины, артиллерийские снаряды и мины, ракеты всех классов, а также гранаты и инженерные минные боеприпасы.

Каждому виду травмы, огнестрельная не исключение, свойственен специфический набор нарушений целостности каких-либо анатомических образований на любом уровне морфологической организации: молекулярном, клеточном, тканевом, органном с соответствующими патоморфологическими реакциями и процессами.

Однако внутривидовые отличия повреждений были, есть и будут. Они неизбежны и зависят прежде всего от постоянного совершенствования средств вооруженной борьбы. Именно поэтому минно-взрывные ранения имеют массу отличий от типичных пулевых ранений, а ранения, нанесенные пулей калибра 7,62 мм, так несхожи с ранениями, обусловленными действием современного стрелкового оружия. Но и то, и другое—огнестрельная травма.

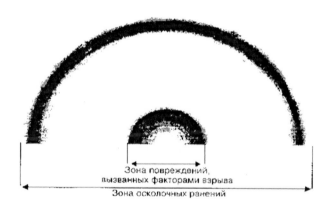

Рис. 3.1. Зоны действия основных поражающих факторов

В последние годы все чаще доминируют взгляды, в соответствии с которыми взрыв как источник ранящих агентов может наносить взрывную и типичную огнестрельную осколочную рану. Все определяется набором поражающих факторов и условиями взаимодействия с поражаемой целью (расстояние от объекта поражения до центра взрыва, степень защищенности объекта и т. д.).

К настоящему времени сформировалось три взгляда на место взрывной травмы в общей классификации боевой хирургической травмы. *В первом случае* взрывные повреждения рассматриваются как разновидность огнестрельных. *Во втором*—все повреждения, возникающие в результате взрыва, расцениваются как самостоятельный вид повреждений. *В третьем случае* взрывными повреждениями считаются только те травмы, которые возникают при изолированном или сочетанном (комбинированном) действии взрывной ударной волны.

Понятно, что разные взгляды на взрывную травму изменяют представления об огнестрельных повреждениях в целом. Ни один из рассмотренных взглядов, претендующих на описание взаимоотношений огнестрельных и взрывных повреждений, не способен охватить все возможные варианты и ситуации возникновения травм в результате выстрела и взрыва.

Существуют ли, к примеру, возможности получения типичного взрывного повреждения тканей в результате выстрела?—Исходя из определения В. Л. Попова, это исключается. Однако, если рассмотреть механизм повреждения тканей факторами близкого выстрела или выстрела в упор холостым патроном, то вряд ли нарушения, которые производят пороховые газы (ударное, вышибное и разрывное действие), будут качественно отличаться от разрушений тканей взрывными газами. Здесь не надо приводить даже те уникальные случаи, когда повреждение тканей возможно в результате совершенно идентичной ситуации—за счет проникновения струй взрывных газов через отверстия в жестких преградах. Нужно иметь очень большой допуск в определении понятия «огнестрельное повреждение», чтобы поставить радом подобную «огнестрельную» рану с типичным пулевым или осколочным ранением и качественно иной терминальной баллистикой.

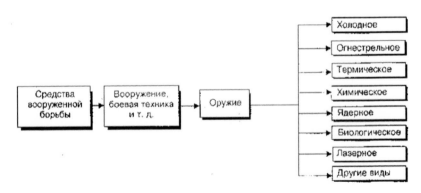

Рис. 3.2. Классификация средств вооруженной борьбы

А как трактовать ранение специальными пулями, несущими дополнительный заряд ВВ? Местные разрушения тканей, как правило, исключительно тяжелые, формируются в таких случаях не только за счет прямого и бокового удара пули, но и за счет взрыва своеобразного «микроартснаряда» осколочно-фугасного действия.

Если принять во внимание современные возможности создания программированных поражающих элементов БП, то возникновение ситуации, когда в результате взрыва может быть нанесено пулевое ранение, не кажется Неправдоподобным. Разработка осколочных элементов в виде пуль как более рациональных по своим баллистическим свойствам проводится уже многие годы.

С другой стороны, поражение первичным осколочным полем может возникать не только в результате выстрела, например: при стрельбе Через жесткие преграды, когда происходит фрагментация пули на подлете к цели.

Суммируя приведенные и далеко не формальные сопоставления, можно прийти к заключению, что выстрел и взрыв при современном развитии средств вооруженной борьбы потенциально обладают.равными возможностями (имея в виду количественный перечень формирования агентов, в том числе тех, о которых здесь речь не шла: температурных, химических и т. д.). А это значит, что понятие *«выстрел»* может стать вполне равновесным понятию *«взрыв»* по отношению к критерию *«источник ранящих агентов»*. Безусловно, соотношение важнейших из них в типичных случаях выстрела и взрыва совершенно не одинаково.

Проведенный анализ существующих классификаций и дедуктивные приемы распространения определений на различные ситуации возникновения пулевых, осколочных и взрывных травм показывают, что формальные или принципиальные противоречия складываются по причине введения нового критерия, каковым является «источник ранящих агентов», и использования его в одном ряду с прежним критерием—«вид ранящего агента». Нам представляется, что при создании единой общей классификации боевых повреждений должны фигурировать оба критерия, но на разных этажах классификации. Следует, однако, подчеркнуть (для клиницистов последний критерий всегда имел решающее значение), что вид ранящего снаряда, его абсолютная энергия и условия взаимодействия с органами и тканями в основном определяют характер местных повреждений и течение травматической болезни.

Таким образом, в настоящее время пока не создано взаимоприемлемой общей классификации взрывных и огнестрельных повреждений, в которой взаимоотношения и соподчиненность основных категорий отвечали бы законам формальной логики. Возможно, что взгляды, в соответствии с которыми взрывная травма трактуется как разновидность огнестрельной, в ближайшем будущем будут пересмотрены.

Как уже отмечалось, начиная с периода первой мировой войны, появляются термины и классификации для обозначения повреждений, возникающих при подрывах на минно-взрывных заграждениях или отдельно стоящих минах и взрывных устройствах. Особенно большое число классификаций, терминов и понятий, относящихся к проблеме взрывной травмы, появилось в период войны в Афганистане.

Одной из первых классификаций, основанных на обобщении опыта лечения пострадавших с взрывными поражениями в Афганистане, является предложенная В. М. Шаповаловым (1989). В ее основу были положены по возможности все повреждения, нанесенные пострадавшим в результате взрывных ранений и травм. Автор отмечает, что обширность и множественность повреждений не позволяет создать краткую классификацию, однако все наиболее часто встречающиеся повреждения были связаны им в отдельные группы. Это позволило формулировать правильный и полный диагноз с выделением ведущего синдрома. В зависимости от механогенеза, в классификации были выделены две основные группы повреждений: неэкранированные взрывные повреждения—*взрывные ранения*, и экранированные взрывные повреждения—*взрывные травмы*. По характеру ранений были выделены *отрывы сегментов конечностей, некоторых органов (чаще полостных), слепые, сквозные и касательные ранения*. По сопутствующим повреждениям тканей—*повреждения мягких тканей, крупных сосудов, нервов и суставов*. По сочетанным повреждениям выделена *акубаротравма* как следствие воздействия взрывной волны в ограниченном и замкнутом пространстве, а также *повреждения головы, груди, живота, таза и половых органов.* В структуре сочетанных повреждений выделены *проникающие* и *непроникающие ранения,* а также *закрытая травма органов.* Переломы по своему характеру подразделяются на *огнестрельные, открытые, закрытые и сочетания переломов при наличии множественных повреждений.*

Представляется, что данная рабочая классификация является правомочной и может использоваться в клинической практике.

В советских военно-медицинских учреждениях использовалась классификация, разработанная на основе обобщения клинико-морфологического материала (около 1500 пострадавших и 497 умерших) группой военных хирургов под руководством И. Д. Косачева (1986).

Термином «взрывные поражения» обозначались все повреждения, возникавшие у пострадавших при подрывах различных взрывных устройств—мин, кумулятивных снарядов, гранат, запалов, фугасов, артиллерийских БП, авиабомб и др. С учетом ведущих признаков поражения в классификации условно выделялись взрывные ранения и взрывные травмы. *Взрывное ранение,* по определению авторов,—*это повреждение, вызванное прямым воздействием ранящих снарядов (первичных и вторичных) и взрывной волны.* В структуре всех взрывных поражений они составили 69%. *Взрывные травмы возникают вследствие непрямого воздействия взрывной волны через какую-то преграду (бронеплита, кузов или шасси транспортного средства), при нахождении пострадавших внутри транспортного средства или на нем, а также при падении техники в момент подрыва.* Доля взрывной травмы в структуре взрывных поражений составила 31%.

В клинико-морфологическом отношении взрывное ранение характеризуется *множественными осколочными ранениями* (слепыми, касательными, сквозными) в сочетании с признаками дистантных и непосредственных повреждений внутренних органов. *Взрывные травмы*—это различные степени сотрясений, ушибов, кровоизлияний, гематом, разрывов, разрушений, отрывов органов, открытых и закрытых переломов костей, разрушений или отрывов сегментов конечностей.

Классификационные признаки предусматривали также деление взрывных ранений и взрывных травм по локализации, виду (изолированная, множественная, сочетанная, комбинированная). Предусматривался учет тяжести кровопотери, степени шока, указаний на наличие психических расстройств и их клинического варианта.

Эта классификация, вошедшая в Указания ведущего хирурга 40-й армии [Косачев И. Д., 1985], способствовала более полной и правильной, на взгляд ее создателей, формулировке диагноза с выделением ведущего синдрома, давала возможность более четко решать организационные и лечебно-эвакуационные задачи, которые строятся на патогенетических особенностях взрывных поражений. В работе И. Д. Косачева с соавт. (1991) фигурируют аналогичные группы пострадавших, получивших повреждения при подрывах на противопехотных и противотанковых минах, с теми же названиями—«взрывные ранения» и «взрывные травмы», однако в качестве собирательного наименования уже использован термин «взрывные повреждения». Все три названия использованы в работе с той лишь разницей, что для взрывных ранений и взрывных травм даются параллельные наименования—неэкранированные и экранированные взрывные повреждения.

Существенным недостатком перечисленных классификаций, как признают и сами авторы, является условность наименования тех или иных групп раненых и взрывной травмы в целом. Ни один из предложенных терминов не охватывает всего набора открытых и закрытых повреждений конечностей, внутренних органов, которые возникают при типовых подрывах на противопехотных или противотанковых минах. Еще более проблематично достижение этой задачи при разграничении многих других повреждений, возникающих при взрывах боеприпасов иных конструкций и тактических назначений.

Главной причиной трудности создания приемлемой терминологии, по нашему мнению, является попытка группы исследователей И. Д. Косачева использовать достаточно определенные в клинико-морфологическом и противоречивые в медико-социальном отношении понятия «травма», «повреждение», «поражение», «ранение» для обозначения всей совокупности взрывной патологии, которая возникает при подрыве на противопехотных и противотанковых минах.

В силу того, что в результате любого взрыва у пострадавших возникает значительное разнообразие моно—и многофакторных повреждений органов и тканей, любой из перечисленных терминов, используемый для обозначения, по сути дела, медико-тактической ситуации поражения живой цели, оказывается недостаточным.

Указанных недостатков в значительной степени лишена терминология, разработанная А. В. Алексеевым с соавт. (1986), использованная в последующем в Методических рекомендациях по организации медицинской помощи на этапах эвакуации при взрывных травмах под редакцией И. А. Ерюхина (1987).

Авторы дают следующее определение взрывной травмы: «взрывная травма—это боевое многофакторное поражение, возникающее вследствие сочетанного воздействия на человека ударной волны, газовых струй, пламени, токсических продуктов, осколков корпуса боеприпаса, вторичных ранящих снарядов и вызывающее тяжелые повреждения в зоне непосредственного воздействия и в организме в целом».

Для практической работы, по мнению авторов, допустимо выделять открытые повреждения—взрывные ранения, открытые и закрытые травмы, возникающие при забронированном действии боеприпасов и опрокидывании БП. В абсолютном большинстве случаев, подчеркивается в работе, у пострадавших отмечается сочетание этих видов поражений, что позволяет рассматривать их как единую категорию раненых с взрывной травмой.

Вряд ли можно считать удачным использование А. В. Алексеевым с соавт. (1986) неодинаковых наименований при образовании морфологически однотипных открытых взрывных повреждений—взрывных ранений (на открытой местности) и открытых взрывных травм (в технике). К тому же здесь мы снова видим попытку распространить определенные морфологические категории на сложные в этиопатогенетическом и клиническом отношении виды взрывной травмы. Поскольку практически в любом варианте взрывной травмы открытые взрывные повреждения часто сопровождаются закрытыми повреждениями, в том числе сочетанными (живота, груди, черепа), термины «взрывное ранение» или «открытая взрывная травма», с точки зрения целостной характеристики пострадавшего, так же далеки от истины, как и старый термин «минная стопа».

Мы тем не менее не можем разделить точку зрения А. П. Кузьминых и О. Н. Штанакова (1988) на иерархию понятий в травматологии: *«вред»—«повреждение»—«механическая травма»—«перелом»*. Она построена без учета современных требований к употреблению терминов и не учитывает исторически сложившиеся тенденции русификации иностранных терминов, многие из которых, при кажущейся одинаковости смыслового значения с исконно русским словом, зачастую используются в современном языке для обозначения наиболее широких понятий, потребность в которых постоянно ощущается.

Если принять за основу иерархию понятий, предложенную А. П. Кузьминых и О. Н. Штанаковым, то как бы повисает в воздухе ряд давно укрепившихся в нашем лексиконе наиболее широких понятий из хирургии повреждений: *«война—травматическая эпидемия»* (Пирогов Н. И.), *«травматология»*, *«травматическая болезнь»*, *«травматизм»* и т. д. Для всех этих обобщающих терминов родовым выступает не слово *«повреждение»*, а слово *«травма»*, хотя оба они, на первый взгляд, и имеют одинаковую смысловую нагрузку. Более того, эти же авторы сами себя опровергают, отстаивая сформулированные ими определения таких слов, как «повреждение», «рана», «перелом», и их иерархию. В той же статье они отмечают, кстати, совершенно справедливо, что *«повреждений может быть несколько, а травма одна»*.

Мы считаем, что термины «травма» и «повреждение» нельзя считать синонимами, так как они несут разные смысловые оттенки. Первый из них—«травма»—обладает более широким смысловым значением. Обоснование этого представлено в табл. 3.1.

Таблица 3.1

Смысловое содержание терминов «травма» и «повреждение»

Травма	Повреждение
1. Категория социальная и клиническая	1. Категория патоморфологическая
2. Результат взаимодействия организма с агрессивными внешними факторами	2. Нарушение целостности какого-либо анатомического образования на любом уровне структурной организации
3. Травма всегда одна, может иметь лишь различную качественную и количественную характеристику	3. У одного пострадавшего может быть несколько повреждений
4. Имеет целый комплекс причинно-следственных отношений — патогенез	4. Имеет конкретную причину и механогенез формирования
5. Отражает как повреждающее воздействие на организм, так и реакцию последнего на это воздействие и возможные последствия	5. Характерны стабильность и четкие объективные проявления нарушений целостности органов и тканей и их последовательные преобразования

Целесообразность введения в обращение терминов «неэкранированные» и «экранированные» взрывные повреждения для обозначения прямого и опосредованного (через защиту) воздействия поражающих факторов взрыва не вызывает сомнений при выделении разных в характерологическом отношении взрывных структурных нарушений в зависимости от наличия или отсутствия экрана на пути следования первичных ранящих агентов. Однако использование данных терминов для разграничения травм, полученных на открытой местности (неэкранированные) и в бронетехнике (экранированные), делает эти термины условными и весьма неточными.

Так, например, стандартные образцы обуви пехотинца при подрыве на противопехотной мине, в зависимости от вида минного боеприпаса, его мощности и дистанции подрыва, могут проявлять или не проявлять защитные экранные свойства. Стало быть, при подрывах на противопехотных минах возможно формирование как не экранированных, так и экранированных минных поражений, причем вероятность получения не—экранированных повреждений снижается при использовании специальной защитной обуви.

Аналогичное несоответствие складывается и в случаях минных подрывов экипажей бронетехники, т. е. в группе так называемых экранированных травм. Например, при разрушении бронезащиты, наряду с закрытыми травмами конечностей, груди и живота, возникают множественные открытые повреждения за счет прямого воздействия затекающей ударной волны, т. е. наблюдаются неэкранированные ранения.

Для того, чтобы правильно использовать данную терминологию, необходимо, как нам представляется, выполнение трех условий.

Во-первых, следует уточнить понятие «экран» по аналогии с понятием «преграда» в случае типичных пулевых ранений.

Во-вторых, выделить три категории минно-взрывных травм по отношению к наличию экрана—«неэкранированные», «экранированные с сохранением целостности экрана» и «экранированные—с разрушением экрана».

В-третьих, допустить принципиальную возможность формирования любого из перечисленных видов травм при подрывах как на открытой местности, так и в БТТ.

Только при соблюдении данных условий может быть создана терминология, удовлетворяющая и клинико-морфологическим, и медико-тактическим классификационным признакам.

Обращает на себя внимание, что все цитированные выше авторы, причисляя к БВД гранаты, мины, артиллерийские—снаряды, бомбы, боевые головки ракет, боеприпасы объемного взрыва, т., с. основные группы неядерных средств поражения, описывают тем не менее достаточно узкие клинико-морфологические варианты главным образом минных травм и поражений взрывами гранат и кумулятивных зарядов. Тем самым сужается и обедняется характеристика взрывной травмы, если иметь в виду, что данный термин фактически обозначает последствия поражения большого перечня разнообразных боеприпасов.

Иными словами, при таком понимании сущности взрывной-. травмы авторам следует либо сужать собирательный термин и употребляемый перечень БВД, либо расширять круг возможных клинико-морфологических вариантов взрывной травмы, который соответствовал бы использованному ряду весьма разнообразных по механизму действия боеприпасов. В противном случае название и терминология грешат такой же условностью, как и Дефиниции их предшественников.

В документах современного периода классификационный термин «минно-взрывной» впервые использован в Методических рекомендациях по обследованию и лечению раненых, подготовленных В. А. Поповым с соавт. (1986). Основные группы раненых авторы разделили по принципу особенностей подрыва пострадавших—на открытой местности (минновзрывные ранения) и в боевой технике (минно-взрывные травмы).

Эволюция взглядов авторов настоящего руководства на проблему взрывной травмы может быть разделена на два этапа.

Первый этап непосредственно связан с их участием в практической хирургической работе по лечению раненых в период войны в Афганистане, когда осуществлялось накопление практических навыков и опыта, проходило осмысление значимости и глубины этой проблемы. В последующие после афганского периода годы осуществлялось экспериментальное подтверждение выработанных во время войны взглядов и представлений, обобщение материала, опубликование его в виде многочисленных публикаций в периодической печати и монографий.

Второй этап начинается с середины 90-х годов—именно в это время в обществе стала нарастать обеспокоенность в связи с участившимися террористическими актами в жилых домах и на гражданских объектах многих городов страны. Механизм возникновения травм у пострадавших, их характер, особенности лечебно-эвакуационных мероприятий позволили нам по-новому взглянуть на проблему. Если первоначально объектами наших исследований являлись пострадавшие на войне военнослужащие, то теперь существует настоятельная необходимость взглянуть на проблему шире.

Общеизвестно, что научные понятия создаются на сравнительно высокой ступени развития науки, а появлению определений предшествует длительный период их формирования и развития. Однако для преодоления сложившейся по проблеме взрывной и минно-взрывной травмы терминологической разноголосицы, на наш взгляд, недостаточно продолжения разноплановых исследований, включая прикладной анализ тенденций развития лексических норм словоупотребления терминов. Ряд существующих противоречий сегодня должен быть устранен путем взаимного согласия и принятия общих решений. Это тем более актуально, что даже самые удачные и универсальные дефиниции имеют ограниченные возможности в силу объективных законов познания. Как справедливо отметил

В. П. Петленко (1982), основным гносеологическим источником дискуссий часто является неправильная точка зрения на характер научных определений, согласно которой определение должно охватывать все признаки и свойства данного явления. В силу того, что это невозможно в принципе, подобные взгляды приводили к релятивизму, конвенционализму, а через них—к агностицизму в понятиях как условных категориях медицины.

Необходимость выбора определенной терминологии при изложении материалов собственных исследований побудила нас провести оценку лексических норм современного русского языка с целью определения возможно более точных обозначений всей совокупности минно-взрывных травм, а также наиболее распространенных их видов, возникающих в разных ситуациях минного подрыва. С этой целью авторами выполнено

Рис. 3.3. Классификация взрывных поражений

сравнение определений ключевых слов и понятий, относящихся к проблеме минно-взрывной травмы, которые дают общие и специальные (военные, физические, военно-медицинские и медицинские) толковые словари и энциклопедии: взрыв, взрывчатые вещества, детонация ВВ, ударная волна, выстрел, боеприпас, мина, бомба, снаряд, граната, фугас, повреждение, поражение, ранение, травма. Путеводителем по справочной литературе служил «Сводный словарь современной русской лексики» (1991).

Соответствие значений иностранных терминов одноименным понятиям в русском языке при переводе зарубежной военно-медицинской литературы проверялось с помощью многоязычного военного словаря Брасси (1987). Нами учтены также принципиальные подходы к использованию специальной терминологии, на которые обращалось внимание в дискуссионных статьях на страницах отечественных хирургических журналов, посвященных упорядочению дефиниций в хирургии повреждений.

Исходя из проделанного анализа литературы и понимания, что большинство известных и предполагаемых классификаций в хирургии призваны прежде всего оказывать помощь практическому врачу на этапе диагностики, а именно в формулировании возможно более полного диагноза, без которого сложно, а порой и невозможно наметить и осуществить план лечебных мероприятий, нами в 1985 г. была предложена, а в последующем дополнена и уточнена предлагаемая классификация (рис. 3.3).

Нам представляется, что обобщающим, подразумевающим прежде всего многофакторный характер травмы при взрыве является термин *«взрывное поражение». Взрывное поражение может быть определено как многофакторное, как правило, сочетанное или множественное поражение человека, обусловленное одномоментным повреждающим действием факторов взрыва или вызванных им повреждений или разрушений конструкций или деталей зданий и строений, и характеризующееся местными повреждениями тканей и общим контузионно-коммоционным синдромом.*

Наиболее характерными особенностями взрывных поражений при террористических актах в городах или техногенных катастрофах являются комбинации механических и термических поражений с наличием обширных и глубоких ожогов пламенем вследствие пожаров или воспламенения одежды, ожогов верхних дыхательных путей, отравлений токсическими газами и продуктами горения, а также острыми ситуационно обусловленными психозами. Жертвы террористических актов и несчастных случаев подвергаются травмирующему воздействию всегда неожиданно, как правило, среди полного физического и психоэмоционального благополучия. Все это и характеризует понятие небоевой взрывной травмы.

Участвующие же в боевых действиях военнослужащие находятся в состоянии постоянного психоэмоционального напряжения и стресса. Это накладывает, несомненно, отпечаток на последующее течение посттравматического периода как в острой стадии, так и в отдаленном будущем. Авторы были свидетелями ситуаций, когда военнослужащие, находясь в состоянии боевого стресса и получив ранение, продолжали вести бой, сохраняли способность оказать первую медицинскую помощь себе и раненым товарищам. В связи с этим представляется возможным говорить о боевой взрывной травме как варианте взрывного поражения.

Сознавая, что ни одна классификация не может претендовать на исчерпывающую полноту и что все они в той или иной мере условны, мы, тем не менее, все многообразие взрывной травмы на базе клинико-морфологических особенностей свели в две группы, имеющие общие особенности патогенеза, но различающиеся по характеру преобладающих морфофункциональных нарушений:

Взрывные (минно-взрывные) ранения—результат прямого взаимодействия человека с поражающим воздействием всех или основных факторов взрыва боеприпаса на открытой местности. При контактном подрыве наиболее характерно сочетание взрывных отрывов и разрушений конечностей с закрытой (преимущественно) черепно-мозговой травмой, закрытыми повреждениями или ранениями внутренних органов, туловища, головы. Если ранение возникло вследствие подрыва на мине, можно говорить о минно-взрывном ранении. Если причиной травмы является близкий взрыв иного боеприпаса, уместно говорить о взрывном ранении.

Множественную или сочетанную травму, которая возникает у экранированного броней личного состава, находящегося на или внутри боевой техники, а также у пострадавших от террористических актов, защищенных конструкциями зданий, целесообразно именовать *взрывными повреждениями.* Под действием ведущего поражающего фактора, каковым в таких случаях выступает импульс взрывной (сейсмической) волны, возникают закрытые (преимущественно) и открытые повреждения опорно-двигательного аппарата (множественные оскольчатые переломы).

1.1. СТАТИСТИЧЕСКАЯ ХАРАКТЕРИСТИКА СОВРЕМЕННЫХ БОЕВЫХ ПОВРЕЖДЕНИЙ

Данные литературы убедительно свидетельствуют о том, что в войнах на протяжении XX столетия неуклонно сокращалась доля пострадавших от ружейного и пулеметного огня (пулевые ранения) и возрастало количество пострадавших от боеприпасов взрывного действия. Исключительным по количеству и разнообразию было использование последних в период второй мировой войны. Так, в германской армии применялись следующие виды оружия: артиллерийские орудия с обшей массой снарядов от 115 г до 1020 кг; минометы и бомбометы, которые метали артиллерийские оперенные снаряды-мины массой от 910 г до 149 кг; реактивные снаряды-ракеты массой от 3 до 127 кг и самолеты-снаряды ФАУ-1 и ФАУ-2 массой до 13 тонн; ручные, пистолетные и ружейные гранаты; наземные мины для организации минных полей и других целей; морские мины, торпеды и глубинные бомбы; авиабомбы массой от 1 до 11 ООО кг, а также управляемые, самонаводящиеся и реактивные авиабомбы [Иващенко Г. М., 1963].

В целом в период Великой Отечественной войны ранения на противопехотных минах составили 2,7% от всех случаев повреждений стопы, однако среди раненных в стопу, находившихся в специализированных госпиталях Ленинграда, их было уже 14,1% |Эпштейн Г. Я., 19441. За годы войны удельный вес тяжелых травм стопы вырос более чем в 2 раза. Сведений о величине минно-взрывных травм других сегментов в структуре огнестрельных травм конечностей в литературе мы не встретили.

По данным Ю. Г. Торонова и В. И. Фишкина (1988), если в начале века, во время русско-японской войны, их доля составляла чуть более 20% всех боевых потерь, то в 70-х годах, во время боевых действий на Ближнем Востоке,—уже более 80% (рис. 3.5).

Аналогичные тенденции установлены при изучении частоты минновзрывной травмы. Согласно данным американских источников, потери войск в живой силе при подрывах на минах во время второй мировой войны и войны в Корее составили 3,0%, во Вьетнаме в 1968 г.-10,46% [Hardaway R. M., 1978], а в 1970 г.-34,91% [Sunshine 1., 1970], в то время как осколочные ранения-57-70% [Rich N. M., 1975]. Поскольку многие авторы под термином «поражения от мин» подразумевают не только воздействие поражающих факторов в зоне ударной волны, но и осколков, то такие повреждения во время арабо-израильской войны (1973 г.) составили 85% [Spaccapeli D. et al., 1985] и 80%—во время англо-аргентинского конфликта [Shoulder P. J., 1983]. Некоторые авторы считают, что частота поражений от мин существенно увеличивается при ведении оборонительных боевых действий и партизанской войны, достигая 20-42% [Johnson D. E. et al, 1981; Traverso L. W. et al., 1981]. Заслуживают внимания данные о частоте взрывных поражений, вызванных использованием террористами Северной Ирландии различных взрывных устройств в закрытых помещениях и на улице. По сведениям авторов, они достигали 25%, включая погибших и получивших отрывы конечностей [Brismar B., Bergenwald L., 1980; Owen-Smith M. S., 1981].

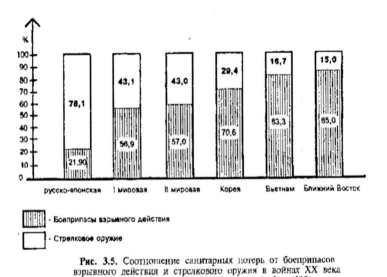

Рис. 3.5. Соотношение санитарных потерь от боеприпасов взрывного действия и стрелкового оружия в войнах XX века (цит. по: Торопов Ю. Г., Фишкин В. И., 1988)

Благодаря совершенствованию конструкции инженерных минных боеприпасов и увеличению их поражающих свойств расширился диапазон тяжести возникавших минно-взрывных поражений, увеличилось их разнообразие. Число отрывов конечностей достигало в статистике некоторых авторов 79~90% случаев травм, полученных при взрывах противопехотных мин. Отрывы бедра в общей статистике взрывных травм нижних конечностей периода войн в Лаосе, Таиланде и Вьетнаме не были редкостью-4-8% [Hardaway R. M., 1978; Traverso L. W., 1981; Dougherty, 1990]. Стали системой множественные осколочные ранения противоположной конечности и других сегментов тела.

Во время арабо-израильского конфликта (1973) минными боеприпасами была выведена из строя небольшая часть танков (5-10%). При этом у 70% пострадавших танкистов поражения ударной волной комбинировались с ожогами [Rignault, Dumige, 1981; Dougherty, 1990].

Согласно официальным статистическим данным, качественный сдвиг в структуре санитарных потерь советских войск в Республике Афганистан произошел, начиная с 1984 г. С этого периода подавляющее большинство ранений оказывалось осколочными (63,4-73,5%). Основная часть травм носила множественный и сочетанный характер (59,4-72,8%). Не менее половины раненых поступало в тяжелом и крайне тяжелом состоянии. Важно подчеркнуть, что увеличение доли множественной и сочетанной травмы (в 4 раза) и доли тяжелых и крайне тяжелых ранений (в 2 раза) за годы «необъявленной войны» произошло главным образом за счет минно-взрывной травмы, удельный вес которой вырос до 25-30% всех травм (Медицинское обеспечение 40-й армии.-1991). В армии Республики Афганистан в период разгара «минной войны» (1984-1987) число пораженных минным оружием оказалось еще более значительным—до 30-45% [Нечаев Э. А. и др., 1991].

Одной из отличительных сторон войны в Афганистане стало беспрецедентно широкое использование минного оружия. Сделав ставку на широкомасштабное его применение, противоборствующие стороны в течение всех лет войны пытались с его помощью решить задачи как тактического, так и стратегического порядка. В минной войне моджахеды рассчитывали не столько на достижение максимально больших безвозвратных потерь войск противника, сколько на предельную поражаемость личного состава, значительная часть которого, если и не умирает в последующем от ран и их осложнений, после длительного и сложного лечения при максимальном напряжении сил и средств медицинской службы в строй все же не возвращается.

Минно-взрывная травма во втором периоде войны в Афганистане стала преобладающей в структуре боевых санитарных потерь хирургического профиля. Для военно-медицинской службы армии Республики Афганистан она приобрела особое звучание не только потому, что был зафиксирован небывалый в прошлых войнах подъем ее доли в структуре огнестрельных ранений, но и в силу более сложных, обширных и сочетанных разрушений тканевых структур человеческого организма, обусловливающих развитие тяжелых, зачастую смертельных, расстройств гомеостаза, объясняющих высокий процент летальности и инвалидизации личного состава, особую сложность и длительность лечения раненых, а также резкое повышение стоимости лечения и расхода материальных средств.

Для иллюстрации этого могут быть приведены данные, касающиеся потерь от минного оружия в Правительственных вооруженных силах Афганистана. Если в течение первых двух лет войны (1979-1980) минновзрывная травма в структуре боевых санитарных потерь практически отсутствовала, то в 1984-1987 гг. она уже составила 27-30%, а в отдельные месяцы и на отдельных оперативных направлениях стала превалирующим видом боевой хирургической патологии (рис. 3.6).

Типичные огнестрельные ранения и переломы, нанесенные пулями и осколками, стали встречаться все реже. Данный факт лучше, чем что-либо другое, говорил об отсутствии постоянного и непосредственного боевого соприкосновения противоборствующих сторон.

Применение минно-взрывных заграждений на путях движения и снабжения войск в Афганистане в течение 1984-1988 гг. резко возросло. Расширился и арсенал применения мин и фугасов. Мины устанавливались мятежниками на путях движения войск заблаговременно или при приближении боевых и транспортных машин к местам, удобным для минирования и обстрела.

Учитывая то обстоятельство, что в то время не существовало единой общепризнанной классификации минно-взрывной травмы, с этиопатогенетической и лечебно-тактической точек зрения было признано целесообразным выделять два ее подвида:

минно-взрывные повреждения и *минно-взрывные ранения,* которые имеют не только схожий характер повреждений, но и требуют осуществления комплекса однотипных лечебных мероприятий (рис. 3.7).

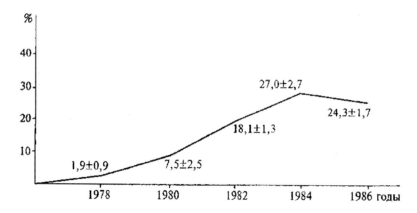

Рис. 3.6. Рост числа минно-взрывных травм в структуре хирургической патологии конечностей в Правительственных вооруженных силах Республики Афганистан

К *минно-взрывным повреждениям* в армии Республики Афганистан относили все травматические повреждения тела человека, защищенного от прямого воздействия поражающих факторов взрыва минного боеприпаса автомобильной или бронетанковой техникой. Минно-взрывные повреждения, составлявшие одну из двух разновидностей МВТ, представляли собой преимущественно закрытую политравму военного времени, которая при массированном использовании противоборствующими сторонами взрывных устройств стала претендовать на самостоятельный вид боевой хирургической патологии. В силу особенностей механогенеза минновзрывные повреждения представляли собой множественную или сочетанную травму, отличавшуюся однотипным механизмом возникновения и значительной тяжестью общего состояния раненых. В патогенезе развития МВП огромное значение приобретали проявления общего контузионно-коммоционного синдрома.

К *минно-взрывным ранениям* относят специфические огнестрельные ранения, возникавшие в результате прямого (контактного и неконтактного) воздействия на тело человека всех или основных факторов взрыва минных боеприпасов. Все минно-взрывные ранения при контактном способе взаимодействия с минным оружием и их большая часть при неконтактном подрыве отличаются множественным и сочетанным характером открытых повреждений, обширностью и глубиной разрушений тканевых структур тела человека, значительной тяжестью состояния раненых.

Клиническая практика мирного времени аналогов минно-взрывных ранений до недавнего времени не имела. В общей структуре минновзрывной травмы они были ведущей патологией, составляя 4/5 (82,7%) от нее. Основные группы МБР:

Рис. 3.7. Структура минно-взрывной травмы в армии Республики Афганистан

— отрывы и огнестрельные размозжения сегментов конечностей (47%), среди которых наиболее часто МБР локализовались на уровне голени (66,2%) и стопы (20,4%), затем бедра (7,3%) и на различных уровнях верхних конечностей (5,9%);

— множественные ранения мягких тканей с изолированными огнестрельными переломами костей конечностей (13,4%);

— множественные огнестрельные переломы костей конечностей (6,6%);

— изолированные ранения мягких тканей (26,7%).

На заключительном этапе войны, в 1986-1988 гг., несколько возросла—с 17,3 до 19,5%—доля минно-взрывных повреждений.

В течение последних трех лет войны, накануне вывода Ограниченного контингента советских войск, минно-взрывная травма стала преобладающим видом патологии в структуре санитарных потерь хирургического профиля. Однако всех военных специалистов, но прежде всего организаторов медицинской службы и хирургов, стал беспокоить не столько сам факт увеличения частоты минно-взрывной травмы, сколько тяжесть и обширность разрушения тканей человеческого организма, сложность диагностики и оказания медицинской помощи, резкое увеличение частоты и тяжести раневых инфекционных осложнений, а также расхода перевязочных средств, транспортных шин, медикаментов и иного медицинского имущества в расчете на одного пораженного.

Кроме того, широкомасштабным применением минного оружия военная оппозиция пыталась решить и ряд задач тактического порядка, имевших самое непосредственное отношение как к проблемам медицинской службы, так и вообще комплектования армии пополнением. Расчет строился на то, что минно-взрывные боеприпасы обеспечивали достижение высокого процента безвозвратных и санитарных потерь. Большинство же пораженных минным оружием после длительного и сложного лечения в строй не возвращалось.

Таким образом, представленные данные убедительно свидетельствуют о том, что последней в новейшей истории войной с широкомасштабным и длительным применением минного оружия и боеприпасов взрывного действия является война в Афганистане—особенно в период пребывания на его территории советских войск. О масштабах этой войны свидетельствуют данные табл. 3.2.

1.2. ВЗРЫВНАЯ ТРАВМА—ОСНОВНОЙ ВИД СОВРЕМЕННЫХ БОЕВЫХ ПОВРЕЖДЕНИЙ (СОВМЕСТНО С **Н.Ф. ФОМИНЫМ**)

1.2.1. ПОРАЖАЮЩИЕ ФАКТОРЫ ВЗРЫВА И МЕХАНИЗМЫ ИХ ДЕЙСТВИЯ НА ЧЕЛОВЕКА ПРИ НЕЭКРАНИРОВАННОМ МЕХАНИЗМЕ ПОРАЖЕНИЯ

Понять сущность структурно-функциональных нарушений, происходящих в организме человека при взрывах, можно только располагая ясными представлениями о физических законах взрыва. Так как долгое время эти законы не были известны, то и вопросы патогенеза поражений человека от взрыва многие годы не получали соответствующего научного освещения.

В настоящее время в доступной для врача форме физика взрыва глубоко и подробно изложена в энциклопедических изданиях [Кузин М. И. и др., 1976] и монографиях |Покровский Г. И., 1960; 1980; Баум Ф. А. и др., 1975]. Теория поражающего действия факторов взрыва на человека и животных также довольно полно освещена в отечественной и зарубежной военно-медицинской литературе [Нифонтов Б. В., 1957;

Чесноков П. Т., Холодный А. Я., 1970; Морозов В. и др., 1975; Mouden et al., 1986; Stumille. et al., 1991].

Вместе с тем несмотря на многочисленные публикации, многие стороны механогенеза и специфики клинической картины минно-взрывной травмы до сих пор остаются спорными или неясными. Однако рамки настоящего издания диктуют необходимость рассмотрения наиболее устоявшихся научных данных, позволяющих вплотную подойти к пониманию тех многоплановых патоморфологических и патофизиологических нарушений, которые формируются в организме пострадавших при взрывах мин.

Взрыв—это импульсный экзотермический химический процесс перестройки (разложения) молекул твердых или жидких взрывчатых веществ с превращением их в молекулы взрывных газов. При этом возникает очаг высокого давления и выделяется большое количество тепла. Процесс разложения может происходить относительно медленно—путем горения, когда наблюдается послойный прогрев ВВ за счет теплопроводности, и относительно быстро—посредством детонации, т. е. благодаря формированию волны сжатия (ударной волны). Если скорость первого процесса измеряется сантиметрами, иногда—сотнями метров в секунду (у черного пороха-400 м/ с), то при детонации скорость разложения ВВ измеряется тысячами м/с (от 1000 до 9000). Скорости горения и детонации у разных ВВ строго постоянны. Особенности импульсного разложения ВВ положены в основу их подразделения на метательные (пороха), инициирующие и бризантные (дробящие). В зависимости от силы и характера внешнего воздействия некоторые ВВ могут как гореть, так и детонировать.

Скорость выделения взрывных газов при разложении ВВ намного превосходит скорость их рассеивания. Первоначально весь объем образующихся газов приближается к объему заряда, что объясняет возникновение гигантского скачка давления и температуры. Если при горении давление газов может достигать нескольких сотен МПа (при условии замкнутого пространства), то при детонации—до 20-30 ГПа и температуры в несколько десятков тысяч градусов Цельсия. Давление продуктов детонации ВВ в кумулятивной струе может достигать 100-200 ГПа (1-2 млн атм.) при скоростях перемещения до 17,7 км/с. Никакая среда таких давлений выдержать не может. Любой твердый предмет, соприкасающийся с ВВ, начинает дробиться.

До определенного расстояния взрывные газы сохраняют свои разрушительные свойства за счет высоких скоростей и давлений. Затем их движение быстро замедляется и они прекращают свое разрушительное действие. Есть данные, что поршневое действие газов происходит до тех пор, пока объем их не достигнет 2000-4000-кратного объема заряда [**Покровский** Г. И., 1980]. Однако возмущение окружающей среды продолжается и носит главным образом ударно-волновую природу.

С энергетической точки зрения взрыв характеризуется высвобождением значительного количества энергии в течение очень короткого времени и в ограниченном пространстве. Часть энергии взрыва первоначально растрачивается на разрыв оболочки боеприпаса (переход в кинетическую энергию осколков). Порядка 30-40% образовавшихся газов расходуется на формирование ударной волны (областей сжатия и разрежения окружающей среды с их распространением от центра взрыва), светового и теплового излучений, на перемещение элементов окружающей среды [Spaccapeli D. et al., 1985].

В некоторых работах в ряду поражающих факторов взрыва фигурируют «струи раскаленных газов», «высокая температура пламени», что, скорее всего, следует считать лишь непременными составляющими взрывной волны раскаленных газообразных продуктов детонации ВВ.

Газообразные продукты взрыва в процессе своего расширения совершают три основные формы внешней работы, в соответствии с которыми различают и три действия: *бризантное, фугасное, зажигательное* [Дорофеев А. И. и др., 1968].

Бризантность—способность ВВ к местному разрушительному действию, проявляющемуся в резком ударе продуктов взрыва по окружающим заряд предметам. В осколочно-фугасном боеприпасе бризантное действие взрывного заряда направляется главным образом на дробление стального корпуса.

Фугасность—способность ВВ к разрушительному действию за счет расширения продуктов взрыва и распространения во все стороны ударной волны. Фугасное действие боеприпаса зависит от массы ВВ разрывного заряда, его работоспособности и удаления поражаемого объекта от точки разрыва боеприпаса. На малых расстояниях (до 10-15 радиусов заряда) фугасное действие обусловлено воздействием расширяющихся взрывных газов, приблизительный радиус поражения которыми может быть вычислен по формуле [Покровский Г. В., 1980]:

$$R \leq 0{,}5 - 0{,}75 \sqrt[3]{\omega},$$

где R — радиус поражения; ω — масса ВВ в кг.

При увеличении расстояния от центра взрыва фугасный эффект обусловлен совместным действием газообразных продуктов детонации ВВ и образующейся в окружающей среде ударной волны. После вырождения ударной волны в звуковую повреждающее действие на человека оказывает лишь импульсный шум.

Волна газообразных продуктов детонации обладает разрывным и ушибающим повреждающими действиями на ткани, вызывая в них ушибы, разрывы, расслоения, кровоизлияния и ссадины. Наиболее опасно *направленное* движение взрывных газов, которое наблюдается даже на расстояниях, превышающих радиус заряда примерно в 10 раз. Кожа разрушается взрывными газами на расстоянии двух радиусов заряда ВВ. Прекращение повреждающего действия взрывных газов наступает на расстоянии 20-30 радиусов заряда [Покровский Г. В., 1960; 1980; Молчанов В. И., 1964].

Наряду с взрывными газами, с поверхности заряда разлетаются продукты неполного сгорания и кусочки неразложившегося ВВ, которых особенно много у взрывчатых устройств, не имеющих прочной оболочки. Мельчайшие твердые частицы ВВ внедряются в тело, оставляют закопчение и ожоги. Они же определяют и токсическое действие. Химическое действие оказывает главным образом углерода оксид, имеющийся во взрывных газах в большом количестве. Проникая в разрушенные ткани, он образует карбоксигемоглобин. Углеродная копоть взрыва импрегнирует поверхностные слои эпидермиса, осаждается на раневой поверхности.

В некоторых случаях минного подрыва, главным образом в замкнутых пространствах, ожоги, преимущественно вторичные, и токсическое действие вдыхаемых газов (CO_2, CO, HCN, $N0$ и др.) могут быть крайне тяжелыми, что послужило основанием для некоторых клиницистов трактовать взрывную травму как комбинированное поражение [Косачев И. Д. и др., 1989]. Иллюстрацией к такому умозаключению могут служить всем хорошо знакомые по телевизионным выпускам новостей кадры кинохроники, посвященные взрыву в Москве в переходе на Пушкинской площади 8 августа 2000 г.

Мгновенное образование и распространение взрывных газов и продуктов детонации ВВ производит мощное ударное действие в окружающей среде. В зависимости, от физического характера среды принято рассматривать различные виды ударных волн—воздушную, водную, в грунте и в других твердых средах (так называемую «сейсмическую»), в биологических тканях.

Изучение механизма поражающего действия ударной волны имеет большую историю. Еще в годы первой мировой войны было зарегистрировано значительное количество летальных исходов среди солдат, находившихся вблизи разорвавшихся снарядов и мин, но при отсутствии каких-либо значительных внешних повреждении у них |0\ven-Smith M. S., 1979]. Экспериментальные исследования того и более позднего времени [Hooker D. K., 1943] показали, что мелкие животные, находившиеся вблизи взрыва, погибали, причем в воде это расстояние было значительно большим. У всех животных выявлялись поражения легочной ткани, **проявлявшиеся** множественными кровоизлияниями. Более крупные животные при тех же условиях эксперимента выживали. В 1939 г. были **высказаны** три предположения, характеризующие механизм повреждения легких, а именно:

— снижение альвеолярного давления вследствие перепада давления, что приводило к разрыву капилляров в альвеолах;
— растяжение легочной ткани;
— воздействие ударной волны на грудную стенку.

В 1940 г. Znkerman, в последующем—P. L. Krohn (1942) и C. J. C1emedson (1949) выяснили причину повреждения легких. Устанавливая животных на разном расстоянии от места взрыва, они определили видовую чувствительность животных к изменению давления во фронте ударной волны. Так, при давлении порядка 34 кПа повреждений обнаружено не было. Мелкие животные (кролики) погибали мгновенно при давлении 342 кПа, а все животные—при 685 кПа. При отсутствии' внешних проявлений взрывной травмы на вскрытии обнаруживались кровоизлияния в легких—от мелкоочаговых до сливных. Такие же повреждения наблюдались в других внутренних органах и в подслизистом слое верхней части трахеи. У всех животных отмечался разрыв барабанной перепонки.

На основании проведенных опытов был сделан вывод о том, что внутриполостные повреждения возникали под действием избыточного давления взрывной волны на грудную стенку, а не вследствие волны разрежения.

Дальнейшие опыты имели целью определить уровни давления, которые вызывают поражения наиболее чувствительных к действию ударной волны органов. Было установлено, что *разрывы барабанной перепонки* у 50,0% животных происходили при воздействии давления порядка 97,8-103 кПа [Owen-Smith M. S., 1979]. Такая же вероятность повреждений при давлении 100 кПа отмечена и у людей. Пороговым давлением, приводящим к *повреждению легочной ткани,* было 200-345 кПа [Owen-Smith M. S., 1979]. При этом американские специалисты отмечают, что в замкнутом пространстве, под действием комплекса ударных волн, пороговый уровень избыточного давления может быть в пять раз ниже. Desaga [Owen—Smith M. S., 1979] при проведении опытов с животными доказал, что односторонний пневмоторакс *защищал* спавшееся легкое, но при этом повреждению подвергалось противоположное. При изучении воздействия ударной волны на животных Т. Benzinger провел эксперименты с защитой груди и живота гипсом. Было отмечено отсутствие повреждений ткани легкого, несмотря на наличие у животных трахеостомы. Вместе с тем до настоящего времени механизм повреждения легких ударной волной не вполне ясен. Предполагается, что определенное значение имеют пиковый уровень внутриторакального давления, скорость его нарастания и скорость деформации грудной клетки. Исследование внутриторакального давления у американских военнослужащих с помощью пьезодатчика, введенного в пищевод, показало, что оно было одинаковым как при использовании защитной одежды (бронежилет из кевлара массой 2,9 кг, жилет из керамических волокон-6,4 кг), так и в обычной полевой куртке. В патогенезе *«взрывного легкого»* быстро происходящее смещение грудной стенки внутрь подтверждено данными световой микроскопии [Graham I., Cooper Ph. P. et al., 1983].

Поражение органов брюшной полости при воздействии ударной волны в воздухе наблюдается значительно реже, чем легких. Опыты показали, что большинство животных, получивших такие повреждения, погибали. Морфологические изменения, а именно кровоизлияния, перфорации локализовывались в основном в участках ЖКТ, содержащих газ [Owen—Smith M. S., 1979; 1981].

Дальнейшие экспериментальные исследования действия ударной волны позволили выяснить *механизм неврологических нарушений.* Работами J. Graham et al. (1983), U. Freund et al. (1980) установлено, что изменения в ЦНС возникают в результате воздушной эмболии вследствие повреждения легких. Было доказано, что воздушная эмболия наблюдалась только в артериях, в чем заключалось основное отличие ее от синдрома кессонной болезни, причем воздух поступал в систему кровообращения из поврежденной ткани легкого в легочные вены. У животных, погибших сразу же после взрыва, на вскрытии обнаруживались признаки воздушной эмболии коронарных артерий и головного мозга, а у проживших несколько дольше—очаговые церебральные симптомы. Удалось доказать возможность спасения животных путем помещения их в среду повышенного давления (3 атм.) с последующей медленной декомпрессией. В заключение сделан вывод, что эмболия коронарных артерий не является единственной причиной летальных исходов, однако разработанная теория воздушной эмболии в значительной мере объясняет тайну внезапной смерти пострадавших.

Механизм действия воздушной ударной волны изучен наиболее полно. Расширяющиеся взрывные газы почти мгновенно вытесняют равные объемы воздуха. В результате этого в очаге взрыва скачкообразно возрастают давление, плотность и температура. В воздухе возникает особого рода возмущение, распространяющееся во все стороны от точки его возникновения со сверхзвуковой скоростью. Плотный слой сжатого до нескольких тысяч кПа воздуха распространяется от источника взрыва в форме быстро расширяющегося шара или полусферы (в зависимости от расположения центра взрыва по отношению к поверхности земли). В определенной точке пространства, через которую проходит воздушная ударная волна, повышенное давление сохраняется лишь в течение короткого времени (десятитысячные или тысячные доли секунды). В последующее мгновение давление в данной точке падает ниже нормального уровня на промежуток времени, измеряемый тысячными или сотыми долями секунды. Тем самым ударная волна формирует свою положительную (зона сжатия) и отрицательную (зона разрежения) фазы. Положительная фаза воздушной ударной волны распространяется эксцентрично, отрицательная—наоборот, концентрично. Любая поверхность, на которую падает энергия волны, испытывает сначала положительное давление, а затем отрицательное. Передняя граница зоны сжатия носит название фронта ударной волны, высокое избыточное давление которого

(ΔP) и производит контузионную травму. Энергетический потенциал зоны отрицательного давления крайне мал (ΔP не более 20-30 кПа при плавном его понижении), в силу чего он не может оказывать патологического воздействия на организм.*

По мере удаления воздушной ударной волны от источника взрыва интенсивность ее быстро убывает за счет поглощения энергии волны разогревающимися газами в области, следующей за волновым фронтом (непосредственно за фронтом воздушной ударной волны температура воздуха может подниматься на несколько сот градусов). С уменьшением давления во фронте воздушной ударной волны увеличивается продолжительность фазы сжатия, причем изменения этих параметров стоят в данном ряду [Edberg et al., 1978].

Физические параметры воздушной ударной волны во многих отношениях отличаются от более известных звуковых волн. Последние представляют собой последовательные периодически повторяющиеся уплотнения и разрежения среды, распространяющиеся со скоростью 340 м/с без перемещения масс воздуха. Величина давления даже при самых сильных звуках не превышает десятой доли атмосферы. В отличие от звуковой, в ударной волне избыточное давление может достигать нескольких тысяч кПа, а скорость распространения-3000 м/с. Распространение воздушной ударной волны сопряжено с переносом масс воздуха, что является основой ее динамического компонента. Сила возникающего ветра будет составлять динамическое давление.

Казуистические случаи выживания людей при близких взрывах снарядов и авиабомб в период второй мировой войны можно было объяснить только существованием волноворотов и завихрений воздушной ударной волны с образованием безопасных участков [Чалисов И. А., 1957].

Максимальные уровни давления могут нарастать мгновенно (на открытой местности) или постепенно (в помещении), что может быть решающим моментом, определяющим глубину поражения человека. Например, при распространении воздушной ударной волны в туннелях и траншеях исход взрывного поражения будет зависеть от степени отражения ударной волны от той или иной стены либо определяться разницей в скорости ее распространения в центре и по краям траншеи (за счет воронкообразного вытяжения фронта воздушной ударной волны). Весь этот далеко не полный перечень влияния различных внешних условий на исходы поражения человека воздушной ударной волной свидетельствует о большой относительности расчетных данных на неполных данных, таких как, например, сведения о мощности взрывного устройства и расстояния от центра взрыва. Становятся также понятными причины исключительного разнообразия в индивидуальной тяжести МВТ у разных лиц, пострадавших в результате одного подрыва.

В целом воздействие воздушной ударной волны на человека представляет собой сложный процесс, в котором принято учитывать действие следующих параметров:

— ΔP (разность между нормальным давлением и давлением во фронте ударной волны);
— величина перепада давления перед фронтом ударной волны и позади него (т. е. форма волны);
— действие динамического давления во фронте воздушной ударной волны;
— продолжительность действия ударной волны (t, мс).

Считается, однако, что основной травмирующий эффект воздушной ударной волны зависит от скорости нарастания максимума ΔP, т. е. от импульса ударной волны. В литературе это принципиальное положение иллюстрируется достаточно образно: *ударная волна действует, на поражаемую цель не как гигантский пресс, а как внезапный удар «дубины» или «исполинской ладони»* [Гершуни Г. В., 1946], а если еще точнее—как твердый предмет с широкой ударяющей поверхностью. Данный эффект наглядно демонстрируется при действии воздушной ударной волны в проекции отверстий жестких преград, стоящих на пути к поражаемой цели—повреждения тканей напоминают раздавливание твердым предметом.

В зависимости от скорости нарастания максимума ΔP выделяют мгновенное повышение импульса воздушной ударной волны (на открытой местности) и постепенное (в укрытиях, бронеобъектах). Поражающие уровни избыточного давления при этом совершенно различны [Морозов В. Н. и др., 1975].

Принято считать, что при мгновенном нарастании максимума ΔР безусловно поражающим действием обладает ударная волна с ΔР 100 кПа и более. При меньших величинах-(по разным данным—от 20-30 до 50-60 кПа) сохраняется вероятность акутравмы. Пороговым ΔР, приводящим к повреждениям легочной ткани, является избыточное давление в 200-345 кПа [Owen-Smith M. S., 1979]. Пороговые уровни ΔР для замкнутых пространств должны быть снижены в пять раз.

По мере увеличения ΔР не только увеличивается риск тяжелых контузий, но сокращается разрыв между величинами ΔР, вызывающими повреждения различной тяжести. Так, между величиной ΔР, при которой летальность составляет 1% (около 3-4 тыс. кНа), и уровнем, приводящим к 100% летальности, разрыв очень мал [BntTal, 1988]. Столь узкий диапазон абсолютно смертельных уровнен ΔР и вполне переносимых его величин является еще одним объяснением исключительного разнообразия в тяжести МВТ у членов одного экипажа пораженного бронеобъекта.

Как свидетельствуют экспериментальные исследования, тяжесть контузионных повреждений у стоящих в момент взрыва животных закономерно оказывается большей по сравнению с теми, которые в тот же момент лежали. С увеличением массы животных их сопротивляемость к действию ударной волны возрастает [Buffat, 1988].

Толерантность организма к действию воздушной ударной волны усиливается при увеличении длительности импульса ΔР—по некоторым данным, до уровня 100 мс, а по другим—до 400 мс. Дальнейшее возрастание времени действия положительного импульса при неизменных значениях ΔР не вызывает приращения поражающего эффекта.

Значение длительности импульса ΔР особенно наглядно может быть показано на примерах—поражающего действия воздушной ударной волны при взрывах обычных и ядерных боеприпасов. Так, при взрывах снарядов и авиабомб, когда длительность импульса положительной фазы воздушной ударной волны варьирует от 1,6 до 10,0 мс, в радиусе, исчисляемом метрами или несколькими десятками метров, складывается следующая картина: величину порядка 20 кПа животные воспринимают как звуковое раздражение без признаков механических повреждении, при 20-30 кПа наступают повреждения барабанной перепонки, ΔP в 100 кПа приводит к серьезным травмам, а при 200 кПа наступает гибель животных [Беритов И. С., 1944]. При ядерных взрывах, когда время действия положительной фазы воздушной ударной волны увеличивается в сотни раз, ΔP порядка 20-40 кПа способна вызвать тяжелые и смертельные поражения человека и животных в радиусе, измеряемом несколькими километрами.

В отличие, от рассмотренных вариантов мгновенного нарастания максимума ΔP, при постепенном его повышении сопротивляемость организма намного выше. Так, исходя из материалов зарубежных экспериментальных исследований на собаках, крысах и мышах, при времени нарастания ΔP до максимума в течение от 500-600 мс до 10 000-40 000 мс летальных исходов не наблюдается даже при $\Delta P = 3300$ к Па, а максимальная (90-100%)—при 4600 кПа [Buffat, 1988]. Эти факты дают основание полагать, что непосредственное действие «затекающей» ударной волны в БТТ даже с высоким ΔP не представляет серьезной опасности для экипажа, если «затекание» воздушной ударной волны происходит через мелкие отверстия, либо на пути потока сжатого воздуха стоит жесткая преграда.

Первичной (пассивной) реакцией тела на любое внешнее механическое воздействие, включая действие воздушной ударной волны, всегда является деформация тканей механическими силами. Без знания механических реакций нельзя количественно объяснить возникновение последующих физиологических реакций или повреждений тех или иных тканевых структур.

Собственно механизмы поражения человека и животных воздушной ударной волной складываются из нескольких моментов: 1) прямого или опосредованного воздействия; 2) метательного эффекта; 3) действия звукового раздражения [Spaccapeli D. et al., 1985].

Для понимания патомеханизма прямого поражающего действия воздушной ударной волны важно иметь в виду, что время действия положительной ее фазы (сжатия) при взрывах обычных боеприпасов много меньше периода собственных колебаний поражаемой живой цели, который составляет 50+-150 мс (например, у БП мощностью 10 кг-4-8 мс). Поэтому процесс взаимодействия ударной волны с нефиксированным телом должен рассматриваться как поражение элементарной цели, который подразделяется на стадии дифракции и квазистационарного обтекания, или иначе—погружения тела в ударную волну и его обтекания [Неклюдов В. С., Степанова Н. П., 1966].

/ *стадия*—от момента соприкосновения фронта ударной волны с телом до полного его обтекания—характеризуется величиной ΔР во фронте воздушной ударной волны. В начальный период на поверхности тела, обращенной к взрыву, возникает скачок уплотнения, в 2-8 раз (!) превышающий давление во фронте ударной волны. В результате этого человек испытывает тотальный лобовой либо касательный удар и сотрясение всего тела. Величина ударной перегрузки может при этом достигать сотен единиц (q). Одновременно ударная волна, в силу преобладания в ее спектре высоких частот, легко проникает в тело, порождая в нем сложную систему продольных, поперечных и поверхностных волн, скорость прохождения которых близка к скорости звука в среде той или иной плотности.

Резонансные частоты различных сегментов тела неодинаковы, но все они укладываются в диапазон от 4 до 6-10 Гц. Исходя из биофизических характеристик тканей, при частотах более 10 000 Гц более или менее существенными становятся продольные волны сжатия. При более низких частотах механическая энергия распространяется в виде поперечных волн сдвига. При очень низких частотах (менее 100 Гц) длина волны становится больше размеров тела. В этой области частот процесс распространения ударной волны характеризуется переходом упругой потенциальной энергии в кинетическую сосредоточенной массы [Gierke H. E., 1964]. Изложенное позволяет заключить, что появление поперечных волн сдвига в теле человека, в силу основных его механических характеристик, будет приходиться на ударные волны с частотами от 100 до 10 000 Гц. Судя по данным литературы, именно такие частотные характеристики зарегистрированы в теле человека при взрывах—например, в легких-400-500 Гц [Gierke H. E., 1964].

Ударные волны, распространяясь в теле по неоднородным средам и гистоструктурам, вызывают три вида повреждающих эффектов: расщепляющие, инерциальные и кавитационные [Edberg et al., 1978; Sharpnack et al., 1991]. Расщепляющие эффекты обусловлены растягивающими усилиями, возникающими при отражении, преломлении и интерференции ударных волн на границах раздела тканей с неодинаковой скоростью. Справедливости ради надо отметить, что в отечественной литературе этот эффект впервые подробно рассмотрен в работе Л. Н. Александрова и Е. А. Дыскина (1963). Инерциальные эффекты заключаются в образовании градиента скорости в соседних участках тканей и органов, имеющих различную массу и удельную плотность, что имеет следствием разрушение его структуры за счет разности ударных перегрузок тканей на соседних участках. Механизмы кавитационных повреждений (имплозии) обусловлены выделением большого количества тепла и образованием пузырьков газа в жидкостях организма при мгновенном поглощении энергии ударной волны [Edberg et al., 1978].

Общая продолжительность фазы дифракции, учитывая сверхзвуковую скорость распространения воздушной ударной волны, ничтожно мала (десятые доли мс), однако ударные нагрузки, как уже отмечалось, в этот момент очень велики.

II стадия представляет собой в сотни-тысячи раз более длительный и более стабильный процесс, занимающий всю положительную стадию сжатия. В этот период человек подвергается преимущественному влиянию динамического напора волны.

Поверхность тела, обращенная к центру взрыва, испытывает давление, равное сумме давлений отражения и скоростного напора, боковые поверхности—давление, равное ΔP во фронте ударной волны, противоположная взрыву сторона—еще меньшее давление. Разница давлений рождает смещающую силу, параллельную плоскости земли и направленную от центра взрыва. Возникает также разница в силе обдувания тела сверху и снизу потоком сжатого воздуха, вследствие чего образуется подъемная сила. В результате сложного сочетания сил образуется результирующая, направленная вверх и в стороны от центра взрыва. Если принять во внимание, что динамическое давление вблизи центра взрыва приближается к ΔP, то человек, попавший в эту зону при взрыве мощного боеприпаса, может быть отброшен на несколько десятков метров. Для сравнения—ветер ураганной силы развивает ΔP 17 кПа при длительности импульса 54 мс [Edberg et al., 1978].

Тяжесть поражения определяется количеством движения, которое сообщается телу «ветровым» потоком воздушной ударной волны. Действие последнего, в свою очередь, зависит от так называемого миделевского сечения поражаемой цели—проекции тела на плоскость, перпендикулярную направлению распространения ударной волны [Морозов В. Н. и др., 1975]. Площадь миделевского сечения стоящего человека составляет 0,36 м^2, лежащего-0,125 м^2. Т. с. возможности метательного действия воздушной ударной волны в зависимости от положения тела могут колебаться почти в три раза. По другим данным, эти площади разнятся еще больше, составляя соответственно 0,75 п 0,12 м^2 |Кузин М. И. и ДР., 1976].

Поражение звуковой компонентой воздушной ударной волны в зоне действия повреждающих уровней избыточного давления в литературе отдельно не рассматривается. Напротив, действие импульсных шумов после вырождения ударной волны в звуковую освещается подробно. Импульсный шум—это совокупность сферических упругих волн в широком диапазоне частот, распространяющихся со скоростью звука. При этом осуществляется перенос не масс воздуха, а энергии. Звуковая волна ослабляется с удалением от центра взрыва за счет рассеивания и поглощения звука в воздухе.

Основными параметрами импульсного шума являются его интенсивность и длительность. В зависимости от уровня громкости и частоты звуковых колебаний могут быть поражения внутреннего уха, барабанной перепонки, нарушение сознания. Установлено, что взрыв сопровождается импульсным шумом до 150-160 дБ. причем спектр ударных волн деформации, распространяющихся в теле, совпадает с максимумом чувствительности уха (1500-3000 Гц), что объясняет его высокую уязвимость при взрывах [Головкин В. И., Глазников Л. А., 19911.

Одновременно с поражением человека воздушная ударная волна, разрушая на своем пути здания, технику и другие предметы, разгоняет их обломки до скоростей, соизмеримых со скоростями осколков оболочки боеприпаса. Вторичные ранящие снаряды, среди которых могут быть и фрагменты разрушенных собственных тканей, способны причинить такие же повреждения, как и первичные осколки [Молчанов В. И., 1961]. Так, при взрыве 120,0 т тротила в Арзамасе клиническое течение отмечавшихся ранений осколками стекол (расчетная скорость полета последних составляла около 1500 м/с на расстоянии 50 м от места катастрофы) соответствовало тяжести типичных осколочных огнестрельных повреждений [Анисимов В. Н. и др., 1991; Ботяков А. Г., 1992].

В целом все нарушения, возникающие в организме в результате действия воздушной ударной волны, принято разделять на первичные, вторичные и третичные:

— *первичные поражения* возникают в результате непосредственного воздействия ударной волны на организм;

— *вторичные поражения* — в результате действия на организм предметов, приведенных в действие взрывной волной:

— *третичные поражения* — в результате ударов тела пораженного, приведенного в движение действием воздушной взрывной волны, о расположенные рядом предметы, преграды, землю и т. д. |Spaccapeli D. et al., 1985; Buffat, 1988].

Соотношение этих повреждении будет зависеть от мощностей и вида взрыва, расстояния от его центра, степени защищенности людей и условий распространения воздушной ударной волны (рельефа местности, наличия окружающих предметов, времени года, метеорологических условий и др.).

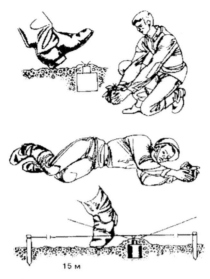

Рис. 3.8. Варианты возникновения минно-взрывных ранений

Таким образом, поражающее действие воздушной ударной волны в некоей точке пространства, с одной стороны, определяется:

— характером изменений избыточного давления, которое, в свою очередь, является производным от мощности и конструкции БП;
— расстоянием от центра взрыва;
— конкретными условиями окружающей среды и ее физическими свойствами. С другой—сопротивляемостью поражаемой цели, т. е. массой, формой, площадью ее поверхности, а также биомеханическими и морфофункциональными особенностями тканевых структур и их взаимосвязями с окружающими предметами.

Наряду с повреждающим воздействием газообразных продуктов детонации ВВ и ударных волн, возникающих в окружающей среде, при взрывах боеприпасов важное значение приобретают осколки и части взрывного устройства, детали детонаторов, специальные поражающие средства, дополнительно включаемые в БП.

В последнее время теория так называемого осколочно-пулевого действия хорошо разработана. Оно складывается из осколочности БП и условий поражения осколками. Под *осколочностью* понимают свойство БП дробиться на определенное число осколков. Как свидетельствуют данные литературы, основная часть осколков имеет массу от 3,5 до 8,0 г, что позволяет им сохранить достаточный для поражения тела запас энергии на расстояниях, превышающих размер стальных осколков в 8000 раз, алюминиевых—в 2500 раз [Покровский Г. И., 19801.]

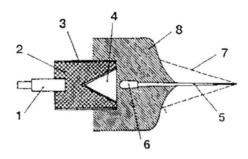

Рис. 3.9. Механизм кумуляции (схема)

1 — детонатор, 2 — заряд ВВ, 3 — корпус снаряда, 4 — кумулятивная выемка,
5 — кумулятивная струя, 6 — пест, 7 — головная ударная волна,
8 — продукты детонации

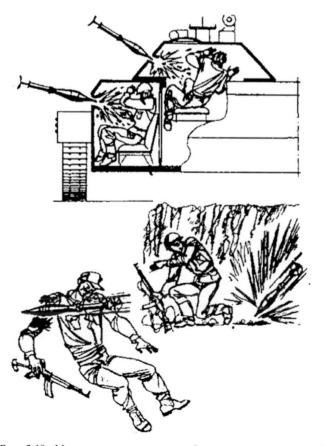

Рис. 3.10. Механизм взрывных ранений кумулятивными гранатами

57

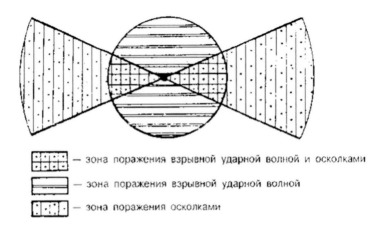

— зона поражения взрывной ударной волной и осколками

— зона поражения взрывной ударной волной

— зона поражения осколками

Рис. 3.11. Зоны формирования моно- и многофакторных поражений живой силы при взрыве боеприпасов осколочно-фугасного действия

Характер и объем осколочного поражения зависят прежде всего от кинетической энергии осколка, определяемой его скоростью и массой. Для хирургической анатомии повреждений имеют значение также форма и размеры осколков, площадь ударяющей поверхности, направление движения осколка относительно поверхности тела и особенности анатомического строения поражаемой части тела [Zhengguo et al., 1988].

Осколки в большинстве случаев причиняют *раны*—сквозные, слепые, касательные. Осколки, имеющие небольшую скорость полета (примерно 50 м/с), могут наносить *закрытые повреждения*—ушибы, переломы, разрывы. Тяжесть состояния раненых с осколочными ранениями довольно часто не соответствует минимальным морфологическим нарушениям поверхностных тканей, которые наблюдаются у пострадавших. Это дало основание некоторым авторам выдвинуть предположение о существовании в покровах человека и животных особых рефлексогенных зон, импульсные раздражения которых приводят к «шокогенным» изменениям психического статуса.

В зависимости от вида БП, тактики его использования и условий поражения, действие некоторых из перечисленных факторов взрыва может оказаться преобладающим, что, в конечном счете, определит клинический вариант минно-взрывной травмы.

В пределах поражающего радиуса воздушной ударной волны могут возникать два вида взрывных поражений—*многофакторные* (поражение ударной волной в сочетании с другими факторами, прежде всего, осколками) и *монофакторные* (поражение ударной волной). Это обусловлено тем, что современный БП (осколочно-фугасного действия) при взрывах дает, как правило, картированное распределение осколков. Данная ситуация возможна при непосредственном воздействии стопой на взрыватель мины, при взрыве мины в руках при разминировании или неосторожном обращении, а также при задевании ногой за растяжку мины в непосредственной близости от взрывателя (рис. 3.8).

Особого внимания заслуживают ранения, наносимые кумулятивными гранатами. Принципы кумуляции и бронебойного действия кумулятивной струи могут быть представлены следующим образом (рис. 3.9).

Эффект кумуляции может быть реализован при подрыве зарядов, имеющих выемку той или иной формы (полусфера, конус, парабола, гипербола и т. п.). Уплотнение продуктов детонации и ускорение их движения вдоль оси выемки приводит к образованию так называемой кумулятивной струи.

Под действием продуктов взрыва металлическая облицовка обжимается и превращается в компактную монолитную массу—пест, который дает начало образованию и последующему развитию кумулятивной струи. Струя образуется за счет течения металла, прилегающего к внутренней поверхности облицовки, при этом масса металла, переходящего в кумулятивную струю, в среднем составляет 6-20% массы облицовки. В первой фазе пест и струя составляют единое целое, однако движение их совершается с разными скоростями. Пест движется со скоростью 500-1000 м/с, а скорость головной части струи может достигать 11 000 м/с. Во второй фазе струя отрывается от песта, при этом температура ее составляет 900-1000°C. При соударении струи с броней вследствие высокого давления броня не прожигается, а пробивается (рис. 3.10).

Поражение личного состава происходит в результате непосредственного воздействия кумулятивной струи, высокой температуры продуктов газодетонации, головной ударной волны и осколков, откалывающихся от внутреннего слоя брони.

В зависимости от механизма ранений кумулятивными гранатами предлагается выделять три подгруппы раненых. *В первую подгруппу* могут быть включены раненые, у которых повреждения возникли внутри боевой техники при пробивании брони кумулятивной струей. Воздействие кумулятивной струи раскаленных газов, разрушенных деталей техники и осколков брони в ограниченном пространстве оказывает существенное влияние на характер повреждений и приводит в большинстве наблюдений к безвозвратным потерям. *Вторую подгруппу* составляют раненые, получившие повреждения при взрывах гранат рядом, *третью*—раненые с повреждениями в результате прямого попадания в них гранаты.

Пострадавших с ранениями при взрывах ручных гранат предлагаем выделять в отдельную (*четвертую*) группу в силу своеобразных особенностей этой категории. Чаще наблюдаются повреждения при взрыве гранаты в руке вследствие ошибки бросающего, реже—при взрыве гранаты под ногами.

При изучении механизма взрывных ранений запалами (*пятая подгруппа*) отмечено, что их отличительной особенностью в боевых условиях является преобладание повреждений, нанесенных с целью уклонения от военной службы. Они характеризуются отсутствием повреждений другой кисти, туловища и лица, так как происходили, как правило, за экраном.

За пределами повреждающего действия воздушной ударной волны повреждения носят, главным образом, монофакторный осколочный характер, т. е. в результате взрыва возникают ранения, механизм формирования которых принципиально не отличается от механизма типичных огнестрельных (пулевых) ранений (рис. 3.11).

По нашему мнению, при минно-взрывных отрывах и разрушениях конечностей главенствующая роль должна быть отдана ударной волне. Струи пламени и раскаленных газон, осколки минного БП и вторичные ранящие снаряды, при очевидной их важности, уступают ударной волне по масштабам и глубине морфофункциональных нарушений и расстройств как со стороны тканевых структур конечностей, так ЦНС и внутренних органов. Важное значение имеет факт биологического суммирования поражающих воздействий факторов взрыва минного боеприпаса, в своей совокупности определяющих этмопатогенетическое отличие минно-взрывной травмы от типичных пулевых и осколочных ранений.

В литературе представлены сведения, относящиеся к механизму действия ударной волны на опорно-двигательный аппарат [Spaccapeli D. et al., 1983; 1985]. Авторы ввели термин *«минная стопа»*, под которым подразумевают совокупность повреждений стопы человека в радиусе действия ударной волны, вызванной взрывом мины. Различают два вида повреждений—открытые и закрытые, связанные как с непосредственным контактом стопы с миной, так и при воздействии ударной волны через жесткие преграды. Механизм открытых повреждений, по их мнению, заключается в следующем. Возникающие при взрыве сверхвысокое и отраженное давления при встрече с объектом образуют единый ударный фронт, обладающий значительной силой. При том большая часть энергии либо затрачивается на сжатие опорных структур стопы, либо превращается в кинетическую энергию, определяющую динамическое давление ударной волны. Считают, что совокупность повреждений будет определяться типом Взрывного устройства, массой ВВ и положением стопы при воздействии на взрыватель. При этом характер повреждений при подрывах на фугасных противопехотных минах определяется действием избыточного и динамического давления, а на минах осколочного типа—дополнительным воздействием; осколков. При непосредственном контакте с БВД человек может получить отрыв конечности или се части, обширные кратерообразные раны стопы и множественные открытые переломы костей. Проникая в раны, нанесенные осколками, ударная волна дополнительно разрушает ткани на значительном протяжении. Характерный разлет осколков, выброшенных в виде конуса, определяет типичную топографию повреждений, среди которых выделяют отрывы либо открытые переломы костей верхней конечности на стороне взрыва, осколочные ранения передней поверхности туловища, нижних конечностей, внутренних поверхностей верхних конечностей, а также лица и шеи, которые при ходьбе слегка наклонены вниз; повреждения наружных половых органов, промежности и ягодиц [Bronchi F., 1949; Auloim J., 1955; Boucheron, 1955; Dudley H. A. F., 1968; Cutler B. S., Daggett W. M., 1973; Hillman J. S., 1975; Comand L. et al., 1976; Owen-Smith M. S., 1981]. Тяжесть полученных повреждений, сопровождающихся кровопотерей и шоком, нередко служила причиной летальных исходов еще до оказания врачебной помощи [Cutler B. S., Daggett W. M., 1973]. Теория поражения незащищенного человека совокупностью факторов близкого взрыва зарядов малой мощности (в пределах 10 радиусов геометрических размеров заряда) в систематизированном виде до настоящего времени изучена недостаточно полно. Появившиеся отдельные сообщения не позволяют составить целостного представления о механогенезе минно-взрывной травмы при подрывах на минах в условиях открытой местности.

Здесь не приложимы в полной мере известные закономерности поражения человека и животных ударной волной в воздухе, воде или грунте. Сравнительно небольшая мощность противопехотных мин (от 10 до 500 г ВВ) имеет следствием формирование короткого радиуса поражающего действия воздушной ударной волны. Продольная ось тела пострадавшего в типичной ситуации подрыва ориентирована перпендикулярно фронту избыточного давления, поэтому удар носит касательное направление. Площадь воздействия потока сжатого воздуха также оказывается значительно меньшей, чем при взрывах авиабомб и снарядов. Тем самым снижаются возможности метательного действия динамического давления. Немаловажно и то, что расположение наиболее чувствительных к действию воздушной волны органов (легких, внутреннего и среднего уха) при минных подрывах оказывается полярным центру взрыва.

Изложенные соображения не дают оснований соглашаться с широко распространенным мнением о ведущей роли воздушной ударной волны в патогенезе контузионно-коммоционного синдрома, наблюдаемого у пострадавших при взрывах противопехотных мин. На наш взгляд, при неэкранированных поражениях факторами контактного или близкого взрыва основное повреждающее действие в организме производит тканевая ударная волна деформации (сжатия и растяжения), генерированная прямым импульсным ударом по конечности газообразных продуктов детонации ВВ [Фомин Н. Ф., 1994]. К такому выводу мы пришли на основании обобщения результатов комплексных клинико-морфологических исследований, выполненных на раненых и погибших при взрывах мин (75 случаев), в натурных экспериментах на животных (40 собак) и биообъектах (55 конечностей трупов).

Как показали опыты на животных, фугасный заряд гексагена или пластита массой 100 г (что равноценно мощной противопехотной мине), установленный под скакательным суставом подвешенной вертикально крупной собаки, подбрасывает ее на высоту 30-50 см. Однако этот же взрыв не способен сдвинуть с места легкие предметы (например, ботинок), находящиеся на расстоянии 50 см от взрывного устройства. Очевидно, что в данной ситуации подрыва основной удар по телу производит волна газообразных продуктов детонации ВВ. При этом большая часть импульсной энергии взрыва, из-за большой инерции тела расходуется на разрушение дистальных сегментов конечности, а меньшая—на ударно-волновые колебания органов и тканей, развитие ударных ускорений и некоторое перемещение тела в пространстве.

Образно говоря, при подрыве на противопехотной мине пострадавший не столько подбрасывается вверх, сколько «подрубается» снизу, подобно дереву, опоре моста или здания, а его тело подвергается мощному ударному сотрясению.

Выполненные многоуровневые комплексные исследования с использованием топографо-анатомических, гистологических, ультрамикроскопических методик, а также рентгеноконтрастные исследования сосудов и клетчаточных щелей поврежденных сегментов конечностей, позволяют сформулировать некоторые общие закономерности повреждения тканей и органов ведущими поражающими факторами близкого взрыва. Под близким взрывом мы понимаем, как уже отмечалось выше, либо подрыв на противопехотной мине (минно-взрывное ранение), либо поражение вследствие взрыва в непосредственной близости от человека другого вида БВД (снаряда, гранаты, ракеты и т. д.). В последнем случае можно говорить просто о взрывном ранении.

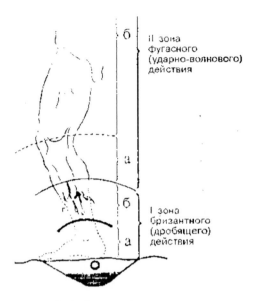

Рис. 3.12. Зоны действия основных
поражающих факторов фугасного заряда ВВ
(180 г гексагена)

I зона — бризантного (дробящего) действия:
а — уровень полного бризантного дефекта тканей;
б — уровень неполного бризантного повреждения
тканей
II зона — фугасного (ударно-волнового) действия:
а — уровень ударно-волновой контузии тканей;
б — уровень ударно-волновых
контузионно-коммоционных расстройств органов и
тканей

С точки зрения классификации биофизических механизмов формирования взрывных повреждений органов и тканей человека, на наш взгляд, целесообразно выделить две качественно различающиеся между собой зоны взрывного воздействия, каждая из которых включает два уровня тяжести структурных нарушений. В качестве классификационных понятий для обозначения зон поражения человека (рис. 3.12) нами использованы устоявшиеся в литературе термины «бризантность» и «фугасность». Под бризантностью обычно понимают способность взрыва дробить окружающую среду за счет действия сверхвысоких давлений взрывных газон, а под фугасностью—способность взрыва разрушать окружающую среду ударной полной.

В пределах первой зоны основное поражающее действие производят взрывные газы.

Для *1a уровня* характерна полная дезинтеграция тканей (дробление, распыление и разбрасывание), независимо от их биомеханических свойств и топографо-анатомических взаимоотношений с образованием абсолютного дефекта конечности. Проксимальной границей данного уровня является линия перелома.костей. Дистальное концов костных отломков могут свисать только сухожилия, в том числе с костными фрагментами на концах, редко—лоскуты кожи или отдельные элементы сосудистонервных пучков. Неполное разрушение этих образований происходит, по-видимому, благодаря отклонению их в момент взрыва за пределы очага сверхвысокого давления.

Пограничный фронт бризантного дефекта тканей по своей форме стремится к сферической поверхности. Это особенно заметно, если граница отрыва конечности приходится на губчатые кости (средние или задние отделы стопы, метаэпифизы костей голени). Поверхность взрывного перелома костей в таких случаях представляет собой вспученную крошковидную массу, что в известной степени иллюстрирует работу в тканях раскаленных взрывных газов.

Величина полного анатомического дефекта конечности определяется мощностью использованного заряда ВВ, его формой (возможность образования кумулятивной струи), а также расстоянием между взрывным устройством и конечностью. В конечном итоге площадь «минуса ткани» определяется тем, насколько поражающий радиус заряда перекрывает контурный профиль конечности.

Обувь для данного уровня поражающего действия факторов взрыва должна рассматриваться не как экран, а как объект, увеличивающий расстояние между конечностью и миной.

Столь важное значение линейных размеров заряда, поражаемой цели и расстояния между ними позволяет объяснить, почему одинаковый боеприпас (100 г ВВ), приведенный в действие одной и той же частью стопы (большой палец), у разных лиц может нанести повреждения разной степени тяжести. При относительно длинной стопе (29 см) происходит отрыв ее на уровне шопарова сустава, а при относительно короткой (22 см)—отрыв голени в нижней трети. При взрыве одинаковых мин под каблуком бризантный дефект костей индивидуально короткой голени составляет 40%, а относительно длинной-25%.

Все эти наблюдения и исследования убеждают в том, что наиболее эффективная защита тела от сильного бризантного действия факторов взрыва—это защита расстоянием.

На протяжении *1б уровня* величина бризантных разрушений конечности целиком и полностью определяется биомеханическими свойствами повреждаемых анатомических структур и особенностями костно-фасциальной архитектоники конечности. Чем слабее в механическом отношении ткань, тем большими оказываются ее разрушения. Этим объясняется столь характерная для взрыва распрепаровка относительно прочных анатомических образований—костей, сухожилий, кожи, сосудисто-нервных пучков, иногда—мышечных групп или отдельных мышц. По краю взрывной раны разрушения рыхлых тканей носят сплошной характер. В проксимальных отделах поврежденного сегмента наиболее глубоко взрывные газы проникают вдоль «слабых мест» конечности—паравазальных, параоссальных, подфасциальных и межмышечных пространств, однако при одном условии—если промежутки открыты в сторону взрывной раны. Клетчаточные слои, ориентированные (расширяющиеся) в противоположную от центра взрыва сторону, оказываются интактными.

В состав газо-пылевого потока, наряду с продуктами взрывчатого разложения вещества, всегда входят частицы грунта и фрагменты разрушенных тканей 1а уровня, которые уже действуют как вторичные ранящие снаряды.

При передних, задних и боковых расположениях взрывных устройств по отношению к центральной оси голени кости могут служить экраном для менее прочных тканей, защищая их на противоположной от взрыва стороне конечности. При подрывах против оси голени (под каблуком) отломок большеберцовой кости выступает в роли своеобразного рассекателя газо-пылевых струй, распространяющихся из центра взрыва.

Безусловно, жесткие и прочные материалы, выставленные в качестве экранов в пределах 1б уровня, должны резко ослаблять повреждающее действие газо-пылевого потока.

Общая протяженность первой зоны (бризантного действия) в наших экспериментах равнялась примерно 15-20 радиусам заряда ВВ.

К участкам конечности с признаками газо-пылевой распрепаровки тканей примыкает зона тяжелых контузионных повреждений, которые прослеживаются на всем протяжении вскрытых костно-фасциальных вместилищ *(Па уровень).* Сливные и очаговые кровоизлияния концентрируются вдоль основных сосудисто-нервных пучков, первичных и вторичных артериальных и венозных ветвей с преимущественной гемоинфильтрацией мышц, фиксированных к костям и примыкающих к пораженным сосудистым фасциальным щелям. Проксимальная граница Па уровня представляет собой сложный рисунок. Если оценивать ее по контузионным расстройствам микроциркуляции в костях, то такой границей следует признать линию ближайшей суставной щели. По данным исследований мышечной ткани, эта граница переходит на вышележащий сегмент, вплоть до уровня прикрепления поврежденных мышц.

С уровня сохранившегося сегмента конечности (при отрыве голени—с уровня бедра) и в более проксимальных сегментах тела характер морфофункциональных нарушений изменяется *(116 уровень).*

На бедре отмечаются стойкие нарушения тонуса артериальных магистралей и их ветвей, снижается дренажная функция емкостных сосудов. Мозаичные нарушения микроциркуляции и дистрофические изменения мышц в тех же участках конечности дополняют картину в целом обратимых регионарных циркуляторных расстройств.

При оценке состояния органов живота, груди и головного мозга в проведенных совместных параллельных исследованиях [Рыбаченко П. В. и др., 1990; Одинак М. М. и др., 2000] подтверждены известные в литературе факты развития ушибов внутренних органов (прежде всего—сердца и легких) и травмы ЦНС при подрыве пострадавших на противопехотных минах [Хабиби В. и др., 1989]. Это доказано также опытами на животных при адекватном моделировании минно-взрывной травмы. Разработанная нами модель эксперимента (авторское свидетельство № 1709381 от 01.10.1991) полностью исключала возможность получения животными ушибов за счет третичных механизмов травмы (при падении). Есть все основания расценивать выявленные изменения как морфологическое выражение общего контузионно-коммоционного синдрома при минно-взрывной травме.

На *116 уровне* контузионно-коммоционных расстройств теряется столь характерная для других уровней зависимость тяжести повреждений от расстояния до центра взрыва, т. е. на уровне целостного организма, наряду с анатомо-биохимическими особенностями поражаемых ударной волной органов и тканей, важное значение приобретает их физическая неравнозначность. Здесь уместно еще раз привести замечание С. И. Спасокукоцкого, полагавшего, что в патогенезе общих нарушений при взрывной травме невозможно разделить механизмы контузии и коммоции, а потому правильнее говорить о контузионно-коммоционном синдроме [Нифонтов Б. В., 1957].

В основе контузионных и коммоционных повреждений тканей при распространении по ним взрывной ударной волны деформации лежат кавитационные, инерциальные и расщепляющие эффекты.

В происхождении расслаивающих и расщепляющих повреждений решающее значение принадлежит явлениям фазового сдвига, отражения и интерференции волн, которые наступают на границах соприкосновения тканей, имеющих разную акустическую жесткость. О том, насколько велики различия физических параметров тканей человека, свидетельствуют данные табл. 3.3.

Скоростные и энергетические характеристики ударных волн до момента вырождения их в звуковые намного превосходят аналогичные параметры звуковых волн, поэтому величина ударно-волновых растягивающих усилий, возникающих на границах перепада механического импеданса, намного превышает пределы упругости тканей. Неоднородные биологические структуры в зоне их соприкосновения начинают расслаиваться и разрушаться.

Таблица 3.3

Физические свойства тканей человека
(приближенные величины по сводным данным H. E. Gierke, 1964)

Показатели	Мягкие ткани	Кости
Плотность, г/см^3	1,0–1,2	1,93–1,98
Сдвиговая упругость, дин/см^2	2,5 · 10^4	7,1 · 10^{10}
Сопротивление разрыву, дин/см^2	5 · 10^6–5 · 10^7	9,75 · 10^8
Индекс разрыва (растяжения)	0,2–0,7	0,05
Акустический импеданс, дин · с/см^3	1,7 · 10^5	6 · 10^5
Скорость звука, см/с	1,5 · 10^5–1,6 · 10^5	3,36 · 10^5

Макропрепаровка контузионных участков тканей конечности по краям взрывной раны, прицельные гистотопографические и ультрамикроскопические исследования позволили выявить ряд структурных нарушений, которые не могли быть объяснены иначе как последствиями расщепляющих волновых эффектов.

Так, например, в пределах верхней трети голени на расстоянии 5-10 см от уровня отрыва основного массива мягких тканей обнаруживались почти циркулярные отслоения надкостницы от большеберцовой и малоберцовой костей вместе с фиксированными к ним мышцами. Отрывы надкостницы топологически не были связаны с параоссальными бризантными повреждениями тканей 16 уровня. Аналогичные явления отмечены в опытах на собаках и биообъектах.

В магистральных артериях выявлялись многочисленные радиальные трещины внутренней и средней оболочек, которые начинались со стороны просвета сосуда и многократно повторялись на протяжении 8-12 см от места отрыва и концевого тромбоза кровеносной магистрали. Нарушения целостности сосудистой стенки являлись источником формирования пристеночных или обтурирующих тромбов, аневризматических расширений артерий в посттравматическом периоде. Важно, что описанные сосудистые нарушения отмечались только у раненых или в опытах на собаках. При экспериментальных подрывах конечностей трупов разрывы сосудистой стенки носили неупорядоченный характер, захватывали менее протяженные участки артерий, что в известной степени доказывает важную роль кровяного столба в происхождении первичных взрывных повреждений сосудов.

В периферических нервах конечности самые ранние изменения обнаружены в мякотных волокнах. Уже через 30-40 мин после взрыва выявлялись фрагментация и спиралевидное скручивание внутренних пластин миелиновой оболочки. Ультраструктурные нарушения нервных проводников довольно быстро заканчивались ретроградной периаксональной демиелинизацией (спустя 1-3 сут), которая захватывала почти половину мякотных нервных волокон ветвей седалищного нерва на голени. Объяснение этому феномену также можно найти в расщепляющих повреждениях, поскольку плотность миелиновой оболочки живого нервного волокна в три раза выше плотности текучей нейроплазмы осевого цилиндра [Жаботинский Ю. М., 1965], т. е. контраст механического импеданса в области периаксонального контакта оказывается даже большим, чем в зоне соприкосновения кости и надкостницы. Стало быть, максимальные сдвиговые усилия ударной волны будут развиваться в области внутреннего мезоаксона и аксолеммы мякотных нервных волокон.

Суммируя полученные результаты, можно заключить, что при подрыве на противопехотной мине механически однородные структуры конечности и кровяной столб являются главными проводниками ударных волн в проксимальном направлении. Вдоль этих анатомических образований формируются наиболее глубокие и протяженные контузионные повреждения окружающих образований, которые прослеживаются на макро-, микро—и ультрамикроскопическом уровнях.

Таким образом, механогенез минно-взрывной травмы существенно отличается от известных механизмов огнестрельных ранений как по набору поражающих факторов, так и по характеру воздействия на человека. Неодинаковая биомеханическая прочность тканей сегментов конечностей, ярко выраженная как в продольном, так и в поперечном направлении, создает разные возможности поглощения энергии взрыва

плотными и рыхлыми тканями, что выражается в разном объеме их разрушения. По этой же причине складываются неодинаковые условия для действия взрывных газов и ударных тканевых волн в околораневом пространстве. Все эти особенности определяют сложный рельеф взрывной раны, полиморфизм структурных нарушений в ее краях и во внутренних органах на отдалении.

1.2.2. ОСОБЕННОСТИ ПОРАЖАЮЩЕГО ДЕЙСТВИЯ ВЗРЫВА НА ЧЕЛОВЕКА, НАХОДЯЩЕГОСЯ В БОЕВОЙ ТЕХНИКЕ ИЛИ НА ТРАНСПОРТНОМ СРЕДСТВЕ (ЭКРАНИРОВАННЫЙ МЕХАНИЗМ ПОРАЖЕНИЯ).

При поражении личного состава в бронетанковой технике набор поражающих факторов БВД изменяется, складываются иные условия основных повреждающих агентов взрыва. Анализ современных данных по проблеме воздействия минных боеприпасов на БТТ свидетельствует о том, что характер повреждений у членов экипажей зависит прежде всего от факта пробития или непробития бортов или днища техники.

В первом случае в число *поражающих факторов* входят:

— воздушная ударная волна, осколки БВД и вторичные ранящие снаряды, возникающие При прожигании или разрушении стенок обитаемого отделения и внутреннего оборудования машины, способные наносить различные по тяжести механические повреждения;

— высокоскоростные и высокотемпературные газовые потоки и частицы расплавленного металла, причиняющие механические и комбинированные механо-термические поражения;

— пламя (в том числе от вторичного загорания), наносящее ожоги;

— токсические продукты взрыва и горения.

Детонация боекомплекта и воспламенение горючего существенно увеличивают тяжесть поражений от взрыва ПТМ [Bellamy, 1988; Dougherty, 1990].

При непробитии брони (днища) ведущим поражающим фактором выступают ударные ускорения опоры (днища, сиденья) и стенок обитаемых отделений. Кинетическая энергия продуктов взрыва и первичного осколочного потока расходуется не только на нарушение преград, но и, в немалой степени, на их деформацию и перемещения. Для членов экипажей главным поражающим фактором в таких случаях является остаточная энергия, передающаяся за счет сотрясения и колебания преград—«сейсмической» волны объекта. Важную роль могут играть генерированная воздушная ударная волна, многократно отраженная от стенок обитаемых отделений, а также импульсные шумы высокой интенсивности, наносящие ударные баротравмы органу слуха и внутренним органам. Могут наблюдаться также повреждения вторичными ранящими снарядами в виде осколков разрушенного внутреннего оборудования и отколов брони (рис. 3.15).

В качестве примера может быть рассмотрен механизм закрытых повреждений стопы у человека, находящегося в контакте с плотными неподвижными структурами бронетанковой техники или с палубой кораблей. Здесь действие ударной волны проявляется косвенным образом, прежде всего, за счет выраженной вибрации металлических частей, интенсивность которой зависит от мощности боеприпаса и массы ударной опоры. Как известно, ударная волна легко проходит сквозь твердые тела, не вызывая их выраженной деформации, при этом каждая из частиц передает энергию следующей, подобно стоящему неподвижно составу вагонов, получившего удар [Spaccapeli D. et al., 1985]. Характер повреждения опорных структур человека при данном виде травмы определяется действием избыточного давления, возникающего при подрыве противотанковых мин, при этом менее эластичные структуры подвергаются большим повреждениям (стопа, таз, позвоночник). Клинические и патологоанатомические исследования конечностей пострадавших выявили уплощение продольного свода стопы за счет множественных переломов костей предплюсны и пяточной кости, вывихи в суставах Шопара и Лисфранка, а та клее в голеностопном суставе, переломы берцовых костей, обширные кровоизлияния в ткани подошвенной области с наличием выраженного отека тыла стопы и эпидермальных пузырей, контузионные повреждения и спазм магистральных сосудов на протяжении, сегментарные тромбозы, приводившие к развитию ишемических расстройств и гангрене конечности [Nosny P., 1954; Aulong J., 1955; Boucheron, 1955; Whelan T. I., 1975; Spaccapeli D. et al., 1985]. Местные повреждения тканей нередко сочетаются с повреждениями органов, что значительно утяжеляет общее состояние пострадавших [Bronda F., 1949].

Если при пробитии днища у членов экипажа обычно возникают множественные и сочетанные механические травмы, комбинированные механо-термические и механо-химические поражения, то при непробитии днища—сочетанные механо-акустические поражения по типу ударного сотрясения тела в виде повреждений нижних конечностей, позвоночника и черепа, сочетающиеся с сотрясением головного мозга, внутренних органов грудной и брюшной полостей и баротравмой (акутравмой) уха [Dougherty, 1990].

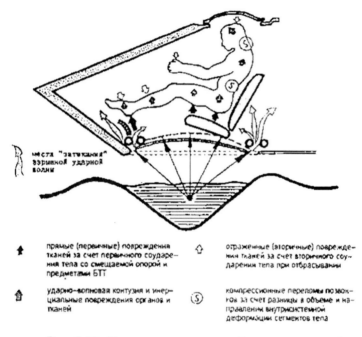

Рис. 3.15. Механогенез повреждений органов и тканей при минно-взрывном поражении бронетанковой техники

На основании анализа и обобщения данных преимущественно зарубежных авторов была сделана попытка систематизировать механизмы воздействия ударных ускорений на человека [Неклюдов В. С., Степанова Н. П., 1966]. С достаточной степенью приближения тело человека можно рассматривать как пассивную линейную механическую систему, удовлетворительно реагирующую на ускорение малых амплитуд. При больших амплитудах и, что особенно важно, при кратковременных перегрузках, вполне допустимо рассматривать тело как жесткую механическую систему, в которой основную роль играет прочность тканей. Последний вариант биодинамического поведения тела человека при воздействии ударного ускорения имеет важное значение для понимания механогенеза минно-взрывной травмы и заслуживает подробного анализа.

Кости скелета воспринимают импульсные ударные ускорения как обычное твердое тело, а мягкие ткани—как упруго-вязкая среда. В целом тело человека при развитии ускорений представляет собой сложную многозвенную механическую систему, величина эффективной массы которой, строго говоря, не равна массе всего тела.

Существуют взгляды, в соответствии с которыми в механической системе, эквивалентной телу человека, выделяют четыре части, реагирующие на действие ударного ускорения независимо друг от друга:

— *дорсальная*—голова, шея, позвоночник;
— *торакальная*—сердце, легкие, грудная стенка;
— *брюшная*—желудок, печень, кишечник;
— *конечностей*—руки, ноги [Неклюдов В. С., Степанова Н. П., 1966; Кудрин И. Д. и др., 1981]. Исходя из данного положения, системный анализ взрывной патологии в плане изучения механогенеза травмы при подрывах членов экипажа БТТ представляет собой сложную многоступенчатую задачу. Моделирование минного подрыва для целостной характеристики минно-взрывной травмы как минимум должно включать исследование поведения нескольких звеньев механической системы, эквивалентной телу человека. Разумеется, что в равной мере это касается и сегментарного анализа морфофункциональных расстройств в организме, наступающих при подрывах личного состава в бронетехнике.

Биомеханические реакции тела человека при воздействии ударного ускорения делятся на два типа:

— внутрисистемная деформация тела в виде распространяющихся в гетерогенной среде механических колебаний (смещений) частей органов, непосредственно самих органов и комплексов органов—так называемый *внутрисистемный метательный эффект'*,

— смещение тела и (или) его частей относительно опоры с возможным вторичным соударением с преградой, или так называемый *межсистемный метательный эффект.*

Импульс ударного ускорения, воздействуя на рецепторный аппарат органов и тканей и приводя к «афферентному удару» по ЦНС, вызывает сокращение скелетной и гладкой мускулатуры, деформации и смешения внутренних органов, сосудов с циркулирующей кровью. Смещение органов брюшной полости становится также опасным, если оно превышает пределы эластичности их связочного аппарата.

Учитывая, что скорость распространения волн деформации по плотным тканям и органам (костная ткань, кровь в сосудах) значительно выше, чем по другим тканям, биомеханические эффекты ударного ускорения прежде всего и сильнее всего реализуются в опорных структурах, начиная с области контакта тела с опорой, и в тех органах, которые наиболее тесно связаны с осевым скелетом туловища (головной и спинной мозг), а также в кровеносных сосудах, подвергающихся гидродинамическому удару перемещаемой и несжимаемой жидкости—крови.

Степень выраженности биомеханической реакции определяется, в первую очередь, величиной ударного ускорения и реализуется либо в широком диапазоне эволюционно обусловленных приспособительных реакций, либо в виде повреждений—вплоть до смертельных политравм.

Однако воздействие ударного ускорения на нефиксированное тело человека зависит не только от величины, но и от продолжительности импульса, а также от направления его вектора относительно трех ортогональных плоскостей. Пределы толерантности организма к ударному ускорению зависят также от времени нарастания ускорений и даже более того—от скорости начального периода ускорений. Значение каждого из перечисленных условий в разных частях шкалы абсолютных величин ударного ускорения неодинаково. Равным образом влияния тех или иных параметров ударного ускорения на разные сегменты тела человека как на неравнозначные звенья многоэлементной механической системы также существенно различаются. Все это создает объективные сложности выделения точных границ предельно переносимых ударных нагрузок.

Анализ и систематику экспериментальных наработок по данным литературы затрудняют также сложности субъективного порядка. Во многих источниках отсутствуют сведения не только о продолжительности импульса ударного ускорения, скорости нарастания и векторе силы ускорений, но даже о месте регистрации показателей—на теле или смещаемой опоре. Если к этому добавить достоверные факты, свидетельствующие о важном значении позы человека, функционального положения в суставах, наличия или отсутствия прокладок (обувь, одежда, покрытия опор), костюмов, шлемов, которые существенно изменяют внешние условия взаимодействия жесткого экрана и тела, то становится очевидной невысокая практическая ценность огромного цифрового материала, полученного в лабораторных условиях, в плане использования его в качестве отправной точки для экспериментальных исследований по выяснению роли ударного ускорения в патогенезе минно-взрывной травмы.

Как отмечалось выше, при подрыве боевого корабля, судна или иного плавсредства на мине или при поражении его торпедой отмечаются закономерности, характерные, как правило, для опосредованного (неконтактного) механизма подрыва.

В 60-х годах в СССР были развернуты исследования по изучению медицинских последствий применения оружия массового поражения. Существенный вклад в разработку этой проблемы внес П. П. Рыбкин, который в эксперименте исследовал воздействия на биологические объекты (экспериментальные животные, находящиеся на палубе корабля) поражающих факторов подводного ядерного взрыва. Интерес к этой модели обусловлен тем, что подводный ядерный взрыв является одним из основных средств поражения надводных кораблей ВМФ, как считалось в те годы. Одним из его главных поражающих факторов являются ударные сотрясения, генерируемые подводной ударной волной. Считается, что против надводных кораблей ВМФ наиболее вероятно применение боеприпасов мощностью 1, 10, 30 и 100 тыс. тонн при глубине взрыва от 50 до

400 м. Интегральным физическим параметром поражений при действии ударных сотрясений является максимальная скорость вертикальной составляющей движения палуб и платформ, равная 1-9 м/с. С увеличением глубины взрыва существенно возрастает роль ударных сотрясений как поражающего фактора. Поражения организма, обусловленные действием ударных сотрясений, представляют собой механические повреждения.

По механизму возникновения и локализации П. П. Рыбкин (1956) рекомендовал подразделять их следующим образом:

— *первичные поражения*—механические травмы, обусловленные прямым действием ударных сотрясений палуб и платформ, воспринимаемых человеком как удар или резкий толчок, передающийся через опорную поверхность;

— *вторичные поражения*—механические травмы, обусловленные косвенным действием ударных сотрясений: соударением с окружающими конструкциями и элементами интерьера боевого поста корабля при подбрасывании человека вверх, при его падении на палубу и окружающие конструкции;

— *«сочетанные» поражения*—механические травмы, представляющие собой комбинацию первичных и вторичных поражений.

Клинические проявления первичных и вторичных травм имеют определенные различия. Локализация *первичных* поражений зависит от позы человека во время действия ударных сотрясений, а *вторичных*—от особенностей интерьеров боевых постов корабля.

В 60-х годах в результате проведенных исследований прочно укоренилось мнение, что основным требованием по защите личного состава кораблей от действия ударных сотрясений при подводном ядерном взрыве на дистанции безопасного по корпусу радиуса является обеспечение инерционных перегрузок до предельно допустимых величин-0,5-1 м/с, или 7-15 g. Было отмечено, что метательный эффект и какие-либо болевые ощущения у человека не возникают при скорости движения опоры (палубы или платформы) до 0,5 м/с. Однако уже при скорости движения опоры 0,75 м/с последние появляются. Кроме того возможны подбрасывание человека на высоту 7-8 см и кратковременный перерыв в деятельности корабельных специалистов, однако возникновения травм при этом не отмечено.

При ударных сотрясениях и скорости движения палубы около 1 м/с с длительностью импульса 5 с наблюдаются неприятные болевые ощущения у людей и подбрасывание их на высоту 10-12 см и более. Такие сотрясения еще не опасны для здоровья человека, но могут привести к травме от соударения с окружающими предметами и длительному перерыву в деятельности оператора. При перемещении опоры со скоростью 1,5 м/с при той же продолжительности ударного воздействия возможны кратковременная потеря сознания и ушибы мягких тканей с кровоизлияниями в них. В связи с вышеизложенным, *скорость 1 м/с* была выбрана в качестве показателя, до которого должно быть уменьшено ударное воздействие подводной волны, приходящей к корпусу корабля на дистанции безопасного радиуса взрыва. Следует еще раз подчеркнуть, что понятие «дистанция безопасного радиуса взрыва» относится к корпусу корабля.

При скорости удара *свыше 2 м/с* начинается выход из строя личного состава из-за механических травм. Об их характере свидетельствуют данные, представленные в табл. 3.5.

Таким образом, при подрывах боевой техники и транспортных средств перечень повреждающих агентов расширяется. Может изменяться и количественное выражение всех параметров взрыва, что обусловлено тенденцией к использованию более мощных боеприпасов, иными расстояниями от центра взрыва, наличием на пути к поражаемой цели жестких преград, другим положением тела пострадавшего, наличием вокруг него предметов и деталей боевой техники и др.

Таблица 3.5

Характеристика и степень тяжести первичных и вторичных механических травм в зависимости от механизма воздействия, позы человека на боевом посту и максимальной скорости ударных сотрясений

Степень тяжести поражения	Клиническая характеристика ударных травм			Максимальная скорость ударных сотрясений или соударений, м/с
	при прямом действии ударных сотрясений (первичные поражения) в позе		при косвенном действии ударных сотрясений (вторичные поражения)	
	сидя	стоя		
I (легкая)	Сотрясение головного мозга. Ушибы мягких тканей области бедер, таза, спины. Ушибы органов малого таза	Сотрясение головного мозга. Ушибы суставов нижних конечностей. Изолированные переломы костей стопы. Переломы малоберцовой кости	Сотрясение головного мозга. Ушибы мягких тканей. Неосложненные вывихи суставов верхних конечностей — изолированные переломы костей предплечья, ключицы, одного-двух ребер. Ограниченные непроникающие ранения без повреждения крупных сосудов и нервов	> 3
II (средняя)	Ушибы головного мозга легкой и средней степени тяжести. Переломы тел и отростков позвонков без повреждения спинного мозга. Обширные ушибы мягких тканей области бедер, таза, спины. Переломы костей таза без повреждения внутренних органов	Ушибы головного мозга легкой и средней степени тяжести. Переломы тел и отростков позвонков без повреждения спинного мозга. Вывихи суставов нижних конечностей. Переломы костей стопы, большеберцовой кости или обеих костей голени	Ушибы головного мозга легкой и средней степени тяжести. Обширные ранения мягких тканей. Одновременные множественные переломы ребер. Закрытый пневмоторакс. Закрытые диафизарные переломы костей верхних конечностей	> 5
III (тяжелая)	Ушибы головного мозга тяжелой степени. Переломы костей таза с повреждением внутренних органов. Переломы тел и отростков позвонков с повреждением спинного мозга	Ушибы головного мозга тяжелой степени. Переломы костей бедер. Переломы тел и отростков позвонков с повреждением спинного мозга	Травмы груди и живота с повреждением внутренних органов. Множественные и открытые переломы костей конечностей. Ушибы головного мозга тяжелой степени	> 7
IV (крайне тяжелая)	Множественные и сочетанные травмы, несовместимые с жизнью			> 9

1.2.3. МОРФОФУНКЦИОНАЛЬНЫЕ ОСОБЕННОСТИ МИННО-ВЗРЫВНЫХ РАНЕНИЙ

Особым видом боевой хирургической патологии, привлекающим в последние годы большое внимание специалистов разного профиля, является минно-взрывная травма (МВТ). Благоприятные тактические возможности, относительная дешевизна и высокие поражающие свойства минного оружия способствовали его широкому использованию противоборствующими сторонами в Республике Афганистан.

В настоящее время широкое распространение получило предложенное нами деление минно-взрывной травмы на два основных клинических варианта: *минно-взрывные ранения* (МБР), возникающие преимущественно в результате контактного механизма подрыва у неэкранированного личного состава, и *минно-взрывные повреждения* (МВП), характеризующиеся, как правило, опосредованным (неконтактным) механизмом воздействия факторов взрыва обычно у защищенного личного состава.

Независимо от деталей механизма подрыва, у пострадавших с минновзрывной травмой на фоне тяжелого контузионно-коммоционного синдрома и кровопотери отмечаются отрывы или множественные ранения и повреждения тканей конечностей, нарушения функционального состояния внутренних органов, в совокупности определяющие течение раневого процесса и исходы лечения. Тяжесть первичных повреждений и течения травматической болезни у раненых, большое число раневых инфекционных осложнений, высокая инвалидизация стали побудительными мотивами проведения широких и разноплановых исследований данного вида боевой хирургической патологии, которые позволили бы предложить эффективную систему патогенетически обоснованных лечебных мероприятий.

Для выяснения существа и закономерностей патоморфологических расстройств в конечности, возникающих при взрывах противопехотных, противотанковых и противотранспортных мин, выполнено комплексное топографо-анатомическое, патогистологическое и рентгено-инъекционное ангиографическое исследование конечностей у пострадавших. Объектом исследования служили сегменты нижних конечностей, ампутированные у 42 раненых в первые 12-15 ч после ранения, а также биопсийный материал краев раны ампутационных культей, взятый у 19 раненых на 2-е, 3-и, 7-е, 10-е и 14-е сутки после травмы, Ряд принципиальных вопросов патогенеза минно-взрывной травмы в последующем выяснен в комплексных морфофункцио-

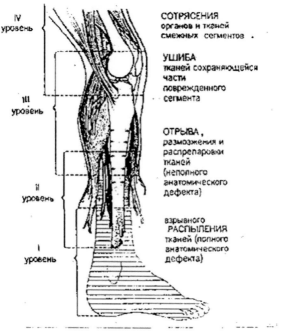

IV уровень

III уровень

II уровень

I уровень

СОТРЯСЕНИЯ
органов и тканей
смежных сегментов .

УШИБА
тканей сохраняющейся
части
поврежденного
сегмента

ОТРЫВА,
размозжения и
распрепаровки
тканей
(неполного
анатомического
дефекта)

взрывного
РАСПЫЛЕНИЯ
тканей (полного
анатомического
дефекта)

Рис. 6.1. Топографо-анатомические уровни
повреждения тканей при контактном
минно-взрывном отрыве конечности

нальных исследованиях на 32 животных (кролики и собаки) с применением оригинальной ее модели [Рыбаченко П. В. и др., 1988]. Характер и топография повреждений, состояние сосудов, эффективность гемомикроциркуляции, оценивались в острых (до 6 ч) и подострых (до 24 ч) опытах. По окончании опытов на животных производились топографо-анатомические и патогистологические исследования, соответствующие таковым проводившимся на материале, взятом у пострадавших при взрывах в боевой обстановке.

Результаты выполненных исследований показали, что в характере и топографии структурных и функциональных нарушений, возникающих у раненых в результате взрывной травмы, прослеживается ряд общих закономерностей, которые подтверждаются модельными экспериментами. Вместе с этим отмечены и существенные особенности различных вариантов травмы, что прежде всего обусловлено разными механизмами поражения личного состава минным оружием—в условиях открытой местности (МБР) или в бронеобъектах (МВП).

Морфологические исследования конечностей после МБР, выполненные с учетом футлярного строения стопы, голени и бедра, показали следующее. *Во-первых,* отмечена исключительная тяжесть и распространенность патоморфологических расстройств, выходящих за пределы оторванных сегментов. *Во-вторых,* установлено чрезвычайное многообразие вариантов хирургической анатомии ранений. Различия касались уровня отрыва конечности, тяжести структурных повреждений тканей, топографии раны. Полиморфизм выявленных повреждений находит объяснение как в разнообразии применявшихся боеприпасов, так и в различных вариантах положения тела и конечности пострадавшего, а также в их отношениях к минному устройству в момент подрыва.

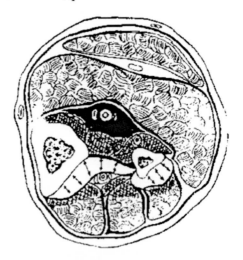

Рис. 6.2. Морфологические признаки расщепляющих ударно-волновых повреждений костно-фасциальных футляров (микроскопический уровень, средняя треть голени)

Независимо от особенностей контактного подрыва на мине, в тяжести местных и сегментарных морфофункциональных расстройств и их топографии выявляется ряд закономерностей. В качестве рабочей классификации все взрывные нарушения в конечности нами условно разделены на три топографо-анатомических уровня (зоны), отличающихся между собой качественными структурными характеристиками (рис. 6.1).

зона—отрыва, размозжения и отсепаровки тканей. Сущность изменений в этой зоне сводится к разрушению или полному анатомическому перерыву на разных уровнях кожи, сухожилий, мышц, костей, сосудисто-нервных образований, расслоению и механической отсепаровки наиболее прочных тканей, восходящей пневматизации «слабых мест»—рыхлых межуточных пространств фасциальных футляров и подкожной клетчатки (рис. 6.2). Для этого уровня характерны также значительные загрязнения тканей, сплошные кровоизлияния и необратимая дезинтеграция клеточных структур. Ее протяженность колеблется в широких пределах от 5-10 до 25-35 см, что определяется, по всей видимости, разнообразием боеприпасов, неодинаковым уровнем и углом приложения ударных сил взрыва, различными вариантами положения конечности в момент взрыва мины.

При отрывах передних отделов стопы и сохранении анатомической целостности пяточной кости мышцы переднего футляра голени имеют более выраженные прямые повреждения по сравнению с мышцами заднего футляра, защищенного костями. Если отрыв конечности переходит границу голеностопного сустава, то поражение всех трех футляров голени всегда оказывается более равномерным. Замечено также, что межмышечные щели, в норме открытые снизу (передняя группа мышц голени, группа малоберцовых мышц), поражаются на большем протяжении, чем межмышечные промежутки, закрытые снизу (камбаловидная и икроножные мышцы). При любых вариантах отрыва стопы и голени в тканях заднего костно-фасциального футляра голени относительно наименее тяжелые разрушения выявляются в икроножных мышцах и наиболее значительные—в мышцах глубокого слоя и на всем протяжении голеноподколенного канала. Эти данные представляют собой анатомо-физиологическую базу для выполнения нестандартных усечений конечностей, для производства ампутаций органосохраняющего типа и закрытия опила костей наиболее жизнеспособной мышцей, например, наружной ножкой икроножного мускула.

Рис. 6.3. «Лестничные» разрывы мышц

Морфологические находки, отнесенные нами к I зоне, свидетельствуют, что в генезе взрывных повреждений главную роль играют ударные волны в тканях (сжатия и деформации) и сверхвысокое давление струй раскаленных газов. Костно-фасциальная архитектоника конечностей, по-видимому, определяет анатомию раны.

з о н а — к о н т у з и и   т к а н е й   с о х р а н и в ш е й с я части разрушенного сегмента конечности. В основе патоморфологических изменений в данной зоне лежат множественные очаговые микроразрывы мышц по типу *«лестничных»* разрывов пучков и отдельных волокон (рис. 6.3), а также стенок крупных и мелких сосудов, следствием чего является возникновение сливных и очаговых кровоизлияний.

Рис. 6.4. Расщепляющие
ударно-волновые повреждения
кровеносного сосуда
(микроскопический уровень)

Отмечающиеся сегментарные сужения и расширения мелких артерий, очаговое исчезновение сосудистого рисунка на артериограммах указывают на стойкое нарушение кровотока в артериях в пределах зоны контузии (рис. 6.4). В периферических нервах сохранившейся части конечности обнаруживаются эндо—и эпиневральные кровоизлияния, выраженный отек клетки, эндо—и периневрия. Выявленные необратимые изменения в тканях носят, как правило, очаговый характер и отмечаются на фоне вторичных циркуляторных расстройств—сегментарного спазма или варикоза артерий, венозного полнокровия, тромбоза артериальных и венозных сосудов, острой дистрофии мышечной ткани, реактивных изменений аксонов периферических нервов. Все эти изменения (по глубине и распространенности) уменьшаются по мере удаления от зоны отрыва тканей. Максимальные нарушения локализуются, как правило, в области основных сосудисто-нервных пучков сохранившейся части сегмента конечности (рис. 6.5). Вместе с тем на всем протяжении II зоны выявляются участки совершенно не измененных тканей, доля которых увеличивается в проксимальном направлении. Важно подчеркнуть, что описанные изменения в той или иной степени наблюдаются на всем протяжении вскрытых в момент взрыва костно-фасциальных вместилищ разрушенного сегмента. В проксимальном направлении они закономерно распространяются до уровня прикрепления поврежденных мышц, т. е. проксимальнее суставной щели. Однако контузионные повреждения не захватывают закрытые мышечные футляры проксимального сегмента конечности.

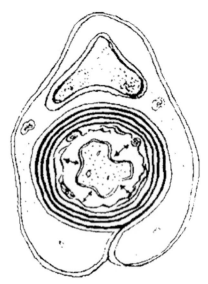

Рис. 6.5. Ультрамикроскопический уровень морфологических признаков ударно-волновых расщепляющих повреждений в мякотном нервном волокне

Наряду с дефектами костей и их скелетированием рентгенологически в пределах I и II уровней определялось локальное взрывное раздробление костных структур с крошковидными осколками, выявлялись линии многооскольчатых переломов с выбросом осколков за пределы отслоенных лоскутов мягких тканей, продольные трещины диафизов длинных трубчатых костей. В проксимальных отделах разрушенного сегмента иногда встречались косые или винтообразные диафизарные переломы, не связанные с основной зоной разрушения костей и мягких тканей, что, по-видимому, отражало ротационный, ад—или абдукционный вектор ударных воздействий на поврежденный сегмент.

Итак, принципиально важной закономерностью является то обстоятельство, что верхней границей уровня контузии мягких тканей при минно-взрывных ранениях является не линия суставной щели ближайшего сохранившегося сустава, а анатомическая граница вскрытого костно-фасциального футляра. Мышцы вышележащего сегмента конечности оказываются как бы защищенными своими фиброзными влагалищами. Протяженность уровня контузии тканей определяется проксимальной границей футляров сохранившейся части разрушенного сегмента конечности.

зона—коммоции тканей смежного сегмента конечности и восходящих циркуляторных расстройств. Отмечающиеся здесь структурные и функциональные нарушения характеризуются отрывом коллатералей от магистральных сосудов, гемоинфильтрацией основного сосудисто-нервного пучка, нарушением сосудистого тонуса, снижением дренажных свойств емкостных сосудов, реактивными изменениями аксонов отдельных периферических нервов, что и предопределяет длительные нарушения макро—и микроциркуляции, преимущественно под—фасциальных тканей.

В мышечной ткани отмечается очаговая зернистая дистрофия мышечных волокон. Максимум этих изменений концентрируется в областях, непосредственно примыкающих к основному сосудисто-нервному пучку. В самом пучке заметен отек паравазальной и параневральной клетчатки, микрокровоизлияния в области *vasa vasorum.* При помощи ангиографии удается выявлять отрывы мелких артерий от основной магистрали с экстравазацией контрастной массы вдоль сосудистой щели и сегментарным исчезновением рисунка боковых сосудов. Таким образом, ткани сохранившегося при взрыве мины сегмента конечности претерпевают существенные, хотя и обратимые, структурные и функциональные изменения, которые локализуются главным образом в области основного сосудисто-нервного пучка.

Проведенные морфологические исследования дают основание утверждать, что фасциальный каркас конечности является своеобразным кондуктором распространения ударной волны в тканях повреждаемых сегментов. Напротив, при сохранении целостности соединительно-тканного каркаса—фасциальный аппарат является защитным экраном для подфасциальных структур. По-видимому, ударные волны, преобразуясь в футлярах разрушенного сегмента в гидродинамические, распространяются в проксимальном направлении прежде всего по сосудистым магистралям, определяя повреждения смежных и отдаленных сегментов.

Исходя из изложенных фактических данных, можно предположить, что любая ампутация конечности при минно-взрывном ранении не будет радикальной с точки зрения возможности выполнения ее в неизмененных тканях. При ампутации голени в сохраняемой культе будут оставаться необратимые очаговые нарушения в мышцах и сосудах (II зона). При ампутации бедра операционная рана будет располагаться в зоне выраженных расстройств макро—и микрогемоциркуляции (III зона). Безусловно, чем дистальнее уровень отрыва конечности, тем количественное выражение выявленных нарушений окажется меньшим. Однако исключить их неблагоприятное влияние на дальнейшее течение репаративных процессов в тканях конечности полностью нельзя. Это подтверждают морфологические исследования, проведенные в послеоперационном периоде.

Изучение биопсийного материала у 19 раненых, послеоперационный период у которых протекал без тяжелых гнойно-некротических осложнений, показало, что в ране ампутационной культи в ближайшие несколько суток преобладают альтеративно-экссудативные процессы. Наряду с отеком тканей, кровоизлиянием, в течение трех суток формируется краевой некроз, более выраженный и распространенный в мышечной ткани. Демаркационная линия представлена лейкоцитарной инфильтрацией, распространяющейся вдоль межмышечных и межфасциальных промежутков далеко за пределами опила кости. Нервные волокна в ране теряют миелин, многие из них гибнут.

К концу первой недели в препаратах тканей начинает обнаруживаться грануляционная ткань. Зона Некроза и демаркационная линия к этому сроку более выражены, а граница между ними более отчетлива. На 10-14-е сутки начинает формироваться рубцовая ткань. Некротические ткани отторгаются. Мышечные волокна переживают дистрофические изменения, вплоть до полного перерождения и гибели одних и атрофии других. В сосудах ампутационной культи наблюдаются панваскулит, организация тромбов, запустевание отдельных участков сосудистого русла.

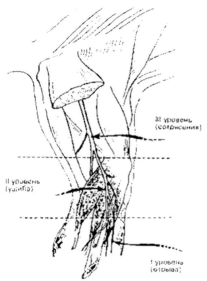

Рис. 6.6. Схема зон взрывного поражения тканей тазовой конечности собаки при минно-взрывном отрыве голени на уровне средней трети

Для периферических нервов характерно разрастание эндо—и перинев—ральной соединительной ткани, гиперплазия шванновских клеток, формирование травматических невром и нейрофибром.

В целом картина морфологических изменений в тканях культи конечности на протяжении ближайших двух недель после ампутации свидетельствовала, с одной стороны, о значительном объеме паранекротических изменений в ране, а с другой—об отчетливой задержке всех фаз воспаления—от формирования участков некроза до пролиферативных изменений.

Таким образом, даже при относительно благоприятном течении раневого процесса в ампутационной культе, результаты биопсийных исследований свидетельствуют о сохранении стойких остаточных сосудистых и нейротрофических расстройств в конечности, пострадавшей при контактном поражении минным боеприпасом, что нельзя не учитывать при выборе варианта хирургического лечения раненого и способа ведения послеоперационного периода.

Проведенные на экспериментальных наркотизированных животных исследования подтвердили однотипный характер местных и сегментарных повреждений тканей конечностей. В результате подрыва специального минного устройства под правым скакательным суставом животных, находящихся в вертикальном положении на щите, возникал отрыв правой голени в верхней трети со скелетированием костей (рис. 6.6), множественными ранами мягких тканей правой голени и бедра, а также левой голени, бедра и промежности с разрывом мошонки и выпадением яичка в рану.

Патоморфологические расстройства в тканях вскрытых футляров голени оказывались более тяжелыми, чем аналогичные поражения тканей во вскрытых футлярах бедра. Максимум расстройств концентрировался вокруг переднего и заднего сосудисто-нервных пучков голени.

Центральными вопросами хирургической и последующей лечебной тактики, требующими безотлагательного решения при оказании помощи пострадавшим с МБР на этапах квалифицированной и специализированной хирургической помощи, являются определение оптимального уровня ампутации при отрывах и разрушениях конечностей и выработка патогенетически оправданной лечебной программы в послеоперационном периоде. От правильного решения этих вопросов зависят последующее течение раневой болезни, раневого процесса в ампутационной культе, возникновение местных и общих осложнений, их характер, а в конечном итоге—исход травмы.

Исходя из полученных данных, *наиболее предпочтительным уровнем ампутации при МБР является зона тканей, изменения в которых в значительной мере носят обратимый характер.* Согласно предложенной классификации, это III уровень либо проксимальные отделы II уровня (при дистальных отрывах голени). Клинически эти уровни дифференцируются способностью к сокращению мышечных волокон, умеренно выраженным травматическим отеком тканей, отсутствием сливных кровоизлияний. Чрезвычайная сложность топографо-анатомических взаимоотношений тканей взрывной раны диктует необходимость изыскания дополнительных диагностических способов и приемов. Важное место среди них принадлежит рентгенологическому методу.

Анализ артериограмм, выполненных на этапе специализированной помощи, в сроки от 12 до 24 ч с момента травмы, и сопоставление их с макро—и микроскопическими морфологическими изменениями тканей поврежденного сегмента конечности позволяют сделать вывод о целесообразности выполнения ампутации на уровне сниженного, но сохраненного артериального и капиллярного кровотока, соответствующем II-III уровням поражения по данным клинико-морфологических исследований.

Очевидно, что в боевой обстановке на этапах медицинской эвакуации при массовом поступлении раненых с МБР нет необходимости расширять показания к ангиографическим исследованиям. В этой связи была предпринята попытка комплексно оценить обычные обзорные рентгенограммы поврежденных конечностей. Установлено, что достоверные данные о степени и распространенности повреждения могут быть получены при условии именно комплексной оценки всего разнообразия рентгенологических проявлений (табл. 6.1). Наиболее важные из них—дефекты мягких тканей (75,1%), дефекты кости (66,3%), отечность и потеря дифференцировки мягких тканей (75,1%), многооскольчатый характер переломов и растрескивание костей (72,9%), раздробление кости с крошковидными осколками (57,5%), выброс костных осколков за пределы мягкотканных лоскутов (57,5%), выстояние обнаженных концов костей (61,9%) и др. Совокупное наличие 4-5 и более из названных рентгенологических признаков дает основание относить данный участок повреждений к I—II зонам МБР. Что касается III зоны, то она условно может совпадать с верхней границей отека мягких тканей, который чаще охватывает весь периметр конечности, захватывает кожу, подкожную клетчатку, ведет к потере дифференцировки межмышечных пространств, сухожилий и фасций.

Таким образом, проведенные исследования позволяют рекомендовать методические приемы, практическое использование которых дает возможность с наибольшей вероятностью определить целесообразный уровень ампутации при минно-взрывных отрывах конечности. В свою очередь, выбор оптимального уровня ампутации служит основой формирования стратегии и тактики максимально благоприятного течения раневой болезни и эффективного лечения раненых.

Таблица 6.1

Характер и структура распределения рентгенологических симптомов
при минно-взрывных ранениях (в % по группам)

Рентгенологические симптомы	Группа минно-взрывных ранений			
	отрывы и размозжения конечностей	МВР с множественными переломами костей	МВР с изолированными переломами костей	МВР с множественными осколочными ранениями только мягких тканей
Металлические осколки (первичные ранящие снаряды)	39,4	61,1	81,2	95,4
Осколки неметаллической плотности (первичные и вторичные ранящие снаряды)	44,2	22,2	15,6	8,6
Выстояние обнаженных концов костей	61,9	11,1	9,3	—
Отрыв по суставной щели	13,2	—	—	—
Дефект кости	66,3	27,7	21,8	—
Заброс воздуха в мягкие ткани (от 5 до 15 см с уровня отрыва)	40,4	27,2	18,7	6,5
Дефект мягких тканей	75,1	55,5	37,5	6,5
Отечность и потеря дифференцировки мягких тканей	75,1	66,6	62,5	26,0
Раздробленный перелом, продольное растрескивание кости	72,9	61,1	53,1	—
Размельчение кости с крошковидными осколками	57,5	11,1	9,3	—
Выброс костных осколков за пределы мягких тканей	57,5	16,6	18,5	—
Проникновение трещин в полость сустава	19,9	16,6	15,6	—
Симптомы анаэробной инфекции мягких тканей	5,7	—	—	—
Закрытые переломы вне зоны взрывного повреждения конечности	15,3	16,6	12,5	—
ВСЕГО РАНЕНИЙ	104	18	32	46

На этапе квалифицированной хирургической помощи с учетом складывающейся боевой и военно-медицинской обстановки усечения конечностей при их «минно-взрывных отрывах» целесообразно осуществлять наиболее щадящим способом.

На этапе специализированной медицинской помощи, в зависимости от характера течения раневого процесса, сроков поступления и состояния раненых, выполняются оперативные вмешательства, направленные на закрытие раны культи:

— отсроченный первичный или вторичный шов раны;
— типичные повторные усечения культи с формированием кожнофасциальных лоскутов;

— атипичные щадящие вмешательства по типу расширенных некрэктомий и вторичной хирургической обработки раны;

— дерматомная кожная пластика раневой поверхности торца культи.

Возможно сочетание перечисленных выше оперативных вмешательств.

При адекватной терапии раневой болезни и проведении эффективных мероприятий по предупреждению гнойно-некротических осложнений возрастают шансы сберегательного хирургического лечения—сохранение функционально активных звеньев поврежденной конечности с возможностью полноценного протезирования в последующем.

Особое внимание уделялось изучению состояния внутренних органов. Известно, что у пострадавших с МВР помимо отрывов и разрушений конечностей в 24% случаев отмечаются ранения и закрытые повреждения черепа, в 21%—ранения живота, в 18%—ранения груди, а в 36%—закрытые повреждения внутренних органов [Хабиби В. и др., 1988].

Для экспресс-диагностики топографии и масштабов повреждений внутренних органов у животных использовали внутривенное введение прижизненного красителя (10% раствор димифена голубого). Окрашивание органов контролировали во время торако—и лапаротомии.

У всех животных в разные сроки после травмы отмечали отсутствие окраски базальных сегментов правого, а в некоторых случаях и левого легкого. При гистологическом исследовании этих зон наблюдались отек межуточной ткани, венозная гиперемия, множественные ателектазы, паравазальные кровоизлияния. У трети животных находили неокрашенные участки сердца на его диафрагмальной поверхности, в некоторых случаях при гистологических исследованиях отмечали скопление эритроцитов в микрососудах и разрывы мышечных волокон.

Почти у половины животных на диафрагмальной поверхности печени уже в первые 6 ч после экспериментального МВР выявляли участки паренхимы (от 4 x 5 см до 1 x 2 см), не воспринимавшие краску. При их гистологическом исследовании находили разрывы центральных вен с экстравазатами, венозное полнокровие.

Спустя 24 ч в таких зонах выявляли очаги деструкции паренхимы с лейкоцитарными инфильтратами. Лишь у 4 из 32 животных были обнаружены неокрашенные участки толстой и тонкой кишки. При микроскопии в них обычно находили разрыхление и расслоение подслизистого слоя, разрывы венул с небольшими экстравазатами. В ганглиях нервного мышечно-кишечного сплетения в ранние сроки после травмы отмечали аргентофилию нейронов, вакуолизацию клеток II типа Догеля, которые нередко имели протоплазматические выросты. В последующем (через 24 ч) помимо отмеченных реактивных изменений в нейронах появлялись признаки деструкции: «обрывы» дендритов, исчезновение ядер и ядрышек и т. п., что свидетельствовало о грубых нарушениях в системе местных рефлекторных дуг кишечника.

Проведенные эксперименты подтвердили избирательность повреждений внутренних органов при МВР: легкие страдали у всех животных, печень—у 40%, сердце—у 30%, а полые органы брюшной полости—в единичных наблюдениях.

Таким образом, минно-взрывные ранения характеризуются рядом морфофункциональных особенностей как на местном и сегментарном уровнях, так и целостного организма. Выявленные закономерности представляют собой органическую основу раневой болезни при этом специфическом виде огнестрельной травмы.

1.2.4. Клинико-морфологические особенности минно-взрывных повреждений

Множество видов и форм боеприпасов взрывного действия, различные варианты тактического применения минного оружия, многочисленных минометных, гранатометных и ракетно-артиллерийских систем, неодинаковая защищенность личного состава от их поражающих факторов обусловливают разнообразие взрывных поражений и их клинических форм. В данном разделе обобщены некоторые вопросы патогенеза, клиники, диагностики и лечения минно-взрывных повреждений.

Патогенетически минно-взрывные повреждения представляют собой боевую сочетанную травму, характеризующуюся рядом специфических особенностей. Как правило, это изолированные и множественные, преимущественно закрытые, а также открытые переломы костей, сочетающиеся с закрытыми повреждениями внутренних органов, головного и спинного мозга. МВП обычно возникают у личного состава, в большей или меньшей степени защищенного автомобильной или бронетанковой техникой от прямого воздействия на тело поражающих факторов взрыва фугасов, противотанковых и противотранспортных мин. Их тяжесть зависит от многих составляющих, но прежде всего от мощности боеприпаса, конструктивных особенностей техники, месторасположения личного состава в ней по отношению к области наибольшего приложения импульса ударных ускорений взрывной волны. Существенную роль также играет рельеф интерьера на штатных местах экипажа—компоновка технических устройств, механизмов, приборов, вооружения. Влияние этих факторов исключительно велико: диапазон взрывных поражений у членов одного экипажа боевой машины может варьировать от несовместимых с жизнью повреждений у одних пострадавших до незначительных изолированных ушибов тела с легкими контузионными расстройствами ЦНС и психики у других. Этими же особенностями объясняется сформировавшееся в условиях минной войны стремление военнослужащих во время движения техники в боевой колонне располагаться «на броне». В случае подрыва бронеобъекта на противотанковой мине возникающие за счет метательного эффекта взрыва повреждения оказываются несоизмеримо меньшими, чем повреждения у членов экипажа, находящихся внутри техники. Возникает, однако, проблема повышения эффективности индивидуальных средств защиты неэкранированного броней личного состава от пуль и осколков.

Повреждения опорно-двигательного аппарата и внутренних органов при подрывах боевой техники имеют ряд особенностей, которые носят как количественный, так и качественный характер. Принципиально важным этиопатогенетическим моментом, определяющим характер и тяжесть МВП, является степень разрушения броневой защиты при подрыве техники на мине или фугасе. В случаях сохранения броневой защиты на первый план выступает действие мощного забронового удара и следующих за ним многократных волнообразных колебаний металлических поверхностей. В результате возникают повреждения костей и внутренних органов, аналогичные «палубным» травмам у моряков при подрывах кораблей на морских минах (рис. 6.7). В известной мере отдаленным аналогом МВП в мирное время может служить кататравма—биологическая сумма повреждений, возникающих при падении человека с высоты.

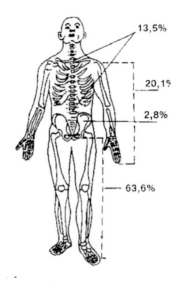

13,5%

20,1%

2,8%

63,6%

Рис. 6.8. Локализация переломов при минно-взрывных повреждениях

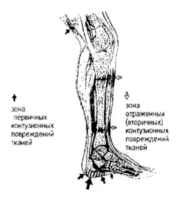

зона первичных контузионных повреждений тканей

зона отраженных (вторичных) контузионных повреждений тканей

Рис. 6.7. Характер и зоны первичных и вторичных контузионных повреждений нижней конечности при МВП

Ведущим компонентом МВП являются множественные и сочетанные переломы костей скелета преимущественно закрытого и оскольчатого характера. В первую очередь они возникают в сегментах тела, обращенных к центру взрыва, а за счет отбрасывания тела и противоудара о предметы техники—с противоположной стороны. У 63,6% пострадавших с МВП диагностированы переломы костей нижних конечностей (рис. 6.8). Переломы костей верхних конечностей (20,1%) обычно возникали у лиц, сбрасываемых с поверхности бронетехники на землю, т. е. в результате метательного эффекта взрывной волны. Преобладание закрытых диафизарных переломов длинных трубчатых костей (рис. 6.9) отличает МВП на сухопутном театре военных действий от типичных «палубных» переломов у моряков, основную массу повреждений которых составляли переломы пяточной и таранной костей, переломовывихи стопы, компрессионные переломы позвоночника. Ранения мягких тканей конечностей в случаях сохранения бронезащиты возможны, но не являются типичными.

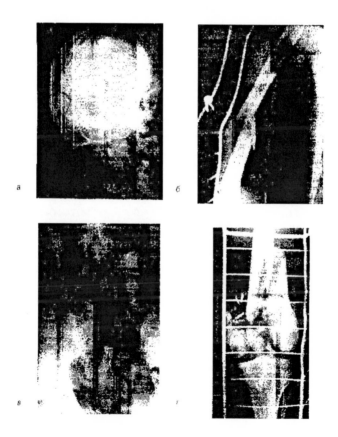

Рис. 6.9. Характер наиболее типичных переломов костей при минно-взрывных повреждениях (а, б, в, г)

Сложившиеся представления о патогенезе МВП существенно дополнены проведенными нами инъекционными рентгенконтрастными, гистотопографическими и гистологическими исследованиями нижних конечностей у погибших, а также ампутированных нижних конечностей при наличии соответствующих показаний к выполнению этой операции (20 наблюдений). Установлено, что в пределах поврежденного сегмента конечности со стороны направления главного удара импульса ударной волны в покровных тканях и костно-фасциальных футлярах отмечаются обширные размозжения жировой клетчатки и мышц с гематомами или имбибицией кровью. Отмечено, что мягкие ткани костно-фиброзных вместилищ с противоположной стороны поврежденного сегмента имеют, как правило, менее тяжелые контузионные повреждения (см. рис. 6.7). Наряду с переломами костей в особо тяжелых случаях отмечались многократные нарушения целостности магистральных сосудов (чаще вен), с тромбозами и экстравазациями крови. В очагах контузии мягких тканей наблюдалось резкое обеднение сосудистого рисунка, в мышцах поврежденных сегментов—глубокие ишемические нарушения по типу острой зернистой дистрофии вплоть до развития очагов «восковидного» некроза. На фоне распространенных циркуляторных нарушений на всем протяжении поврежденного сегмента необратимые повреждения выявлялись лишь в зоне приложения основных ударных компонентов взрыва, в остальных отделах сегмента отмечавшиеся нарушения кровообращения носили вторичный характер. Четкой зональности патоморфологических расстройств, как это было установлено нами при МБР, при МБП не наблюдается.

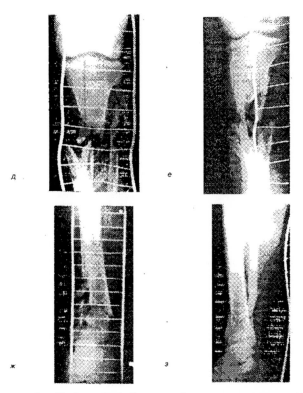

Рис. 6.9 (Продолжение). Характер наиболее типичных переломов костей при минно-взрывных повреждениях (д, е, ж, з)

При разрушениях броневой защиты МБП имеют иной характер. Как правило, это является результатом более высоких мощностей или большей эффективности использованных взрывных боеприпасов. К указанным выше закрытым повреждениям костей и мягких тканей, преимущественно, более тяжелым и множественным, добавляются ранения сегментов тела первичными и вторичными ранящими снарядами, отрывы и разрушения конечностей с типичной отсепаровкой и пневматизацией рыхлых тканей взрывными газами, глубокой импрегнацией в ткани горюче-смазочных веществ и окраской их в характерный сине-черный цвет. Максимальная тяжесть таких повреждений обычно локализуется со стороны центра взрыва, их тяжесть резко падает по мере удаления от места разрушения корпуса технического средства. Этим обстоятельством определяется также частая асимметрия в степени и характере повреждения противоположных конечностей у одного и того же пострадавшего. В целом эта категория раненых по характеру местных и сегментарных патоморфологических нарушений напоминает минно-взрывные ранения, однако несоизмерима с ними по тяжести общего состояния и обширности повреждений в различных анатомических областях.

Важнейшим патогенетическим звеном МВП является возникновение в момент взрыва сочетанных повреждений внутренних органов, туловища и конечностей под действием импульсного удара забронового взрыва, передающегося через технику на тело человека в виде своеобразной сейсмической волны с ударным ускорением, а при прорыве бронезащиты—прямого воздействия ударной волны, струй пламени и раскаленных газов, отбрасывания тела и противоударов внутри боевой техники. Вследствие этого у раненых и погибших при подрывах техники отмечаются разрывы и ушибы полых и паренхиматозных органов груди и живота, ушибы легких и сердца, различная степень кровоизлияний в клетчаточные пространства таза, забрюшинного пространства, средостения. У погибших при взрывах мин и умерших в ближайшие несколько суток после травмы обнаруживались макро—и микрокровоизлияния, тромбоз сосудов головного и спинного мозга.

Нарушения жизненно важных органов и систем, как правило, выявляются на фоне крайних степеней шока и кровопотери, а также признаков жировой эмболии. В особо тяжелых случаях МВП полиорганная недостаточность является ведущей и определяет исход травмы.

Диагностика всей совокупности повреждений скелета, внутренних органов и выявление ведущей патологии является важнейшим звеном системы лечебных мероприятий при МВП. *Характерными клиническими диагностическими признаками* переломов костей стопы, голени и повреждений тканей при МВП являются:

— выраженная отечность и напряженность кожных покровов и глубоких тканей поврежденных сегментов;
— наличие глубоких и обширных кровоизлияний;
— резкое ослабление или полное отсутствие артериальной пульсации;
— снижение мышечной активности;

— резкое снижение кожной температуры дистальных сегментов конечности (на 6-8° и более).

В ряде случаев объективная оценка жизнеспособности тканей травмированных сегментов возможна лишь после выполнения полузакрытых (подкожных) или широких открытых диагностических и декомпрессионных фасциотомий— преимущественно на стопе, голени и предплечье. Наличие глубоких поражений терминального сосудистого русла и снижение тканевого кровотока в конечности при МВП диктует необходимость ограничения показаний к рентгенконтрастным исследованиям сосудов, либо использования их с тщательным последующим промыванием сосудистого русла.

На этапах квалифицированной хирургической и специализированной медицинской помощи решение этой задачи достигается направленным клиническим обследованием в соответствии с патогенетическими особенностями МВП. Сюда относятся оценка неврологического статуса пострадавших, максимально полное рентгенологическое обследование поврежденных анатомических областей, электрофизиологическая диагностика ушибов сердца и мозга (ЭКГ, ЭЭГ), а при необходимости—и выполнение диагностических лапаро—и торакоцентезов.

Поскольку основу МВП составляют множественные, как правило, оскольчатые переломы костей, сочетающиеся с минной черепно-мозговой травмой различной степени выраженности и другими дистантными повреждениями внутренних органов, принципиальное значение в условиях современной войны приобретают следующие вопросы дальнейшего совершенствования организации оказания помощи на этапах медицинской эвакуации:

— сортировка;
— транспортная иммобилизация и транспортировка пострадавших;
— расширение диагностических возможностей ряда этапов медицинской эвакуации в целях выявления ведущего повреждения;

— возрастание практической значимости в диагностике и лечении огнестрельной сочетанной травмы таких специалистов, как анестезиологи, терапевты, невропатологи;
— критический анализ предусмотренного (имеющегося) списка имущества, в том числе медикаментозных средств, необходимых для эффективного оказания помощи, пересмотр и оптимизация его перечня.

1.3. ОСОБЕННОСТИ ПАТОГЕНЕЗА ТРАВМАТИЧЕСКОЙ БОЛЕЗНИ ПРИ БОЕВЫХ ПОВРЕЖДЕНИЯХ

Коллективный опыт хирургов, травматологов, реаниматологов и терапевтов, непосредственно занимавшихся лечением пострадавших от минного оружия, убеждает в том, что развивающиеся в ответ на специфическую взрывную травму патологические реакции организма сложны и взаимозависимы, изменчивы и непостоянны во времени. Их совокупность в своем развитии формирует ряд характерных синдромов и создает специфический патологический комплекс травматической (раневой) болезни пораженных взрывами. Успешное лечение таких раненых оказалось невозможным без понимания сущности всех этих компенсаторно-приспособительных и патологических реакций, их взаимосвязей, особенностей развития.

Тщательный анализ собственного клинического материала и результатов специально выполненных научных исследований позволил нам предложить и научно обосновать общую схему патогенеза взрывного поражения (рис. 7.1).

Поражающими факторами взрыва, действующими на организм человека одномоментно и в течение очень короткого промежутка времени, являются ударная волна (преимущественно), а также струи пламени и раскаленных газов, осколки минного устройства, вторичные ранящие снаряды. Сочетанное повреждающее действие на организм человека указанных факторов взрыва реализуется одномоментным высвобождением колоссальной энергии. Применительно к пострадавшим на открытой местности общий вектор повреждающих факторов взрыва во всех случаях направлен снизу вверх. В результате возникает специфическая огнестрельная травма, в патогенезе которой представляется возможным выделить две группы повреждений, запускающих каскад системных нарушений гомеостаза:

Обширные разрушения и повреждения тканевых структур конечностей, туловища и даже головы.

Общий контузионно-коммоционный синдром, обычно проявляющийся закрытой черепно-мозговой травмой различной степени тяжести и дистантными повреждениями внутренних органов груди и живота.

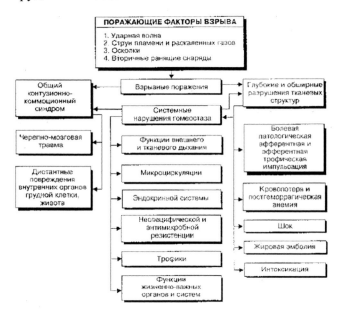

Рис. 7.1. Схема патогенеза взрывного поражения

В качестве примеров таких повреждений могут служить рис. 7.2-7.7 (рис. 7.2, 7.4, 7.7 см. цветн. вклейку).

Следствием разрушения и повреждения тканевых структур конечностей и туловища являются—травматический шок, кровопотеря за счет наружного, внутритканевого и внутриполостного кровотечений, постгеморрагическая анемия, эндогенная интоксикация—первоначально вследствие массированного поступления в кровеносное русло тканевых метаболитов из зоны взрывного разрушения мягких тканей. Травма сопровождается также выраженной болевой и патологической трофической (афферентной и эфферентной) импульсацией, которая в последующем в содружестве с микроциркуляторными расстройствами в значительной мере определяет характер и особенности течения раневого процесса.

Чрезвычайно серьезным и малоизвестным компонентом комплекса повреждений при минно-взрывной травме является *жировая эмболия,* которая, наряду с другими факторами, определяет глубину системных нарушений гомеостаза, особенно на начальных этапах развития травматической (раневой) болезни. Клиническая диагностика проявлений жировой эмболии затруднена шоком, кровопотерей, первичной интоксикацией.

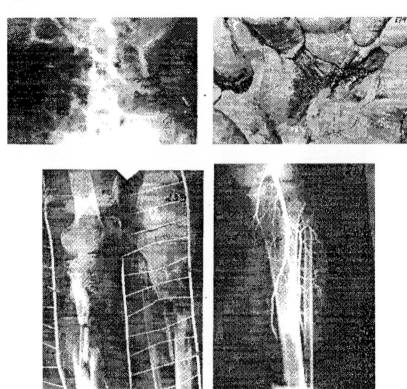

Вторым пусковым механизмом возникновения и развития системных нарушений гомеостаза являются дистантные повреждения головного мозга и внутренних органов, формирующие гамму соответствующих функциональных расстройств. Системные нарушения микроциркуляции, трофики, иммунной и эндокринной регуляции в свою очередь не только усугубляют выраженность клинических проявлений общего контузионно-коммоционного синдрома, но и угнетающим образом действуют на компенсаторно-приспособительные механизмы и реакции в зонах взрывных повреждений тканей. Таким образом, при взрывной травме вырисовываются два основных автономных патологических круга, связь между которыми более чем очевидна за счет формирующихся системных нарушений гомеостаза:

1. Общий контузионно-коммоционный синдром и системные нарушения гомеостаза.
2. Обширные повреждения тканевых структур и системные нарушения гомеостаза.

Принципиальных различий в патогенетических механизмах при различных вариантах взрывной травмы мы не усматриваем. Более того, в ряде случаев даже определение вида взрывной травмы (МВР или МВП) представляет известные трудности. Например, при подрывах бронетехники на противотанковых минах или фугасах возможны отрывы и другие прямые разрушения сегментов конечностей за счет прорыва внутрь бронеобъекта фронта воздушной ударной волны и других поражающих факторов взрыва минного боеприпаса. В свою очередь, при контактном подрыве человека на открытой местности всегда присутствует метательный эффект, вследствие которого возможно появление как изолированных, так и множественных закрытых переломов костей у раненого.

Следовательно, при любом виде взрывного поражения наблюдаются основные механизмы, представленные на общей схеме патогенеза. Однако степень их выраженности (соответственно и клинических проявлений) различна в зависимости от вида боевой травмы, мощности заряда минного боеприпаса и, наконец, срока, прошедшего с момента взрыва, начала и эффективности проводимых лечебных мероприятий, функционального состояния организма на момент подрыва и т. д.

Существенное влияние на механизмы развития защитно-приспособительных, компенсаторных и патологических реакций организма при минно-взрывной травме оказывают климатические и географические факторы региона, в котором ведутся боевые действия. В частности, в условиях жаркого сухого климата и горно-пустынного ландшафта Афганистана как у личного состава правительственных войск, так и у военнослужащих 40-й армии и аппарата Главного военного советника было характерно развитие состояния хронического эколого-профессионального стресса. Степень его выраженности у представителей тех или иных этнических групп существенно разнилась, а поэтому не учитывать влияние этого фактора в клинической практике лечения раненых было просто невозможно. Результаты специально выполненных нами исследований, иллюстрирующие разнообразие нарушений постоянства внутренней среды организма при минно-взрывной травме, могут служить лучшим тому подтверждением.

В основу разработки концепции травматической болезни у пораженных минным оружием положены современные представления теорий адаптации организма к экстремальным факторам внешней среды, шока, функциональных систем организма по ГГ. К. Анохину, а также травматической болезни при тяжелой механической травме мирного времени [Селезнев С. А., 1984; Насонкин О. С., 1987].

Опыт лечения пострадавших с тяжелой минно-взрывной травмой позволил выделить две группы факторов, ответственных за развитие у них травматической (раневой) болезни. *Во-первых,* это особенности поражающего действия современных огнестрельных снарядов, прежде всего—инженерных минных боеприпасов. Одной из таких особенностей является беспрецедентно высокий удельный вес множественных и сочетанных ранений. Это не только тяжелые огнестрельные, но и закрытые, открытые повреждения конечностей и внутренних органов одновременно нескольких анатомических областей в сочетании с общим контузионно-коммоционным синдромом. В связи с этим специфические морфофункциональные изменения тканей развиваются как в непосредственной близости от зоны повреждения, так и в отдаленных областях.

Во-вторых, влияние на организм человека медико-географических факторов—в условиях Афганистана, например, горно-пустынной местности, сильных ветров и песчаных бурь, пониженного парциального давления кислорода в атмосфере, дефицита питьевой воды, неблагоприятной эпидемиологической обстановки. Обследование здоровых военнослужащих афганской армии позволило выявить у них напряжение основных систем жизнеобеспечения организма—кровообращения, дыхании, метаболизма, выделения. Особое значение в этом ряду приобретает психоэмоциональный стресс, обусловленный боевой обстановкой и воздействием на организм неблагоприятных факторов внешней среды, а также особая обстановка, складывающаяся непосредственно после масштабного террористического акта. Такое состояние, получившее в литературе наименование «боевой стресс», а в случае длительного воздействия боевой обстановки—«боевая усталость», следует рассматривать как неблагоприятный фон в случае получения ранения.

Таким образом, тяжелые местные и сегментарные нарушения тканей, контузионно-коммоционные повреждения ЦНС и внутренних органов являются мощным пусковым фактором для целого ряда компенсаторно-приспособительных и патологических сдвигов во всех ведущих функциональных системах организма. Результаты клинических и патофизиологических исследований свидетельствуют о выраженной фазности в развитии системных нарушений, что позволяет рассматривать их как проявление травматической (раневой) болезни. В течение травматической болезни у пострадавших от взрывов мы рассматриваем пять периодов (рис. 7.8).

I *период—реактивно-токсический (до 1 сут).* В течение первых суток после взрывной травмы у раненых развивается бурная неспецифическая реакция, проявляющаяся в возбуждении системы нейрогуморальной регуляции с резким повышением в крови и моче гормонов «стресса». Параллельно регистрируется повышение концентрации эндогенных токсинов, ферментов, недоокисленных продуктов (миоглобина, молекул средней массы, трансаминаз, продуктов гликолиза и др.)—Кровопотеря и шок сопровождаются выраженными системными изменениями макро—и микрогемоциркуляции, главными чертами которых являются гиповолемия, централизация кровообращения, спазм периферических сосудов и возрастание сосудистого сопротивления кровотоку. Полная декомпенсация жизненно важных функций в этом периоде развивалась у 26,4% от общего числа умерших.

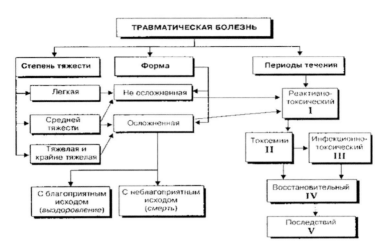

Рис. 7.8. Схема травматической болезни у пораженных при взрыве

II период—токсемии (2-3 сут), характеризуется усиленным поступлением из периферических тканей эндотоксинов на фоне выраженной общей гипоксии тканей сложного генеза—гипоксической, циркуляторной, гемической и гистотоксической. Клинически это выражается в нарастании признаков легочно-сердечной, почечно-печеночной недостаточности с морфологическим подтверждением дистрофических изменений в почках, печени, миокарде у умерших в эти сроки. Доля последних среди всех умерших составила 27,3% случаев.

III период—инфекционно-токсический (от 4-6 сут до нескольких недель). В этом периоде у раненых на первый план выступают резкое угнетение клеточных и гуморальных факторов иммунитета с развитием местных и общих инфекционных осложнений—нагноение ран, пневмонии, трахеобронхиты, сепсис и др. Изменяется характер токсемии. На смену миоглобинемии приходит бактериальная токсемия.

Инфекционно-токсический период прослеживается не у всех раненых. Комбинированная антимикробная терапия и активная профилактика осложнений позволяют улучшить течение травматической болезни. Однако если этот период развивается, то зачастую протекает с неблагоприятным исходом-36,3% от всех умерших приходится на III период.

Таким образом, для всех первых трех периодов травматической болезни характерна токсемия, но ее природа по периодам течения болезни принципиально разнится. Если сразу после взрыва интоксикация обусловлена аутолизом разрушенных тканей, а в последующие дни—недоокисленными продуктами метаболизма, то в последующем—инфекционными факторами.

IV период—восстановительный (до 2-4 мес), характеризуется замедленным восстановлением нарушенных физиологических функций и обменных процессов в организме. У пострадавших отмечается вялое заживление ран, длительная анемия, медленная нормализация белкового и липидного обменов. В связи с этим завершить медицинскую реабилитацию раненых представляется возможным лишь спустя 2-4 мес, т. е. в следующем периоде.

V период—последствий. Для него характерны наличие разнообразных анатомических дефектов конечностей, последовательных сопряженных биомеханических дефектов конечностей, последовательных сопряженных биомеханических изменений опорно-двигательного аппарата и функциональной недостаточности конечности как органа.

Преобладающие факторы периодов течения травматической болезни представлены в табл. 7.1.

Таблица 7.1

Преобладающие факторы периодов травматической болезни при МВР

Периоды	Патофизиологические и анатомоклинические особенности
I — реактивно-токсический (от нескольких часов до 1 сут)	«Перевозбуждение» ЦНС, первичный болевой синдром; поступление эндотоксинов в кровяное русло; низкий ОЦК на фоне массивной кровопотери
II — токсемии (2—3 сут)	Наличие большого количества эндотоксинов, гипоксия смешанного типа с избыточным количеством недоокисленных продуктов обмена; дистрофические изменения в миокарде, печени, почках и других органах
III — инфекционно-токсический (от 4—6 сут до нескольких недель)	Уменьшение количества эндотоксинов; развитие раневых и других инфекционных осложнений на фоне снижения иммунобиологической сопротивляемости организма
IV — восстановительный (до 2—4 мес)	Постепенное восстановление нарушенных функций (показатели красной крови, общего белка и фракции сыворотки крови, иммунологические показатели и т. д.)
V — последствий	Наличие анатомического дефекта конечности и функциональных нарушений

Таким образом, поражающее действие взрыва характеризуется тяжелой сочетанной травмой—повреждения 2-4 сегментов конечностей сочетаются, как правило, с общим контузионно-коммоционным синдромом (черепно-мозговая травма и повреждения внутренних органов). Огнестрельная рана, возникающая в результате контактного взрыва мины, характеризуется чрезвычайной обширностью, глубиной и специфичностью разрушений тканевых структур конечностей, что отличает ее от типичных огнестрельных ран, нанесенных пулями и осколками.

Суммируя изложенное, можно прийти к заключению, что взрывные поражения человека должны рассматриваться как огнестрельная политравма, требующая особой системы патогенетически обоснованных лечебных мероприятий. Принципиально важным должен стать вывод о том, что масштабы и особенности структурно-функциональных повреждений в конечностях и организме в целом у большинства пострадавших не позволяют нацеливать хирурга на изначально радикальную и раннюю первичную хирургическую обработку ран и повреждений. Принципы сберегательного лечения раненых с травмами конечностей, страстным поборником которого в XIX веке был Н. И. Пирогов, должны учитывать определенную вероятность развития местных и общих осложнений раневого процесса за счет глубоких остаточных функционально-морфологических расстройств.

1.3.1. МИКРОЦИРКУЛЯТОРНЫЕ НАРУШЕНИЯ

Среди общепатологических проблем теоретической медицины особое внимание клиницистов привлекают вопросы микроциркуляции (МЦ). Это обширная область биологической и медицинской науки о закономерностях циркуляции биологических жидкостей (крови, тканевой жидкости, лимфы) в тканях на микроскопическом уровне. Наибольшее значение имеют исследования по оценке роли нарушений микроциркуляции в патогенезе отдельных заболеваний и патологических состояний [Алексеев П. П., 1975; Казначеев В. И., Дзизинский А. А., 1975; Чернух А. М., 1979]. Микрососудистое русло представляет собой конечное звено транспортной системы, осуществляющей функцию кровообращения. Именно на уровне микроциркуляции обеспечивается транскапиллярный обмен, создающий постоянство внутренней среды организма—гомеостаз, а в обеспечении обменных процессов заключается одна из важнейших ее функций—трофическая [Куприянов В. В., Колмыкова В. П., 1979].

Изучение патогенеза боевой травмы привлекло внимание к проблеме взаимосвязи между характером сосудистых реакций в тканях огнестрельной раны и особенностями течения раневого процесса. Именно своеобразием сосудистых и микрососудистых нарушений объясняли И. В. Давыдовский (1952) и С. С. Гирголав (1956) осложненное течение огнестрельных ран. Патологические изменения в тканях рассматривались ими как следствие нарушений гемодинамики, ведущих к гипоксии и гипотрофии. Это направление получило развитие в трудах Е. А. Дыскина и Л. П. Тихоновой (1979), Е. А. Дыскина (1978, 1981), А. Н. Беркутова и Е. А. Дыскина (1979), И. И. Дерябина и М. И. Лыткина (1979). Большое значение придается изучению общих реакций организма на огнестрельную травму. В частности, Е. А. Дыскиным (1981) и его сотрудниками были выявлены и изучены морфологические изменения в нейронах—звеньях рефлекторной дуги, причем наиболее выраженными они оказались в афферентной ее части. Выявлены были также изменения микроциркуляторного русла и нервных аппаратов в органах, которые непосредственно не подвергались огнестрельному ранению. Как считает А. М. Чернух (1975), нарушения микроциркуляции и, в конечном итоге, перфузии органов и тканей кровью играют существенную роль в патогенезе и исходе шокового синдрома и травматической болезни вообще. Видимо, нарушения микроциркуляции являются важнейшим звеном того порочного круга, который в конце концов приводит к срыву компенсаторных и приспособительных реакций и возможностей организма (рис. 7.9).

Исследования микроциркуляции осуществлены у 37 пострадавших с минно-взрывными отрывами и разрушениями дистальных сегментов нижних конечностей вследствие подрывов на противопехотных минах. Непосредственно после доставки раненых на этап хирургической помощи производилась комплексная оценка МЦ по принятой нами методике. Краткая характеристика пострадавших по степени выраженности шока и срокам поступления в госпиталь представлена в табл. 7.2, данные которой свидетельствуют о значительной тяжести обследованного контингента раненых.

Таблица 7.2

Выраженность шока и сроки поступления раненых с МВР

Диагноз	Общее количество раненых	Доставлены в состоянии шока		Сроки поступления с момента ранения (ч)				Умерло в течение первых суток
		IV ст. (терминальное состояние)	II-III ст.	1	2-3	4-6	более 6	
Минно-взрывные ранения с отрывами дистальных сегментов нижних конечностей	37	5	19	17	12	5	3	6

Около половины раненых на этап квалифицированной хирургической помощи поступали или вообще без оказания какого-либо медицинского пособия на поле боя и догоспитальных этапах медицинской эвакуации, или же доставлялись с грубыми нарушениями приемов оказания первой медицинской помощи. Инфузионная терапия и полноценное обезболивание, рассматриваемые нами в качестве основных противошоковых мероприятий, выполнялись только после поступления раненых в приемное отделение лечебного учреждения. Таким образом, обследованный контингент раненых в силу реально сложившейся боевой и медицинской обстановки в конкретном регионе Афганистана находился в довольно неблагоприятных условиях.

Многокомпонентность системы микроциркуляции и множественность влияющих на нее факторов предопределяют комплексный подход к ее изучению. Для оценки состояния раненого и эффективности лечебных мероприятий в полевых и госпитальных условиях нами была разработана и использована система комплексной оценки микроциркуляции. Выделено несколько направлений научно-клинического поиска, результаты которых в совокупности дают представление о функциональном состоянии микроциркуляции и ее изменениях в динамике посттравматического периода, в том числе и под влиянием применяющихся лечебных мероприятий.

Для оценки микроциркуляторных нарушений наибольшее значение имеют:

1. *Клинические проявления*—окраска кожных покровов и видимых слизистых, выраженность и характер вазомоторных реакций, пастозность и отечность тканей, почасовой диурез.
2. *Состояние микрососудов и условия кровотока в них* визуально оценивали методом биомикроскопии конъюнктивы глазного яблока с последующей оценкой изменений и выведением общего конъюнктивального индекса (ОКИ).
3. *Вискозиметрические свойства крови* оценивали по изменениям вискозиметрического коэффициента (ВК) методом вискозиметрии на бумаге по А. Ф. Пироговой и В. Д. Джорджикия (1963).
4. *Общее представление о состоянии микроциркуляции* достигалось методом интегральной электротермометрии с расчетом осевых (ОГ) и ректально-кожных градиентов (РКГ).

Метод биомикроскопии конъюнктивы глазного яблока (КБ) позволяет проводить детальную оценку состояния артериол, прекапилляров, капилляров, посткапилляров и венул, кровотока в отдельных микрососудах и периваскулярных пространствах [Bloch, 1954].

О высокой информативности КБ в клинической практике свидетельствуют данные Э. И. Дактаравичене (1966): доказано наличие корреляции с результатами изучения биоптатов склеры у добровольцев. Метод нашел применение в практике медицинской службы Военно-Морского Флота*. В работе использовали сконструированную на базе оптической части микроскопа МБС-2 установку переносного типа.

Для анализа изменений микрососудистого русла бульбарной конъюнктивы применяли систему качественно-количественной оценки микроциркуляции. Соответственно этой схеме, составленной на основании данных литературы и собственных наблюдений, все изменения микрососудов бульбарной конъюнктивы могут быть разделены на три группы:

Рис. 7.9. Порочный круг нарушений гемодинамики (по А. М. Чернуху. 1985: с дополнениями)

сосудистые, внутрисосудистые и внесосудистые (периваскулярные). Каждый признак изменений микроциркуляции оценивали одним баллом при его слабой выраженности, а по мере увеличения степени выраженности патологического признака оценка производилась на балл выше предыдущего (табл. 7.3).

Метод вискозиметрии на бумаге, использованный для изучения реологических свойств крови, основан на свойстве неодинакового растекания жидкостей с различной вязкостью на фильтровальной бумаге—площадь растекания жидкости на бумаге тем меньше, чем больше ее вязкость. Вискозиметрический коэффициент рассчитывали по формуле:

$$BK = \frac{R_1^2}{R_2^2} \cdot 2,$$

где R_1 — среднее значение диаметра водяного пятна; R_2 — среднее значение диаметра кровяного пятна.

Таблица 7.3

Качественно-количественная оценка изменений
микрососудистого русла бульбарной конъюнктивы

Характер изменений			Баллы
Сосу-дистые изме-нения	Неравномерность калибра	венул	1
		артериол	1
		капилляров	1
	Аневризмы	венул	1
		артериол	1
		капилляров	1
	Извилистость	венул	1
		артериол	1
		капилляров	1
		сосудистых клубочков	1
	Количество функциональных капилляров	увеличено	1
		уменьшено	1
		запустевание	2
		артериоло-венулярные анастомозы	1
	Артериоло-венулярные соотношения	1 : 3–4	1
		1 : 5–6	2
		1 : 7 и более	3
Индекс сосудистых изменений (ИСИ)			21
Внутри-сосу-дистые изме-нения	Изменения кровотока	замедленный	1
		ретроградный	2
		остановка кровотока	3
		бусообразный кровоток	1
	Феномен	агрегация в венулах	2
		агрегация в венулах и капиллярах	3
		агрегация в венулах, капиллярах и артериолах	4
		«тотальная агрегация»	5
Индекс внутрисосудистых изменений			21
	Внесосудистые (периваскулярные) изменения	мутный фон	2
		липидоз, пигментные пятна	2
		кровоизлияния	2
Индекс внесосудистых (периваскулярных) изменений (ИПИ)			6
Общий конъюнктивальный индекс			48

Наш опыт свидетельствует о высокой информативности этого метода и о возможности его применения для исследований в полевых условиях.

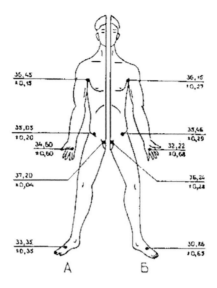

Рис. 7.10. Распределение кожной и
ректальной температуры (А — в норме;
Б — через 12 ч после минно-взрывной
травмы на фоне лечения)

Высокоинформативным методом оценки состояния периферического кровообращения, особенно в ранние сроки после ранения, является интегральная термометрия тела с расчетом осевых градиентов конечностей и кожно-ректального градиента [Фишкин В. И. и др.,

1981; Малова М. Н., 1985].

Для этого использовали многоканальный электротермометр на терморезисторах, разработанный Н.

Ф. Фоминым. Замеры кожной и ректальной температур производили в определенных точках непосредственно после поступления раненого в лечебное учреждение и в процессе лечения. Изначально исходили из научной посылки, что наиболее информативными являются не абсолютные величины температур, а их распределение и соотношение между «тепловым ядром» организма (температурой в прямой кишке, в подмышечной впадине, в области бедренного треугольника) и «оболочкой» (дистальные отделы конечностей, в частности, точки в межпальцевых промежутках на кисти и стопе). Распределение температур характеризовалось по так называемым осевым градиентам конечностей и по ректально-кожному градиенту. Это разница температур в подмышечной впадине и в межпальцевых промежутках на стопе, в прямой кишке и в паховой области. Увеличение градиента температур между «ядром» и «оболочкой» является свидетельством централизации кровообращения и нарушения микроциркуляции на периферии (рис. 7.10).

Наиболее тяжелые изменения микроциркуляции отмечены у раненых в терминальном состоянии (АД$_{сист.}$ ниже 60 мм рт. ст.). У них наблюдалось повышение общего конъюнктивального индекса до 7,27 + 0,35 балла *(норма 3,75± 0,26;p< 0,01),* снижение вискозиметрического коэффициента (ВК) до 5,17 ±0,36 ед. *(норма 6,51 ±0,23; p<0,05*), резкое повышение осевых (до 7,57 ± 0,49°C) и кожно-ректальных (9,41 ± 0,59°C) градиентов. Эти данные свидетельствовали о централизации кровообращения и нарушении периферического кровотока в первые часы после тяжелой огнестрельной травмы.

Проведение эффективной противошоковой терапии в течение 6-12 ч, обязательными компонентами которой являлись остановка кровотечения и восполнение дефицита объема циркулирующей крови (ОЦК), обезболивание и иммобилизация поврежденной конечности, характеризовалось стабилизацией показателей микроциркуляции: ОКИ снижался до 5,89 ±0,26 балла, ОГ—до 1,29 + 0,17°C, РКГ—до 2,56 ± 0,17°C. Существенных изменений ВК отмечено не было. К концу первых суток анализируемые показатели микроциркуляции практически не изменялись. От этих цифр, характеризующих ее динамику под влиянием активных противошоковых мероприятий в течение первых суток после ранения, практически не отличались показатели у раненых с менее тяжелой травмой (с шоком II—III ст. или без травматического шока).

Таким образом, результаты проведенных исследований микроциркуляции у пострадавших с минно-взрывной травмой показали, что в течение первых часов после ранения выявляются ее глубокие нарушения, причем их выраженность полностью коррелирует с тяжестью ранения и шока. Установлено, что и после выведения раненых из шока выраженность изменений большинства изучаемых показателей микроциркуляции сохраняется в течение длительного времени. А это дает основание полагать, что дальнейшее течение травматической болезни с последующим как благоприятным, так и неблагоприятным исходом протекает на соответствующим образом измененном микроциркуляторном фоне.

1.3.2. Артериальная воздушная эмболия

Артериальная воздушная эмболия, достаточно хорошо известная врачам-спецфизиологам ВМФ как тяжелое, а порой и смертельное осложнение баротравмы легких у подводников, привлекает все более пристальное внимание военных врачей, занимающихся лечением пораженных боеприпасами взрывного действия. Интерес к этой проблеме при взрывной травме вырос благодаря научным исследованиям последних десятилетий, позволившим объяснить несоответствие тяжести состояния пострадавших от взрыва объему выявляемых повреждений [Phillips Y. et al., 1991].

Первыми, кто установил связь артериальной воздушной эмболии с поражением легких при взрыве, были немецкие исследователи T. Ben—zinger, H. Desaga, R. Rossle (1947). В опытах на животных они доказали, что повреждение альвеолярных стенок и легочных сосудов при взрыве может привести к образованию альвеоловенозных фистул и проникновению альвеолярного воздуха в легочные вены, левые отделы сердца и системные артерии. По данным R. Rossle, воздушные эмболы были обнаружены в артериях мозга и сердца у 33 собак из 42 погибших после подводных и воздушных взрывов. Причем природа патофизиологических и анатомических изменений при воздушном и подводном взрывах оказалась аналогичной. Выяснилось, что взрывная волна повреждает легкие не за счет повышения давления в дыхательных путях, а в результате внешнего воздействия на грудную и брюшную стенки. Фронт ударной волны, распространяясь в воздухе со скоростью, достигающей 3000 м/с, вызывает сильную и быструю компрессию легких между ригидным позвоночником и смещающимися в сторону плевральной полости грудной клеткой и диафрагмой [Чалисов И. А., 1957; Buffat J., 1988].

Повреждения легких усугубляются также за счет метательного эффекта взрывной волны, характеризующегося воздействием на разные органы и тело в целом положительных и отрицательных ударных ускорений [Неклюдов В. С., Степанова Н. П., 1966;

Кудрин И. Д. и др., 1981], дополнительных физических феноменов, возникающих при прохождении волны высокого давления через неоднородную по структуре паренхиму легких. Эти феномены взрывной травмы, получившие в литературе название «эффектов пульверизации», «расщепления», «инерции» и «внутреннего взрыва» («имплозии»), обусловливают более тяжелые повреждения легких по сравнению с другими механизмами легочной травмы и большую частоту артериальной воздушной эмболии (Buffat J., 1988; Shar—pnack D., Johnson A., Phillips Y., 1991].

Наименее изученным вопросом до настоящего времени остается роль артериальной воздушной эмболии в патогенезе минно-взрывной травмы. Несмотря на то, что среди погибших от МВТ на поле боя в Республике Афганистан воздушная эмболия была обнаружена в 26% случаев [Величко М. А., Лихачев Л. В., 1991], механизмы ее возникновения трактуются, в известной степени, умозрительно. Так, обнаружение воздуха в правом желудочке сердца у погибших от взрывов минных боеприпасов объяснялось либо присасыванием его через поврежденные вены головы и шеи, либо нагнетанием взрывной волной через сосуды оторванной конечности. Если первый из приведенных механизмов общеизвестен и вполне возможен, то доказательств второго механизма в литературе не приводится. Более того, ни тот, ни другой механизмы не объясняют обнаружения воздушных эмболов в артериях сердца и мозга у погибших, не имевших каких-либо наружных повреждений.

Хотя механо—и патогенез повреждений легких и последующего развития артериальной воздушной эмболии при воздействии на грудную клетку взрывной волны большой мощности освещен в зарубежной литературе достаточно подробно, использование этих данных в качестве обоснования расстройств, возникающих вследствие контактных подрывов на противопехотных минах, было бы не совсем корректным. Сравнительно небольшая мощность противопехотных мин (от 10 до 500 г ВВ) имеет следствием формирование короткого радиуса поражающего действия воздушной ударной волны и сверхмалую длительность воздействия. Продольная ось тела пострадавшего в типичной ситуации подрыва ориентирована перпендикулярно фронту избыточного давления, поэтому волновой воздушный удар имеет касательное направление. Немаловажно и то, что расположение легких при типичных контактных минных подрывах оказывается удаленным от центра взрыва.

В серии экспериментальных исследований, выполненных на кафедре оперативной хирургии Военно-медицинской академии, убедительно показано, что при подрывах на противопехотных минах основное повреждающее действие на тело пострадавшего оказывает не воздушная ударная волна, а тканевая ударная волна деформации (сжатия и растяжения), генерированная прямым импульсным ударом по конечности газообразных продуктов детонации взрывчатого вещества [Фомин Н. Ф., Рыбачен—ко П. В., 1988; 1989; Черныш А. В., 1996; Липин А. Н., 1997]. При этом большая часть импульсной энергии взрыва, из-за большой инерции тела, расходуется на разрушение дистальных сегментов конечностей, а меньшая—на ударно-волновые колебания органов и тканей, развитие ударных ускорений и некоторое перемещение тела в пространстве. Также как и при воздействии на тело воздушной ударной волны, распространение тканевой ударной волны деформации сопровождается развитием кавитационных, инерциальных и расщепляющих эффектов в различных органах, и прежде всего в легких [Нечаев Э. А. и др., 1994].

В результате моделирования контактных подрывов на противопехотных минах на суше (9 опытов) и мелководье (16 опытов) у большинства экспериментальных животных отмечался типичный набор местных, сегментарных и дистантных повреждений, достаточно подробно описанных в литературе. Их тяжесть определялась внешними условиями подрыва (на суше или на мелководье) и массой использованного заряда ВВ (25, 50 или 100 г).

В зависимости от тяжести клинических проявлений МВТ и продолжительности жизни все подопытные животные были разделены на три подгруппы: с крайне тяжелой (8), тяжелой (5) и средней степенью тяжести (12) травмы. В опытах каждой серии (подрывы на суше или на мелководье) обращало на себя внимание отсутствие прямой зависимости между массой заряда ВВ и тяжестью развивавшейся МВТ. В то же время, независимо от варианта моделирования, прослеживалась четкая закономерность—большей тяжести экспериментальной минно-взрывной травмы соответствовала и большая выраженность клинических и морфологических проявлений артериальной воздушной эмболии, равно как и более высокая частота прижизненного и посмертного обнаружения воздушных эмболов.

Причиной проникновения воздуха в системный кровоток во всех наблюдениях, также как и в хорошо известных из иностранной литературы случаях поражения людей и экспериментальных животных взрывной волной большой мощности, является обнаруженные нами повреждения легких в виде разрывов альвеолярных перегородок, стенок бронхиол, легочных вен и артерий, которые создавали морфологический субстрат для формирования множественных сообщений между легочными сосудами и воздухоносными путями. В пользу такого механизма развития воздушной эмболии свидетельствует наблюдавшееся у большинства погибших и выведенных из опытов собак характерное для данного состояния распределение эмболов в сосудистом русле, частое обнаружение их в легочных венах, прижизненное обнаружение у некоторых животных циркулирующих в магистральных артериях пузырьков воздуха при допплерографии.

Дополнительным аргументом в пользу легочного механизма развития воздушной эмболии может послужить один из опытов по моделированию МВТ на мелководье, окончившийся смертью экспериментального животного через три минуты после подрыва на фоне апноэ. Несмотря на наличие ран крупных артериальных и венозных сосудов конечностей и таза, у этой собаки прижизненных и посмертных признаков эмболии обнаружено не было. Вероятнее всего, артериальная воздушная эмболия в данном случае не развилась только потому, что у собаки не было дыхательных экскурсий грудной клетки, а следовательно, и условий для проникновения воздуха в сосуды легких. Иными словами: нет дыхания после подрыва—нет артериальной воздушной эмболии.

Для уточнения механогенеза повреждений легких при МВТ были выполнены биофизические исследования на 4 собаках, включавшие измерения ударных ускорений и избыточных давлений в тканях на различных сегментах конечностей и туловища экспериментальных животных. Измерения импульсных избыточных давлений производились в пищеводе, мышцах бедра и на наружной поверхности груди. Измерение внутрипищеводного давления осуществлялось с помощью гидрофона типа 8103 фирмы «Брюль и Кьер» (Дания). Гидрофон заводили в пищевод до уровня сердца под рентгенологическим контролем.

Максимальный уровень избыточного давления воздушной ударной волны, воздействующей на грудную клетку собак на расстоянии 65-70 см от зарядов пластита массой 50 и 100 г, не превышал 243 кПа при длительности действия максимального пика давления 0,7-0,8 мс. Между тем, по данным Лоувеласского исследовательского центра, пороговое значение избыточного давления ударной воздушной волны, вызывающей травму легких у человека, обращенного головой или ногами к фронту волны, находится в пределах 710994 кПа при длительности действия максимального пика давления 0,7-1,0 мс [цит. по Sharpnack D., Johnson A., Phillips Y., 1991]. Совершенно очевидно, что поражение легких, отмечавшееся у всех подопытных животных, обусловлено иным, чем баротравма, механизмом. Этим же Объясняется отсутствие в большинстве наблюдений субплевральных кровоизлияний в виде «отпечатков ребер», столь характерных для морфологической картины поражений воздушной ударной волной [Чалисов И. А., 1957]. У человека, имеющего гораздо большие линейные размеры, поражающее действие воздушной ударной волны на легкие подобным механизмом при типичном варианте подрыва на противопехотной мине еще менее вероятно.

Макро—и микроскопическая картина легких у подопытных животных полностью соответствует описанию морфологических изменений в легких у пострадавших от МВТ [Хабиби В. и др., 1988; Бисенков Л. Н., Тынянкин Н. А., Саид Х. А., 1991] и является типичным проявлением воздействия ударных механических нагрузок на целостный организм. Известно, что человек способен переносить в направлении ноги-голова ударные ускорения, не превышающие 15 g [Нечаев Э. А. и др., 1994]. Проведенные на модели МВТ биофизические измерения показали, что при контактных подрывах на суше (25, 50 и 100 г пластита) голень собак испытывает ударную нагрузку 55-150 g, а грудная клетка-47-107 g. Общая длительность ударных ускорений составляла 2-5,5 мс. Известно, что при длительности воздействия механических ударных нагрузок

1-8 мс, тело человека или животного реагирует как жесткая малоинерционная система, в которой главную роль играют чисто физические процессы [Кудрин И. Д. и др., 1980]. Защитные рефлекторные реакции (перераспределение мышечного тонуса, демпфирующие движения в суставах) при таких скоростях не срабатывают. Механически однородные структуры конечности, в первую очередь кости, и кровяной столб являются главными проводниками ударных волн в проксимальном направлении [Фомин Н. Ф., 1994].

Легкие, защиту которых от гравитации и ударов берет на себя все тело, обладают сравнительно слабо выраженными опорными структурами, такими как бронхи и кровеносные сосуды. Кроме того, они находятся в подвешенном состоянии относительно средостения внутри жесткого каркаса грудной клетки. Поэтому при типичном варианте подрыва на противопехотной мине легкие под воздействием резко поднимающихся вверх органов живота, диафрагмы и сердца смещаются относительно своих корней и соударяются с грудной клеткой (внутренний метательный эффект). Именно таким механизмом объясняется развитие у всех экспериментальных животных прикорневых кровоизлияний, распространяющихся в паренхиме легких вдоль кровеносных сосудов, а также более выраженные морфологические изменения в базальных сегментах левого легкого, подвергающихся удару со стороны сердца.

Характерной особенностью взрывной травмы оказалось наличие патогистологических изменений (эмфизема, периваскулярные и перибронхиальные кровоизлияния, дистелектазы) абсолютно во всех отделах легких, даже при отсутствии в них макроскопических изменений. Очевидно, что такая тотальность микротравмы легких обусловлена развитием в их неоднородной по структуре паренхиме кавитационных, расщепляющих и инерциальных эффектов вследствие прохождения тканевой волны деформации. Интерстициальная эмфизема, наблюдаемая в тех участках легких, где отсутствуют кровоизлияния, по мнению Rossle (1947), препятствует спадению легочных сосудов, способствуя вхождению в них воздуха. К тому же в реальных условиях подрыв человека на противопехотной мине сопровождается общим метательным эффектом и ударом о твердые предметы. Возникающие при этом ушибы грудной стенки вызывают дополнительные повреждения поверхностных слоев легочной ткани, пневмо—и гемоторакс, значительно увеличивающие тяжесть МВТ [Бисенков Л. Н., 1993].

Экспериментальные исследования и клинические наблюдения артериальной воздушной эмболии при баротравме легких у подводников и после операций с искусственным кровообращением показали, что несмертельная воздушная эмболия чаще всего проявляется общемозговой и очаговой неврологической симптоматикой, а также различными нарушениями сердечного ритма [Шестунов А. Э. и др., 1991; Spenser F. et al., 1965; Gillen H., 1968; Evans D. et al., 1981; Pearson R., Goad R., 1982; Gorman D., Browning D., 1986].

С этих позиций наибольший интерес представляют выводы отечественных нейрохирургов [Хилько В. А., Шулев Ю. А., 1994] о ведущей роли взрывной травмы легких в развитии «вторичных», в классификации авторов, церебральных расстройств, возможных как за счет местных окклюзионных поражений, так и в результате системных нарушений гемодинамики. Среди патогенетических механизмов вторичных поражений мозга у пострадавших от взрывов авторы на одно из первых мест ставят воздушную и жировую эмболию церебральных сосудов.

Эти положения созвучны выводам Л. Н. Бисенкова и Н. А. Тынянкина (1992), выделивших особую группу пострадавших с МВР, у которых циркуляторные и дыхательные расстройства приводили к нарушениям деятельности ЦНС при отсутствии клинико-морфологических признаков прямой черепно-мозговой травмы. Приводимые авторами данные, на наш взгляд, во многом сходны с известными клиническими и морфологическими проявлениями церебральной артериальной воздушной эмболии. Отсутствие у авторов упоминания об этом осложнении объясняется, по всей видимости, необычайной трудностью его клинической и посмертной диагностики.

Укоренившееся в сознании большинства хирургов мнение, что при подрывах на противопехотных минах причиной воздушной эмболии является проникновение атмосферного воздуха в сосуды оторванной конечности, опирается на такие, казалось бы, очевидные факты, как наличие входных ворот для воздуха в виде поврежденных вен конечности, недостаточную для повреждения легких мощность воздушной ударной волны сравнительно небольших по мощности зарядов, частое обнаружение при патологоанатомическом исследовании воздуха в правых камерах сердца и крупных венах, характерное для венозной воздушной эмболии. Легочный механизм развития воздушной эмболии, причем наиболее опасной ее формы—артериальной, обычно не принимается во внимание и часто остается скрытым для клиницистов и патологоанатомов, в чем нас убедило исследование литературы, особенно отечественной.

Более частое развитие и более тяжелое течение артериальной воздушной эмболии при взрывной травме по сравнению с другими механизмами повреждения легких объясняется многофакторностью взрывного воздействия на них. Это позволяет отнести всех раненых с клиническими и рентгенологическими проявлениями взрывной травмы легких в группу риска артериальной воздушной эмболии.

Представленные данные о роли артериальной воздушной эмболии ^ патогенезе травматической болезни при взрывных поражениях определяют необходимость изучения возможностей применения лечебной компрессии и других видов баротерапии в качестве важного компонента комплексного лечения на этапах медицинской эвакуации. В настоящее время в литературе представлены экспериментальные обоснования применения лечебной компрессии при лечении артериальной воздушной эмболии, развившейся вследствие подрывов на противопехотных минах на суше и на мелководье [Рухляда Н. В., 2000; Хомчук И. А., 2000].

1.3.3. Изменения кислотно-основного состояния и газового состава крови

Наиболее информативным методом изучения кислородной недостаточности в клинике является измерение напряжения кислорода в крови. Этот метод лежит в основе идентификации форм гипоксии [Ефуни С. Н., Шпектор В. А., 1986]. Исследования кислородных показателей крови и связанных с ними показателей кислотно-основного состояния (КОС) крови в динамике травматической болезни дают представление о характере и выраженности функциональных нарушений со стороны жизнеобеспечивающих систем, об уровне метаболизма в поврежденных тканях.

Значительный интерес представляют результаты исследования функционального состояния системы поддержания оптимальных величин дыхательных показателей pH, pCO_2, pO_2 у раненых с минно-взрывными отрывами и разрушениями конечностей. Контрольную группу при определении нормальных показателей для данного региона и аналогичного контингента составили 26 здоровых военнослужащих афганской армии. Обследовано 18 пострадавших. Исследования выполнялись в динамике (1, 3, 5 и 7-е сутки после ранения). Заборы крови из лучевой артерии и локтевой вены осуществлялись в указанные сроки в утренние часы пункционным методом: из артерии—шприцем специальной конструкции фирмы «Radiometr» (Дания), из вены—пластмассовым шприцем одноразового пользования. Исследования проводились микрометодом Аструпа, их результаты представлены в табл. 7.4.

В первые сутки после ранения на фоне шока и массивной кровопотери у пострадавших наблюдается гипоксия смешанного типа, характеризующаяся накоплением недоокисленных продуктов метаболизма тканей, увеличением дефицита оснований (до-6,57 ммоль/л). Однако развивающийся при этом метаболический ацидоз, для которого характерно смещение pH ниже 7,37, носит компенсированный характер за счет напряжения функции внешнего дыхания. Свидетельством этому служат активное вымывание из крови CO_2 и его снижение как в артериальной, так и в венозной крови, увеличение содержания O_2 в артериальной крови в первые сутки за счет гипервентиляции.

Таблица 7.4

Изменения некоторых показателей кислотно-основного состояния и газового состава крови у раненых с МВТ*

Показатели		Норма (n = 26 чел.)	Раненые (n = 14 чел.)			
			Дни после ранения			
			1	3	5	7
pH	A*	$7,36 \pm 0,01$	$7,39 \pm 0,01$	$7,43 \pm 0,02$	$7,41 \pm 0,01$	$7,38 \pm 0,02$
	B*	$7,30 \pm 0,02$	$7,31 \pm 0,01$	$7,36 \pm 0,02$	$7,34 \pm 0,01$	$7,35 \pm 0,02$
	АВР*	0,06	0,08	0,07	0,07	0,03
BE (дефицит оснований), ммоль/л	A	$-1,75 \pm 1,28$	$-5,03 \pm 0,79$	$-3,33 \pm 0,87$	$-3,7 \pm 1,61$	$-4,52 \pm 0,9$
	B	$-3,59 \pm 1,77$	$-6,57 \pm 1,61$	$-4,87 \pm 1,31$	$-4,82 \pm 1,44$	$-5,76 \pm 1,86$
	АВР	$-1,84$	$-1,54$	$-1,54$	$-1,12$	$-1,24$
pCO2, мм рт. ст.	A	$37,2 \pm 0,77$	$31,55 \pm 1,94$	$31,14 \pm 0,77$	$31,5 \pm 3,0$	$33,15 \pm 1,36$
	B	$48,2 \pm 1,67$	$37,15 \pm 2,81$	$37,14 \pm 3,18$	$38,02 \pm 1,94$	$33,92 \pm 1,92$
	АВР	11,0	5,6	6,0	6,52	0,77
pO2, мм рт. ст.	A	$69,79 \pm 2,21$	$75,12 \pm 7,18$	$61,54 \pm 4,05$	$64,85 \pm 11,2$	$64,95 \pm 3,76$
	B	$30,59 \pm 1,36$	$33,24 \pm 4,69$	$29,76 \pm 4,22$	$40,18 \pm 5,07$	$42,24 \pm 5,0$
	АВР	39	41,88	31,78	24,67	22,71

* Примечание. А — артерия, В — вена, АВР — артерио-венозная разница.

В последующем были отмечены следующие изменения. К 3-4-м суткам после минно-взрывной травмы сохраняются отчетливые признаки гипокапнии, которые, наряду с продолжающимся снижением pO2 артериальной крови и уменьшением артерио-венозной разницы по кислороду (АВР О2), свидетельствуют о спазме периферического сосудистого русла и артерио-венозном шунтировании. Продолжающаяся вазоконстрикция в свою очередь ведет к нарушениям микроциркуляторной гемодинамики и ухудшению перфузии тканей. Ответной реакцией на столь сложные патогенетические изменения является дальнейшее прогрессирование метаболических нарушений. Сохраняется тканевая гипоксия, выражающаяся в увеличенных показателях «дефицита оснований» BE, особенно в артериальной крови (в два и более раз выше по сравнению с нормой). Поддержание pH в пределах должных величин продолжает осуществляться за счет гипервентиляции, гипокапнии, перенапряжения дыхательной системы. О глубине расстройств кислородного режима периферического сектора у раненых с МВТ свидетельствовали низкие цифры артерио-венозной разницы по кислороду без тенденции к нормализации-22 мм рт. ст. на седьмые сутки при должной величине 39 мм рт. ст., что свидетельствует о расстройствах микроциркуляции и наличии гистотоксической гипоксии в течение всего периода наблюдения.

Вероятным механизмом развития выявленных нарушений кислородного режима организма при минно-взрывной и любой тяжелой огнестрельной травме являются нарушения транспорта кислорода на участке «клеточная оболочка—митохондрии». Это может наблюдаться при нарушениях проницаемости мембран, гипергидратации клеток и других изменениях, вызванных травмой. Согласно данным С. Н. Ефуни и В. А. Шпектора (1986), такие нарушения могут быть классифицированы как «гипоксия периферического шунтирования» в ее интерстициальном и внутриклеточном (клеточно-митохондриальном) вариантах.

Таким образом, при тяжелой минно-взрывной травме, сопровождающейся выраженными общими проявлениями травматической болезни, развивается гипоксический синдром смешанного типа с наличием артериально-гипоксемического, гемического, гемодинамического и периферического компонентов.

Как известно, конечной целью функции кардиореспираторной системы является снабжение тканей кислородом, необходимым для их жизнедеятельности, и удаление из тканей углекислого газа и других продуктов обмена [Навратил и др., 1967].

Условиями выполнения этой задачи являются:

— *во-первых,* нормальная деятельность легких (достаточная вентиляция, равномерное распределение вентилируемого воздуха, ненарушенная диффузия);
— *во-вторых,* нормальная способность крови транспортировать дыхательные газы и возможность системы кровообращения обеспечить достаточный кровоток;
— *в-третьих,* ненарушенная способность тканей забирать из притекающей крови кислород и отдавать в кровь углекислый газ.

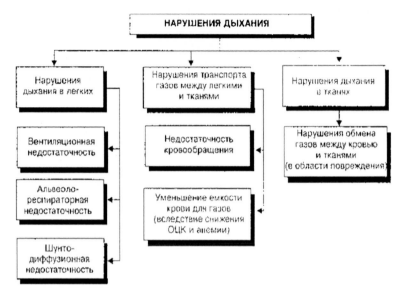

Рис. 7.11. Патофизиологические механизмы нарушений дыхания при минно-взрывной травме (по Cournand, цит. по М. Навратил и др. 1967, с дополнениями)

Отсюда следует, что нарушения дыхания и развитие гипоксии могут наблюдаться и при нормальной функции легких. Зная патогенез минновзрывной травмы, можно представить патофизиологические механизмы, лежащие в основе развивающейся при огнестрельных ранениях гипоксии. На рисунке 7.11 представлена схема патофизиологических механизмов нарушений дыхания с учетом характерных для них анатомо-физиологических состояний [Cournand, цит. по М. Навратил и др., 1961]. Выделены три первичных состояния, наблюдающихся при тяжелой механической травме.

Детальная оценка функции дыхания в различных его звеньях, в большей или меньшей степени изменяющейся при различных вариантах огнестрельной травмы, требует весьма сложных и тонких исследований, которые не всегда выполнимы в полевых условиях. В этой связи большое значение приобретает выработка синдромного подхода к диагностике дыхательной недостаточности, который возможен при достаточно четких представлениях об особенностях патогенеза минновзрывной травмы.

Пути устранения или уменьшения выраженности гипоксического синдрома при боевых повреждениях могут быть определены соответственно возможностям лечебного воздействия на его основные составляющие (рис. 7.12). Артериально-гипоксемический компонент гипоксического

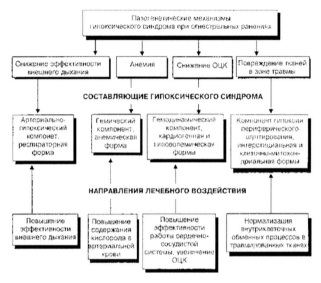

Рис. 7.12. Патогенез гипоксического синдрома и основные направления воздействия на него

синдрома при боевых повреждениях в основном обусловлен снижением эффективности внешнего дыхания. Лечебные воздействия, повышающие эффективность внешнего дыхания, будут способствовать устранению этого фактора. Анемическая форма гемического компонента может быть ликвидирована путем повышения содержания кислорода в артериальной крови. Для этого необходимо либо повысить концентрацию гемоглобина, либо увеличить долю растворенного в плазме кислорода. Кардиогенная и гиповолемическая формы гемодинамического компонента гипоксического синдрома могут быть купированы лечебными средствами, повышающими эффективность работы сердечно-сосудистой системы и увеличивающими объем циркулирующей крови. Степень выраженности гипоксии периферического шунтирования (в частности, ее интерстициальной и клеточно-митохондриальной форм) может

131

быть уменьшена в результате нормализации внутриклеточных обменных процессов в травмированных клетках.

Таким образом, для МВТ в остром периоде характерно развитие выраженной гипоксии смешанного типа с нарушениями на всех уровнях кислородного каскада организма (с гипоксическими, гемодинамическими. гемическими и гистотоксическими компонентами). Этот вывод ориентирует на соответствующее планирование лечебной программы. Вопрос приобретает особую практическую значимость в горных условиях, на фоне сниженного парциального давления кислорода.

1.3.4. Метаболические нарушения

Разнообразные нарушения гомеостаза при минно-взрывной травме проявляются и реализуются изменениями показателей обмена веществ травмированного организма. Изучение этих изменений также представляется чрезвычайно важным для выработки рациональной патогенетически обоснованной схемы лечения, для раскрытия интимных механизмов патогенеза раневой болезни в динамике ее развития. В данной главе представлены результаты исследования метаболических нарушений по данным биохимических показателей, в различной степени отражающих динамики водно-электролитного, углеводного, белкового и липидного обменов. Обследовано 23 человека с минно-взрывными отрывами и размозжениями конечностей. Исследования сыворотки крови проводились на автоматическом биохимическом анализаторе «Technicon». Изучены в динамике травматической болезни такие показатели сыворотки крови, как аминотрансферазы (АсТ, АлТ), щелочная фосфатаза, общий билирубин, креатинин, азот мочевины, глюкоза, натрий, а также красный мышечный пигмент миоглобин. Результаты исследований представлены в табл. 7.5.

Таблица 7.5

Метаболические нарушения у раненых с минно-взрывной травмой

Показатели	Единица измерения в системе СИ	Пределы должных величин	Дни после ранения					
			1	3	5	7	10	15
АлТ — аланинаминотрансфераза	ммоль/(г·л)	0,1–0,68	0,2	0,68	0,59	0,59	0,55	0,59
АсТ — аспартатаминотрансфераза	ммоль/(г·л)	0,1–0,45	0,79	3,3	2	6	0,87	0,78
Щелочная фосфатаза	ммоль/(г·л)	0,5–1,3	1,05	1,1	1,2	1,05	1,35	1,62
Билирубин	мкмоль/л	8,55–20,5	12,3	8,3	6,2	5,3	7,4	5,8
Креатинин	ммоль/л	0,044–0,088	0,12	0,09	0,095	0,075	0,08	0,076
Азот мочевины	ммоль/л	1,66–3,32	7	3,37	2,95	2,47	2,94	2,53
Глюкоза	ммоль/л	2,78–5,55	7,1	5,5	5,5	5,7	4,8	5,3
Холестерин	ммоль/л	3,64–6,76	2,81	3,28	3,42	3,62	3,94	3,6
Белок общий	г/л	60–80	54,3	50,0	50,0	53,5	60,6	62,5
Калий	ммоль/л	3,5–5,0	5,8	3,6	5,3	4,9	5,5	6,0
Натрий	ммоль/л	135–145	128	120	125	126	131	130
Миоглобин	нг/л	10–80	831	793	549	394	—	350

При тяжелых огнестрельных травмах с обширными разрушениями тканевых структур конечностей наблюдается поступление в кровяное русло большого количества содержащихся в клетках биологически активных веществ, в том числе ферментов. Большая их часть первоначально задерживается в тканях вследствие «кризиса микроциркуляции», характерного для шока с выраженной централизацией кровообращения. Лишь после снятия периферического блока и улучшения кровообращения ферменты поступают в циркулирующую кровь. Согласно нашим данным, у лиц с минно-взрывной травмой это происходит в среднем на третьи сутки посттравматического периода, о чем свидетельствует максимальное содержание трансаминаз в сыворотке крови в эти сроки.

Тяжелая взрывная травма и обусловленный ею стресс характеризуются возбуждением симпатической нервной системы, что сопровождается активизацией гликолитических процессов в тканях и повышением содержания глюкозы в крови непосредственно после ранения. В последующем, начиная с третьих суток, наблюдается снижение глюкозы до нормальных показателей. Об усилении катаболических реакций в ответ на травму свидетельствует и некоторое увеличение азота мочевины в первые трое суток течения раневой болезни.

Для минно-взрывной травмы характерны глубокие нарушения белкового обмена. На протяжении первых 10 дней посттравматического периода сохраняется выраженная гипопротеинемия со снижением содержания общего белка до критических величин (50 г/л) на 3-й и 5-й дни. Установлено, что потери белка происходят прежде всего за счет альбуминовой фракции. Если учесть, что альбумин преимущественно обеспечивает коллоидное давление в сосудистом русле, то станет очевидным, что его значительное снижение приводит к перераспределению жидкости в тканях. Тем самым, создаются условия для перехода жидкости из сосудистого русла в интерстициальное пространство. Клинически это выражается признаками отека внутренних органов, прежде всего легких и головного мозга. Выявленные нарушения белкового обмена у раненых (гипо—и диспротеинемия) диктуют необходимость динамического контроля за содержанием общего белка и включения в программу лечения онкотически активных трансфузионных средств (плазма, альбумин, протеин), а в случае их отсутствия—искусственных коллоидных растворов (полиглюкин).

Нарушения электролитного обмена проявляются гиперкалиемией (1, 5, 10 и 15-е сутки) и гипонатриемией на протяжении всего периода наблюдения. Развивающееся гипоосмолярное состояние проявляется вялостью, заторможенностью, гипотонией, снижением перистальтики кишечника. Применение концентрированных растворов натрия хлорида в подобных ситуациях патогенетически оправдано, а повышенное содержание калия является показанием к применению его фармакологическою антагониста—ионизированного кальция в виде глюконата или хлорида.

О существенных нарушениях липидного обмена свидетельствуют пониженное содержание холестерина на протяжении 15 дней с момента ранения. По-видимому, это является следствием несбалансированного питания, превышения энергетических затрат над поступлением пластического и энергетического материала, раневого истощения различной степени выраженности.

Нормальные показатели общего билирубина и креатинина свидетельствуют об отсутствии грубой печеночно-почечной патологии у этой категории раненых. Однако увеличение щелочной фосфатазы в конце периода наблюдения говорит о некотором нарушении функции печени в эти сроки.

В первые и последующие сутки после ранения обращает на себя внимание резкое повышение содержания миоглобина (в 8-10 раз!) по сравнению с должными величинами. Выход в кровеносное русло большого количества мышечного пигмента, являющегося в таком виде эндогенным ядом (аналогично свободному гемоглобину при гемолизе эритроцитов), в значительной степени определяет тяжесть состояния пострадавшего и может явиться основной причиной нарушения функции почек. Повышенное содержание миоглобина сохраняется на протяжении всего периода наблюдения, хотя и имеет тенденцию к снижению. Это определяет, соответственно, необходимость проведения дезинтоксикационной терапии не только в первые дни после ранения, но и в более поздние сроки.

Проведенные исследования свидетельствуют о серьезных нарушениях практически всех видов обмена у пострадавших. Причем метаболические нарушения носят фазный характер, они прослеживаются не только в ранние, но и в более поздние сроки после травмы. Представленные сведения являются базой для определения схемы патогенетически обоснованного лечения пострадавших с минно-взрывной травмой.

1.3.5. Изменения центральной гемодинамики

С внедрением в клиническую практику метода интегральной реографии тела по М. И. Тищенко (1971) открылись новые возможности в изучении возникающих при огнестрельной травме нарушений кровообращения и дыхания, так как неинвазивность, простота, повторяемость, доступность и высокая информативность позволяют применять его в военно-полевых и экспедиционных условиях. В течение трех недель после ранения у 38 раненых в динамике было записано 158 реограмм.

В качестве контроля использовались данные, полученные при обследовании 22 здоровых лиц. По особенностям течения травматической болезни раненые подразделялись на следующие группы: с неосложненным течением, с осложненным течением и благоприятным исходом, с осложненным течением и неблагоприятным (летальным) исходом.

Установлено, что выраженность нарушений дыхания может быть охарактеризована как значительная в первый период наблюдения (1-5-е—сутки после ранения). В частности, в эти сроки частота дыхания (ЧД) в среднем на 10,5% превышает норму, показатель напряженности дыхания (ПНД)—на 30,7%, коэффициент дыхательных изменений (КДИ)—на 16,7%. Во втором периоде наблюдений (7-10-е сутки) отмечено постепенное снижение этих показателей до нормального уровня с незначительными колебаниями в последующие дни. В тех наблюдениях, когда у раненых развивались гнойно-септические осложнения (обычно к 6-8-м суткам посттравматического периода), ПНД и КДИ оставались на достаточно высоком уровне. Это свидетельствует о напряженности функционирования системы дыхания в осложненных случаях.

При анализе изменений центральной гемодинамики пользуются делением реакций системы кровообращения на гипер-, нормо—и гиподи—намический типы функционирования [Хасандинов Э. А., 1970; Самохвалов И. М., 1984]. Результаты наших исследований свидетельствуют о зависимости между характером и тяжестью огнестрельной (взрывной) травмы и реакцией на нее системы кровообращения. В частности, в группе легкораненых (огнестрельные ранения мягких тканей с кровопотерей не более 10% ОЦК) наблюдается умеренный гипердинамический режим кровообращения за счет относительного повышения частоты сердечных сокращений (ЧСС). При проведении нагрузочной пробы отмечалась неадекватная реакция с замедленным восстановлением и появлением признаков кислородной задолженности. Адекватный характер реакции системы кровообращения на нагрузку отмечали лишь к 7-8-м суткам после травмы.

При минно-взрывных ранениях с отрывами дистальных сегментов нижних конечностей с кровопотерей до 30% ОЦК в первые сутки после травмы наблюдался гиподинамический тип кровообращения (коэффициент резерва 0,82 ±0,07, ударный индекс 29,5 ±1,3 мл х м$^{-2}$ при норме 1,54 ± 0,31 и 69 ± 15 мл х м$^{-2}$ соответственно). В последующие дни в этой группе раненых при неосложненном течении травматической болезни отмечена нормализация показателей кровообращения, а в случаях развития к 7-8-м суткам общих и местных (раневых) инфекционных осложнений отмечались признаки гипердинамического типа. В группе раненых с сочетанной минно-взрывной травмой, характеризующейся, кроме всего, массивной кровопотерей и высоким уровнем летальности в первые сутки после ранения, развивался гипердинамический тип кровообращения. Это расценивалось как выражение компенсаторной реакции организма в ответ на тяжелую травму. В последующем наблюдался переход кровообращения в гиподинамический режим функционирования с одновременным снижением показателя напряженности дыхания. Несмотря на проведенное лечение, развивалась декомпенсация кардиореспираторной системы.

Анализ электрической активности сердца у пострадавших с минновзрывной травмой по данным электрокардиографии свидетельствует о том, что в большинстве наблюдений в первые трое суток после травмы имелась синусовая тахикардия (120 ±20 уд/мин), отмечалось удлинение продолжительности электрической систолы и укорочение электрической диастолы. Учитывая то обстоятельство, что кровоснабжение миокарда осуществляется в диастолу, можно сделать вывод об ухудшении кровоснабжения и трофики сердечной мышцы в первые сутки после ранения.

У пострадавших с минно-взрывной травмой отмечали локальное ухудшение кровообращения миокарда преимущественно в заднедиафрагмальной и боковых областях левого желудочка. Это проявлялось снижением высоты или инверсией зубца *T* в отведениях III, aVF, aVR, V5 и V6, а в некоторых наблюдениях (29,6% пострадавших) депрессией интервала *S-T* по типу субэндокардиальной ишемии. Данные симптомы могут свидетельствовать об ушибе сердца в момент ранения.

В дальнейшем в большинстве наблюдений отмечали постепенное уменьшение частоты сердечных сокращений, продолжительности электрической систолы, улучшение локального кровотока в зонах его нарушения в сердечной мышце. Однако в некоторых случаях выявленные нарушения электрической активности сердца сохранялись вплоть до конца наблюдения. У этих раненых отмечался период некоторого ухудшения ЭКГ-показателей на 5-10-е сутки после ранения—нарастала тахикардия, увеличивались зоны ишемии миокарда, появлялись признаки гипокалиемии и диффузных изменений сердечной мышцы. Обычно эти симптомы по времени совпадали с развитием раневых инфекционных осложнений.

Анализ изменений сердечного ритма, по данным вариационной пульсометрии по **Р. М.** Баевскому (1979), свидетельствует о следующем. **В** первые трое суток посттравматического периода наблюдался преимущественно симпатикотонический характер вариационных кривых со средним значением моды **(Mo)** 0,53 ±0,017 с, вариационным размахом (AX) 0,16 ± 0,33 с, амплитудой **(AMo)** 97,3 ± 7,52 уел. ед. Значения вегетативного показателя ритма **(ВПР)** составляли в среднем 615 ±64 уел. ед. На 5-7-е и 10-14-е сутки после ранения показатели **Mo, AMo** существенно не изменялись, в то же время вариационный размах значительно возрастал (0,28 ± 0,03 с на 5-7-е сутки, $p < 0,05$ и 0,24 ± 0,027 с на 10-14-е сутки, $p < 0,05$). Благоприятное течение посттравматического периода у большинства раненых позволяет допустить, что такой характер изменений сердечного ритма рационален и свидетельствует о постепенной нормализации показателей гомеостаза организма [Киселев С. О. и др., 1986; Ципис А. Э. и др., 1986; Лесных **М. П.,** Баишев **И. С.,** 1987]. **В** случаях развития осложнений выраженных изменений вариационного размаха не отмечено.

Выводы, полученные в результате исследований, могут быть сформулированы следующим образом. Реакция системы кровообращения на минно-взрывную травму, ее тип, выраженность и направленность определяются исходным фоном, тяжестью травмы, характером повреждения, адекватностью лечебных мероприятий.

Могут быть выделены гипердинамический, нормодинамический и гиподинамический тип функционирования системы кровообращения. Гипердинамический тип, характеризующийся повышением частоты сердечных сокращений, некоторым повышением минутного объема кровообращения (МОК), достаточно высоким коэффициентом резерва (КР) и коэффициентом интегральной тоничности (КИТ), наблюдается при сравнительно нетяжелых повреждениях (ранения мягких тканей, отрывы стоп без значительной кровопотери).

Как и нормодинамический тип, при котором отсутствуют существенные отклонения показателей кровообращения от нормы, гипердинамия свидетельствует о компенсации нарушенных вследствие ранения функций кардиореспираторной системы. Гиподинамический тип функционирования системы кровообращения, в свою очередь, свидетельствует о ее декомпенсации и характеризуется низкими показателями МОК (несмотря на повышение ЧСС), КР, КИТ. В клинической практике гиподинамия свидетельствует о декомпенсации функций системы жизнеобеспечения организма и в наиболее выраженных случаях является признаком необратимости патологических изменений. В динамике травматической болезни тип функционирования системы кровообращения не является неизменным состоянием. Например, при развитии гнойных осложнений действие факторов инфекционного процесса и включающихся защитных механизмов человека могут явиться причиной срыва компенсации систем жизнеобеспечения. В клинической практике особого внимания и заботы требуют раненые с неустойчивой компенсацией функций кардиореспираторной системы, программа корригирующего лечения в этих случаях должна быть направлена на предупреждение декомпенсации нарушенных функций и перехода кровообращения к гиподинамическому типу функционирования. К этой категории раненых можно отнести пациентов с неосложненным течением посттравматического периода. Говорить о наличии у них состояния неустойчивой компенсации функций можно лишь приняв во внимание следующие факты: значительные отклонения исходных показателей интегральной реографии в первый период наблюдения (1-5-й дни после ранения), стойкую тенденцию к нормализации большинства показателей к концу трехнедельного периода наблюдения, отсутствие статистической значимости в различиях показателей по большинству позиций. Сравнительный анализ показателей центральной гемодинамики у этих лиц и у погибших в первые дни после ранения вследствие тяжести травмы и в последующем от развившихся осложнений свидетельствует о многом. Так, несмотря на то, что ЧСС у погибших в среднем на 20% была выше, МОК и систолический индекс (СИ) на 10-12% были ниже, чем у раненых с благоприятным течением посттравматического периода. Обращает на себя внимание идентичность и однонаправленность изменений показателей интегральной реографии у погибших в первые дни после ранения и в последующем. Видимо гиподинамический тип функционирования кардиореспираторной системы с исходом в декомпенсацию является общим для этих групп раненых.

Таким образом, динамика функциональных показателей основных систем жизнеобеспечения организма при минно-взрывной травме характеризуется наибольшими нарушениями в первые дни после травмы с нормализацией в последующем при неосложненном течении посттравматического периода, но с постепенным нарастанием нарушений всех изучаемых показателей при развитии осложнений.

1.4. Лечение взрывных поражений в локальных вооруженных конфликтах

1.4.1. Основные принципы догоспитального лечения взрывных поражений

Одним из главных условий сохранения жизни пострадавшим с взрывными поражениями и последующего эффективного лечения является правильное и своевременное оказание им помощи на догоспитальном этапе. Лечебно-профилактические мероприятия на догоспитальном этапе складываются из мероприятий первой помощи, оказываемых на месте происшествия, и мероприятий, оказываемых врачебными или фельдшерскими бригадами скорой помощи, прибывшими на место происшествия. При последующем изложении мы не будем разделять эти группы лечебно-профилактических мероприятий, отметим лишь, что, по нашим данным, результаты лечения и исходы травм оказывались неизменно лучшими, если первая помощь на месте происшествия оказывалась подготовленным медицинским персоналом.

Цель первой помощи заключается во временном устранении причин, угрожающих жизни пострадавшего, а также в предупреждении развития тяжелых осложнений.

Объем первой помощи, оказываемой пострадавшим со взрывными поражениями на месте происшествия, включает в себя:

— прекращение действия на пострадавшего поражающих факторов и последствий взрыва (извлечение из-под обломков здания, тушение горящей одежды);

— временную остановку наружного кровотечения с помощью пальцевого прижатия магистральных сосудов, давящей повязки, жгута или закрутки из подручных средств;

— устранение асфиксии путем освобождения верхних дыхательных путей от слизи, крови, инородных тел, устранение западения языка изменением положения тела или фиксацией языка булавкой к губе, проведения искусственного дыхания;

— введение обезболивающего средства путем инъекции;

— наложение защитной повязки на рану или ожоговую поверхность и герметической повязки при проникающих ранениях груди;

— иммобилизацию конечностей при переломах и обширных повреждениях тканей простейшими способами с использованием табельных или подручных средств.

Грамотно и в полном объеме выполненные мероприятия первой помощи являются обязательным условием успешного лечения пострадавших на догоспитальном этапе, однако приоритетное значение все же имеют медицинские мероприятия скорой помощи. Это обусловлено тем, что своевременное устранение факторов, обусловливающих развитие травматической болезни (массивной кровопотери, нарушения газообмена, токсемии, выраженной болевой реакции, психического перенапряжения, повреждения жизненно важных органов), а также развивающихся под их воздействием расстройств основных систем жизнеобеспечения составляют одну из важнейших задач лечения пострадавших с взрывными поражениями. Ее решение возможно лишь при комплексном подходе и должно начинаться, несомненно, на догоспитальном этапе. Следует подчеркнуть, что разделение интенсивной терапии на предоперационную подготовку, анестезию и послеоперационную интенсивную терапию довольно условно. Все эти этапы подчинены одной цели, объединены общим замыслом лечения и являются звеньями комплексной реаниматологической помощи, направленной на выведение пострадавшего из критического состояния.

При проведении интенсивной терапии особое внимание вполне обоснованно уделяется стабилизации деятельности систем кровообращения и дыхания.

В то же время надо учитывать, что величина артериального давления, до сих пор рассматривающаяся многими как основной показатель тяжести шока, не отражает всей глубины патологических изменений, происходящих в организме при минно-взрывной транмс. В Афганистане, например, в случае своевременно и качественно проведенной на догоспитальном этапе неотложной терапии, ранней эвакуации многие пострадавшие, в том числе с довольно тяжелыми ранениями и повреждениями и неблагоприятным в последующем течением травматической болезни, доставлялись в лечебные учреждения с нормальным или незначительно сниженным уровнем систолического артериального давления. И напротив, выраженная гипотензия нередко была обусловлена не столько, кровопотерей, сколько тяжелой сердечной недостаточностью вследствие ушиба сердца. Данное обстоятельство приводило порой к серьезным просчетам при выборе сроков и объема выполнения оперативных вмешательств, обосновании тактики предоперационной подготовки и анестезиологического обеспечения. Продолжительность и конкретное их содержание у пострадавших с минно-взрывной травмой зависят от локализаций, характера и тяжести повреждений, фазы шока (компенсации, декомпенсации), величины кровопотери и индивидуальных особенностей организма (возраста, сопутствующих заболевании, психического, физического состояния и т. п.). Главная задача этого периода состоит в осуществлении наиболее эффективных мер по улучшению центрального и периферического кровообращения, газообмена в легких, нормализации кислотноосновного состояния.

Независимо от характера внешнего дыхания у пострадавших в состоянии шока всегда имеется гипоксия циркуляторного, дыхательного или смешанного характера. Поэтому им всем показана ингаляция кислорода через маску или носовые катетеры. При шоке III степени и терминальном состоянии спонтанное дыхание должно быть как можно скорее заменено

HBJ1. При этом следует соблюдать особую осторожность, поскольку при множественных повреждениях иногда остаются нераспознанными переломы ребер и небольшие разрывы легочной паренхимы, которые на фоне спонтанного дыхания клинически могут не проявляться.

Адекватное обезболивание, особенно при ранениях груди и живота, позволяет снять «болевой тормоз» дыхания и улучшить вентиляцию легких. Для уменьшения болевого синдрома предпочтительнее использовать различные варианты проводниковых блокад местными анестетиками. При этом достаточно эффективно уменьшается передача афферентной импульсации в центральную нервную систему без угнетения системы центральной нейрогуморальной регуляции. Однако в связи с повышенной чувствительностью раненых в состоянии шока II—III степени к действию местных анестетиков для профилактики гипотензии целесообразно снижать общую дозу лидокаина (тримекаина) на 15-20%.

Мытье поврежденных конечностей, контроль жгута или его снятие осуществляют только после наступления достаточной анестезии.

Следует отметить, что в зависимости от ситуации для остановки кровотечения при взрывных поражениях может быть использован один из известных методов—наложение давящей повязки, наложение кровоостанавливающего зажима на кровоточащий сосуд в ране, применение кровоостанавливающего жгута. Кровоостанавливающий жгут при минновзрывных отрывах и разрушениях конечностей следует накладывать как можно ближе к месту повреждения. Соблюдение этого требования позволяло при ампутациях конечностей рассчитывать на получение лучших функциональных результатов.

Опыт свидетельствует о том, что обычно в первое время (минуты и даже часы) после подрыва обильного артериального или венозного наружного кровотечения, как правило, не бывает. Проведенные нами топографо—и патологоанатомические исследования ампутированных сегментов конечностей как у раненых, так и у экспериментальных животных позволили выявить значительный полиморфизм повреждений сосудов на всех изученных уровнях. Непосредственно в зоне отрыва наблюдались разрывы сосудов, отслойка и завороты интимы артериальных стволов крупного и среднего калибра, по внешнему виду напоминающие повреждения сосудов при тракционном механизме отчленения конечности в практике мирного времени.

Морфологический субстрат повреждений сосудов в травмированной конечности и наличие шока со стойким сосудистым спазмом, уменьшением объема циркулирующей крови в совокупности позволяют объяснить феномен отсутствия обильного кровотечения у раненых с минно-взрывными отрывами конечностей. С этих позиций объяснима точка зрения хирургов, высказывающихся вообще против применения кровоостанавливающего жгута при подобных ранениях или оставляющих за жгутом способность изолировать организм от поступления в общий кровоток продуктов разрушения тканей.

Однако, наблюдая большое количество раненых с минно-взрывными отрывами и разрушениями конечностей в динамике—практически с поля боя и до определения исхода лечения,—мы пришли к убеждению, что применение штатного или импровизированного кровоостанавливающего жгута на догоспитальных этапах медицинской эвакуации должно стать не исключением, а правилом.

Своевременно и правильно наложенный жгут у таких раненых выполняет следующие функции:

— надежно изолирует от организма массив разрушенных тканей, что способствует снижению интоксикации продуктами их распада;
— обеспечивает полноценную остановку всех видов наружного кровотечения—артериального, венозного, капиллярного (последние два вида играют ведущую роль в формировании массивной кровопотери у раненых с минно-взрывными ранениями);
— гарантирует невозобновление кровотечения в последующем (при эвакуации и транспортировке) в результате нормализации показателей центральной гемодинамики на фоне адекватного противошокового лечения.

Проблемы борьбы с кровотечением у раненых с минно-взрывными ранениями не могут быть ограничены вопросами применения кровоостанавливающего жгута. Это обусловлено тем, что в большинстве наблюдений при контактном механизме поражения в результате взрыва наблюдаются обширные ранения мягких тканей другой конечности, промежности и таза. Нередко наблюдались сочетания отрывов одной и огнестрельных переломов другой конечности. Обширная раневая поверхность со своеобразными по внешнему виду множественными рваными ранами кожи, повреждениями подкожной клетчатки и подлежащих мышц представляет собой источник постоянного капиллярного и венозного кровотечения, которое по величине, продолжительности и интенсивности превышает кровотечение из оторванной конечности. Вследствие этого представляется проблематичным добиться остановки кровотечения применением таких известных и безопасных приемов, как перевязка кровоточащего сосуда в ране или наложение на него кровоостанавливающего зажима. Поэтому наиболее часто на догоспитальном этапе использовались давящая повязка и кровоостанавливающий жгут.

Вынужденное высокое наложение жгута, в том числе у раненых, не имевших артериального кровотечения, обеспечивало полное обескровливание конечности и надежный гемостаз, но достигалось это подчас дорогой ценой. Так, при поздних сроках оказания раненым квалифицированной хирургической помощи они нередко лишались и другой, поврежденной, но не оторванной конечности. Попытки ее сохранения через 3-6 ч и позже после наложения жгута, как правило, были безуспешными, а некоторым раненым стоили жизни.

В то же время давящая повязка, накладываемая на поврежденную, но не оторванную конечность (как правило, с захватом двух сегментов), не столько обеспечивала остановку кровотечения, сколько увеличивала общую кровопотерю, впитывая из огромной раневой поверхности кровь. Другими средствами и возможностями борьбы с наружным кровотечением у раненых с минно-взрывными ранениями медицинская служба не располагала.

Оказывая помощь таким пораженным, всякий раз приходится решать один и тот же вопрос: «Лучше применить жгут или использовать давящую повязку?»—понимая, что жгут обеспечивает большую вероятность сохранения жизни раненого, но в реальных условиях практически лишает его и второй нижней конечности. В свою очередь, давящая повязка лишь создает иллюзию борьбы за сохранение жизни раненого и другой, не оторванной взрывом конечности.

Таким образом, учитывая особый механизм и характер минно-взрывных отрывов и ранений, при наличии соответствующих условий следует производить не только контроль, но и снятие ранее наложенного жгута, а остановку кровотечения обеспечивать при соответствующих возможностях и благоприятных условиях лигированием кровоточащих сосудов в ране или наложением кровоостанавливающего зажима. Однако применение этих способов борьбы с кровопотерей у многих пострадавших практически невозможно. Вследствие этого *может быть рекомендовано повторное, но по врачебному правильное наложение жгута. В дальнейшем такие пострадавшие подлежат срочной эвакуации непосредственно на этап специализированной медицинской помощи, где должна решаться двуедино важная задача—сохранение жизни раненого и второй, не оторванной конечности.*

Основой противошоковой терапии, помимо борьбы с кровопотерей и обеспечением полноценной обездвиженности поврежденных конечностей, на этапе догоспитального лечения должны стать *футлярные и другие виды новокаиновых блокад с антибиотиками.*

В ряде случаев при значительных разрушениях конечности врач, оказывающий помощь пострадавшему с минно-взрывным ранением, должен решить вопрос о выполнении так называемой ***транспортной ампутации.*** Этим термином принято определять отсечение конечности, висящей на мягкотканном лоскуте. Отказ от этого врачебного пособия или невозможность его выполнения лишает раненого полноценной транспортной иммобилизации, а надежное закрытие раны асептической повязкой превращается в очень сложную проблему.

Важнейшее значение в системе мероприятий догоспитального этапа имеет одно из основных положений военно-полевой хирургии—каждый пострадавший с переломами костей, отрывами и обширными ранениями мягких тканей конечностей должен транспортироваться с надежно обездвиженной конечностью. Основными средствами транспортной иммобилизации были лестничные шины Крамера (97%), шина Дитерихса (2%) и подручные средства (1%). Полноценного обездвиживания всех поврежденных сегментов конечностей при множественных переломах костей вследствие минно-взрывных повреждений и ранений добиться не удалось. В силу чрезвычайной актуальности эта проблема требует дальнейшей разработки и скорейшего решения.

Представленные в настоящей главе данные, выводы и рекомендации основаны на личном опыте авторов по лечению взрывных поражений в условиях локальной войны, а также на результатах специально выполненных клинико-экспериментальных исследований. Это позволяет сделать следующий вывод.

Взрывное поражение—особый вид политравмы, имеющий специфические механизмы патогенеза. Основанные на представлениях о них рекомендации по оказанию помощи и лечению пострадавших отдают приоритет комплексным патогенетически обоснованным лечебно-профилактическим мероприятиям, выполнение которых по времени в значительной мере приходится на догоспитальный этап. Это обстоятельство ставит перед органами здравоохранения четко определенные организационные задачи, возможно полное выполнение которых является залогом успешного лечения этой категории пострадавших.

1.4.2. Особенности интенсивной терапии и анестезии у пострадавших с взрывными поражениями

Минно-взрывные поражения, как уже было отмечено ранее, характеризуются значительной тяжестью анатомических нарушений. Причем характер морфологических изменений в тканях весьма разнообразен, но специфичен, что позволяет, в частности, выделять зону отрыва, размозжения и отсепаровки тканей, зону контузии и зону коммоции. С позиции анестезиолога-реаниматолога важно подчеркнуть, что если *в первой зоне* разрушение тканей носит необратимый характер, то *во второй* возникновение очаговых необратимых изменений происходит в результате прогрессирования вторичных циркуляторных расстройств. Сущность изменений *в третьей зоне* сводится к структурным повреждениям коллателей магистральных сосудов и аксонов периферических нервов, которые сопровождаются

147

соответствующими функциональными нарушениями, что, в конечном счете, усиливает морфофункциональные нарушения за пределами раневого канала [Нечаев Э. А. и др., 1994; Гуманенко Е. К., 1997; Phillips Y. Y., Zajtichuk I. T., 1991]. Другими словами, если зона первичного некроза характеризуется наличием тканей, полностью утративших свою жизнеспособность, в связи с чем они подлежат удалению во время хирургической обработки, то на возникновении и распространенности зоны вторичного некроза во многом сказывается состоятельность системных и местных защитных реакций.

К сожалению, обширность разрушения тканей, значительная кровопотеря, которая обычно их сопровождает, полиморфизм повреждения внутренних органов обусловливают развитие сложных патофизиологических изменений и возрастание значимости функционального компонента в общей оценке тяжести травмы. Существенный отпечаток на развертывание адаптационных механизмов и течение раневого процесса оказывает и так называемый «синдром эколого-профессионального перенапряжения», развивающийся у военнослужащих, принимающих участие в боевых действиях [Новицкий А. А., 1994].

Перечисленные аспекты свидетельствуют о том, что при лечении таких пострадавших нельзя ограничиваться лишь устранением грубых расстройств в системах дыхания и кровообращения. Усилия анестезиолога—реаниматолога в целом должны быть направлены:

— с одной стороны, на оптимизацию работы всех систем жизнеобеспечения, устранение или предотвращение их функциональной несостоятельности, нормализацию постагрессивных реакций на системном уровне;
— с другой—на коррекцию микроциркуляторных расстройств и обменных процессов, предупреждение повреждения клеток и внутриклеточных структур в тканях, граничащих с зоной первичного некроза или местом хирургической обработки.

Безусловно, решение второй задачи невозможно без реализации задачи первой. Более того, оно в целом базируется на комплексе мероприятий, направленных на выведение раненого из состояния шока. Тем не менее сегодня имеется возможность целенаправленно применить некоторые методы, способствующие улучшению кровообращения и трофики тканей в конкретной области (эпидуральная и проводниковые блокады, регионарная инфузия растворов и средств, влияющих на сосудистый тонус и текучесть крови или обеспечивающих защиту клетки и внутриклеточных структур от свободных кислородных радикалов и различного рода биологически активных веществ).

Оптимальное решение первой задачи может быть достигнуто на основании концепции «травматической болезни, позволяющей связать в единую цепь шок и патологические процессы, развертывающиеся в постшоковом периоде» [Ерюхин И. А., Цибуляк Г. Н., 1996; Гуманенко Е. К., 1995]. Ценность подобной концепции заключается в том, что она акцентирует внимание на так называемом функциональном компоненте травмы и нацеливает врача не только на устранение, конкретных анатомических повреждений, но и на лечение пострадавшего в целом, тем самым подчеркивая важность реаниматологической помощи. Следует отметить, что опыт войны в Афганистане позволил поставить вопрос о целесообразности выделения в рамках травматической болезни ее особой формы—раневой болезни [Шанин Ю. Н., 1989].

Хотя в основе изменений жизнедеятельности организма как в пост—раневом, так и в посттравматическом периодах лежат универсальные, неспецифические реакции, а различия в функциональном состоянии раненых и пострадавших с тяжелой механической травмой носят в основном не качественный, а количественным характер, такая точка зрения имеет полное право на существование. Не нее ее сегодня разделяют, однако практика показывает, что особый гомеостатический фон у раненого, получающего ранение в боевой обстановке, нередко приводит к необычно тяжелому течению постраневого периода, несоответствующему характеру имеющихся повреждений. В особенности это свойственно минно-взрывной травме. Формирует такую реакцию многие патогенетические факторы, основными из которых являются ноцицептцвная афферентная импульсация из множественных очагов, кровопотеря из нескольких источников, гипоксия смешанного генеза, ранний эндотоксикоз, структурные повреждения различных органов

[Грицанов А. И. и др., 1987; Шанин В. Ю. и др., 1993; Полушин 10. С., 1995]. Специфические поражающие факторы взрывного поражения приводят к более быстрому и напряженному течению травматической (раневой) болезни с тенденцией к быстрому истощению и срыву компенсаторных механизмов.

Ключевым моментом шока у пострадавших рассматриваемой категории является сочетание циркуляторной, гемической (вследствие анемии) и легочной гипоксии. Именно гипоксия и тканевая гипоперфузия определяют нарушения метаболизма, иммунного статуса, гемостаза, приводят к интоксикации и в конечном счете обусловливают формирование программы лечения травматической болезни |Нечаев Э. А. и др., 1994].

Реаниматологическая помощь раненым от взрывных устройств может быть эффективной, если будет учтена особенность этиопатогенеза МВТ. Чтобы снизить выраженность и скоротечность патологических процессов, очень важно как можно скорее начать оказание этого вида помощи, соблюдая последовательность и преемственность на всех этапах лечения: при оказании неотложной помощи при критическом состоянии на догоспитальном этапе, при подготовке к анестезии и операции, при проведении интенсивной терапии в ходе оперативного вмешательства и в послеоперационном периоде. Причем важно понимать, что разделение интенсивной терапии на предоперационную подготовку, анестезию и послеоперационную интенсивную терапию довольно условно. Все эти этапы подчинены одной цели, объединены единым замыслом лечения и являются звеньями комплексной реаниматологической помощи, направленной на выведение пострадавшего из критического состояния.

Основные мероприятия *неотложной медицинской помощи на догоспитальном этапе*, которые могут предупредить развитие нарушений или способствовать временной стабилизации функционирования систем жизнеобеспечения при критическом состоянии, сводятся прежде всего к уменьшению нарушений функции внешнего дыхания и расстройств кровообращения, а также к устранению боли [Левшанков А. И. и др., 1993; Steward R. D., 1990].

Опасные для жизни *нарушения дыхания* при МВТ могут быть обусловлены различными факторами. Чаще всего, особенно при сопутствующем черепно-мозговом ранении или травме, они связаны с обструкцией дыхательных путей (западение языка, скопление в полости рта и глотки крови, слизи, рвотных масс, повреждение осколками взрывного устройства глотки, гортани или трахеи), сдавлением мозга гематомой. Возможно возникновение пневмоторакса как открытого, так и закрытого. При этом локализация основных повреждений в области груди совершенно не обязательна—вся сила взрыва, например, может быть направлена на ноги, а для развития пневмоторакса достаточно попадания маленького осколка.

С целью устранения дыхательных расстройств в зависимости от их причины и условий оказания помощи могут быть применены простые (например, тройной прием Сафара) и более сложные (ингаляция кислорода, интубация трахеи, ИВЛ) приемы. Принципы их использования традиционны.

Расстройства кровообращения на данном этапе связаны прежде всего с кровопотерей, которая у подорвавшихся на мине может быть довольно большой. Следует, однако, иметь в виду, что наружное артериальное кровотечение, в том числе из магистральных сосудов, при отрыве конечности обычно быстро останавливается. Поэтому необходимо периодически осуществлять «контроль» жгута и по возможности заменять его давящей повязкой. В то же время в процессе транспортировки раненого артериальное кровотечение может возобновляться. В связи с этим жгут должен быть всегда под рукой, обычно его накладывают на поврежденную конечность провизорно. Этому вопросу уделено внимание в предыдущей главе. По возможности обеспечивают внутривенное введение кристаллоидных и коллоидных плазмозамещающих растворов хотя бы в объеме 400-1200 мл (при соотношении 1:1, 2:1). Использования сосудосуживающих средств, которые приводят к усугублению нарушений микроциркуляции и тканевого обмена, лучше избегать.

Для устранения *болевого синдрома* обычно применяют 2% раствор промедола. Однако большой опыт использования его на догоспитальном этапе показал, что этот препарат не должен считаться средством выбора. Внутримышечная инъекция его на фоне тяжелого шока, как правило, малоэффективна, что требует повторных (до 3-4 раз) введений. При внутривенном использовании промедола часто развивается значительное угнетение дыхания. Анализируя результаты применения с целью обезболивания других средств, полагаем, что на месте травмы или в процессе транспортировки целесообразно использовать препараты типа *агониста—антагониста бупренорфина* либо один из ингаляционных анестетиков *(трихлорэтилен, меток-сифлюран)*, подаваемых раненому с помощью портативного аналгезера («Трилан», «Трингал»). При оказании помощи в специализированной машине либо в медицинском пункте (амбулатории) можно дополнительно усилить подавление ноцицептивной афферентации местными анестетиками (проводниковые блокады), но с учетом повышенной чувствительности таких раненых к их гипотензивному действию (вводить в суммарной дозе, не превышающей 200-300 мг лидокаина).

При поступлении раненых в приемное отделение лечебного учреждения параллельно с первичными диагностическими действиями (осмотр, физикальное обследование, забор крови на клинико-биохимические исследования, рентгенография и т. п.) необходимо продолжать оказание помощи (пункция и катетеризация периферической, а в ряде случаев—даже магистральной вены, инфузионная, респираторная терапия, обезболивание и пр.). Особенно это важно для находящихся в тяжелом и крайне тяжелом состоянии. Мытье поврежденных сегментов тела, контроль или снятие наложенного на конечность жгута можно осуществлять только после наступления достаточной аналгезии.

По нашим данным, в проведении интенсивной терапии нуждается 52,4% пострадавших с МВТ [Полушин К). С. и др., 1998]. Очень важно, чтобы анестезиолог-реаниматолог участвовал в лечении таких раненых с самого начала, особенно в больницах, где нет специальных противошоковых палат либо реанимационного зала в приемном отделении. Полиморфизм анатомических повреждений (по нашим данным, у каждого второго пострадавшего с МВТ, нуждающегося в интенсивной терапии, могут быть переломы грудины и реберного каркаса грудной клетки, у каждого пятого—гемопневмоторакс или ушиб сердца, повреждения глаз, костей лицевого и мозгового черепа, органов брюшной полости и пр.) выдвигает на первый план своевременную оценку тяжести функционального состояния. К сожалению, практика показывает, что неопытность персонала и характерный устрашающий вид разрушений нередко приводят к суете и поспешной доставке раненого в операционную без какого-либо обследования и помощи, что является грубой ошибкой. С другой стороны, бывает и неоправданная задержка раненых в приемном блоке, выполнение травматичных манипуляций без устранения болевого синдрома (например, снятие повязок, ревизия раны, частое перекладывание с каталки на каталку). Вот почему анестезиолог-реаниматолог **должен** подключаться к лечению таких пострадавших сразу после поступления их в приемное отделение, и со своих позиций участвовать в **определении** ведущего повреждения, согласовании последовательности и сроков выполнения операций. При необходимости он может и должен настаивать на помещении раненого не в операционную, а в палату интенсивной терапии для выведения его из шока и проведения подготовки к операции или, наоборот, на временном прекращении детального обследования и производстве неотложных хирургических вмешательств (устранение напряженного пневмоторакса, остановка сильного кровотечения и пр.).

При выборе времени для начала операции исходят из влияния предстоящего вмешательства на дальнейшее течение функциональных и метаболических расстройств. Если операция не может устранить или значительно уменьшить патогенетические факторы, обусловливающие тяжесть состояния пациента, то ее выполняют после ликвидации проявлений шока или, по крайней мере, после нормализации гемодинамики и функции почек.

Основанием для срочного выполнения операции на фоне шока служат лишь продолжающееся внутреннее кровотечение и необходимость восстановления кровотока в магистральных сосудах конечности. В этих случаях раненых из приемного отделения следует направлять сразу в операционную («шоковую», если она имеется в учреждении). Хотя время на подготовку в данной ситуации ограничено, тем не менее его необходимо эффективно использовать для предоперационной подготовки, продолжая начатое на догоспитальном этапе и в приемном отделении лечение. После остановки кровотечения и восстановления проходимости сосуда операцию при необходимости целесообразно приостановить для продолжения противошоковой терапии. Завершение хирургической обработки ран должно производиться после стабилизации состояния или хотя бы после выведения раненого из критического состояния (стабилизация артериального давления на безопасном уровне). Важно подчеркнуть, что одновременное выполнение операций в разных областях тела несколькими хирургическими бригадами у этой категории раненых нежелательно.

Большинство пострадавших с МВТ должны оперироваться после нормализации артериального давления и спонтанного восстановления диуреза. Обычно на это требуется от 1,5 до 4 ч. Лишь в отдельных случаях предоперационная подготовка растягивается на более длительное время. Лучше ее осуществлять не на холодном операционном столе, а на теплой койке в палате интенсивной терапии. Здесь же можно провести контроль жгута и при необходимости начать общую анестезию (перевести на ИВЛ, ввести адекватную дозу анальгетика, атарактика и пр.). Важно отметить, что для раненых вообще, а для этой категории в особенности, общую анестезию можно и даже нужно применять задолго до начала оперативного вмешательства.

Продолжительность и конкретное *содержание интенсивной терапии в* предоперационном периоде *в каждом конкретном случае, конечно же, индивидуальны и зависят от локализации, характера и тяжести повреждений, фазы шока (компенсации, декомпенсации), источника и величины кровопотери, индивидуальных особенностей организма (возраст, сопутствующие заболевания, психическое состояние, физическое развитие и пр.). Однако в целом они определяются ведущими симптомокомплексами, и, прежде всего, расстройствами кровообращения и дыхания. Поэтому направляют предоперационную подготовку прежде всего на улучшение центрального и периферического кровообращения, газообмена в легких, нормализацию кислотно-основного состояния. Главная ее цель заключается в поддержании механизмов срочной адаптации и повышении резистентности организма пострадавшего к предстоящему хирургическому вмешательству. Хотя операция у раненых позволяет уменьшить, а в ряде случаев и совсем устранить активность возникшего вследствие травмы очага патологической ноцицептивной импульсации, надо понимать, что она сама является дополнительной травмой. Нанесение ее на фоне значительного перенапряжения функциональных систем и, в частности, системы регуляции, может привести к срыву реакций компенсации и к утяжелению состояния.*

Основными элементами предоперационной подготовки являются инфузионно-трансфузионная терапия, респираторная поддержка (кислородная терапия, искусственная или вспомогательная вентиляция легких), обезболивающая и седативная терапия.

Всем пострадавшим в состоянии шока, независимо от его степени, целесообразно осуществлять катетеризацию подключичной вены для того, чтобы, с одной стороны, обеспечить при необходимости высокую объемную скорость инфузии, а с другой—иметь возможность контролировать центральное венозное давление (ЦВД). ЦВД, являющееся результатом сложной взаимозависимости работы сердца, тонуса сосудов и объема циркулирующей крови, позволяет оценить адаптационные возможности сердечно-сосудистой системы и на этой основе регулировать темп инфузионно-трансфузионной терапии.

При благоприятном течении шока происходит постепенное повышение ЦВД на фоне нормализации артериального давления и уменьшения тахикардии. Резкий подъем его, особенно в сочетании с сохраняющейся гипотензией, свидетельствует о преобладании венозного возврата над сердечным выбросом и развитии острой сердечной недостаточности. Последняя может быть обусловлена ухудшением сократительной способности миокарда вследствие возникающих в нем при тяжелом шоке метаболических нарушений и снижением реакции сердечной мышцы на катехоламины, циркулирующие в крови. Кроме того (и это является спецификой минно-взрывных поражений), миокардиальная слабость нередко связана с ушибом сердца. Важно иметь в виду, что повреждения миокарда, дистантные или возникающие при падении на камни, от удара о выступающие части техники во время взрыва, сопровождают иногда и необширные ранения. При повышении ЦВД до 7-8 см вод. ст. темп инфузионно-трансфузионной терапии замедляют (если позволяет артериальное давление), свыше 15 см вод. ст.—подключают кардиотропные препараты (допмин, добутрекс, адреналин).

Оценку функции сердца по возможности дополняют исследованием центральной гемодинамики. Низкий минутный объем кровообращения или быстрое его снижение в процессе лечения, несмотря на волемическую нагрузку (в течение 2-6 ч), должны настораживать, так как это может явиться проявлением декомпенсации сердечной деятельности.

Ретроспективный анализ имеющихся в нашем распоряжении данных показал, что в среднем пострадавшему в состоянии шока I степени в период предоперационной подготовки необходимо перелить 0,8-1,6 л кровезаменителей, при шоке II степени-1,6-3,2 л, шоке III степени-1,2-4,0 л. Однако полиморфизм проявлений минно-взрывных поражений заставляет подходить к вопросу об объеме инфузионно-трансфузионной терапии сугубо индивидуально. В одних случаях (например, при отрыве голени), бывает достаточно перелить 0,8-1,2 л, в других-4-6 л. В конечном счете при шоке вообще, а у пострадавших данной категории в особенности, важно не столько восстановить должный объем циркулирующей крови, сколько добиться соответствия его емкости сосудистого русла, ликвидировать опасную для жизни гиповолемию, обеспечить необходимый уровень кровоснабжения жизненно важных органов и уменьшить тем самым напряжение симпато-адреналовой системы.

Состав инфузионно-трансфузионной терапии в каждом конкретном случае также индивидуален. Как правило, можно ограничиться инфузией кристаллоидных и коллоидных растворов в соотношении 2:1, 3:1, плазмы и белковых препаратов. Основанием для переливания крови в период подготовки к операции служат общепринятые критерии: снижение концентрации гемоглобина ниже 80 г/л, а гематокрита—ниже 30%. В этой ситуации восстановить гемодинамику только инфузией плазмозаменителей довольно сложно.

На данном этапе лечения важно не только решить задачу экстренного восстановления объема циркулирующей крови (при этом донорская кровь не имеет серьезных преимуществ перед плазмозамещающими растворами), но и воздействовать на ее физико-химические свойства с целью снижения вязкости, улучшения текучести и условий капиллярного кровообращения;

поддержания онкотического давления плазмы; предупреждения явлений внутрисосудистой агрегации и микротромботизации; включения в активный кровоток эритроцитов из депо; поддержания водно-электролитного и кислотно-основного состояния.

Коррекция гемодинамических расстройств наряду с ликвидацией гиповолемии и нарушений микроциркуляции предусматривает улучшение насосной функции сердца и устранение дистонии сосудов.

Повышение ударного объема за счет увеличения преднагрузки достигается прежде всего инфузионно-трансфузионной терапией. Определенное значение имеет уменьшение частоты сердечных сокращений. Урежение пульса сопровождается удлинением диастолы, что приводит к более полному наполнению желудочков кровью и увеличению сердечного выброса за счет механизма Франка-Старлинга. В связи с этим снятие психоэмоционального напряжения, в котором обычно пребывают такие пострадавшие, и устранение болевого синдрома способствуют улучшению производительности сердца.

Для устранения централизации кровообращения и уменьшения постнагрузки *при «компенсированном» шоке* (при систолическом артериальном давлении не ниже 100 мм рт. ст. у нормотоников) показано применение сосудорасширяющих средств (альфа-адреноблокаторов, ганглиоблокаторов). Их дозы и порядок введения подбирают индивидуально, исходя из реакции сердечно-сосудистой системы на введение тест-дозы препарата (2,5 мг дроперидола, 2,5-5 мг пентамина). Снижение систолического давления или увеличение тахикардии при этом является проявлением скрытой гиповолемии и указывает на необходимость усиления темпа и объема инфузии. При отсутствии реакции гемодинамики дозу препарата постепенно увеличивают, добиваясь устранения периферического вазоспазма.

При декомпенсированном шоке, когда артериальное давление снижается ниже критического уровня, а инфузионная терапия не приводит к его повышению, используют сосудосуживающие средства. Они, однако, улучшают лишь внешнюю картину, тогда как нарушения микроциркуляции и обмена только нарастают. Поэтому к вазопрессорам следует прибегать лишь в крайнем случае, поддерживая с их помощью артериальное давление на

10-15 мм рт. ст. выше уровня, необходимого для кровоснабжения жизненно важных органов.

Необходимость введения кардиотонических средств для повышения контрактильной способности миокарда возникает, главным образом, при тяжелых формах шока, а также при нарастании сердечной недостаточности вследствие ушиба сердца. На первых порах предпочтительнее назначение бета-адреномиметиков в небольших дозах (например, 2-5 мкг/(кг • мин) допамина), обеспечивающих как кардиостимулирующий, так и сосудорасширяющий эффект. При необходимости дозу препаратов повышают, а в случае выраженной тахикардии комбинируют с адреналином или полностью заменяют им.

Раненым с шоком II—III степени и терминальным состоянием целесообразно вводить глюкокортикоиды (преднизолон в дозе 120-300 мг одномоментно) для стабилизации клеточных и лизосомальных мембран, уменьшения проницаемости сосудистой стенки и продукции кининов, а также повышения чувствительности адренорецепторов к эндогенным катехоламинам.

Исходя из того, что расстройства дыхания наблюдаются во всех звеньях газообмена, большая роль на этапе подготовки к операции должна быть отведена кислородной терапии. С этой целью необходимо осуществлять ингаляцию кислорода через маску или носовые катетеры, а при шоке III степени, терминальном состоянии перевести раненого на искусственную или вспомогательную вентиляцию легких. У этой категории раненых перед переводом на ИВЛ особенно важно убедиться в отсутствии пневмоторакса, ибо при множественных повреждениях несложно пропустить проникающее ранение груди с повреждением легкого, которое клинически на фоне самостоятельного дыхания проявляется не всегда. Перевод на ИВЛ, который сопровождается повышением пикового внутрилегочного давления, может довольно быстро привести к нарастанию напряженного пневмоторакса и резкому ухудшению состояния раненого. В этом случае еще до ИВЛ следует дренировать плевральную полость на стороне поврежденного легкого или перевести клапанный пневмоторакс в открытый хотя бы путем пункции плевральной полости толстой иглой.

При локализации основных повреждений в области конечностей болевой синдром целесообразно купировать проводниковой блокадой. Однако при обширных разрушениях полностью снять боль не всегда представляется возможным. *Во-первых,* в этой ситуации опасно вводить полноценную дозу местного анестетика, учитывая опасность усугубления гемодинамических расстройств после резорбции его в кровь. Отсюда лучше одномоментно использовать не более 50% от расчетной дозы местного анестетика (300-500 мг лидокаина), потенцируя его действие ненаркотическими анальгетиками. *Во-вторых,* иногда бывает трудно получить парестезию при поиске нерва из-за психического возбуждения раненого либо, наоборот, депрессии, обусловленной шоком и неоднократным введением наркотических анальгетиков на догоспитальном этапе. Это затрудняет идентификацию положения нервных стволов и снижает эффективность блокады, поэтому для облегчения поиска нервов целесообразно применять специальные приборы или электростимуляцию нервных стволов, например, с помощью банального портативного электрокардиостимулятора ЭКС-15-3 (частота 90-120 Гц, сила тока от 1,5 до 5 мА).

В своей практике при ранениях и травмах верхних конечностей мы предпочитали использовать блокаду шейного сплетения. На нижних конечностях ограничивались блокадой седалищного нерва из переднего доступа, чтобы лишний раз не травмировать раненого при поворачивании его на бок, а также поясничного сплетения паховым доступом.

При обширных и сочетанных повреждениях, даже локализующихся исключительно в области конечностей, надежно устранить боль с помощью проводниковых блокад не представляется возможным. В этих ситуациях требуется слишком большая доза местных анестетиков, для того чтобы адекватно заблокировать все нервы, иннервирующие данную область. В подобных случаях мы избирательно обеспечиваем местную (проводниковую) анестезию зон, обусловливающих возникновение наиболее мощного потока ноцицепции, сочетая ce с внутривенным введением ненаркотических (типа стадола) или наркотических анальгетиков, несмотря на опасность развития депрессии дыхания и другие нежелательные эффекты этих препаратов.

Коррекцию ацидоза осуществляют по общепринятым правилам под контролем кислотно-основного состояния.

Учитывая большую роль в патогенезе шока различных биологически активных веществ и, в частности, простых и сложных пептидов, нуклеотидов, гликопептидов, гуморальных регуляторов, вводят ингибиторы протеаз (100-300 тыс. ЕД гордокса). В связи с большой загрязненностью раневой поверхности начинают антибактериальную терапию. Весьма важно насытить кровь антибиотиком еще до начала хирургической обработки ран.

Восстановления диуреза следует добиваться прежде всего посредством улучшения микроциркуляции, снятия спазма-почечных сосудов и. повышения фильтрационного давления. От использования мочегонных препаратов на данном этапе лечения целесообразно воздержаться. Введение лазикса показано лишь при угрозе развития острой почечной недостаточности вследствие длительного расстройства кровообращения и массивного размозжения мягких, тканей, а также при явной перегрузке малого круга кровообращения. Однако их вес равно вводят лишь после улучшения гемодинамики. Спонтанное восстановление диуреза—один из важнейших признаков адекватности противошоковой терапии. Другими критериями правильности проводимого лечения служат повышение, а затем и нормализация артериального давления, уменьшение тахикардии, положительные, но не превышающие 10-15 см вод. ст. значения ЦВД, постепенное снижение общего периферического сопротивления, сопровождающееся изменением цвета и потеплением кожных покровов, сокращением времени симптома «белого пятна» до 1-3 сек.

Выбор метода анестезии у пострадавших с МВТ определяют с учетом локализации повреждений, тяжести функциональных нарушений, характера и длительности операции, срочности ее выполнения. В зависимости от этих обстоятельств используют различные методы общей и регионарной анестезии. В наших наблюдениях (1109 пострадавших) наиболее часто выполняли первичную хирургическую обработку ран конечностей (68%), значительно реже—лапаротомию (Мл), трепанацию черепа (10%) и торакотомию (8%). В большинстве случаев ограничивались одной операцией, в 17%—двумя. У 2% раненых последовательно выполнили три операции. Средняя продолжительность анестезии составила 199 ± 30 мин [Потушин Ю. С. м др., 1998J.

Разнообразие операций определило применение различных методов анестезии. Наиболее часто (41%) применяли **общую многокомпонентную анестезию,** предусматривающую достижение сильной избирательной аналгезии фентанилом и обеспечение нейровегетативного компонента защиты совместным или раздельным введением бензодиазепина и небольших доз нейролептика. Ее использовали при срочных операциях, независимо от локализации повреждений (за исключением дренирования плевральной полости), во время вмешательств в облает лицевого и мозгового черепа, на гортани и трахее, при неполостных операциях продолжительностью более 1-1,5 ч, если имелась неустойчивая компенсация гемодинамических и дыхательных расстройств.

Нередко (26%) применяли и **общую внутривенную анестезию** со спонтанным дыханием, главным образом кетам и новую (96%). В 50% случаев кетам пн сочетали с седуксеном, в 26%—дроперидолом, в 24%—фентанилом. Основным недостатком кетами новой—анестезии явилось частое психомоторное возбуждение и длительное угнетение сознания в послеоперационном периоде. При большом потоке раненых это создавало определенные трудности для медицинского персонала. Во время операции двигательная активность раненого затрудняла работу хирургов, а после нее—нередко вызывала негативные реакции у рядом лежащих раненых, особенно когда из операционной доставляли сразу несколько человек. Кроме того, при угнетенном сознании раненый не мог координировать свои действия, и это затрудняло перекладывание его с каталки на кровать, особенно в палатах с узкими проходами.

Регионарную анестезию, дополненную препаратами общего действия, использовали всего лишь у 14% раненых. Главным образом ее применяли при операциях на конечностях, причем не в остром периоде травматической болезни. Представляется, что рассчитывать на более широкое применение данного метода у пострадавших с МВТ нет оснований, несмотря на появление в настоящее время новых местных анестетиков.

Эпидуральную анестезию, при неотложных оперативных вмешательствах применяли совсем редко (примерно у 0.5%

оперированных), так как это было далеко небезопасным. Причем главным образом ее использовали в качестве компонента общей анестезии у раненых с сочетанным ранением живота. В качестве самостоятельного метода эпидуральную анестезию практически не применяли, разве что при небольших повреждениях конечностей. При обширных разрушениях ее вообще избегали из-за боязни дополнительной травматизации с соответствующим усилением потока патологической афферентации при поворачивании раненых на бок для постановки катетера. Такие пострадавшие нередко реагировали снижением артериального давления даже и ответ на перекладывание их с каталки на операционный стол.

Рассматривая операцию, как дополнительную агрессию, важно подчеркнуть, что адекватность анестезиологической защиты во время любых хирургических манипуляций у этого контингента должна быть безупречной. Современные представления о патофизиологии боли и формировании стресс-реакции при огнестрельной травме обусловливают ряд положений, имеющих принципиальное значение для обоснования тактики анестезии [Шанин В. Ю., 1993; Полушин Ю. С., 1997].

Во-первых, основные усилия анестезиолога должны быть направлены на афферентное звено рефлекторной дуги и избежание дополнительной активации механизмов, ответственных за эфферентную импульсацию.

Во-вторых, предотвращение субъективных ощущений боли не означает блокаду ноцицептивной импульсации с ее патогенными влияниями. Устранение чувства боли должно сочетаться с блокадой вегетативного нейронального и двигательного компонентов ноцицептивной афферентации. Поэтому оптимальным можно считать одновременное обеспечение деафферентации с активацией антиноцицептивной системы (сочетание общих и местных анестетиков с анальгетиками).

В-третьих, по ходу анестезии важно избегать угнетения физиологических механизмов антиноцицепции, что обычно происходит при попытке добиться адекватной анестезии за счет ее углубления с помощью, например, одного ингаляционного анестетика.

В-четвертых, поскольку действия хирурга в операционной ране являются дополнительной травмой, следует добиваться деафферентации и включения антиноцицептивной системы до нанесения травматического воздействия (профилактический подход к защите пациента). При этом целесообразно использовать комплекс мер, способствующих предупреждению чрезмерного перевозбуждения периферических болевых рецепторов (профилактика первичной гипералгезии), а также спинальных и супраспинальных ноцицептивных структур ЦНС (профилактика вторичной гипералгезии). Отсюда при проведении анестезии у раненых очередную дозу анальгетика важно вводить перед наиболее травматичными этапами операции, а не по мере появления гемодинамических признаков неадекватности анестезиологической защиты, использовать перед операцией нестероидные противовоспалительные средства, вводить в самом начале анестезии антикининовые и антипростагландиновые агенты.

В-пятых, следует еще раз подчеркнуть, что анестезия при операции у тяжелораненого должна быть логическим продолжением интенсивной терапии, начатой в предоперационном периоде. В ходе нее важно не только уменьшать или устранять гемодинамические расстройства, обеспечивать антиноцицептивную защиту, но и продолжать реализацию плана терапии, намечаемого при первичном осмотре. Данное положение, с одной стороны, обусловливает применимость к анестезии всех принципов интенсивной терапии, а с другой—лишний раз подчеркивает единство специальности «анестезиология-реаниматология» по крайней мере применительно к области хирургии повреждений.

Задачам, которые ставятся перед анестезиологическим обеспечением, больше всего отвечает многокомпонентная анестезия на основе неингаляционных анестетиков. Особенно эффективно сочетание ее с эпидуральной или проводниковыми блокадами, что позволяет уменьшить поток афферентации в центральную нервную систему и оптимизировать анестезиологическое обеспечение. Причем при всех полостных операциях, а также у раненых, находящихся в состоянии шока II-III степени или терминальном состоянии, показан эндотрахеальный метод с ИВЛ. Применение кетаминовой или регионарной анестезии с сохранением спонтанного дыхания возможно лишь при непродолжительных (до 1-1,5 ч) операциях на костях, мягких тканях конечностей и других областей тела у пострадавших, выведенных из состояния шока, а также при перевязках обожженным.

Среди методов многокомпонентной анестезии *при оперативных вмешательствах у раненых в состоянии шока либо при неустойчивой компенсации у них гемодинамических расстройств*, предпочтение целесообразно отдавать следующему модифицированному виду атаралгезии. Анестезию *начинают* с ингаляции кислорода в течение 5-10 мин и прекураризации. Затем вводят седуксен (10-20 мг), смесь фентанила (8-10 мл) с кетамином (100-150 мг), осуществляют перевод на искусственную вентиляцию легких (после введения миорелаксантов). *Поддержание аналгезии* обеспечивают фентанилом (по 0,1-0,2 мг перед травматичными этапами вмешательства, а также при появлении признаков недостаточной глубины анестезии). *По ходу операции* (после достижения хотя бы относительного соответствия емкости сосудистого русла объему циркулирующей крови) дополнительно применяют дроперидол (фракционно по 2,5-5 мг). При этом рассчитывают не столько на достижение нейролепсии, сколько на устранение вазоспазма и улучшение периферического кровообращения. Последнее введение кетамина (который обычно добавляют по 50 мг каждые 30 мин) и фентанила должно быть не позже, чем за 40-50 мин до конца операции. Для уменьшения активности кининогенеза и предотвращения первичной сенситизации в самом начале анестезии вводят ингибиторы протеаз (контрикал в дозе 30 000-50 000 ЕД).

Безусловно, такой вариант анестезии не является догмой. Некоторые анестезиологи, например, предпочитают осуществлять индукцию анестезии барбитуратами (1% раствором натрия тиопентала), основную дозу фентанила вводить после интубации трахеи перед началом операции, а выключение сознания обеспечивать ингаляцией закиси азота с кислородом (при отсутствии выраженных гемодинамических расстройств). Однако нам он представляется оптимальным, особенно при отсутствии массового потока раненых.

Надо иметь в виду, что в большинстве случаев у пострадавших наблюдаются метаболический ацидоз и гиповолемия. Поэтому даже стандартные дозы барбитуратов могут вызвать опасную гипотензию. В связи с этим их следует использовать только в виде 1% раствора медленно на фоне поддерживающей терапии. Несмотря на укоренившееся мнение об эффективности кетамина, как средства для вводной анестезии у пациентов с гиповолемией, надо иметь в виду, что на фоне кровопотери, особенно массивной, он может внезапно снижать артериальное давление, расширять сосуды и оказывать депрессивное влияние на сердечную мышцу. Для вводной анестезии можно использовать и натрия оксибутират. В таких случаях наступление анестезии несколько затягивается.

Чтобы избежать ухудшения гемодинамики после перевода на ИВЛ, следует помнить, что чрезмерная гипервентиляция приводит к гипокапнии, а избыточный дыхательный объем затрудняет венозный возврат. Результатом может быть резкое снижение артериального давления.

При некомпенсированном шоке для выключения сознания вместо закиси азота применяют натрия оксибутират (2-6 г) или кетамин (50 мг каждые 15-20 мин). Подобные дозы кетамина кроме того позволяют повысить адекватность антиноцицептивной защиты за счет блокады рецепторов возбуждающих аминокислот (NMDA-рецепторов).

Мышечную релаксацию целесообразно обеспечивать недеполяризующими релаксантами. В настоящее время их выбор достаточно большой. Следует только помнить, что при тяжелом шоке выведение таких миорелаксантов почками резко замедляется. Вследствие этого мышечная релаксация может значительно удлиняться.

Многоуровневый характер анестезии обеспечивается не только применением фармакологических средств с разными точками приложения их действия. Оптимизирующее влияние на течение анестезии оказывают различные варианты местной анестезии (инфильтрационной, регионарной). При этом не следует стремиться к использованию максимальных доз местных анестетиков во избежание снижения артериального давления.

Необходимость в премедикации решается в зависимости от общего состояния пациента, времени, прошедшего с введения последней дозы анальгетика и седативного препарата на догоспитальном этапе, а также в процессе предоперационной подготовки. В случае необходимости целесообразно внутривенно ввести анальгетик в сочетании с малой дозой атропина (с учетом частоты пульса) перед началом анестезии. Исходя из новых сведений о механизмах формирования боли, стоит отдать предпочтение нестероидным противовоспалительным средствам с целью уменьшения выраженности первичной сенситизации за счет снижения активирующего воздействия на периферические ноцицепторы медиаторов боли, модуляторов отека и воспаления.

Учитывая большую опасность рвоты с последующей аспирацией желудочного содержимого в трахеобронхиальное дерево, всем раненым перед операцией надо опорожнить желудок с помощью толстого зонда. После этого зонд удаляют и ставят вновь только после интубации трахеи. Причем надо помнить, что постановка зонда не избавляет от необходимости принимать другие меры для профилактики регургитации (прием Селлика, опускание головного конца операционного стола).

Выведение из анестезии осуществляется по обычной методике. В связи с тем, что при шоке остаточное действие введенных средств проявляется значительно чаще и сильнее, чем в обычной практике, у таких пострадавших нельзя форсировать восстановление самостоятельного дыхания. Экстубацию можно осуществлять только при ясном сознании раненого, способности его выполнить простейшие команды (задержать вдох, пожать руку и т. д.), восстановлении мышечного тонуса, эффективном самостоятельном дыхании. В тех случаях, когда к концу операции не удается нормализовать артериальное давление, либо частота сердечных сокращений превышает 120 уд/мин, сохраняется выраженная анемия (уровень гемоглобина менее 100 г/л, гематокрит ниже 0,30 л/л), с экстубацией спешить не следует. Таким раненым показана продленная ИВЛ в палате интенсивной терапии.

При выполнении оперативных вмешательств в плановом порядке либо при стабильном состоянии раненого выбор метода общей анестезии осуществляется на общих основаниях.

В послеоперационном периоде основные усилия по-прежнему направляют на ликвидацию наиболее опасных системных расстройств и их причин, устранение кислородной задолженности тканей, оптимизацию метаболических проявлений стресс-реакции организма на травму. Вместе с тем на данном этапе особое значение приобретает профилактика и лечение осложнений острого периода травматической болезни типа шокового легкого, жировой эмболии, сердечной, почечной и печеночной недостаточности, диссеминированного внутрисосудистого свертывания, раннего сепсиса. Именно на этом этапе чрезвычайно большую роль начинает играть принцип опережающей (привентивной) терапии расстройств, обусловленных спецификой имеющихся ранений. Например, при минно-взрывной травме, сопровождающейся повреждением головного мозга, интенсивную терапию направляют на предупреждение развития менингоэнцефалита, диэнцефально-катаболического синдрома, своевременную нормализацию мозгового кровотока. У раненых этой категории особое значение приобретает также возможность уменьшения распространенности зоны вторичного некроза. При ранениях и травме груди нельзя допустить прогрессирования острой дыхательной недостаточности, перехода травматического пульмонита в пневмонию. Важнейшая задача интенсивной терапии раненных в живот с повреждением внутренних органов заключается в том, чтобы разорвать «патологическую программу перитонита» как можно раньше, в период ее первичного формирования. При повреждении конечностей важно целенаправленно воздействовать на регионарный кровоток с тем, чтобы сократить протяженность зоны вторичного некроза и уменьшить вероятность гнойных осложнений. Это означает, что реаниматологическая тактика должна быть более активной, чем в плановой хирургии, а критерии для применения тех или иных методов интенсивной терапии не только более мягкими, но и в ряде случаев—просто другими. При реализации программы интенсивной терапии у подобных пострадавших нельзя дожидаться максимального напряжения функциональных систем, методы интенсивной терапии следует применять не только тогда, когда появляются признаки отчетливого неблагополучия, а раньше. Ну и конечно лечение должно осуществляться как с учетом ведущего патогенетического синдрома, так и всех других проявлений травматической болезни. В целом оно предусматривает дальнейшую коррекцию расстройств системы кровообращения, предупреждение и устранение острой дыхательной недостаточности, уменьшение травматического токсикоза, коррекцию нарушений гемостаза, профилактику энтеральной недостаточности, нормализацию метаболической реакции на травму, предупреждение и лечение раневой инфекции.

Исходя из этого, а также большого разнообразия минно-взрывных поражений, высокого процента среди них сочетанных и множественных ранений, становится ясной невозможность стандартизации послеоперационной интенсивной терапии у данной категории пострадавших. И хотя в любом случае основу ее составляют традиционные подходы, применительно к конкретной ситуации она всегда индивидуальна. Программа интенсивной терапии строится путем наиболее рациональной комбинации средств и методов с учетом не только ведущего патогенетического синдрома, но и всех проявлений вызываемой минно-взрывным поражением травматической болезни.

К моменту поступления раненого в палату интенсивной терапии из операционной задача срочной ликвидации опасной для жизни гипово—лемии, как правило, уже решена. ***В ближайшем послеоперационном периоде**￼* на первый план выдвигается необходимость качественного восполнения кровопотери, поддержания насосной функции сердца, улучшения микроциркуляции. Важно своевременно осуществлять коррекцию водно-электролитного баланса и коллоидно-осмотического давления. Несостоятельность системной гемодинамики в этот период свидетельствует обычно о развитии необратимого шока, наличии тяжелого ушиба сердца либо повреждения сосудодвигательного центра головного мозга.

Следует проявить настойчивость в восполнении глобулярного объема крови к исходу первых трех суток, так как в более поздние сроки из-за инверсии иммунобиологического статуса увеличивается вероятность отторжения донорской крови. В то же время необходимо по возможности избегать массивных трансфузий (более 2,5 л крови в сутки), поддерживая необходимый уровень доставки кислорода тканям при выраженной анемии использованием продленной искусственной вентиляции легких с повышенным содержанием этого газа во вдыхаемой смеси. Со вторых суток для улучшения текучести крови целесообразно добавить трентал, гепарин (клексан, фраксипарин).

С целью повышения контрактильной способности миокарда показаны сердечные гликозиды, однако при ранениях сердца или подозрении на его ушиб применять их опасно, лучше отдавать предпочтение небольшим дозам В-адреномиметиков (допамин, добутрекс). При необходимости адреномиметики сочетают с капельным введением нитропрепаратов для уменьшения постнагрузки. Мы с этой целью у нескольких раненых применяли длительную эпидуральную блокаду (при уровне пункции Th 5-6) введением 5 мл 2% раствора лидокаина через каждые 2 ч. Контроль центральной гемодинамики посредством интегральной реографии тела (по М. И. Тищенко) выявил при этом не только снижение общего периферического сопротивления, но и отчетливое повышение сердечного индекса.

В отличие от прямого, дистантное повреждение сердца при МВТ клинически чрезвычайно трудно диагностировать, особенно в период шока. При электрокардиографическом исследовании обычно выявляются лишь диффузные метаболические нарушения. Заподозрить его позволяет быстрое развитие сердечной недостаточности и более тяжелое, чем следовало бы ожидать исходя из характера повреждений, ее течение, расширение контура сердца при рентгенологическом обследовании. Облегчает постановку диагноза появление различного рода аритмий. В своей практике нам пришлось дважды ставить диагноз ушиба сердца лишь после обнаружения небольшого количества крови в полости перикарда (при аускультации в области сердца выслушивался шум «плеска»). Характерно, что при этом электрокардиограмма была без серьезных изменений. Таким образом, учитывая специфику повреждающих факторов минно-взрывного оружия, настороженность в отношении вероятности развития ушиба сердца должна быть всегда, но при отрывах верхних конечностей—в особенности.

Уменьшения периферического вазоспазма добиваются введением нейролептиков, витамина РР. С этой же целью, особенно при ранениях живота, таза и нижних конечностей, можно использовать продленную эпидуральную блокаду. Введение сравнительно небольшой дозы лидокаина (5 мл 2% раствора каждые 2-4 ч) или одного из других современных местных анестетиков позволяет получить достаточно стойкий регионарный симпатолитический эффект без снижения артериального давления даже у самых тяжелых пострадавших.

Нарушения газообмена могут быть обусловлены непосредственным повреждением аппарата внешнего дыхания (нарушение целостности каркаса грудной клетки, ушиб легкого и пр.); нарушением центральных механизмов его регуляции (ранение или травма мозга, остаточное действие наркотических средств); ограничением экскурсии грудной клетки из-за боли. Гипоксемия бывает также проявлением нарушений микроциркуляции в легких вследствие централизации кровообращения; эмболии легочных капилляров дезэмульгированными жировыми частицами, микроагрегатами и микросгустками из перелитой донорской крови; пери—альвеолярного отека. Большое значение в развитии острой дыхательной недостаточности играют и слабость дыхательных мышц—постепенное ухудшение дренирования мокроты; микроателектазирование вследствие нарушения регенерации сурфактанта. В связи с этим мероприятия, направленные на профилактику и лечение нарушений газообмена проводят всем пострадавшим с МВТ, независимо от отсутствия или наличия у них торакальной травмы.

В общем виде эти мероприятия предусматривают обязательную ингаляцию кислорода в течение 2-4 ч после экстубации; дыхание под положительным давлением; дыхательную гимнастику, паровые и аэрозольные ингаляции; стимуляцию кашлевого рефлекса введением в трахею через микротрахеостому смесей, разжижающих мокроту. Хороший эффект, особенно при ушибах легкого, оказывают сеансы вспомогательной вентиляции легких через маску с помощью обычных аппаратов ИВЛ (по 15-20 мин каждые 2-4 ч). В более тяжелых случаях показано постоянное проведение высокочастотной вентиляции легких (специальными аппаратами или с помощью «Фазы-5») через микротрахеостому на фоне сохраненного спонтанного дыхания и, конечно же, ИВЛ. Режим вентиляции и параметры подбирают, исходя из технических возможностей аппаратов, степени гипоксемии и субъективных ощущений пострадавшего.

Исследования, проведенные нами в последние годы [Полушин Ю. С. и др., 1998], показали, что при развитии острого повреждения легких (дистресс-синдрома) у раненых этой категории следует пересмотреть показания к использованию некоторых режимов искусственной вентиляции. В частности, полученные данные показали, что ИВЛ с ПДКВ позволяет лишь кратковременно улучшить газообмен в легких. Вместе с тем, как оказалось, данный режим обладает явными неблагоприятными эффектами, особенно ярко проявляющимися у пострадавших с ушибом сердца. Это находит отражение как в усугублении неравномерности вентиляции, вентиляционно-перфузионных отношений, так и в ухудшении центральной гемодинамики, а иногда и в развитии баротравмы легких. Все это ставит под сомнение целесообразность широкого использования данного метода при лечении острого повреждения легких (ОПЛ) у тяжелопострадавших.

Определенные преимущества перед ИВЛ с ПДКВ имеет инвертированный режим ИВЛ. Он способствует улучшению газообмена в легких за счет увеличения числа вентилируемых и перфузируемых и уменьшения перфузируемых, но не вентилируемых альвеол. Известно, что поражение легких при острых повреждениях легких неравномерно: участки отечных альвеол со сниженной эластичностью сочетаются с функционально полноценными, но ателектазированными альвеолами, на пути к которым находятся обструктивные бронхи. Считается, что вентиляция таких участков позволяет обеспечивать адекватный газообмен и выигрывать время. При обычной ИВЛ, в том числе и с ПДКВ, газовая смесь в силу короткого вдоха не доходит дистальнее обструкции и весь ее объем по не подвергшимся обструкции бронхам попадает в отечные, эмфизематозно расширенные альвеолы. Удлинив фазу вдоха, можно рассчитывать на восстановление функционирования тех участков легких, которые до этого играли роль «шунта», создавая неравномерность вентиляции. При этом следует выбирать «рампообразную» (снижающуюся) форму кривой потока вдувания газа, при которой скорость вдувания максимальна в начале вдоха. Периодическое двойное раздувание легких при этом режиме использовать не следует, так как во время вдоха двойным объемом показатели среднего и пикового давлений в дыхательных путях резко увеличиваются. Учитывая, что при острых повреждениях легких легочная ткань уже скомпрометирована, излишнее повышение давления увеличивает риск развития баротравмы легких.

Следует отметить, что данный режим сначала сопровождается кратковременным и незначительным ухудшением и лишь затем—улучшением центральной гемодинамики, в том числе у пациентов с ушибом сердца. Это выгодно отличает его от предыдущего режима, при котором происходит прогрессирующее снижение сердечного выброса. Вместе с тем, учитывая кратковременное усугубление дыхательных и гемодинамических расстройств после подключения инверсии фаз дыхательного цикла, данный режим вентиляции должен применяться, когда резервы систем дыхания и кровообращения еще достаточны. *Критериями отказа от обычной вентиляции легких* при острых повреждениях легких являются:

— индекс оксигенации менее 150 при ИВЛ с 50% содержанием кислорода в дыхательной смеси;
— сниженная податливость легких менее 40 мл/см вод. ст.;
— увеличение респираторного индекса более 1,0 и рост альвеолярного мертвого пространства свыше 35%.

Перевод на ИВЛ в инвертированном режиме можно проводить при величине сердечного индекса не менее 2,5 л/(мин • м²) (в том числе обеспечиваемой инотропными препаратами).

Критериями перевода на самостоятельное дыхание являются нормальные показатели парциального давления кислорода в артериальной крови при FiO_2=0,35, снижение частоты сердечных сокращений ниже 120 уд/мин, отсутствие гипотензии и выраженной анемии (гемоглобин не ниже 80 г/л, гематокрит-0,30 л/л).

Для устранения болевого синдрома используют продленную эпидуральную блокаду. При ранениях груди и нижних конечностей наряду с местными анестетиками в эпидуральное пространство можно вводить морфин (по 30 мг 2-3 раза в сутки).

Часто у таких раненых резко снижается порог болевой чувствительности и отношение к боли. Это вынуждает усиливать обезболивание, комбинируя различные методы (регионарные блокады, наркотические и ненаркотические анальгетики), прибегать к психотерапии.

Важно не допускать развития гипокалиемии, приводящей к слабости дыхательной мускулатуры, своевременно устранять вздутие желудка и кишечника.

Нормализация метаболической реакции па травму во многом достигается лечебными мероприятиями, обеспечивающими улучшение транспорта кислорода к тканям, повышение его утилизации клетками, оптимизацию тканевого метаболизма.

Фактически, решение этих задач обеспечивается всем ходом предшествующего лечения. К тому, что изложено выше, необходимо добавить важность коррекции кислотно-основного состояния и адекватного энергетического обеспечения (энтеральное и парентеральное питание); целесообразность использования средств, воздействующих на биотехнологию внутриклеточных процессов (актопротекторов, антиоксидантов).

Для оптимизации *местных адаптационных процессов* у раненых с массивными разрушениями мягких тканей и костей нижних конечностей наряду с регионарной анестезией можно использовать метод регионарной перфузии. С этой целью производят категоризацию бедренной артерии на стороне повреждения по методике Сельдингера с направлением катетера дистально. Внутриартериально вводят антибиотики, спазмолитики (компламин-15% раствор по 10 мл, но-шпа-2% раствор по 2 мл, трентал-2% раствор по 5 мл); реологически и осмотически активные препараты (реополиглюкин 400 мл, манн пт 30% раствор 100 мл), а также кристаллоидные растворы (раствор Рингера по 200 мл через 6 ч). Большое значение при этом следует придавать очередности и скорости введения препаратов. Мы обычно начинали с инфузии спазмолитического средства, затем вводили плазмозаменптель и в последнюю очередь—антибиотик. Практически все препараты переливали медленно (до 20 капель в минуту), и только маннит вливали более быстро (но не струйно), рассчитывая на создание осмотического градиента и привлечение жидкости из отечных тканей в сосуды. Опыт нспользования такой методики у 79 пораженных с отрывами конечностей показал, ее достаточную эффективность.

Частично эту же задачу пытались решить посредством *гипербарической оксигенации* (ГБО). Сначала раненых пытались поместить в барокамеру как можно раньше. Однако по мере приобретения опыта выяснилось, что при невосполненной массивной кровопотере, при нестабильной гемодинамике уже через 10-15 мин после проведения сеанса состояние пострадавших обычно резко ухудшалось. Эго проявлялось в нарастании дыхательной и сердечно-сосудистой недостаточности. Поэтому в последующем в первые сутки после тяжелого ранения данный метод использовали редко, разве что у раненых е повреждением

173

магистральных артериальных сосудов после восстановления их целостности. Преимущественно же его стали использовать после стабилизации состояния раненых, если наблюдались обширные разрушения, а риск развития гнойно-гнилостной и анаэробной инфекции был очень высоким. В большинстве случаев после 2-3 сеансов ГБО ограничивалась зона некроза, очищалась рана и образовывалась грануляционная ткань, а при гнойно-гнилостной инфекции—купировался инфекционный процесс. Этому методу посвящен специальный раздел настоящего руководства.

В процессе накопления опыта лечения пострадавших данной категории мы неоднозначно решали и вопрос о применении методов экстракорпоральной детоксикации (гемосорбция, гемоультрафильтрация). Учитывая роль травматического эндотоксикоза в патогенезе травматического шока, на первых порах пытались использовать их как можно раньше—в ближайшие часы после операции. Положительных результатов при этом достичь не удавалось, зато всегда возобновлялось кровотечение из тканей, подвергавшихся хирургической обработке. В дальнейшем к методам экстракорпоральной детоксикации стали прибегать только в более поздние сроки при развитии гнойных осложнений, сопровождавшихся выраженной эндогенной интоксикацией. Исключение составляли лишь раненые, у которых наряду с разрушением конечностей имелось проникающее ранение живота с повреждением толстой кишки. В этом случае, учитывая большую вероятность неблагоприятного течения воспалительного процесса в брюшной полости и усугубления эндотоксикоза вследствие совокупности причин, детоксикацию проводили на 2-3 сутки, т. е. когда, с одной стороны, еще не происходило истощения защитно-компенсаторных механизмов, а с другой—постшоковая токсемия усугублялась интоксикацией из брюшной полости и находящегося в состоянии пареза кишечника.

Мы далеки от мысли, что наш опыт лечения пострадавших со взрывными поражениями является исчерпывающим. Вместе с тем полагаем, что он может быть полезен каждому, кто хотя бы однажды столкнется с необходимостью оказывать помощь подорвавшимся на мине.

1.4.3. Общие принципы диагностики и лечения повреждений опорно-двигательного аппарата при боевых повреждениях

Военно-медицинская статистика мировых войн и крупных локальных вооруженных конфликтов, происходивших в XX столетии, убеждает в завидном постоянстве преобладания ранений конечностей в структуре боевых санитарных потерь хирургического профиля—от 54,1% до 70,8% и более (рис. 9.1)

Та же статистика отчетливо демонстрирует устойчивую тенденцию возрастания доли ранений от боеприпасов взрывного действия (80%) и снижения частоты пулевых ранений (20%). Даже с учетом дальнейшего развития средств (высокоточное оружие) и способов ведения вооруженной борьбы, военного искусства (максимальное уменьшение времени боевого контакта войск или даже полный отказ от непосредственного соприкосновения воинских контингентов противоборствующих сторон), а также совершенствования средств индивидуальной защиты военнослужащих (каски, бронежилеты, обувь) указанные закономерности в ближайшие одно-два десятилетия навряд ли изменятся. Некоторое уменьшение доли раненых в конечности при боевых действиях в Чечне (1994-1996 гг.) может быть обменено ощутимым совершенствованием всей системы оказания медицинской помощи, позволившем резко снизить летальность на поле боя среди раненых в голову, грудь, живот и таз.

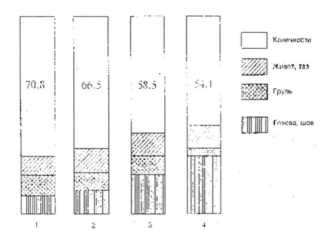

Рис. 9.1. Частота огнестрельных ранений конечностей в военных конфликтах XX столетия, % (1 — Великая Отечественная война; 2 — локальные войны за рубежом; 3 — Афганистан; 4 — Чечня)

Как уже отмечалось, в крупных локальных вооруженных конфликтах, второй половины XX столетия вследствие широкомасштабного применения боеприпасов взрывного действия, совершенствования военного искусства и других тенденций ведения вооруженной борьбы в современных условиях значительно возросла частота сочетанных (25%) и множественных (26%) ранении. Изолированные огнестрельные переломы костей, конечностей, наблюдались менее чем у половины раненых (рис. 9.2).

По этим причинам раненные в конечности после их выздоровления составляли и будут составлять основной резерв пополнения воюющей армии; особенно в длительной или «большой» войне:

Хорошо известно, что главной конечной целью деятельности медицинской службы Вооруженных Сил в годы войны является возвращение в строй в кратчайшие сроки максимально' большого числа раненых и больных—обученных и обстрелянных воинов. Но решение этой интегральной по своей сути задачи возможно лишь путем решения первых двух—сохранения жизни раненых и восстановления их здоровья. Именно в интересах решения этих трех задач строилась ранее и **функционирует** сейчас вся система лечебно-эвакуационного обеспечения Армии, **Флота** и гражданского населения страны как в годы войны, так и при возникновении различных чрезвычайных ситуаций. Именно по этой причине должны регулярно оцениваться достоинства и недостатки существующих методов лечения, проводиться учения и научно-практические конференции по тем или иным проблемам военной медицины, на которых подлежит оценке эффективность новых технологий is диагностике и лечении ра-неных и больных. Чем глубже и всестороннее отработаны вопросы организации оказания меди пн некой помощи, диагностики боевых травм и лечения пострадавших в мирное время, тем е.меньшими издержками начнет и будет функционировать медицинская служба воюющей армии, тем эффективнее—будут решаться поставленные перед ней задачи.

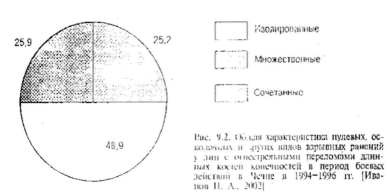

Рис. 9.2. Общая характеристика пулевых, осколочных и других видов взрывных ранений у лиц с огнестрельными переломами длинных костей конечностей в период боевых действий в Чечне в 1994–1996 гг. [Иванов Н. А., 2002]

Итак, актуальность проблемы боевой травмы конечностей определяется высокой частотой огнестрельных переломов, которая не имеет тенденции к уменьшению, возрастающей частотой сочетанных и множественных **ранении,** наметившейся за последние годы отчетливой тенденцией к расширению показаний к применению современных технологий остеосинтеза в системе этапного лечения раненых, сохраняющейся, несмотря на современные достижения в лечении раненых, относительно высокой частотой неудовлетворительных анатомических и функциональных результатов лечения, а также отсутствием общепринятых и узаконенных стандартов применения средств внешней фиксации отломков у раненых на этапах медицинской! эвакуации (рис. 9.3).

Подтверждением тому могут служить следующие данные: только 19,7% раненых с огнестрельными переломами бедренной кости в годы ВОВ после длительного и трудоемкого лечения были возвращены в строй. Несколько лучшим оказался итоговый результат лечение аналогичных раненых с огнестрельными переломами костей конечностей у американских хирургов в годы войны в Корее. Этому способствовали следующие факторы:

— комплектование всех звеньев оказании хирургической помощи специалистами, имевшими опыт лечения раненых в годы второй мировой войны;
— появление в арсенале методов лечения раненых и больных с переломами костей интрамедуллярного металлического остеосинтеза;
— широкое внедрение в практику лечебных учреждений антибиотиков и эндотрахеального наркоза;
— резкое сокращение сроков эвакуации от момента ранения до оказания раненым специализированной помощи;
— уменьшение кол и честна эталон медицинской эвакуации.

Сотрудниками кафедры военной травматологии и ортопедии ВМедА в середине 70-х годов был проведен ретроспективный анализ исходов, лечения пострадавших с последствиями открытых, огнестрельных и закрытых переломов костей конечностей в Вооруженных Силах за 10 лет (1961-1970), которые и сравнительном варианте представлены в табл. 9.1,

Таблица 9.1

Итоговые результаты лечения раненых с переломами костей конечностей в мирное время (%)

Локализация переломов	Возвращено в строй			Уволено из армии	
	ВОВ	США (Корея)	СССР (мирное время)	ВОВ	США (Корея)
Плечо	33,8	69,0	44,0	52,8	27,5
Предплечье	54,2	56,3	40,0	44,6	41,4
Бедро	19,7	65,5	25,0	56,2	19,3
Голень	50,8	68,3	50,0	44,1	33,7
Средний показатель	39,6	63,7	43,2	49,1	30,4

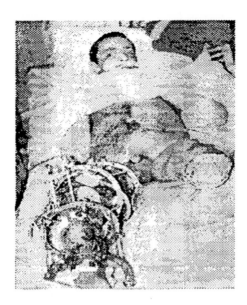

Рис. 9.3. Минно-взрывное ранение с отрывом левой нижней конечности на уровне коленного сустава, огнестрельными переломами правого бедра и голени, ранениями живота и мошонки. Вид раненого после ампутации левого бедра, лапаротомии, внешней фиксации отломков аппаратом Илизарова

Итоговый результат лечения раненых с огнестрельными переломами костей конечностей в мирное время (даже с поправкой на факт получения огнестрельной травмы у большей части из них с близкого расстояния) оказался лишь несколько лучшим, чем в годы ВОВ, но намного хуже данных американских авторов:

Анализ анатомических результатов лечения показал, что только у 50% раненых в процессе лечения было достигнуто правильное сращение переломов в оптимальные сроки, у 22,7%—были зарегистрированы ложные суставы, замедленная консолидация, неправильно сросшиеся переломы.

Функциональные результаты лечения раненых с определившимся исходом были изучены в двух группах пострадавших: имевших инфекционные осложнения и у которых раневой процесс протекал без осложнении.

Они оказались неутешительными у раненых обеих групп, причем частота развития значительного ограничения или выпадения функции была большей у лиц, течение раневого процесса у которых осложнялось инфекцией, что не могло, естественно, не сказаться на результатах экспертных решений. Несколько лучшими, но тоже неудовлетворительными, оказались итоговые результаты лечения военнослужащих с открытыми и закрытыми многооскольчатыми и раздробленными переломами костей конечностей. Многоплановый медико-статистический анализ огромного массива историй болезни стимулировал необходимость организационной перестройки хирургической службы армии и внедрения в практику работы госпиталей новых медицинских технологий.

В 1970-1971 гг. была создана травматологическая служба в составе Вооруженных Сил во главе с Главным травматологом профессором С. С. Ткаченко. Создание ее полностью соответствовало стремительному развитию этой специальности в стране в послевоенный период. В практику работы травматологических отделений активно начали внедряться методы внутреннего и внешнего функционально-стабильного остеосинтеза.

Особое внимание в системе профессиональной подготовки травматологов стало уделяться обучению и практическому освоению обучающимися метода внеочагового чрескостного остеосинтеза.

Научный поиск и техническое творчество сопровождалось созданием ряда многоцелевых и специальных аппаратов внешней фиксации; всевозможных устройств, приспособлений, направителей, спицефиксаторов, репозиционных аппаратов и полевых ортопедических столов, обеспечивающих репозицию и надежную фиксацию костных отломков, необходимую степень напряжения спиц, способствующих оптимальному режиму течения репаративных процессов костной ткани.

Принципиально важное значение в плане готовности травматологов к применению способов внешнего остеосинтеза при лечении раненых с огнестрельными переломами костей конечностей (пулевыми, осколочными, взрывными) имели фундаментальные многоплановые экспериментальные исследования, которые были посвящены:

изучению особенностей раневой баллистики при огнестрельных переломах голени и бедра, при ранениях коленного и голеностопного суставов, нанесенных высоко—и низкоскоростными ранящими снарядами;

определению показаний и выработке общих и частных требований к применению аппаратов внешнего остеосинтеза;

— установлению патологоанатомических и патофизиологических закономерностей возникновения и течения раневого процесса при огнестрельных ранениях мягких тканей и при переломах костей конечностей и различной тактике лечебного воздействия;
— изучению биологических и баллистических особенностей взрывных ранений конечностей, наносимых устройствами со взрывчатым веществом нового поколения—пластитом;
— биомеханических и биологических закономерностей формирования и заживления боевых закрытых оскольчатых переломов длинных трубчатых костей, определению оптимальных зон и уровней проведения спиц.

К концу 70-х годов, т. е. к моменту вмешательства СССР в ход гражданской войны в Афганистане, было теоретически и клинически определено место внеочагового остеосинтеза в системе лечебных мероприятий у раненых с переломами костей конечностей, доказаны преимущества способов внешнего остеосинтеза перед другими методами лечения раненых (малая травматичность, высокий уровень стабильности фиксации отломков на весь срок сращения перелома, реальная возможность управлять положением отломков в послеоперационном периоде, осуществлять динамический контроль за процессом заживления ран мягких тканей, выполнять реконструктивно-восстановительные вмешательства, а также осуществлять раннюю активизацию раненых при сохранении движений в смежных суставах и более быстром восстановлении регионарного кровотока и микроциркуляции).

Коллектив кафедры военной травматологии и ортопедии ВМедА располагает клиническим материалом, составляющим более 11 000 раненых с огнестрельными переломами длинных трубчатых костей конечностей. Данный клинический массив составляют военнослужащие, получившие ранения в период боевых действий в Афганистане и на территории Чечни за период проведения первой (1994-1996 гг.) и второй антитеррористических операций.

Изучение инфраструктуры огнестрельных переломов показало, что в этих конфликтах преобладали переломы костей голени (42,1%), почти в два раза реже наблюдали переломы бедренной и плечевой костей (23,8% и 22,3% соответственно); переломы костей предплечья составили 11,8%. На всех сегментах доминировали диафизарные переломы, внутрисуставные переломы были выявлены у 17,1% военнослужащих. Частота ранений крупных суставов была практически одинаковой: коленного—у 24,0% военнослужащих, локтевого—у 22,3%, тазобедренного—у 19,0%, плечевого—у 17,4%. Несколько реже отмечали ранения голеностопного и лучезапястного суставов (в 9,9% и 7,4% соответственно).

Современная концепция лечения раненных в конечности базируется на учете всех факторов, реально влияющих на общее состояние организма, раневой процесс и военно-медицинский исход. Но именно раневой процесс был и остается важнейшей динамической составляющей огнестрельного ранения, от которой в итоге зависят анатомические и функциональные результаты лечения раненых.

Проведенные исследования показали, что основными факторами, влияющими на раневой процесс являются:

объем и характер разрушения тканей сегмента;

исходное состояние здоровья военнослужащих в условиях стрессовой обстановки боевых действий и ответная реакция организма на полученное ранение;

система организации оказания медицинской помощи в конкретном локальном конфликте, особенности оказания неотложной медицинской помощи на передовых этапах и окончательного лечения раненых в госпиталях этапа специализированной медицинской помощи;

научно обоснованные комплексные программы реабилитации раненых в зависимости от периодов раневой болезни и перестройки костной ткани с учетом индивидуальных особенностей организма.

Объем и характер разрушения тканей являются величинами запрограммированными конструктивными особенностями современных ранящих снарядов и боеприпасов взрывного действия, законами раневой баллистики и особенностями анатомического строения той или иной области тела человека. Они формируются под воздействием кинетической энергии ранящих снарядов, переданной тканям, или повреждающего действия ударной волны взрыва. Поскольку индивидуальных средств защиты конечностей человечество не придумало, то и влиять на эту составляющую огнестрельной раны врачи не могут.

Рис. 9.4. Характеристика обширности ран мягких тканей у пострадавших с огнестрельными переломами длинных трубчатых костей конечностей

Установленные закономерности раневой баллистики позволяют выделить следующие клинически значимые параметры современной огнестрельной костно-мышечной раны.

1. Зональность морфофункциональных нарушений, включающих:

   — раневой канал;
   — зону первичного травматического некроза;
   — зону молекулярного сотрясения (ушиба тканей) или микроцирку—ляторных расстройств.

2. Микробная загрязненность ран—все огнестрельные раны первично микробно загрязнены. Так, грамположительные аэробы выделяли из ран в 61,1% наблюдений, в основном стафилококки и фекальный стрептококк. Грамотрицательные аэробы диагностировали у половины

раненых, при этом преобладали энтеробактерии (20,4%) и протей (14,8%).

3. Обширность ран мягких тканей, причем преимущественно в зоне выходного отверстия при сквозных пулевых и осколочных ранениях. Обширные первичные дефекты мягких тканей (до 200 кв. см), были отмечены у 18,6% раненых, ограниченные раны (до 20 кв. см)—у 45,3% (рис. 9.4).

4. Более высокая частота прямых и дистантных повреждений магистральных сосудов и нервов. Так, в период боевых действий в Чечне (1994-1996 гг.) у 12,1% раненых с огнестрельными переломами костей наблюдались повреждения магистральных артерий и у 30,6%—повреждения крупных нервных стволов [Иванов П. А., 2002]. Чаще повреждения артерий диагностировали при огнестрельных переломах костей предплечья (24,4%), почти в два раза реже—при переломах костей голени (12,1%) и бедренной кости (11,8%).

5. Принципиально важным параметром, характеризующим огнестрельную костно-мышечную рану, является оскольчатый характер огнестрельных переломов с нарушением сети внутрикостных и периостальных сосудов. Исследование характера переломов показало, что 73,0% огнестрельных переломов, полученных при ранениях современными видами оружия, носили оскольчатый (38,4%) или раздробленный (41,3%) характер. Первичные дефекты костей были зарегистрированы у 18,9% военнослужащих, причем у 48,7% из них дефекты диафиза на протяжении кости составляли более 3 см, а у 30,6%—более 5 см. Вместе с тем экспериментальными исследованиями было установлено, а затем и подтверждено в клинической практике, что основная масса костных осколков сохраняем связь с мягкими тканями. Более того, были доказаны их высокая биологическая устойчивость и сохранность потенциальной способности к регенерации костной ткани даже свободных костных осколков (Гололобов В. Г., 1999].

Утверждать, что только в течение последних 50 лет военные хирурги смогли наконец-то отойти от догмата преимущественного значения в формировании окончательных исходов лечения огнестрельных ран баллистических характеристик ранящих снарядов и наносимых ими анатомических разрушений тканей, противоречило бы исторической правде. Начиная с середины XIX столетия на фоне бурного развития естественных наук п промышленного производства, переоснащения армий новым стрелковым оружием и артиллерией, серьезно изменились как способы ведения вооруженной борьбы, так и характер наносимых человеку огнестрельных ранении.

Многолетнее и многоплановое изучение огнестрельной раны привело к установлению двух ее особенностей, которые в своей совокупности принципиальны и отличают огнестрельную рану от всех других.

Следует подчеркнуть, что обе они: а) каждая огнестрельная рана первично микробно загрязнена; б) наличие зоны ушиба или молекулярного сотрясения тканей—имеют ярко выраженную биологическую сущность, в том числе и временную характеристику процессов заживления раны или развития раневых инфекционных осложнений.

В итоге в промежутке между двумя мировыми войнами был сформулирован и обоснован ведущий лечебный прием в арсенале хирургов—необходимость выполнения у большей части раненых первичной хирургической обработки огнестрельных ран, которая при правильном ее осуществлении решает задачи как резкого уменьшения микробного загрязнения раны, так и максимальной помощи организму в биологическом ее очищении от инородных предметов и омертвевших тканей.

Вместе с тем, все та же историческая справедливость заставляет признать, что только в период локальных войн второй половины XX столетия (Корея, Вьетнам, Афганистан, Чечня и т. д.) внимание военных хирургов и других медицинских специалистов вновь привлекли биологические вопросы проблемы: патофизиология огнестрельных ран, общие расстройства гомеостаза и, в частности, кровообращения в травмированном сегменте конечности, т. е. уже не постоянные, а изменчивые факторы, присущие огнестрельным ранениям.

Основой научного поиска в этом направлении стали, как не покажется это странным, благоприятные материально-технические условия и организационные новации в лечебно-эвакуационном обеспечении войск крупных государств, вовлеченных в локальные военные конфликты. В этих войнах непосредственное участие в боевых действиях со стороны США (войны в Корее и Вьетнаме), СССР (война в Афганистане), России (антитеррористические операции в Чечне) принимал весьма ограниченный контингент войск (отдельная армия или отдельный экспедиционный корпус) из состава мощных вооруженных сил той или иной страны, что позволило впервые реализовать давнюю мечту всех военных хирургов последних двух столетий—обеспечить оказание специализированном медицинской помощи раненым в кратчайшие сроки после ранения.

Достигалось это самыми разнообразными приемами и формами функционирования военно-медицинской службы:

Максимально активным использованием госпитальных судов, работающих в режиме многопрофильных специализированных госпиталей, куда раненые вертолетами доставлялись непосредственно из районов боевых действий (Вьетнам).

1. Направление в лечебные учреждения этапа квалифицированной медицинской помощи, особенно в период проведения крупных боевых операций, групп усиления из отрядов специализированной медицинской помощи и превращение главного госпиталя 40-й армии (Кабул) в мощное многопрофильное специализированное лечебное учреждение, в которое раненые, минуя другие этапы, вертолетами и самолетами доставлялись из боевых порядков войск (Афганистан).

2. Функционирование по периметру района боевых действий на территории Чеченской республики госпиталей и МОСНов, усиленных специализированными группами усиления из состава Главного и Центральных госпиталей, ВМедА. Значительный поток раненых, после оказания им первой врачебной помощи, в период первой антитеррористической операции в Чечне (1994-1996

гг.) вертолетами доставлялся в Моздок, Владикавказ, Буйнакск.

3. Перегрузка передовых лечебных учреждений этапа специализированной медицинской помощи устранялась своевременной эвакуацией раненых, т. е. был задействован принцип эшелонирования специализированной медицинской помощи. Так было во Вьетнаме и Афганистане, так происходило и так осуществляется сейчас на Северном Кавказе.

Именно в локальных войнах последних 30 лет на базе реализации идеи оказания специализированной медицинской помощи подавляющему числу раненых в ранние сроки (часы, а не сутки) появилась реальная возможность претворения в жизнь идеи сберегательного принципа при выполнении операций первичной хирургической обработки огнестрельных ран конечностей.

Предпосылками и условиями такого подхода стали:

1. Возможность ранней доставки раненых, уже получивших первую врачебную помощь, авиационным транспортом из боевых порядков войск на этап специализированной медицинской помощи, минуя этап квалифицированной помощи.

2. Полная диагностика всех повреждений и функциональных расстройств, в том числе с использованием лучевых приемов диагностики и лабораторных исследований, с привлечением специалистов.

3. Полноценные анестезиологическое и реаниматологическое обеспечение раненых, трансфузионная и инфузионная терапия, а также адекватная медикаментозная поддержка.

Рис. 9.5. Посттравматическая адаптационная (патологическая) реакция системы кровообращения (реконструкция по А. Н. Ерохову, 1999)

Материально-техническая обеспеченность ортопедо-травматологической службы этапа конструкциями, аппаратами и устройствами для репозиции и фиксации отломков.

Возможность задержки определенного числа раненых в госпиталях первого этапа оказания специализированной медицинской помощи с целью контроля за течением раневого процесса и выполнения необходимых хирургических пособий.

Пристальное внимание военно-полевых хирургов, травматологов-ортопедов и других специалистов в изменившихся условиях современных войн естественно привлекла зона молекулярного сотрясения огнестрельной раны, судьба тканей которой оказывает решающее влияние на течение раневого процесса и исходы лечения военнослужащих. Уже давно и достаточно хорошо известно, что одним из следствий огнестрельного ранения конечности, даже без повреждения крупных сосудов, является развитие в паравульнарных тканях, травмированном сегменте и всей конечности посттравматических нарушений гемоциркуляции и гипоксии тканей (рис. 9.5).

В своей совокупности они приводят к ишемии тканей, но прежде всего мышечной, а также к прогрессированию некротических процессов в огнестрельных костно-мышечных ранах (рис. 9.6).

Под воздействием хорошей обездвиженности отломков после снятия болевых проявлений и медикаментозной терапии, направленной на коррекцию регионарного кровообращения и микроциркуляции, зона микроциркуляторных расстройств может быть серьезно уменьшена. Исследования и опыт лечения раненых показали, что в такой терапии нуждаются все военнослужащие, получившие огнестрельные ранения конечностей.

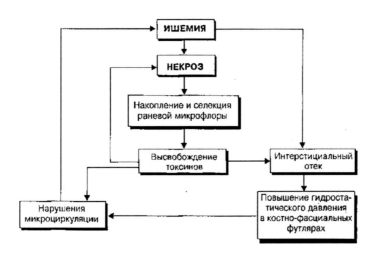

Рис. 9.6. Схема патогенеза местных микроциркуляторных расстройств
[Шаповалов В. М., Ерохов А. Н., 1999]

Общее состояние здоровья военнослужащих в экстремальной обстановке реальных боевых действий в Афганистане и Чечне характеризовалось переутомлением, неполноценным питанием, психологическим стрессом, неудовлетворительными санитарно-гигиеническими условиями, функциональными гормональными нарушениями, что проявлялось снижением устойчивости к инфекционным заболеваниям и предрасположенностью к развитию раневой хирургической инфекции.

Существенное влияние на раневой процесс в целом помимо локальных адаптационных и патологических процессов оказывают факторы общего состояния раненого, в частности, кровопотеря, гиповолемия, эндотоксикоз, различные варианты коагулопатий, а при тяжелых ранениях—полиорганная недостаточность. Характер и глубина системных расстройств гемодинамики определяется

в основном величиной кровопотери и особенностями ее компенсации.

Известно, что изолированные огнестрельные переломы костей конечностей сопровождаются значительной средней кровопотерей: бедра—до 1,5-2,0 л, костей голени—до 800 мл, плеча—до 500 мл. При множественных переломах, ранениях магистральных сосудов и отрывах сегментов конечностей она может превышать 2,5-3,0 л.

Вместе с тем декомпенсация системы кровообращения и клинические проявления шока развиваются не у всех раненных в конечности. При изолированных огнестрельных переломах бедренной кости картина шока наблюдалась лишь у 40% раненых, костей голени—у 24%, плечевой кости—у 18%, а вот при множественных переломах—у 49-50% раненых, что и обусловливает особенности течения раневой болезни у таких военнослужащих, главным образом, в трех функциональных системах организма: детоксикации, иммуногенеза и гемостаза. При лом ключевым звеном всех обозначенных нарушений выступает расстройство кислородного обмена организма и как следствие—гипоксия.

Состояние остальных раненных в конечности, не имеющих признаков шока, характеризуется неустойчивостью системной гемодинамики. Любая дополнительная травма, в т. ч. хирургическая агрессия провоцирует у них декомпенсацию как локального периферического, так и системного кровообращения. Отмеченный патогенетический фактор является весьма важным. Он подлежит учету и обязательной коррекции в системе комплексного лечения раненых.

Основными положениями лечения раненых с огнестрельными переломами представляются следующие:

1. Раннее и адекватное лечение шока и других проявлений раневой болезни (окончательная остановка наружного кровотечения, ликвидация гиповолемии и анемии, коррекция метаболических нарушений и эндотоксикоза). Хирургические вмешательства у раненых, находящихся в тяжелом состоянии на почве массивной кровопотери и неустойчивой гемодинамики, противопоказаны.

2. Коррекция нарушений регионарного кровообращения и микроциркуляции, включающая декомпрессивную фасциотомию, дегидратацию тканей осмотическими средствами, инфузионную, в т. ч. внутриартериальную терапию лечебными комплексами, полноценное дренирование.

3. Проведение по показаниям сберегающей первичной хирургической обработки костно-мышечной раны, которая подразумевает малотравматичное удаление лишь крупных инородных тел и заведомо нежизнеспособных разрушенных тканей.

4. Подавление патогенной раневой микрофлоры.

5. Применение полноценной иммобилизации конечности, местной гипотермии, антигипоксантов и препаратов, повышающих защитные силы организма.

Именно эти положения составили основу современной концепции сберегательного хирургического лечения раненых с огнестрельными переломами костей конечностей.

Изучение особенностей оказания медицинской помощи на этапах медицинской эвакуации выявило существенное влияние на общие исходы лечения фактора предупреждения развития раневой инфекции. Первичная хирургическая обработка была и остается основным лечебным мероприятием, предупреждающим развитие раневой инфекции в костно-мышечных ранах. Эта операция направлена на удаление нежизнеспособных тканей и инородных тел, на уменьшение микробной загрязненности ран, а также на обеспечение оптимальных условий для благоприятного течения раневого процесса.

Следует отметить, что с общебиологических позиций, учитывая динамику некротических процессов в зоне молекулярного сотрясения, достигнуть благоприятного заживления раны путем проведения ранней, исчерпывающей и одномоментной обработки далеко не всегда представляется возможным—ранняя первичная хирургическая обработка, как правило, оказывается не радикальной, а выполненная через 48-72 ч может быть исчерпывающей, но уже никак не ранней.

Более того, первичная хирургическая обработка не показана почти у 40% раненых в конечности, в частности, при наличии:

— множественных точечных и более крупных ран (не содержащих инородных тел), которые не сопровождаются нарастанием гематомы и нарушением периферического кровообращения;

— неосложненных поперечных, зачастую оскольчатых, огнестрельных переломах костей без смещения отломков с небольшими ранами мягких тканей;

— сквозных ран крупных суставов без повреждения сочленяющихся костей.

В этих случаях осуществляют туалет ран и кожных покровов растворами антисептиков, паравульнарную инфильтрацию растворами антибиотиков, адекватную инфузионную терапию и полноценную иммобилизацию конечности.

Первичная хирургическая обработка показана при наличии обширных ран мягких тканей, в т. ч. при огнестрельных переломах и взрывных ранениях, при ранениях крупных суставов с повреждением сочленяющихся костей, при отрывах и разрушениях конечностей, ранениях магистральных сосудов, при наличии точечных ран в проекции магистральных сосудов, которые сопровождаются нарастанием гематомы и нарушением периферического кровообращения, а также при развитии ранних инфекционных осложнений огнестрельных ран.

Первичную хирургическую обработку проводят на этапе квалифицированной (специализированной) медицинской помощи после выведения раненых из шока в ранние сроки после ранения при полноценном обезболивании, которое достигают проведением наркоза в сочетании с проводниковой, реже—местной инфильтрационной анестезией.

Основные этапы первичной хирургической обработки огнестрельной костно-мышечной раны могут быть представлены в виде следующего алгоритма:

— широкое рассечение раны, но в основном выходного отверстия, с экономным иссечением краев поврежденной кожи;

— декомпрессивная фасциотомия основных костно-фасциальных футляров на всем протяжении поврежденного сегмента через рану и подкожно;

— ревизия раневого канала и всех раневых карманов с удалением сгустков крови, инородных тел, мелких костных осколков, не связанных с мягкими тканями;
— иссечение только разрушенных и лишенных кровоснабжения тканей, преимущественно подкожной жировой клетчатки и мышц, с учетом топографии сосудисто-нервных образований;
— многократное орошение (промывание) операционной раны с аспирацией промывной жидкости;
— сохранение всех крупных костных осколков, а также мелких, если они связаны с надкостницей и мягкими тканями;
— восстановление магистрального кровотока при ранениях крупных артерий путем временного их протезирования;
— полноценное дренирование раны путем выполнения контраппертурных разрезов с введением дренажных трубок для создания естественного стока раневого содержимого;
— тщательный гемостаз, паравульнарная инфильтрация тканей антибиотиками;

рыхлая тампонада раны салфетками, смоченными антисептическими жидкостями и сорбентами с осмотическим действием;

адекватная уровню повреждения (перелома) иммобилизация поврежденного сегмента лонгетными гипсовыми повязками или транспортными шинами.

Глухой шов раны, остеосинтез отломков и костно-пластические ампутации на этапе квалифицированной медицинской помощи выполнять запрещается. Исключением для выполнения остеосинтеза могут быть только раненые с тяжелыми сочетанными ранениями, которым осуществляют лечебно-транспортную иммобилизацию стержневыми аппаратами одноплоскостного действия, а также раненые с множественными и изолированными переломами при условии работы на этапе специалистов (травматологов) из соответствующей группы усиления.

Основным методом обездвиживания костных отломков продолжает оставаться гипсовая повязка. Останавливаясь на роли и месте внешнею остеосинтеза в системе этапного лечения раненных в конечности, следует подчеркнуть, что за последние 20 лет наблюдается отчетливая тенденция к увеличению удельного веса чрескостного остеосинтеза в структуре других методов лечения раненных в конечности на этапах медицинской эвакуации. Так, если в период войны в Афганистане внешняя фиксация была использована только у 9,5% военнослужащих с огнестрельными переломами длинных костей конечностей, то уже во время контртеррористической операции в Чечне чрескостный остеосинтез был применен уже у 64,5% раненых.

1.4.4. Общие принципы применения гипербарической оксигенации при лечении боевых повреждений

В условиях широкого применения в войнах и в вооруженных конфликтах последних лет минного оружия и других современных боеприпасов взрывного действия значительно возрастает число ранений, исход которых определяется, помимо адекватного хирургического лечения, эффективной коррекцией разнообразных нарушений систем жизнеобеспечения организма. К таким ранениям относятся взрывные ранения с отрывами сегментов конечностей и обширными дефектами мягких тканей, не подлежащие хирургической обработке множественные осколочные ранения, сочетанные повреждения и др.

Как отмечалось выше, взрывная рана представляет собой специфическое по своей сути огнестрельное повреждение. Ее характерной особенностью является наличие тканей с различной степенью нарушения жизнеспособности. После хирургической обработки, выполненной возможно радикально, в ране неизбежно остаются травмированные ткани со сниженной жизнеспособностью. Реализация задач послеоперационного лечения пострадавших с такими ранами заключается в создании условий для их быстрейшего заживления, желательно без нагноения. Уменьшению вероятности развития раневой инфекции способствует нормализация тканевого гомеостаза в околораневых тканях, на что и должно быть направлено использование всех известных и апробированных на практике методов лечения ран.

Лечение любого заболевания или травмы предполагает наличие точных сведений о сущности патологических реакций, развивающихся в организме. Анализ собственных и литературных данных позволяет сделать заключение о наличии характерного для взрывных ранений синдрома микроциркуляторных нарушений. С ним непосредственно связаны метаболические и функциональные изменения—гиперферментемия, гиперпротеинемия, азотемия, нарушения кислотно-основного состояния и газового состава крови, изменения показателей центральной гемодинамики. Как уже отмечалось, в ближайшем посттравматическом периоде при взрывных ранениях развивается выраженный гипоксический синдром смешанного типа.

Данные литературы свидетельствуют о том, что высокой лечебной эффективностью при тяжелых травмах мирного времени обладает гипербарическая оксигенация—метод лечения кислородом под повышенным давлением. При этом в литературе практически нет сведений о применении ГБО при лечении раненых с пулевыми, осколочными и взрывными ранами в ранние сроки после получения данного вида поражений.

Авторы располагают клиническим опытом применения ГБО в комплексе лечебных воздействий у 172 раненых с различными видами боевых повреждений. Считаем необходимым, учитывая отсутствие данных литературы по этому вопросу, рассмотреть общие показания и противопоказания к применению метода.

Как известно, в настоящее время *медицинские показания к назначению ГБО* принято разделять преимущественно на три группы:

I. болезни и травмы, при которых ГБО является основным лечебным фактором (*абсолютные показания)'*,

II. болезни и повреждения, при которых ГБО рассматривается как действенное средство в системе комплексного лечения (*относительные показания)'*,

III. болезни, при лечении которых преимущества ГБО по сравнению с другими лечебными факторами не убедительны, или возможности метода находятся в стадии изучения (*сомнительные показания*).

Обобщение клинического опыта и анализ результатов проведенных исследований позволяют сделать вывод, что показания к применению ГБО в системе комплексного лечения огнестрельных ранений в основном могут быть отнесены ко II группе показаний, т. е. ГБО может рассматриваться как действенное средство в системе комплексного лечения огнестрельной травмы. Использование синдромного принципа в оценке характера травмы и состояния раненого позволяет сформулировать следующие *общие показания* к применению ГБО при лечении огнестрельных и взрывных ранений применительно к этапам квалифицированной и специализированной медицинской помощи:

— постшоковый и постреанимационный периоды при наличии значительных микроциркуляторных и метаболических нарушений;
— выраженная напряженность функционирования кардиореспираторной системы;
— постгеморрагическая анемия (гемоглобин менее 70 г/л);
— наличие факторов риска возникновения тяжелых раневых инфекционных осложнений или их развитие.

Отталкиваясь от общих показаний, представляется возможным выделить следующие *категории раненых* по локализациям полученных ими повреждений, при которых в комплексном лечении показано применение ГБО:

— проникающие ранения груди с гемопневмотораксом при наличии факторов риска развития гнойных осложнений;
— проникающие ранения живота в токсической стадии перитонита огнестрельного происхождения, преимущественно при повреждениях толстой кишки;
— пулевые, осколочные и взрывные ранения конечностей с разрушением и размозжением больших массивов мягких тканей, с отрывами дистальных сегментов конечностей;
— множественные и сочетанные огнестрельные ранения мягких тканей различной локализации, сопровождающиеся выраженными нарушениями гомеостаза.

В условиях массового поступления раненых на этапы медицинской эвакуации может возникнуть несоответствие между потребностями и возможностями метода. Для подобных ситуаций необходимо предусмотреть вариант применения ГБО лишь по абсолютным показаниям. Как правило, это случаи обширных огнестрельных и взрывных ранений с дефектами мягких тканей, с повреждениями костей и элементов сосудисто-нервных пучков. Применение ГБО в таких случаях патогенетически оправдано прежде всего с целью предупреждения развития тяжелых случаев газообразующей раневой инфекции. Выделение первоочередных показаний к применению ГБО при лечении огнестрельных ранении позволило более рационально использовать и материальные ресурсы, и возможности ГБО.

Противопоказания к применению ГБО при лечении раненых с огнестрельной патологией могут быть сформулированы следующим образом:

— терминальные состояния;
— прогнозируемое отсутствие эффекта от применения ГБО, наиболее часто обусловленное необратимостью патологических изменений основных систем жизнеобеспечения организма;
— необходимость выполнения хирургических и реанимационных лечебных мероприятий неотложного плана;
— наличие шока при неустойчивых показателях центральной гемодинамики (систолическое артериальное давление ниже 90 мм рт. ст.).

Необходимо учитывать и возможность таких общих противопоказаний к применению ГБО, как клаустрофобия, гиперчувствительность к кислороду, патологические изменения ЛОР-органов.

В настоящее время клиническая практика не располагает достаточно надежными и доступными критериями, которые позволили бы характеризовать адекватность воздействия ГБО на организм больного. Тем не менее при проведении сеансов постоянно приходится решать вопросы: кому из больных применение ГБО в системе комплексного лечения может принести наибольшую пользу и каковы критерии эффективности метода?

В основе предлагаемого способа прогнозирования эффективности ГГЮ лежит способность функционально активных микрососудов конъюнктивы глазного яблока реагировать улучшением микроциркуляции на проведение сеансов ГБО. Выделяют три возможных типа реакции системы микроциркуляции на лечебную гипероксигенацию: улучшение функциональных показателей, отсутствие выраженных изменений и их ухудшение. Установлено, что если после первого сеанса ГБО у больных отмечалась положительная направленность качественных и количественных показателей микроциркуляции, то в последующем, по мере проведения курса ГБО, наблюдается улучшение основных клинических и функциональных показателей, а в целом клинический результат ГБО расценивался как *положительный*. Когда у раненых при конъюнктивальной биомикроскопии признаки улучшения микроциркуляции в ответ на проведение первого сеанса ГБО не определялись, то в последующем эффект от всего курса ГБО оценивался как *незначительный,* у них же отмечались парадоксальные реакции со стороны клинических и функциональных показателей. Такие раненые составили категорию пострадавших, которым ГБО не была показана. В основном эту группу составили пациенты с множественными и сочетанными ранениями при наличии у них массивной кровопотери и тяжелого, резистентного к проводимой терапии шока; раненые с гнойным перитонитом в состоянии декомпенсации основных систем жизнеобеспечения, но чаще—в терминальной стадии патологического процесса в брюшной полости; пациенты в катаболической стадии сепсиса. Для визуальной оценки микрососудов бульбарной конъюнктивы был использован прибор, изготовленный па базе оптической части микроскопа МБС-2.

Для оценки эффективности ГБО на этапах медицинской эвакуации целесообразно применение комплексного подхода, включающего изучение клинических, инструментальных и лабораторных показателей (рис. 9.1 У).

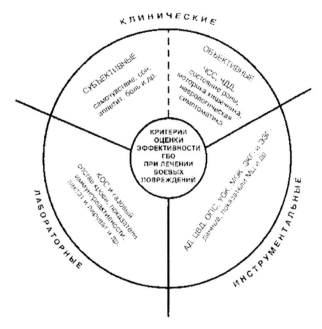

Рис. 9.19. Оценка эффективности ГБО при лечении боевых повреждений

Из клинических показателей могут быть выделены субъективные п объективные критерии эффективности применения ГБО. Перед началом курса ГБО, в процессе лечебного воздействия и по его окончании целесообразно оценивать такие субъективные показатели, как самочувствие, сон, аппетит, интенсивность болей в области повреждения. Из объективных показателей имеют значение частота сердечных сокращений, частота дыхательных движений, состояние раны, интенсивность и характер перистальтики кишечника, динамика неврологической симптоматики.

Из инструментальных показателей наибольшее значение для практики имеют критерии оценки состояния сердечно-сосудистой системы—ЛД. ЦВД, ОПС и другие показатели.

Наиболее информативными из лабораторных критериев являются показатели кислотно-основного состояния и газового состава крови. Из других лабораторных тестов представляют интерес определение уровней лактата и пирувата сыворотки крови, состояние перекисного окисления липидов. Для бактериоскопической оценки состояния раневой поверхности целесообразно использовать изготовление мазков-отпечатков с окраской по Копылову.

В клинической практике следует руководствоваться следующим правилом. Если в результате проведения курса ГБО, продолжительное п. которого часто может оперделяться условиями медико-тактической обстановки, имела место положительная направленность 3-4 выбранных клинических, инструментальных и лабораторных показателей, доступных для данного этапа медицинской эвакуации, то применение лечебно» гипербарической оксигенации в комплексной терапии данного пациента можно считать эффективным. Приоритетными являются клинические показатели, определяюшие характер течения и исход патологического процесса. Их стойкая нормализация дает основание отказаться от последующих сеансов ГБО.

Рис. 9.20. Одноместная лечебная кислородная барокамера «Иртыш-МТ»

Для проведения сеансов гипербарической оксигенации в лечебных учреждениях могут использоваться воздушные и кислородные камеры повышенного давления: поточно-декомпрессионная камера (ПДК-2), большая рекомпрессионная камера (БРК), рекомпрессионная камера малая (РКМ), передвижные рекомпрессионные станции (ПРС), одноместные лечебные кислородные барокамеры «Ока-МТ» и «Иртыш-МТ». Для проведения сеансов ГБО воздушные камеры (ПДК, БРК, РКМ, ПРС) оборудуются дополнительной кислородной проводкой и легочными аппаратами, в некоторых из них могут использоваться изолирующие кислородные аппараты.

В плане использования для лечения боевых повреждений на этапах медицинской эвакуации особого внимания заслуживает барокамера «Иртыш-МТ», которой оснащены полевые военные госпитали (рис. 9.20).

Это портативная складная передвижная и перевозимая барокамера, позволяющая проводить сеансы ГБО как на месте, так и во время эвакуации на транспортном средстве. Ее развертывание занимает 3-5 мин. При максимальном избыточном давлении 1 кгс/см^2 (0,1 МПа) запас кислорода в баллоне позволяет использовать ее в автономном режиме в течение 90 мин. Размещение камеры, дополнительного оборудования, приспособлений и инструментария осуществляется в соответствии с требованиями «Руководящего технического материала 42-2-1-84», отраслевых методических указаний (ОМУ) 42-21-26-88 и 42-21-27-88 МЗ СССР.

Гипербарическая оксигенация использована нами при лечении 63 раненых с минно-взрывными отрывами и разрушениями дистальных сегментов конечностей. Этот метод рассматривался как важный элемент системы комплексного лечения минно-взрывных ранений. Заслуживает быть отмеченным тот факт, что удовлетворительные результаты лечения пациентов с МБР при использовании ГБО были получены лишь тогда, когда стали учитываться особенности патогенеза этого специфического вида боевой травмы. В начальном периоде работы, когда шло накопление клинического опыта, ГБО включалась в систему комплексного лечения без учета степени коррекции показателей гомеостаза, стадии раневого процесса, характера сопутствующих повреждений. Результаты нельзя было признать удовлетворительными, так как количество инфекционных осложнений и сроки стационарного лечения существенно не уменьшались. Постепенно сложилась патогенетически обоснованная система комплексного лечения МБР, использование которой позволило улучшить результаты лечения. Схематически она может быть представлена следующим образом.

При поступлении раненых на этап квалифицированной или специализированной хирургической помощи, начиная с приемного отделения, они получали обезболивающие средства, им выполняли проводниковые или футлярные новокаиновые блокады, вводили кровезамещающие растворы, по показаниям проводили гемотрансфузии. После выведения пострадавших из шока и стабилизации основных показателей центральном гемодинамики и дыхания выполнялось оперативное вмешательство—чаще ампутация поврежденной конечности с учетом представлении о характере изменений в тканях взрывной раны. В последующем проводили послеоперационное корригирующее симптоматическое и местное лечение. Сразу после поступления раненых в лечебное учреждение внутривенно вводили те кровезамещающие растворы, которые избирательно улучшали реологические свойства крови и микроциркуляцию в тканях. Предпочтение отдавалось внутривенному капельному переливанию 1,0-1,5 л реополиглюкина или гемодеза. Инфузионно-трансфузионная терапия продолжалась в ходе оперативного вмешательства. Через 6-10 ч после завершения операции начинался курс ГБО, который обычно состоял и i 4-5 сеансов лечебной гипероксигенации (рОг 0,18-0,20 МПа, экспозиция 40-60 мин ежедневно). В течение 3-4 сут послеоперационного периода продолжалось внутривенное введение реополиглкжина или гемодеза и сочетании с внутримышечными инъекциями небольших доз гепарина (5 тыс. ЕД по 2 раза ежедневно).

Сочетанное применение ГБО с препаратами, улучшающими микроциркуляцию в травмированных тканях, имеет патогенетическое обоснование. Механизм положительного действия ГБО в сочетании с указанными препаратами может быть представлен следующим образом—применение лекарственных средств потенцирует лечебное действие ГБО, улучшает оксигенацию травмированных тканей, ликвидирует кислородную задолженность, что способствует увеличению количества функционирующих капилляров и улучшению условий микроциркуляции. В конечном счете создаются благоприятные условия для восстановления жизнеспособности травмированных тканей, повышается их сопротивляемость раневой микрофлоре. Таким образом, особенность предложенного нами метода лечения пострадавших с МВТ заключается в патогенетически обоснованной последовательности применения препаратов, улучшающих системную и тканевую микроциркуляцию, и ГБО. Следующее клиническое наблюдение может служить иллюстрацией сказанному.

Больной З. (история болезни № 3247), 25 лет, получил ранение в результате подрыва на противопехотной мине 12.03.85 г. На поле боя оказана первая помощь—введен морфий, наложена асептическая повязка и осуществлена транспортная иммобилизация. В ЦВГ МО РА доставлен через 18 ч после ранения авиационным транспортом. При поступлении: общее состояние тяжелое, пульс 98 в 1 мин, слабого наполнения, ритмичный. АД 90-60 мм рт.ст. *Диагноз*: минно-взрывное ранение, отрыв правой нижней конечности на уровне средней трети голени, размозжение мягких тканей левой голени.

множественные слепые ранения мягких тканей других сегментов нижних конечностей и туловища. Шок II—III степени. Начат комплекс противошоковых мероприятий с включением в схему инфузионной терапии 2 л реополиглюкина. При ревизии раны обнаружен распространенный некроз тканей проксимальнее места отрыва голени, в связи с чем ампутация правой нижней конечности выполнена на границе нижней и средней трети бедра. Через 6 ч после окончания операции в дополнение к проводимой интенсивной корригирующей терапии назначен гепарин—внутримышечно по 5 тыс. ЕД 2 раза в день. Проведен пробный сеанс ГБО—рО2 0,12 МПа, экспозиция 30 мин. В последующем ежедневно в течение пяти дней послеоперационного периода проводились сеансы ГБО—давление 0,2 МПа, экспозиция 60 мин, время компрессии и декомпрессии по 15 мин. В работе использовали барокамеру «Иртыш-МТ». Состояние раненого улучшилось к исходу вторых суток: температурная кривая приобрела тенденцию к нормализации, появился аппетит, уменьшились боли в области операционной раны. По данным конъюнктивальной биомикроскопии, значительно улучшились показатели системной микроциркуляции. В течение первых 3-4 дней в ране отмечена умеренно выраженная воспалительная реакция, в последующем появились грануляции, признаки гнойно-некротических изменений отсутствовали. Па 10-й день после операции появились признаки краевой эпителизации, что позволило осуществить наложение вторичных швов на рану ампутационной культи правого бедра. Заживление раны по типу первичного натяжения. Множественные раны мягких тканей нижних конечностей и туловища зажили без нагноения и выраженной воспалительной реакции, преимущественно под струпом. На 21-й день после ампутации бедра раненый переведен в реабилитационное отделение для подготовки культи к протезированию.

Значительный интерес представляет сравнительный анализ результатом морфологических исследований грануляционной и мышечной тканей из ран ампутационных культей у раненых, получавших и не получавших ГБО. Исследовано 65 проб тканей, взятых путем биопсии в течение двух недель после ампутации. Установлено, что применение ГБО объективно способствовало активизации коллагенообразования фибробластами грануляционной ткани. Трансформация ее в волокнистую соединительную ткань происходила более равномерно. Это обеспечивало ускорение эпителизации и окончательного заживления ран.

Лечебные сеансы гипербарической оксигенации способствуют коррекции функциональных нарушений основных систем жизнеобеспечения организма, свойственных острому периоду раневой болезни. Об этом свидетельствуют, в частности, результаты электрокардиографического обследования. Сравнительный анализ результатов динамического ЭКГ-наблюдения у 11 раненых с МБР конечностей, получавших ГБО (81 запись ЭКГ), и у 21 больного, не получавшего ГБО в послеоперационном периоде (49 записей ЭКГ), свидетельствуют о следующем. Применение ГБО способствует быстрой нормализации ЭКГ-показателей: после 4-5 сеансов на 5-7-е сутки после ранения достоверно снижалась частота сердечных сокращений, к должным величинам возвращались показатели Q-T, S-P и купировались метаболические нарушения. Если к концу 3-и недели после ранения (17-21-е сутки) только у 10% пораженных, получавших ГБО, состояние электрической активности сердца не достигало уровня нормальных показателей, то в группе раненых, лечившихся без ее применения, аналогичные изменения ЭКГ обнаруживались в 80% случаев.

У 11 раненых с минно-взрывными отрывами сегментов нижних конечностей, получавших ГБО, в первые 14 сут после травмы произведен математический анализ сердечного ритма методом вариационной пульсометрии [Баевский Р. М. и др., 1984]. Установлено, что для первых суток после травмы характерным является симпатикотонический характер вариационных кривых со средним значением их моды (M_0) 0,52 ± 0,013 с, вариационным размахом (АХ) 0,16 ± 0,033 с и амплитудой (АМ,,) 98,4 + 7,56 уел. ед. В последующие дни эти показатели существенно не менялись, в то же время существенно возрастал вариационный размах: 0,28 ± 0,031 с на 5-7-е сутки (P < 0,05) и 0,24 ± 0,027 с на 10-14-с сутки (P < 0,05). Благоприятное течение посттравматического периода у обследованных раненых позволяет считать, что такой характер изменении сердечного ритма рационален и свидетельствует о тенденции к нормализации показателей гомеостаза организма. Установлено, что уже первые сеансы ГБО в комплексном лечении раненых с МБР приводили к более выраженным положительным изменениям сердечного ритма: увеличивалась продолжительность сердечного цикла и амплитуда колебаний его значений (высота вариационных кривых уменьшалась и отмечалось их смещение вправо—$M_п$ = 0,67 ± 0,51 с, AM_C = 80,7 ± 12,03 уел. ед., Х = = 0,26 ± 0,041 с). Эти положительные изменения носили стабильный характер и существенно не изменялись после завершения курса ГБО. Стойкость лечебного эффекта ГБО подтверждена достоверностью различий величин М,, вариационных кривых в основной (лечение с применением ГБО) и группе сравнения раненых на 10-14-е сутки после травмы (M_0 = 0,72 ± 0,036 с и 0,56 ± 0,055 с, соответственно, P < 0,05).

Проведение сеансов ГБО у пациентов с МВР сопровождалось отчетливым уменьшением числа маннитположительных и маннитотрицательных колоний микроорганизмов на коже, значительным уменьшением числа колоний кишечной палочки на слизистой языка (табл. 9.6).

Таблица 9.6

Динамика бактериальной обсемененности кожного покрова и слизистой оболочки языка у раненых с минно-взрывными ранениями нижних конечностей, получавших ГБО в комплексном лечении (X ± m)

Период исследования	Слизистая оболочка языка		Кожный покров (среда Коростелева)				
	среда Эндо	среда Коросте-лева	шеи		грудины	лба
			слева	справа		
Перед началом курса ГБО (1–2-е сутки после ранения), n = 19	16 ± 6	29 ± 11 / 83 ± 17	44 ± 16 / 65 ± 13	38 ± 10 / 81 ± 17	24 ± 11 / 106 ± 20	19 ± 9 / 87 ± 15
После 2–3 сеансов ГБО (3–4-е сутки после ранения), n = 12	18 ± 5	20 ± 12 / 61 ± 7	32 ± 12 / 60 ± 10	21 ± 6 / 57 ± 11	10 ± 5 / 59 ± 17	11 ± 5 / 42 ± 10
По окончании курса ГБО (6–7-е сутки после ранения), n = 12	4 ± 2	8 ± 4 / 12 ± 5	14 ± 4 / 10 ± 8	10 ± 4 / 8 ± 3	4 ± 4 / 17 ± 6	8 ± 2 / 21 ± 11

Примечание. В числителе — число маннитположительных колоний; в знаменателе число маннитотрицательных. На среде Эндо изучался рост кишечной палочки (E. coli)

Эти данные свидетельствуют о тенденции к повышению иммунорезистентности организма раненого под влиянием ГБО [Саргсян В. П., 1988]. У большинства пациентов положительная динамика регистрируемых функциональных показателей коррелировала с клиническими показателями течения раневого процесса. Состояние раны у пострадавших основной группы позволило в 65% случаев (41 наблюдение) для закрытия раны ампутационной культи воспользоваться наиболее предпочтительным в военно-полевых условиях первичным отсроченным или ранним вторичным швами в сроки от 5 до 10 дней после ампутации или хирургической обработки (табл. 9.7). В то же время в группе раненых с аналогичными повреждениями (182 наблюдения), при лечении которых но использовались разработанные нами методические принципы и не применялся метод ГБО, состояние раны ампутационной культи позволило воспользоваться первичными отсроченными или ранними вторичными швами лишь в 18% случаев (33 наблюдения). Различия статистически достоверны ($X^2 = 49{,}1$, $P < 0{,}002$). Случаев тяжелой гнойной и газообразующей инфекции у этих раненых не отмечено (как показали наши исследования, частота газообразующей раневой инфекции при МВТ в армии Республики Афганистан составляла в среднем около 2%).

Таблица 9.7

Способы закрытия ран ампутационных культей
в основной группе и группе сравнения раненых с МВР

Способ закрытия ран	Основная группа (лечение с применением ГБО)		Группа сравнения (лечение без применения ГБО)	
	абс.	%	абс.	%
Первично отсроченные или ранние вторичные швы	41	65,1	30	17,2
Повторная хирургическая обработка или реампутация	22	34,9	144	82,8
Всего	63	100,0	174	100,0

Для оценки эффективности ГБО при лечении раненых с МБР мы воспользовались таким распространенным клиническим показателем, как продолжительность стационарного лечения (табл. 9.8).

Таблица 9.8

Продолжительность стационарного лечения раненых с МВР
при различных вариантах послеоперационного лечения

Схема лечения	Сроки лечения	Количество раненых	P
Обычные методы лечения (контрольная группа)	33,6 ± 4,3	10	1,2 > 0,05
1 + ГБО	30,1 ± 1,8	10	1,3 < 0,05
1 + ГБО + средства, улучшающие микроциркуляцию	22,8 ± 3,1	12	2,3 < 0,05

Таким образом, предложенная схема комплексного лечения с применением ГБО способствует существенному сокращению продолжительности стационарного лечения. В то же время изолированное применение ГБО не может быть признано достаточно эффективным.

Проведенные исследования центральной и микроциркуляторной гемодинамики, метаболизма, кислотно-основного состояния и газового состава крови подтверждают клинические данные об эффективности ГБО у раненых с МБР.

Наиболее показательными в этом плане являются изменения микроциркуляции, которые оценивались в соответствии с разработанной нами схемой. У большинства раненых в течение первых 3-4 сут после ранения сеансы ГБО не сопровождались существенными изменениями показателей микроциркуляции в сторону улучшения.

К 5-7-м суткам после ранения пострадавшие, получавшие ГБО в комплексном послеоперационном лечении, имели значительно лучшие показатели микроциркуляции по сравнению с группой сравнения (табл. 9.9), причем эта тенденция сохранялась и после завершения курса ГБО.

Таблица 9.9

Динамика показателей микроциркуляции в основной группе раненых, получавших ГБО, и в группе сравнения при МВР (X ± m)

Показатели микроциркуляции	День ранения	Сроки исследования после ранения, сутки			
		1–2	3–4	5–7	9–10
ОКИ (N = 3,75 ± 0,26)	7,49 ± 0,31	6,31 ± 0,21	6,28 ± 0,30	4,12 ± 0,19	4,57 ± 0,23
		6,14 ± 0,23	6,71 ± 0,22	5,89 ± 0,17	6,36 ± 0,24
ВК (N = 6,51 ± 0,23)	5,13 ± 0,29	5,19 ± 0,30	5,24 ± 0,24	6,21 ± 0,19	6,36 ± 0,23
		5,27 ± 0,23	5,40 ± 0,27	5,31 ± 0,26	5,44 ± 0,27
ОКГ (N = 2,07 ± 0,60)	8,31 ± 0,44	5,01 ± 0,42	4,61 ± 0,90	5,55 ± 1,32	5,03 ± 0,47
		4,24 ± 0,12	4,49 ± 0,86	6,23 ± 0,78	6,39 ± 0,34
РКГ (N = 1,72 ± 0,53)	9,35 ± 0,66	5,89 ± 0,80	4,33 ± 0,67	6,11 ± 1,37	5,06 ± 0,48
		6,12 ± 0,16	4,69 ± 0,54	7,89 ± 0,73	7,62 ± 0,50

Примечание. В числителе — основная группа; в знаменателе — группа сравнения

Изменения в системе микроциркуляции в основном определяются состоянием центральной гемодинамики и, в свою очередь, существенно влияют на состояние кровотока в магистральных сосудах |Чернух А. М. 1975; Горизонтов А. Д., 1976].

Комплексное лечение МБР с применением ГБО сопровождалось выраженным увеличением ударного объема кровообращения (УОК) после третьего (Р < 0,01) и пятого сеансов ГБО (Р < 0,01). Соответственно возрастал и минутный объем кровообращения (МОК), причем если после первого сеанса наблюдалась лишь тенденция к увеличению УОК, то после 3-го и 5-го сеансов эти изменения становились статистически достоверны (Р < 0,01 и Р < 0,05 соответственно). Таким образом, ГБО у раненых с МБР устраняет или уменьшает степень выраженности гиподинамии миокарда.

Изучение кислотно-основного состояния (КОС), газового состава крови микрометодом Аструпа и метаболических показателей у раненых

с МБР, леченных с применением ГБО, свидетельствует об отсутствии существенных отличий от показателей у раненых, лечившихся без применения ГБО. Это обстоятельство является иллюстрацией сложности взаимоотношений между различными звеньями патогенеза посттравматических функциональных нарушений.

Обобщение клинического опыта по лечению минно-взрывных ранений позволило выделить показания к применению метода ГБО в комплексной терапии этого специфического вида боевой травмы. Такими, помимо общих для огнестрельных ранений кардиореспираторных, микроциркуляторных и метаболических нарушений, являются:

— *обширные раны* с дефектами кожи и подлежащих тканей туловища и конечностей (более 5% поверхности тела) с угрозой развития гнойно—септических осложнений;
— *наличие факторов, способных осложнить течение раневого процесса* (выполнение ампутаций через заведомо поврежденные ткани, длительное сдавление тканей кровоостанавливающим жгутом, позднее оказание помощи, обильное загрязнение ран и др.).

Противопоказаниями для применения ГБО у этой категории раненых являются шоковое состояние с неустойчивой гемодинамикой, неостановленное кровотечение, а также другие угрожающие жизни состояния, которые могут быть устранены лишь применением хирургических и реанимационных мероприятий неотложного плана. Безусловными противопоказаниями являются также агональное состояние и индивидуальная гиперчувствительность. к кислороду, выявляемая во время пробного сеанса ГБО.

Таким образом, представленные данные свидетельствуют о том, что патогенетически обоснованная схема комплексного лечения минно—взрывных отрывов и разрушений дистальных сегментов конечностей, основными элементами которой являются оперативное вмешательство, выполненное в соответствии с особенностями патоморфологии взрывной раны, и ГБО—как метод коррекции функциональных и трофических нарушений—позволяет значительно улучшить результаты лечения раненых.

Раневая инфекция. Основанием для применения ГБО при лечении инфекционных осложнений огнестрельных и взрывных ран является активное воздействие гипербарического кислорода на репаративные процессы в ране, а также изменения биологических свойств микроорганизмов в условиях гипероксии. Применению ГБО должно предшествовать хирургическое вмешательство, направленное на санацию гнойного очага и его активное дренирование. Курс ГБО у раненых с местной гнойной инфекцией обычно составляет 5-6 сеансов при pO_2 0,15-0,20 МПа с экспозицией 50-60 мин, по одному сеансу ежедневно. В результате первых 2-3 сеансов у большинства раненых отмечалось уменьшение отека тканей, увеличение раневого отделяемого. В последующем появлялись грануляции, которые выполняли значительную часть раневого дефекта и раневой поверхности. Одновременно снижалась степень токсико-резорбтивной лихорадки. У 85% раненых, имеющих гнойные осложнения огнестрельных ран, применение ГБО сопровождалось отчетливым положительным эффектом.

При сепсисе ГБО рассматривается как важный элемент интенсивной комплексной корригирующей терапии, имеющий полинаправленное действие. Соответственно представлениям о механизмах лечебного действия ГБО, при сепсисе ее влияние проявляется улучшением состояния гнойной раны—очага инфекции *(при условии адекватности хирургического воздействия),* тенденцией к нормализации функциональных показателей основных систем организма, воздействием на микрофлору. ГБО не показана в катаболической фазе раневого сепсиса, когда изменения в организме в значительной степени носят необратимый характер. Следует стремиться к возможно раннему включению ГБО в систему комплексного лечения сепсиса. При этом допустимо ориентироваться на клиническую картину заболевания, не дожидаясь данных лабораторных исследований. Курс ГБО при сепсисе должен состоять из 10-12 сеансов при pO_2 0,18-0,20 МПа с экспозицией 60 мин, ежедневно по одному сеансу.

Газообразующая раневая инфекция. Этим термином принято обозначать тяжелые инфекционные осложнения раневого процесса различной этиологии, протекающие с образованием газа и отека в пораженных тканях Предполагается, что анаэробная газовая инфекция и газовая гангрена—отдельные формы газообразующей раневой инфекции, обусловленные клостридиями. Наличие клинических признаков газообразующей инфекции и обоснованные подозрения о возможности ее возникновения являются *абсолютными показаниями* к применению ГБО в системе комплексного лечения (1-я группа показаний). По клинической картине в большинстве наблюдений не представлялось возможным определить вид возбудителя анаэробной инфекции. Поэтому в случаях, когда раневое осложнение протекает с выраженной интоксикацией, образованием газа и отека, целесообразно проводить лечение в полном объеме, не дожидаясь результатов бактериологических исследований. Приоритетное значение имеет хирургическая обработка. Широкие разрезы кожи, подкожной клетчатки и фасций позволяют вскрыть и дренировать гнойные затеки, удалить некротизированные ткани, создать условия для аэрации раненой поверхности. В послеоперационном периоде ведущая роль принадлежит инфузионно-трансфузионной терапии на фоне форсированного диуреза.

Клинический опыт и анализ данных литературы позволяют сформулировать следующие принципы применения ГБО для профилактики и

Методика применения ГБО определяется рядом факторов: стадией и формой инфекционного процесса, характером предшествующего лечения, наличием осложнений. В типичных случаях рекомендуется пользоваться следующей схемой (табл. 9.10).

Таблица 9.10

Режимы ГБО при анаэробной инфекции

Дни лечения	Число сеансов	Продолжительность одного сеанса, мин.	Давление, МПа
1-е сутки	3–4	120	0.2
2-е сутки	2–3	90	0.2
3-и сутки	1–2	60	0.2
4–6-е сутки	1	60	0.2

лечения тяжелых инфекционных осложнений при огнестрельных и взрывных ранениях:

— с целью профилактики раневых инфекционных осложнений ГБО следует назначать в возможно ранние сроки после ранения и операции;

211

— при появлении первых клинических признаков газообразующей раневой инфекции следует назначать ГБО, рассматривая ее как средство неотложной помощи;
— перерывы между сеансами ГБО следует использовать для проведения интенсивной терапии.

При лечении раневых инфекционных осложнений ГБО необходимо сочетать с инфузионно-трансфузионной, антибактериальной, детоксикационной, корригирующей и симптоматической терапией.

Подготовка раненого к проведению сеансов ГБО. Вопрос о применении ГБО в каждом случае решается коллегиально лечащим врачом и врачом-специалистом ГБО. При этом, кроме характера повреждения и наличия показаний к применению метода, необходимо учитывать складывающуюся медико-тактическую обстановку.

Перед началом курса ГБО необходимо ознакомить раненого с предлагаемым методом лечения и получить его согласие. В случае затрудненного контакта с пациентом (бессознательное состояние) вопрос о назначении ГБО решается консилиумом врачей. Перед началом плановых сеансов больной должен быть осмотрен ЛОР-специалистом па предмет проходимости евстахиевых труб и выявления другой ЛОР-патологии. *Минимальный перечень обследования больного включает:* рентгенографию (скопию) легких, клинический анализ крови, общий анализ мочи, оценку состояния гемодинамики и внешнего дыхания. Раненый должен быть проинструктирован о правилах поведения в барокамере. При появлении болей в ушах во время компрессии и декомпрессии пациенту рекомендуется осуществлять глотательные движения ртом, а также проводить пробу Вальсальвы—осуществлять энергичный выдох чрез нос при зажатом носе и закрытом рте. При необходимости перед помещением больного в барокамеру назначают седативные средства. Больной может быть фиксирован к носилкам барокамеры широкими мягкими ремнями.

Во время предшествующей перевязки все мазевые повязки должны быть заменены на сухие либо на влажно-высыхающие стерильные повязки. Снимаются часы и другие металлические предметы, съемные зубные и глазные протезы, за пределами барокамеры оставляются курительные принадлежности.

Больной должен быть одет в хлопчатобумажное белье, головной убор. Необходимо опорожнить мочевой пузырь, при наличии постоянного мочевого катетера конец последнего пережимается или опускается в мочеприемник. Все дренажи плевральной полости снабжаются клапанами, изготовленными из пальцев резиновых перчаток. Дренажи открываются и концы их опускаются в сосуды с водой, помещенные внутри барокамеры. Внутривенные инфузии на время сеанса прекращаются.

При необходимости осуществляется динамический контроль за сердечной деятельностью пациента: на конечностях закрепляются электроды электрокардиографа, который устанавливается снаружи и снабжается гермовводами в соответствии с конструкцией барокамеры.

1.4.5. Особенности хирургической тактики и лечения боевых повреждений груди и живота

Со времен Н. И. Пирогова известны тяжелые повреждения груди и живота, возникающие вследствие действия на человека воздушной волны близко пролетающего артиллерийского снаряда. Последующие воины давали новые иллюстрации, но лишь после второй мировой войны появилась возможность научного изучения и последующего объяснения этого феномена. Чередующиеся в соответствии с законами баллистики волны разрежения и сжатия среды вызывают соответствующие колебания тканей живого организма. В зависимости от морфофункциональных и анатомических особенностей органа вследствие этого возникают изменения в диапазоне от незначительных функциональных нарушений доклинического уровня до отрывов внутренних органов и их разрушения В предшествующих главах настоящего Руководства авторы в той или иной степени уже касались этого вопроса, в данной же главе подробно рассмотрим взрывные поражения груди и живота.

В основу классификации взрывных поражений груди и живота положены принципиальные положения, в соответствии с которыми все их многообразие делится на две группы—с опосредованным или контактным механизмом поражения. Соответственно этому выделяют закрытые повреждения груди и живота и открытые повреждения или ранения.

1.4.5.1. БОЕВЫЕ ПОВРЕЖДЕНИЯ ГРУДИ

Как в мирное, так и в военное время повреждения груди относя гея к категории тяжелых травм. В годы Великой Отечественной войны в зависимости от характера боевых действий и срока оказания медицинской помощи, частота повреждений груди колебалась от 5 до 12% по отношению к числу пострадавших, при общей летальности около 13%. В структуре боевых санитарных потерь современных локальных войн и вооруженных конфликтов удельный вес повреждений груди несколько возрос, что связано с более ранней доставкой пострадавших в лечебные учреждения и возможностями современной медицины. Отмечается возрастание количества закрытой торакальной травмы в локальных вооруженных конфликтах на фоне широкого использования противоборствующими сторонами боеприпасов взрывного действия [Бисенков Л. Н. 1993; Нечаев Э. А. и др., 1994]. Обращает на себя внимание возрастание количества сочетанных взрывных повреждений груди. Они, как правило, характеризуются большой тяжестью и нередко оказывают определяющее влияние на течение травматической болезни.

По опыту войны в Афганистане, различные виды повреждений груди отмечались при взрывной травме более чем у половины пострадавших. Из них большую часть (49,3%) составляли закрытые повреждения груди, существенно отличавшиеся по своему характеру от производственных и дорожно-транспортных травм этой локализации. Проникающие ранения груди имели место в 9,3% случаев, непроникающие ранения—чаше множественные—в 27%. Сочетанный характер торакальной травмы значительно утяжелял состояние пострадавших. В клинической картине при сочетанной травме преобладали дыхательные и сердечно-сосудистые расстройства, выраженность которых определялась количеством и степенью тяжести повреждений.

Наиболее часто при взрывных поражениях встречаются сочетания повреждений груди, конечностей и черепа, причем черепно-мозговая травма чаще носила нетяжелый характер. Повреждения живота отмечались значительно реже, но прогноз в таких случаях заметно ухудшался.

В период ведения активных боевых действий на территории Чеченской республики в 1994-1996 гг. повреждения груди наблюдались в 20,1% всех взрывных поражений [Лащенов Г. В., 1999]. Обращало внимание значительное число пострадавших в тяжелом и крайне тяжелом состоянии. Частично это можно объяснить особенностями сложившейся в тех условиях лечебно-эвакуационной системы, когда зачастую отсутствовали промежуточные этапы медицинской помощи между полем боя и этапом квалифицированной медицинской помощи. Соответственно, в лечебные учреждения успевали доставить пострадавших с тяжелыми повреждениями. Этому соответствовали и показатели летальности—в годы Великой Отечественной войны 21% от всех погибших на поле боя составили пострадавшие с проникающими ранениями груди, в чеченскую кампанию этот показатель составил 7,7%.

Рис. 9.31. Классификация взрывной травмы груди

Классификация повреждений груди при взрывных поражениях может быть представлена в следующем виде (рис. 9.31).

По опыту боевых действий в Чечне, ранения груди составляют 76,4% взрывной травмы груди, 23,5% из них приходится на непроникающие осколочные ранения. Характер повреждений тканей грудной клетки различен и зависит от вида боеприпаса, расстояния до центра взрыва, условий, при которых произошло ранение. Это могут быть как точечные ранения, так и обширные разрушения тканей с повреждением костей и париетальной плевры. Обычно наблюдается обильное загрязнение таких ран землей, обрывками одежды, что значительно повышает риск развития гнойных осложнений. При непроникающих ранениях возможны повреждения ребер, лопатки, грудины и ключицы. Тяжесть состояния пострадавших в этой группе обычно определяется не самой раной грудном клетки, а повреждениями внутренних органов груди или органов других анатомических областей при сочетанных травмах.

Ведущими факторами, определяющими характер и тяжесть взрывной травмы груди, являются повреждения внутренних органов грудной клетки и ее скелета, нарушение функции внешнего дыхания и кровопотеря, что в конечном итоге сопровождается развитием легочно-сердечной недостаточности и гипоксии. На рис. 9.32 представлена схема патогенеза гипоксии при взрывной травме груди.

Рис. 9.32. Патогенез гипоксии при взрывной травме груди

Диагностика повреждений и ранений груди нередко затруднена из-за тяжести состояния пострадавших, а также вследствие быстро меняющейся клинической картины, обусловленной нарастанием патологических изменений.

Повреждения груди имеют ряд общих диагностических признаков [Бисенков Л. Н., 1995]:

— боль различной интенсивности на стороне травмы, усиливающаяся при вдохе, кашле, изменении положения тела, нередко с резким ограничением дыхательных движений, особенно при повреждении скелета;

— одышка, затрудненное дыхание и боль, усиливающиеся при движениях, что заставляет пострадавшего принимать вынужденное положение;

— различные по тяжести изменения гемодинамики;

— кровохарканье различной интенсивности и продолжительности;

— эмфизема в тканях грудной стенки, средостения и смежных областях;

— смещение средостения в сторону, противоположную месту ранения.

— Большая часть этих клинических признаков отмечается у абсолютного

большинства пострадавших (боль, одышка), другие встречаются значительно реже (эмфизема, кровохарканье). Обычные методы клинического обследования, включающие осмотр, пальпацию, перкуссию, аускультацию, изучение характера и локализации ран, в большинстве случаен позволяют определить особенности повреждения и принять соответствующие лечебные меры. Клинические данные служат также обоснованием для выбора вида и последовательности диагностических мероприятий. Важнейшее значение среди них, особенно для диагностики гемо—и пневмоторакса, продолжающегося внутриплеврального кровотечения или гемоперикарда, имеет лечебно-диагностическая пункция. Степень анемии и признаки продолжающегося внутриплеврального кровотечения могут быть установлены в результате изучения показателей периферической крови (общий анализ, гемоглобин, гематокритное число).

При всех повреждениях груди следует считать обязательным проведение рентгенологического обследования. Перспективным методом, существенно дополняющим данные других исследований, является ультразвуковая эхолокация. С помощью отраженных импульсов представляется возможным установить толщину плевры, содержимое плевральной полости, подвижность и воздушность легкого, рентгеноконтрастные инородные тела. Определенное значение для диагностики внутригрудных повреждений имеют такие методы исследований, как торакоскопия, бронхоскопия, эзофагоскопия.

Следует учитывать, что симптоматика при закрытой травме груди зависит от тяжести повреждения грудной стенки, степени гемопневмоторакса, распространенности повреждения легкого, сердца, бронхов н других органов.

Улучшение результатов лечения пострадавших с повреждениями груди при взрывах во многом зависит от рациональной организации медицинской помощи на всех этапах ее оказания. Мероприятия, проводимые как на месте происшествия, в процессе транспортировки, так и далее в лечебном учреждении должны быть патогенетически обоснованными и направленными на быстрейшее купирование функциональных нарушений и выведение пострадавшего из шока.

Догоспитальный этап лечения включает в себя, как правило, первую, доврачебную и первую врачебную помощь. На месте происшествия следует по мере возможности прекратить действие поражающих факторов, для чего, если это позволяет обстановка, пострадавшего следует перенести в другое место, желательно на носилках в полусидячем положении. На рану грудной стенки накладывают окклюзионную повязку. Это требование является общим. Так как на месте происшествия не представляется возможным да и не требуется проводить дифференциальную диагностику и определять показания для наложения герметизирующей повязки,—целесообразнее и проще накладывать ее всем пострадавшим при наличии ран грудной стенки. В случаях асфиксии полость рта пальцем, защищенным салфеткой, очищают от крови, слизи и инородных тел, при необходимости прибегают к искусственному дыханию с использованием S-образного воздуховода. Подкожно или внутримышечно вводят анальгетики и кардиотоники.

Показателем хорошей организации медицинской помощи на догоспитальном этапе при наличии подготовленного среднего медицинского персонала или врача общего профиля является возможность проведения инфузионной терапии (внутривенные вливания 1,0-1,5 л изотонического раствора натрия хлорида, полиглюкина, других противошоковых средств). При оказании первой врачебной помощи контролируют и, при необходимости, исправляют наложенную ранее повязку, вводят столбнячный анатоксин, назначают антибиотики широкого спектра действия. С целью купирования болевого синдрома и нормализации жизненно важных функций целесообразно шире прибегать к различным новокаиновым блокадам—межреберной паравертебральной, вагосимпатической. При наличии обширной взрывной раны грудной стенки ее края могут быть инфильтрированы раствором новокаина с антибиотиками, а при наличии признаков продолжающегося наружного кровотечения из раны врач общей практики может выполнить прошивание кровоточащего сосуда и ране или остановить кровотечение путем наложения на сосуд кровоостанавливающего зажима с оставлением его в ране до следующего этапа. При развитии напряженного пневмоторакса плевральную полость следует пунктировать толстой иглой типа Дюфо во втором межреберье но срединно-ключичной линии, с фиксацией ее к коже пластырем и прикреплением к павильону клапана, в качестве которого обычно используется надрезанный палец резиновой хирургической перчатки. При наличии признаков острой кровопотери и падении артериального давления по жизненным показаниям целесообразны трансфузии цельной донорской крови или ее компонентов. Во всех случаях пострадавшие, у которых вследствие действия поражающих факторов взрыва возникло повреждение груди, нуждаются в незамедлительной эвакуации на этап квалифицированной хирургической помощи.

Общая принципиальная схема хирургического лечения взрывных повреждений груди включает в себя следующие пункты:

— адекватное дренирование плевральной полости;
— восполнение кровопотери;
— восстановление и поддержание проходимости дыхательных путей;
— устранение болевого синдрома;
— остановку внутригрудного кровотечения, герметизацию и стабилизацию грудной стенки;
— антимикробную и симптоматическую терапию;
— антигипоксическую терапию.

На этапе **квалифицированной хирургической помощи** проводится сортировка пострадавших с повреждениями груди. Выделяют следующие группы:

1. Пострадавшие с тяжелыми повреждениями груди, нуждающиеся и оказании неотложной хирургической помощи по жизненным показаниям (продолжающееся наружное или внутреннее кровотечение, открытый пневмоторакс с взрывным дефектом тканей грудной стенки).
2. Пострадавшие в состоянии шока II—III степени, не нуждающиеся в неотложной хирургической помощи. Срочные операции у них целесообразно выполнять после проведения противошоковых мероприятий п полном объеме.
3. Пострадавшие средней тяжести и легкораненые, которых после оказания им соответствующей помощи следует направлять в палаты интенсивной терапии или общебольничные палаты.
4. Пострадавшие с крайне тяжелыми повреждениями груди, нуждающиеся в большинстве случаев только в консервативной симптоматической терапии.

Следует отметить, что опыт хирургической работы в условиях локального вооруженного конфликта, а также очага стихийного бедствия или техногенной катастрофы, свидетельствует о том, что при адекватном медицинском обеспечении последняя группа (условно именуемая как «агонирующие») может не выделяться. Это обусловлено тем, что в данных условиях достаточность сил и средств медицинской службы позволяет проводить полный объем медицинских мероприятий всем нуждающимся, независимо от тяжести их состояния. Афганский опыт показал, что около 30% раненым, по объективным данным причисляемым к агонирующим, при своевременном и полноценном проведении лечебных мероприятий (что, как правило, возможно только в условиях локального вооруженного конфликта) удалось сохранить жизнь.

Наш клинический опыт свидетельствует о том, что в каждой из групп пострадавших с повреждениями груди имеются свои характерные особенности, которые исчерпывающе полно отражены в руководствах по торакальной хирургии [Вагнер Е. А., 1981; Колесов А. П., Бисенков Л. Н., 1986; Бисенков Л. Н., 1995].

Говоря об общих принципах, следует остановиться на показаниях к торакотомиям при взрывных повреждениях груди. Различают неотложные, срочные и отсроченные операции.

Неотложные торакотомии показаны:

1. При проведении реанимационных мероприятий (остановка сердца, быстро нарастающий клапанный пневмоторакс, профузное внутриплевральное кровотечение).
2. При ранениях сердца и крупных сосудов.

Срочные торакотомии следует выполнять в течение первых суток после ранения. Они показаны в случаях:

— продолжающегося внутриплеврального кровотечения, о чем свидетельствует выделение крови по плевральному дренажу со скоростью 300 мл/ч и более;
— стойкого клапанного пневмоторакса;
— открытого пневмоторакса с массивным повреждением легких;
— повреждения пищевода;
— обоснованного подозрения на ранения груди и аорты.

Отсроченные торакотомии производят через 3-5 сут и более после травмы. Показания:

— свернувшийся гемоторакс;
— упорно рецидивирующий пневмоторакс с коллапсом легкого;
— крупные (более 1 см в диаметре) инородные тела в легких и плевре:
— рецидивирующая тампонада сердца.

Все оперативные вмешательства на органах груди завершаются обязательным обильным промыванием полости плевры. Для этого используют минимум 3-5 л раствора антисептика. Выполняют резекцию острых отломков ребер, новокаиновую блокаду межреберных нервов, дренирование плевральной полости с последующим послойным ушиванием торакотомной раны. Завершают операцию хирургической обработкой входного и выходного раневых отверстий груди. Обычно после торакальных операций раненные в грудь считаются нетранспортабельными в случаи\ эвакуации автомобильным транспортом в течение 7-8 сут, авиационным-2-3 сут. Послеоперационное лечение направлено на восполнение объема циркулирующей плазмы, поддержание сердечной деятельности и легочной вентиляции, предупреждение и лечение осложнений. Терапия включает антибиотики в максимальных дозах, анальгетики, сердечные гликозиды, бронхолитики, антигистаминные препараты, инфузионные средства, мероприятия по борьбе с гипоксией. Среди последних важнейшее значение имеет гипербарическая оксигенация (ГБО). Опыт лечения боевой травмы груди с применением ГБО позволяет выделить следующие механизмы антигипоксического действия гипербарического кислорода:

— устранение или уменьшение выраженности гипоксии, обусловлен ной нарушениями функций сердечно-сосудистой и дыхательной систем:
— восстановление сниженной в результате острой кровопотери кислородной емкости крови;
— повышение эффективности диффузии кислорода и, соответственно, возрастание его парциального давления в травмированных тканях зоны повреждения.

Огнестрельные и взрывные ранения груди характеризуются высокой степенью риска развития гнойных осложнений, возникновение которых в значительной степени определяет исход травмы. При решении вопроса о назначении ГБО раненным в грудь целесообразно рассматривать и оценивать следующие патогенетические факторы, способствующие развитию осложнений:

— степень выраженности легочно-сердечной недостаточности;
— характер и глубину нарушений микроциркуляторной гемодинамики:

— обширность повреждения тканей в области ранения;
— степень инфицированности травмированных тканей;
— характер сопутствующих повреждений и выраженность соответствующих функциональных нарушений.

Могут быть выделены следующие группы факторов риска гнойных осложнений (рис. 9.33): местные особенности ранения, дефекты медицинской помощи и факторы, связанные с сочетанным характером травмы.

Таким образом, патогенетически и тактически обоснованным является тезис—ГБО целесообразно использовать в комплексном лечении ранений груди при наличии факторов риска раневых инфекционных осложнений. По нашим данным, в результате включения ГБО в систему комплексного лечения клиническое улучшение наступило в 71% наблюдений, удалось добиться снижения частоты эмпиемы плевры на 8,4%.

При решении вопроса о назначении ГБО раненным в грудь следует придерживаться правила—не применять ГБО, если не выполнены хирургические вмешательства неотложного порядка—остановка кровотечения, ушивание открытого пневмоторакса, дренирование плевральной полости, ликвидация клапанного и напряженного пневмоторакса. Клинический опыт свидетельствует о том, что при ранениях груди лечебные цели ГБО могут быть достигнуты в результате короткого курса из 3-5 сеансов при 0,15-0,18 МПа с экспозицией 40-50 мин, по одному сеансу ежедневно. При обширных повреждениях тканей у раненых с открытым пневмотораксом, с массивной кровопотерей, а также в случаях сочетанной травмы, лечебный эффект достигается в результате проведения более продолжительного курса ГБО (8-10 сеансов при 0,18-0,20 МПа с экспозицией 60 мин, в течение 2-3 дней—по два сеанса, в последующем—по одному сеансу ГБО ежедневно).

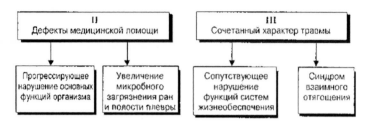

Рис. 9.33. Факторы риска гнойных осложнений
огнестрельных и взрывных ранений груди

1.4.5.2. Боевые повреждения живота

Повреждения живота при действии на человека поражающих факторов взрыва относятся к категории наиболее тяжелых. В результате действия на организм взрывной волны как на суше, так и в воде, при ударах тела о землю или твердые предметы вследствие отбрасывания возникают преимущественно закрытые повреждения внутрибрюшных и внебрюшинных органов живота, которые обычно носят сочетанный характер. При контактном механизме поражения возможно возникновение проникающих и непроникающих осколочных ранений живота, а также взрывных ранений с образованием значительных дефектов тканей брюшной стенки с возможной эвентрацией кишечника.

Необходимость выделения группы пострадавших с взрывными повреждениями живота возникала еще в годы Великой Отечественной войны 1941-1945 гг. В данную категорию включали только закрытые травмы живота, вызванные действием воздушной ударной волны. Однако в литературе военного периода данному вопросу посвящены лишь единичные краткие сообщения в журнальных статьях и небольшой обобщающий раздел XXII тома «Опыта советской медицины в Великой Отечественной войне 1941-1945 гг.».

В последние десятилетия в отечественной литературе опубликован ряд монографий, посвященных диагностике и лечению изолированных и сочетанных повреждений живота. Однако опыт хирургической работы н очагах военного противостояния, детальное разноплановое изучение особенностей взрывных поражений в эксперименте позволили выявить многообразие повреждений живота при взрывах. Было отмечено, что закрытая травма живота происходит вследствие метательного, опрокидывающего действия взрыва или вследствие непосредственного воздействия ударной волны. По афганским данным, у этой категории пострадавших повреждения органов брюшной полости выявлены в 3,6% случаев.

Повреждения живота при контактных подрывах на стандартных противопехотных минах клинически диагностируются редко. Среди многообразия патологии внутренних органов, с которой встречаются военные хирурги во время операций или судебно-медицинские эксперты и патологоанатомы на аутопсии, чаще всего встречаются ушибы [Клочков Н. Д. и др., 1992].

При вскрытии погибших в локальных военных конфликтах последних десятилетий и умерших в лечебных учреждениях ушибы толстой кишки обнаружены у 6,4-7,4%, тонкой-5,6-6,7%, поджелудочной железы-3,5-4,4%, желудка-3,3-4,8%, надпочечников-1,2-2,3% пострадавших [Рогачев М. В., Тимофеев И. В., 1991].

Ушибы этих органов чаще встречаются у лиц со взрывными повреждениями и реже—взрывными ранениями. Разрывы их отмечены у 3.2% пострадавших, что в 2,5 раза выше данного показателя при закрытой механической травме мирного времени. Объясняется этот факт тем, что при взрывных поражениях основным этиологическим фактором повреждения внутренних органов является взрывная волна, а при травмах мирного времени—удары тела о тупые предметы и землю [Клочков Н. Д. и др., 1992].

При закрытой травме живота, полученной вследствие контактного минного подрыва на суше, подчеркивается высокая частота травм печени и селезенки (17% случаев). Диагностика повреждений печени при этом значительно затруднена, особенно у лиц с политравмой в состоянии шока или находящихся в бессознательном состоянии вследствие тяжелой нейротравмы [Тынянкин Н. А. и др., 1987].

Используя опыт клинических наблюдений во время войны в Афганистане и сопоставляя его с данными патологоанатомических исследований, можно заключить, что у погибших на поле боя ушиб печени встречался у каждого шестого, у умерших в лечебных учреждениях—в 5,8% и у выживших—в 3,8% случаев; разрывы печени выявлены у 89; пострадавших [Клочков Н. Д. и др., 1992].

Ушиб селезенки обнаруживался, как правило, на вскрытии погибших на поле боя и умерших в лечебных учреждениях. В 1,2% случаев отмечено сочетание ушиба селезенки с ушибом или разрывом печени, почек, кишечника [Рогачев М. В., Тимофеев И. В., 1991; Клочков Н. Д. и др., 1992]. Для исключения внутреннего кровотечения на этапе квалифицированной медицинской помощи последовательно выполнялись лапароцентез, лапароскопия и лапаротомия [Тынянкин Н. А. и др., 1987].

При изолированных ушибах полых органов брюшной полости вследствие контактных минных подрывов клиническая картина развивается по типу острого живота и кишечных расстройств [Нечаев Э. А. и др., 1994; Harman J. W., 1983]. В отличие от ушибов паренхиматозных органон, ушибы полых органов живота при подрывах на противопехотных минах встречаются в несколько раз чаще, чем разрывы. Ушибы полых органом обычно сочетаются с разрывами паренхиматозных органов живота |Тынянкин Н. А. и др., 1987; Клочков Н. Д. и др., 1992].

Диагностика ушибов желудка и кишечника при сочетанных повреждениях возможна при жизни во время диагностической ФГДС, лапароскопии или лапаротомии. Ушиб поджелудочной железы обнаруживается примерно у 3,5% пострадавших от контактных подрывов на противопехотных минах. У всех раненых ушиб поджелудочной железы сочетался с разрывами и ушибами других органов живота [Бисенков Л. Н., 1993; Нечаев Э. А. и др., 1994].

У некоторых пострадавших вследствие контактного минного подрыва в течение 2-3 сут после травмы имеются признаки острой почечной недостаточности (снижение диуреза, повышение креатинина, мочевины и остаточного азота в крови). Но ни в одном случае ее развитие исследователи не связывали с ушибом почек и объясняли вышеуказанный факт длительной гипотонией вследствие шока, кровопотери, сердечной недостаточности и падением фильтрационного давления в почках, миоглобинурией на фоне массивного размозжения мышечной ткани [Стороженко А. А., 1993; Harman J. W., 1983].

В структуре поражений внутренних органов вследствие контактного минного подрыва на суше повреждения надпочечников обнаруживаются не более, чем у 0,7% пострадавших и проявляются выраженными очаговыми или тотальными кровоизлияниями преимущественно в корковый слой. Клинические признаки острой надпочечниковой недостаточности констатируются при жизни не более чем в 1/3 случаев [Клочков Н. Д. и др., 1992; Бисенков Л. Н., 1993].

Таким образом, у большей части пострадавших со взрывными поражениями, особенно часто при контактном механизме подрыва, встречаются повреждения органов живота. При первичном воздействии взрывной волны обычно повреждаются воздухоносные органы, при вторичном—паренхиматозные. Основным патоморфологическим признаком ушиба внутренних органов являются нарушения целостности клеточных структур органа и кровоизлияния. Чем больше площадь и объем его поражения, тем выше степень нарушения функции.

По данным И. Д. Косачева и П. Г. Алисова (1994), в Афганистане за весь период ведения боевых действий МВТ живота наблюдалась у минно-взрывные ранения при проникающих ранениях живота составляли 6,7%, минно-взрывные повреждения-4,4%. В Чечне в 1994-1996 гг. МВТ живота составила 20%, а таза-9,4% от всей взрывной травмы [Лащенов Г. В., 1999]. В целом МВТ живота к 78% случаев носила проникающий характер, при этом большинство ранений сопровождалось повреждением нескольких органов (96%). Чаше повреждались полые органы

(51%), ранения паренхиматозных органон составили 41%, ранения крупных сосудов-7,5%. Непроникающий характер носили 22% ранений. Это были либо касательные ранения мягких тканей, либо непроникающие ранения передней брюшной стенки, нанесенные осколками, достигшими своей цели уже на излете. Минновзрывная травма живота лишь в 3% случаев носила изолированный характер, у 36,4% пострадавших она была множественной, а в 60,6% она сопровождалась повреждением других областей тела.

При взрывных ранениях живота по механизму ранения выделяют две группы. ***Первая,*** относительно небольшая—это ранения живота, возникающие вследствие непосредственного воздействия поражающих факторов взрыва. Как правило, такие ранения сочетаются с повреждениями и отрывами сегментов нижних конечностей, множественными ранениями ягодичных областей и промежности. Это очень тяжелое ранение, так как возникает вследствие одновременного действия на организм взрывной волны, газопламенной струи и множества осколков. Комбинированное воздействие этих факторов часто приводит к образованию обширных ран с дефектом тканей брюшной стенки и возможностью эвентрации кишечника, к повреждениям уретры, половых органов и прямой кишки. ***Вторая группа***—это ранения живота, полученные пострадавшими в отдалении нескольких метров от эпицентра взрыва. Ведущим поражающим фактором в таких случаях были осколки боеприпаса или вторичные ранящие снаряды.

Классификация взрывной травмы живота может быть представлена следующим образом (рис. 9.35).

Закономерным следствием взрывной травмы живота является посттравматический перитонит. Его пусковыми моментами являются альтерация тканей в момент травмы с последующими трофическими нарушениями тканей кишечной стенки, появлением ее проницаемости для патогенных микроорганизмов и последующей контаминацией брюшной полости микрофлорой. Контаминация возникает, естественно, и при ранениях или повреждениях живота с ранением кишки и нарушением ее целостности. В зависимости от вида и характера повреждения эти нарушения мот иметь характер адаптационно-приспособительных изменений различной степени в наиболее тяжелых случаях—вплоть до развития синдрома полиорганной недостаточности (рис. 9.36).

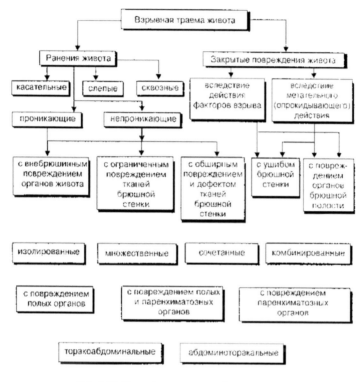

Рис. 9.35. Классификация взрывной травмы живота

Как показывает клинический опыт, наибольшие трудности в диагностике при взрывной травме живота отмечаются в группе сочетанных травм. Это обусловлено наличием синдрома взаимного отягощения. В таких случаях очень важен тщательный динамический осмотр раненого, оценка сочетанных повреждений для реального представления о степени их влияния на течение травматической болезни. Однако у большинства пострадавших на первый план в клинической картине выступают более или менее яркие симптомы, присущие повреждениям органов брюшной полости. Эти симптомы обычно указывают на кровотечение в полость брюшины при повреждении печени, селезенки, поджелудочной железы и брыжейки или свидетельствуют о раздражении брюшины содержимым поврежденного желудочно-кишечного тракта.

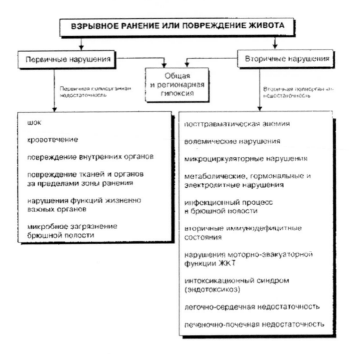

Рис. 9.36. Общая схема патогенеза взрывного ранения
или повреждения живота

Тяжелое состояние большинства пострадавших с взрывными повреждениями и ранениями живота требует проведения полной диагностическом программы параллельно с комплексом противошоковых мероприятии.

Возможности инструментальной диагностики ранений и повреждении живота в последние годы заметно улучшились. Это произошло благодаря внедрению в клиническую практику новых методик сканирования (компьютерная томография, ультразвуковое исследование), усовершенствованию инструментальных (перитонеальный лаваж с методикой «щадящего катетера», пункции боковых каналов живота, лапароскопии) и лабораторных методов. Однако основой диагностики при повреждениях органов живота на этапах медицинской эвакуации остается клинический подход к сбору анамнеза, данным функциональных и лабораторных исследований. Ценную информацию при взрывной травме живота может дать рентгенологическое исследование. Левосторонние повреждения ребер могут навести на мысль о травме селезенки.

Обнаружение газа в забрюшинном пространстве может быть рентгенологическим признаком разрыва двенадцатиперстной кишки. Нахождение свободного газа в брюшной полости свидетельствует о повреждении полого органа. Исчезновение на снимках контура большой поясничной мышцы «говорит» о наличии крови н забрюшинном пространстве. Расширение тени почек или селезенки указывает на субкапсулярную гематому этих органов или кровотечение m них. Рентгеновское исследование с контрастированием мочевого пузыря, почек или двенадцатиперстной кишки может дать ценную информацию о повреждении этих органов. Однако, по сборной статистике разных авторов, диагностическая ценность выявленных изменений по вероятности не превышает 35-40%.

Хорошо известный и апробированный хирургической практикой принцип *«судьба пострадавшего с травмой живота определяется временем его доставки на этап хирургической помощи»* остается в силе, однако, пи современным представлениям, огромное значение имеет и правильно организованное догоспитальное лечение. Оно включает в себя первую, доврачебную и первую врачебную помощь. Прежде всего пострадавшею следует вынести с места происшествия в безопасное место, чтобы прекратить действие на него повреждающих факторов. В порядке оказания *первой помощи* при ранениях накладывают асептическую повязку на рану, вводят обезболивающие наркотические средства из шприц-тюбика и предпринимают меры к скорейшей эвакуации пострадавшего на следующий этап медицинской эвакуации, исключая при этом прием пищи и жидкостей внутрь. *На этапе доврачебной помощи* может быть начата инфузионная терапия (внутривенно капельно растворы полиглюкнна. натрия хлорида 0,9% и др.). В случае обширного взрывного ранения живота с дефектом тканей передней брюшной стенки и эвентрацией кишечника для создания более благоприятных условий может быть выполнена иммобилизация выпавших на переднюю брюшную стенку петель кишки с помощью ватно-марлевого круга («бублика»). При этом не следует стремиться вправить выпавшие петли в брюшную полость. Это несложное мероприятие может быть дополнено блокадой брыжейки выпавшей петли кишки 025-0,50% раствором новокаина и закрытием петель кишки повязкой или полотенцем, смоченным изотоническим раствором натрия хлорида. В случае продолжающегося кровотечения из раны брюшной стенки средний медицинский работник, оказывающий помощь, может осуществить гемостаз путем наложения зажима на кровоточащий сосуд в ране. Кровоостанавливающий зажим может быть оставлен в ране до следующего этапа.

Эти действия при необходимости могут быть проведены и *па этапе первой врачебной помощи,* мероприятия которого дополняются в случаях внутреннего кровотечения, анемии и нестабильной гемодинамики переливаниями донорской крови или ее компонентов. Предпринимаются все меры к быстрейшей эвакуации пострадавшего возможно щадящим способом на этап квалифицированной хирургической помощи.

В зависимости от срочности и очередности выполнения комплексных противошоковых мероприятий и оперативных вмешательств на этапе квалифицированной хирургической помощи проводят медицинскую сортировку и выделяют следующие группы пострадавших с взрывной травмой живота:

— *пострадавшие с признаками продолжающегося внутреннего или наружного кровотечения*—их немедленно направляют в операционную дня экстренной лапаротомии и хирургической обработки с одновременным проведением противошоковых мероприятий;

— *пострадавшие в состоянии шока II—III степени, но без признаков продолжающегося кровотечения.* Их направляют в противошоковые палаты для противошокового лечения и выполнения необходимых диагностических мероприятий. В случае необходимости оперативные вмешательства им производят после 2-3-часовой интенсивной противошоковой терапии с целью стабилизации жизненно важных функций;

— *раненых с непроникающими ранениями живота, с ушибами брюшной стенки или внутренних органов, а также пострадавших с проникающими ранениями живота, доставленных на этап через сутки или более после травмы* при общем удовлетворительном состоянии, направляют в госпитальные палаты. Все диагностические и лечебные мероприятия у них выполняют по мере необходимости в отсроченном порядке;

— *агонирующих раненых* направляют в госпитальные палаты для симптоматической консервативной терапии. В условиях ограниченного поступления раненых отношение к агонирующим такое же, как к пострадавшим первой или второй группы. Их направляют, в зависимости от показаний, в операционную или в противошоковые палаты для проведения всего комплекса необходимых лечебных мероприятий.

В общем виде алгоритм диагностики и хирургической тактики при повреждениях живота представлен на рис. 9.37 [Метелев Е. В., 2000].

Оперативное вмешательство при повреждении живота складывается из следующих этапов:\

— лапаротомия (как правило, срединная);
— осушение и ревизия брюшной полости;
— остановка кровотечения;
— ликвидация источника перитонита (ушивание, резекция поврежденного участка полого органа);
— мероприятия, завершающие операцию: окончательная ревизия и санация брюшной полости, ее рациональное дренирование, новокаиновая блокада корня брыжейки тонкой кишки, декомпрессия кишечника, хирургическая обработка ран брюшной стенки.

Детальное описание этих мероприятий представлено в соответствующих монографиях и руководствах.

Послеоперационное лечение повреждений живота направлено на ликвидацию механизмов патогенеза раневого (посттравматического) перитонита. Среди основных мероприятий послеоперационного лечения могут быть выделены декомпрессия желудочно-кишечного тракта, перитонеальный лаваж, различные варианты дренирования брюшной полости и забрюшинного пространства. Клинический опыт свидетельствует о том.

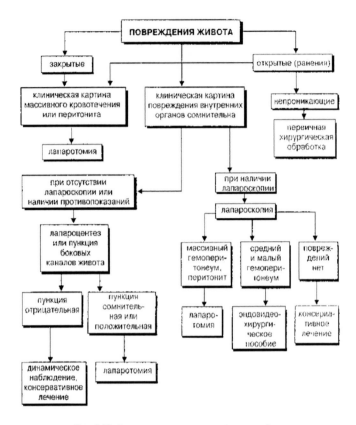

Рис. 9.37. Алгоритм диагностики и хирургической тактики
при повреждениях живота

что вопрос об их применении, а также об использовании в послеоперационном периоде других высокоэффективных методов интенсивном терапии, целесообразно решать с учетом стадийности патологического процесса в брюшной полости. Реактивная, токсическая и термическая стадии перитонита после травмы живота могут быть диагностированы на основании преимущественно клинических данных.

Реактивная стадия перитонита, чаще встречающаяся при изолированных повреждениях паренхиматозных органов, желудка, тонкой кишки, в ранние (до 12 ч) сроки с момента ранения при условии адекватною характеру повреждения оперативного пособия протекает относительно благоприятно. При проведении интенсивной послеоперационной терапии у этой категории раненых целесообразно придерживаться схемы, представленной в табл. 9.12.

Показания к применению ГБО при лечении пострадавших с реактивной стадией перитонита являются относительными.

Токсическая стадия перитонита обычно встречается при сочетанных повреждениях внутренних органов брюшной полости, часто при повреждениях толстой кишки, при поступлении раненых в поздние сроки е момента травмы. Ранения живота с токсической стадией перитонита характеризуются большей летальностью и более частыми осложнениями. Для их интенсивного послеоперационного лечения может быть рекомендована схема, представленная в табл. 9.13.

Таблица 9.12

Схема интенсивной терапии при реактивной стадии перитонита травматического происхождения

Мероприятия	Операция	Сутки послеоперационного периода						
		1	2	3	4	5	6	7
Операция	+							
Адекватная анестезия и аналгезия	+	+	+	+				
Перитонеальный лаваж	+	+	+	+				
Внутрибрыжеечное введение лекарственных средств	+	+	+	+				
Декомпрессия кишечника	+	+	+	+				
Эпидуральная блокада		+	+	±				
Профилактика пневмонии	+	+	+	+	+	+	+	
ГБО		±	±	±	±	±	±	
Рациональная антибиотикотерапия	+	+	+	+	+	+	+	
Инфузионная терапия	+	+	+	+	+	+		
Парентеральное питание		+	+	+	+	±		
Фармакологическая стимуляция кишечника			±	±				
Ингибиторы протеаз		+	+	+	±			
Гепарин		+	+	+				

Результаты клинико-лабораторных исследований свидетельствуют об отсутствии лечебного эффекта ГБО при терминальной стадии перитонита, что обусловлено преимущественно необратимым характером изменений в органах и тканях. В связи с этим наличие терминальной стадии перитонита следует считать противопоказанием к применению ГБО н схеме комплексного лечения огнестрельной и взрывной травмы живота.

Назначение ГБО при лечении разлитого перитонита огнестрельного происхождения преследует следующие цели:

— устранение или уменьшение выраженности гипоксии—создание условий для нормализации функций жизненно важных органов и систем организма;
— восстановление жизнеспособности травмированных тканей за пределами раневого канала огнестрельной раны;

Таблица 9.1.

Схема интенсивной терапии токсической стадии перитонита травматического происхождения

Мероприятия	Операция	Сутки послеоперационного периода											
		1 сутки			2 сутки		3	4	5	6	7	8	9	10
		6 ч	12 ч	24 ч	12 ч	24 ч								
Операция	+													
Адекватная анестезия и аналгезия	+	+	−	+	+	+	+	+	±					
Перитонеальный лаваж	+	+	+	+	+	+	+	±	±					
Внутрибрыжеечное введение лекарственных средств	+		−	+	−	+	+	+						
Декомпрессия кишечника	+	+	−	+	+	+	+	+	±					
Эпидуральная блокада				+			+	+	+	+	±			
Профилактика пневмонии	+	+	±	+	+	+	+	+	+					
ГБО				+	+	+	+	+	±	±				
Рациональная антибиотикотерапия	+	+	−	+	+	+	+	+						
Инфузионная терапия	+	+	−	+	+	+	+	+	±	±				
Парентеральное питание		+	−	+	+	+	+	+	+	±				
Фармакологическая стимуляция кишечника							+	+	±					
Ингибиторы протеаз				+		+	+	+	+	±				
Гепарин									±	+	±			
Внутриартериальные инфузии				+	+	+	+	+	+	±	±			
Анаболические гормоны														
УФО аутокрови			+				+		+		±			
Гемосорбция				±										
Лимфосорбция			±		±		±							
Лапаростомия (перевязки)							±	±	±	±	±	±		

— улучшение регенерации тканей в области кишечного шва;

— создание условий для нормализации моторно-эвакуаторной функции желудочно-кишечного тракта;

— восстановление и поддержание жизнеспособности кишечной стенки;

— повышение неспецифической иммунореактивности организма;

— бактериоскопическое и бактерицидное воздействие на возбудителей инфекции и повышение эффективности антибиотикотерапии.

Таким образом, в случаях повреждений груди и живота при взрывах имеются определенные особенности патогенеза, клинической картины и лечебной тактики, однако общие принципы их диагностики, лечебно—эвакуационного обеспечения и хирургического пособия практически не отличаются от общепринятых при травмах груди и живота.

1.5. Литература

Азолов В. В., Дмитриев Г. И., Пахомов С. П. и др. Особенности организации специализированной медицинской помощи при массовом поступлении обожженных в Российский ожоговый центр // Материалы 6 республ. науч.-практ. конф. по проблеме термических повреждений.—Горький, 1990.—С. 49-51.

Актуальные вопросы военно-полевой терапии // Медицинские последствия экстремальных воздействий на организм.—Вып. 3.—СПб., 2000.

Александров Ф. Системы дистанционного минирования // Воен.-техн. обозрение.-1985.—№ 5.—С. 24-27.

Американские противопехотные мины-ловушки // Зарубежн. воен. обозрение.-1974.—№ 8.—С. 108.

Балин В. Н., Прохватилов Г. И., Лукьяненко А.В., Захаров В. И. Боевые ранения и повреждения челюстно-лицевой области: Отчет по НИР / МО СССР. ЦВМУ. Воен.-мед. акад.—JL, 1991.—Т. 1.—Ч. 2.—С. 49-76.

Бейкер У, Кокс П., Уэстайн П. и др. Взрывные явления. Оценка и последствия: Пер. с англ.—М.: Мир, 1986.—Кн. 2.-382 с.

Бисенков Л. Н., Тынянкин Н. А., Саид Х. А. Диагностика и лечение ушибов легкого огнестрельного происхождения // Воен.-мед. журн.-1991.—№ 8.—С. 24-27.

Борисенко А. П. Поражение сердца при травматической болезни.—М., 1990.-189 с.

Борисов В. Г., Карташова В. С., Яковлев Г. Б. и др. Транспортировка обожженных воздушным транспортом на большие расстояния // Современные средства первой помощи и методы лечения ожоговой болезни.—М., 1986.—С. 12-13.

Болезни почек / Под ред. Г. Маждракова, Н. Попова.—София, 1980.-805 с.

Вагнер Е. А. Хирургия повреждений груди.—М., 1981.-288 с.

Велиев Е. И. Сравнительная оценка способов гемостаза при операциях и травмах почек: (Экспериментально-клиническое исследование): Авто—реф. дис . . . . канд. мед. наук.—СПБ., 1993.-20 с.

Взрывные поражения / Тр. Воен.-мед. акад.-1996.—Т. 236.-253 с.

Вихриев Б. С., Бурмистров В. М. Ожоги: Руководство для врачей.—JL: Медицина, 1986.-271 с.

Военная челюстно-лицевая хирургия.—JL: Изд-во Воен.-мед. акад., 1976.-300 с.

Военно-полевая хирургия / Под ред. Э. А. Нечаева.—СПб., 1994.

Волков В. В., Трояновский Р. Л., Монахов Б. В. Боевые повреждения органа зрения // Хирургическая помощь раненым по опыту войны в Республике Афганистан / Тр. Воен.-мед. акад.-1993.—Т. 232.—С. 156-165.

Волков Л. К. Исследование закономерностей декомпрессионного газообразования в живом организме методикой ультразвуковой локации: Автореф. дис . . . . канд. мед. наук.—Л., 1975.-18 с.

Воячек В. И. Контузионные поражения с расстройствами слуха и речи // Опыт советской медицины в Великой Отечественной войне 1941-1945 гг.—М.: Медгиз, 1951.—Т. 8.—С. 328-365.

Вязицкий П. О., Комаров В. И., Хабиби В. Поражения легких при огнестрельных ранениях и минно-взрывных травмах, предшествующие развитию пневмонии // Воен.-мед. журн.-1989.—№ 9.—С. 19-22.

Гембицкий Е. В., Клячкин Л. М., Кириллов М. М. Патология внутренних органов при травме: Руководство для врачей.—М., 1994.-254 с.

Герасимова Л. И., Жижин В. Н., Кижаев Е. В., Гутинцев А. Н. Термические и радиационные ожоги.—М.: Медицина, 1996.—С. 248.

Гврштернкврн Г. Я., Жижин В. Н. и др. Диагностика и лечение комбинированных поражений при взрывах рудничного газа и угольной пыли: Метод, рекомендации.—Донецк, 1985.-36 с.

Гирняк М. Я. Профилактика и лечение острых изъязвлений желудка при травме: Автореф. дис . . . . канд. мед. наук.—М., 1995.-21 с.

Глухарев А. Г., Петров С. Б. Тактика врача хирургического отделения военного госпиталя по отношению к больному с повреждением мочеиспускательного канала // Особенности современной боевой травмы органов мочеполовой системы: Матер, конф.—СПб., 1999.—С. 23-24.

Горячев И. А. Повреждения и заболевания мочеполовых органов // Неотложная хирургия: Руководство для воен.-мор. хирургов.—СПб., —С. 198-218.

Григорьев П. Я. Диагностика и лечение язвенной болезни желудка и двенадцатиперстной кишки.—М., 1986.-224 с.

Грицанов А. И., Мусса М. И. и др. Взрывная травма.—Кабул, 1987.

Громов А. В., Суров О. Я., Владимиров С. В. и др. Вооружение и техника: Справочник.—М.: Воениздат, 1984.-367 с.

Гуманенко Е. К. Актуальные проблемы сочетанных травм (клинические и патогенетические аспекты) // Клинич. медицина и патофизиология.-1995.—№ 1.—С. 9-21.

Гуманенко Е. К. Боевая хирургическая травма: Учебное пособие.—СПб., 1997.-72 с.

Гуманенко Е. К. Современные взгляды на боевую хирургическую травму // Клинич. медицина и патофизиология.-1997.—№ 1.—С. 24-36.

Гундорова Р. А., Бордюгова Г. Г., Дризе Л. А. Современные принципы лечения тяжелых ожогов глаз // Современные средства первой помощи и методы лечения ожоговой болезни.—М., 1986.—С. 326-328.

Дедушкин В. С., Артемьев А. А., Шаповалов В. М., Белоусов А. Е. Особенности техники ампутации при минно-взрывных ранениях голени // Вестн. хирургии.-1990.—№ 7.—С. 156-157.

Дедушкин В. С., Косачев И. Д., Ткаченко С. С., Шаповалов В. М. Оказание медицинской помощи и объем лечения пострадавших с взрывными повреждениями // Воен.-мед. журн.-1992.—Т. 313, № 1.—С. 11-14.

Дедушкин В. С., Фаршатов М. П., Шаповалов В. М. Взрывные повреждения конечностей // Взрывные повреждения.—СПб., 1994.—С. 145-179.

Дубровских А. В. Особенности открытых ранений мочевого пузыря в ходе современных боевых действий // Особенности современной боевой травмы органов мочеполовой системы: Матер, конф.—СПб., 1999.—С. 24-28.

Дыскин Е. А., Озерецковский Л. Б., Попов В. Л., Тюрин М. В. Ранения современным стрелковым оружием и международное гуманитарное право // Воен.-мед. журн.-1992.—№ 1.—С. 4-9.

Ершов А. Л. Диагностика и лечение «вентилятор»-ассоциированных пневмоний // Вестн. хирургии.-2000.—№ 2.—С. 111-115.

Ерюхин И. А., Цибуляк Г. Н. Травматический шок. Травматическая болезнь // Военно-полевая хирургия.—М.: ГЭОТАР, 1996.—■ С. 99-112.

Жевнерчук Л. Н., Фаршатов М. Н., Куренной Н. В. Эффективность стандартизованных защитно-лечебных комплексов при оказании помощи пострадавшим с комбинированными ожогами // Материалы 6 республ. науч.-практ. конф. по проблеме термических повреждений.—Горький, 1990.—С. 65-66.

Жуков Н. Противотанковые и противопехотные мины // Зарубежн. воен. обозрение.-1980.—№ 11.—С. 32-39.

Жуков Н. Новые противотанковые мины // Зарубежн. воен. обозрение.-1981.—№ 11.—С. 39-41.

Жуков Н. Новые противотанковые и противопехотные мины // Зарубежн. воен. обозрение.-1983.—№ 7.—С. 41-46.

Жуков Н. Новые наземные мины ЮАР // Зарубежн. воен. обозрение. —№ 2.—С. 45-47.

Жуков П. Противотанковые мины // Зарубежн. воен. обозрение. —№ 11—С. 20-28.

Жуков Н. Американский удлиненный заряд разминирования // Зарубежн. воен. обозрение.-1987.—№ 1.—С. 91-92.

Жуков Н. Западногерманская противотанковая система минирования // Зарубежн. воен. обозрение.-1987.—№ 8.—С. 29-31.

Закурдаев В. В., Барановский А. /О., Шелухин В. А., Ляшенко Ю. И. Особенности терапевтической патологии в условиях жаркого климата и горно-пустынной местности: Учебное пособие.—СПб., 1987.

Засосов Р. А. О воздействии детонаций, сверхмощных звуков, ультразвуков и вибраций на ушной аппарат и организм: Пособие для врачей и студентов.—Л.: Изд-во Воен.-мор. мед. акад., 1945.-59 с.

Зильбер А. П. Интенсивная терапия и реанимация при неотложных состояниях в пульмонологии // Болезни органов дыхания.—М., 1990.—Т. 3.—С. 290-366.

Ивашкин В. Т. Изменения внутренних органов у раненых // Война и хирургия.-1993.—Т. 3.—С. 283-287.

Кейер А. Н., Рожков А. В. Особенности реабилитации после ампутации конечностей вследствие тяжелых огнестрельных ранений // Актуальные вопросы реабилитации военнослужащих, получивших боевые травмы и ранения.—СПб.: Теза, 1996.—С. 107-109.

Кейер А. Н., Рожков А. В., Щербина К. К. и др. Ретроспективный анализ материалов историй болезни раненых после ампутации нижних конечностей вследствие огнестрельных повреждений в аспекте медицинской реабилитации // Актуальные вопросы реабилитации военнослужащих, получивших боевые травмы и ранения.—СПб.: Теза, 1996.—С. 107-109.

Кирик О. В., Боровий Е. М., Важовский Р. М. Организация оказания медицинской помощи обожженным в сочетании с механической травмой в Ровенской области // Современные средства первой помощи и методы лечения ожоговой болезни.—М., 1986.—С. 15-17.

Климов А. Г., Шпаков И. Ф. Диагностика и лечение термохимического поражения дыхательных путей у тяжелообожженных // Анестезиология и реаниматология.-1999.—№ 2.—С. 12-15.

Ковтун В. В. Множественные переломы и сочетанные повреждения у военнослужащих (Организация лечения, реабилитация и экспертиза): Автореф. дис . . . . д-ра мед. наук.—М., 1997.-35 с.

Козлов И. З., Горшков С. З., Волков В. С. Повреждения живота.—М., 1988.-224 с.

Колесников Ю. Боеприпасы объемного взрыва // Зарубежн. воен. обозрение.-1980.—№ 8—С. 23-26.

Комаров В. И. Клиническая оценка предвестников пневмоний у раненых: Автореф. дис . . . . д-ра мед. наук.—М., 1989.-42 с.

Косачев И. Д., Алисов П. Г. Взрывные повреждения органов брюшной полости / Тр. Воен.-мед. акад.—СПб., 1994.—Т. 236.—С. 120-128.

Костюченко А. Д., Гуревич К. Я., Лыткин М. И. Интенсивная терапия послеоперационных осложнений.—СПб., 2000.-575 с.

Кузьмин И. Л. Роль боевых травм и их осложнений в развитии хронического пиелонефрита у раненых: Автореф. дис . . . . канд. мед. наук.—Казань., 1974.-17 с.

Курыгин А. А., Скрябин О. И., Осипов И. С. и др. Диагностика, профилактика и лечение острых гастродуоденальных язв у хирургических больных.—СПб., 1992.-95 с.

Лайт Р. У. Болезни плевры.—М., 1986.-375 с.

Лащенов Г. В. Минно-взрывная травма в условиях вооруженного конфликта (особенности клиники, диагностики, организации лечения): Дис . . . . канд. мед. наук.—Ростов-на-Дону, 1999.

Левшанков А. И., Нефедов В. Н., Богомолов Б. Н., Никитаев В. Е. Анестезиологическое обеспечение неотложных операций у пострадавших с минно-взрывными повреждениями // Взрывные поражения / Тр. Воен.—мед. акад.—СПб., 1994.—Т. 235.—С. 129-140.

Липин А. Н. Анатомо-физиологическое и морфо-функциональное обоснование сберегательных методов ампутации голени при минно-взрывных ранениях. Дис . . . . канд. мед. наук., СПб., 1997.-202 с.

Липин А. Н. Экспериментальное обоснование сберегательных методов ампутации голени при минно-взрывных ранениях // Современная огнестрельная травма / Материалы всероссийской конференции.—СПб., 1998.—С. 38-39.

Липин А. Н., Найденов А. А. Некоторые особенности механогенеза минно-взрывных ранений нижних конечностей в эксперименте // Современная огнестрельная травма / Материалы всероссийской конференции.—СПб., 1998.—С. 39.

Лыткин М. И., Зубарев П. Н. Огнестрельная травма // Вестн. хирургии.-1995.—№ 1.—С. 67-71.

Малахов С. Ф., Баткин А. А., Розин Л. Б. и др. К вопросу об упрощенной классификации и унификации инфузионной терапии ожогового шока // Современные средства первой помощи и методы лечения ожоговой болезни.—М., 1986.—С. 40-41.

Малахов С. Ф., Парамонов Б. А., Порембский Я. О. Катастрофа на Южном Урале, особенности оказания помощи большому числу тяжело—обожженных // Материалы 6 республ. науч.-практ. конф. по проблеме

термических повреждений.—Горький, 1990.—С. 87-88.

Метелев Е. В. Рациональное использование инструментальных методов в алгоритме диагностики и дифференцированной хирургической тактики при повреждениях живота: Дис . . . . канд. мед. наук.—СПб., 2000.-194 с.

Методические рекомендации по офтальмологической помощи в частях и лечебных учреждениях объединения / Подгот.: И. Д. Косачев, Б. В. Монахов.—Л., 1984.-12 с.

Миннуллин И. П. Комплексное лечение огнестрельных ранений с применением гипербарической оксигенации (клинико-экспериментальное исследование). Дис . . . . докт. мед. наук. Л., 1991.-360 с.

Миннуллин И. П., Грицанов А. И., Лихачев Л. В. Комплексный кли—нико-рентгено-морфологический подход к определению хирургической тактики при минно-взрывных ранениях // Воен.-мед. журн.-1989.—№ 1.—С. 30-32.

Миннуллин И. П., Суровикин Д. М. Лечение огнестрельных и взрывных ранений.—СПб., 2001.-208 с.

Мины-ловушки специального назначения // Воен. зарубежник.-1971.—№ 7.—С. 88.

Мишин Н. Противотанковые средства сухопутных войск ФРГ // Зарубежн. воен. обозрение.-1981.—№ 1—С. 43.

Молчанов Н. С., Ставская В. В. Клиника и лечение острых пневмоний.—Л., 1971.-295 с.

Монастырская Б. П., Бляхман С. Д. Воздушная эмболия в судебно—медицинской и прозекторской практике.—Душанбе, 1963.-133 с.

Монахов Б. В. Офтальмологическая помощь при современных огнестрельных ранениях органа зрения в условиях локальных боевых действий: Дис . . . . канд. мед. наук.—Л., 1987.-241 с.

Монахов Б. В., Трояновский Р. Л. Минно-взрывные ранения (поражения) глаз // Актуальные вопросы борьбы со слепотой и слабовидением в республике.—Алма-Ата, 1990.—С. 64-68.

Мышкин К. П., Рзянин А. И. Диагностика ушиба сердца // Вестн. хирургии.-1987.—№ 1.—С. 90-94.

Муртазин 3. Я. Организация и тактика хирургической помощи при катастрофах: Автореф. дис . . . . канд. мед. наук.—М., 1995.-24 с.

Найденов А. А., Липин А. И. Некоторые особенности механогенеза повреждений легких при экспериментальном моделировании минновзрывной травмы // Современная огнестрельная травма/Материалы всероссийской конференции.—СПб., 1998.—С.43-44.

Напалков П. Н. Гнилостная инфекция огнестрельных ран // Опыт советской медицины в Великой Отечественной войне 1941-1945 гг.—М.: Медгиз, 1951.—Т. 2.—С. 22.

Некоторые факторы, оказывающие влияние на характер и исходы ранений в современных условиях // Зарубежн. воен. медицина.-1984.—№ 3.—С. 11-12.

Неотложная хирургия груди/Под ред. J1. Н. Бисенкова.—СПб.: Logos, 1995.

Нечаев Э.А., Грицанов А.И., Фомин Н.Ф., Миннуллин И.П. Минновзрывная травма.—СПб.: Альд, 1994.-488 с.

Нечаев Э. А., Фаршатов М. Н. Военная медицина и катастрофы

мирного времени.—М.: Квартет, 1994.-320 с.

Нижаловский А., Бовда А. Минная война.—Красная Звезда.-1988.-5 октября.

Новицкий А. А. Синдром хронического эколого-профессионального перенапряжения и проблемы сохранения здоровья личного состава в процессе военно-профессиональной деятельности / Тр. Воен.-мед. акад.—СПб., 1994.—Т. 235.—С. 8-17.

Новицкий А. А. и др. Пневмонии у раненых в условиях жаркого климата и горно-пустынной местности / Тр. Воен.-мед. акад.—Т. 235.—СПб., 1994.—С. 27-37.

Новые взрывчатые вещества многоцелевого назначения // Воен. зарубежник.-1969.—№ 11.—С. 83-84.

Общая патология боевой травмы: Руководство для врачей и слушателей ВМедА.—СПб., 1994.-160 с.

Опилат В. Взрывчатые вещества инженерных боеприпасов // Зарубежн. воен. обозрение.-1980.—№ 8—С. 40-42.

Опыт советской медицины в Великой Отечественной войне 1941-1945 гг.—М.: Медгиз, 1951.—Т. 6.-400 с.

Павловский П. Влияние спленэктомии на иммунологическую реактивность // Хирургия.-1986.—№ 6.—С. 136-141.

Парашин В. Б. Критерии повреждения организма человека при ударных воздействиях // Конверсия в машиностроении.-1993.—№ 1.—С. 31-39.

Перов С. Американская авиационная система минирования «Гатор» // Зарубежн. воен. обозрение.-1986.—№ 8—С. 44.

Петров С. Б. Особенности современной боевой травмы мочеполовой системы // Особенности современной боевой травмы органов мочеполовой системы: Матер, конф.—СПб., 1999.—С. 5-12.

Пирогов Н. И. Начала общей военно-полевой хирургии.—М.: Медицина, 1961.-640 с.

Полушин Ю. С. Травматический шок и кровопотеря // Анестезиология и реаниматология.—СПб.: Изд-во ВМедА, 1995.—С. 304-312.

Полушин Ю. С. Принципы оказания реаниматологической и анестезиологической помощи при огнестрельной травме // Анестезиология и реаниматология.-1998.—№ 2.—С. 4-8.

Полушин Ю. С., Богомолов Б. Н., Пантелеев А. В. Реаниматологическая помощь при минно-взрывной травме // Анестезиология и реаниматология.-1998.—№ 2.—С. 11-16.

Полушин Ю. С., Гаврилин С. В., Максимец А. В. Опыт применения ИВЛ с обратным соотношением фаз дыхательного цикла при остром повреждении легких у пострадавших с тяжелыми ранениями и механическими повреждениями // Вестн. хирургии.-1998.—№ 5.—С. 116-121.

Попович А. М. Патогенетическое обоснование клинического применения экстракорпоральной гемокоррекции в лечении минно-взрывных повреждений и сочетанной механической травмы мирного времени: Дис . . . . канд. мед. наук.—СПб, 1995.

Преображенский Н. А., Сагалович Б. М. Тугоухость // Большая медицинская энциклопедия.—М.: Советская энциклопедия, 1985.—Т. 25.—С. 447-449.

Прохватилов Г. И. Современные методы пластики в военной челюстно-лицевой хирургии: Дис . . . . д-ра мед. наук.—СПб., 1994.-555 с.

Прохватилов Г. И., Гук А. С. Ранения челюстно-лицевой области: Отчет по НИР / МО РФ. ГВМУ. Воен.-мед. акад.—СПб., 1995.—Т. 1.—Ч. 2.—С. 113-151.

Прохватилов Г. И. Организация специализированной хирургической помощи челюстно-лицевым раненым в локальных военных конфликтах: Учеб. пособие.—СПб., 1996.-24 с.

Прохватилов Г. П., Позняк В. И. Реабилитация при ранениях, травмах и заболеваниях челюстно-лицевой области // Медицинская реабилитация раненых и больных.—СПб.: Специальная литература, 1997.—С. 785-808.

Рудаков Б. Я. Поражающее действие огнестрельных ранящих снарядов // Диагностика и лечение ранений.—М.: Медицина, 1984.—С. 21-28.

Руководство по оториноларингологии / Под ред. И. Б. Солдатова.—М.: Медицина, 1997.-608 с.

Руководство по урологии / Под ред. Н. А. Лопаткина.—М.: Медицина, 1998.—Т. 3.-671 с.

Рухляда П. В., Миннуллин И. П., Фомин Н. Ф. и др. Взрывные поражения на флоте.—СПб., 2001.-312 с.

Сидорин В. С. Патоморфология иммунной системы при травматической болезни у раненых: Дис . . . . д-ра мед. наук.—СПб., 1994.

Современная огнестрельная травма: Материалы Всерос. Науч. конф.—СПб., 1998.

Сочетанные ранения и травмы: Материалы Всерос. Науч. конф.—СПб., 1996.

Специализированная медицинская помощь при боевой патологии: Тез. докл. науч.-практ. конф.—М., 1991.

Стороженко А. А. Висцеральная патология при взрывных поражениях в ранний период после травмы / Тр. Воен.-мед. акад.—Т. 235.—СПб., 1994.—С. 18-27.

Тактико-технические характеристики наземных мин и средств механизации минирования армий стран НАТО: По материалам иностранной печати специального назначения // Воен. зарубежник.-1972.—№ 12.—С. 87-88.

Танюрин С. Минно-взрывные средства армий капиталистических государств специального назначения // Воен. зарубежник.-1968.—№ 12.—С. 80-88.

Темкин Я. С. Профессиональные болезни и травмы уха.—М.: Медицина, 1968.-376 с.

Теория и практика анестезии и интенсивной терапии при тяжелых ранениях и травмах.—СПб., 1993.-78 с.

Толстой А. Д. Повреждения поджелудочной железы // Вестн. хирургии.-1983.—№ 8.—С. 124-128.

Травмы челюстно-лицевой области / Под ред. Н. М. Александрова, П. З. Аржанцева.—М.: Медицина, 1986.-448 с.

Трояновский Р. Л. Микрохирургическая обработка прободных ран и тяжелых контузий глаза: Метод. П. / МО СССР. Центр, воен.-мед. упр.—М., 1985.-18 с.

Трояновский Р. Л. Витрэктомия в лечении огнестрельных ранений // Медицинская и социальная реабилитация больных при повреждениях органа зрения.—Краснодар, 1988.—С. 125-127.

Трояновский Р. Л., Монахов Б. В. Лечение огнестрельных ранений глаз // Повреждения органа зрения.—Л., 1989.—С. 147-154.

Трояновский Р. Л. Витреоретинальная микрохирургия при повреждениях и тяжелых заболеваниях глаз: Дис . . . . д-ра мед. наук.—СПб., 1994.-271 с.

Труэтта Х. Теория и практика военной хирургии.—М.: Медгиз, 1947.-348 с.

Тюрин М. В. Повреждения воздушной ударной волной и разработка специальных средств защиты и безопасности: Автореф. дис . . . . канд. мед. наук.—СПб., 2000.

Указания по военно-полевой хирургии / Под ред. К. М. Лисицына.—М.: Воениздат, 1988.-218 с.

Указания по военно-полевой хирургии.—М., 2000.-415 с.

Ундриц В. Ф., Дренова К. А., Пигулевский Д. А. Огнестрельные ранения лица, ЛОР-органов и шеи // Атлас огнестрельных ранений.—Л., 1949.—Т. 2.—С. 342-384.

Федоров В. Д., Сологуб В. К., Яковлев Г. Б. и др. Организация помощи обожженным при катастрофах // Воен.-мед. журн.-1990.—№ 4.—С. 38-41.

Фомин Н. Ф. Сосудистые реакции и регионарное кровообращение при минно-взрывных травмах голени (экспериментальное исследование) // Избранные вопросы хирургии и военно-полевой хирургии.—Саратов: изд-во Сарат. ун-та, 1995.—С. 202-203.

Фомин Н. Ф. Коллатеральное кровообращение и регенераторные возможности раны при травме сосудов и мягких тканей бедра: Дис .... д-ра мед. наук.—СПб., 1996.-287 с.

Фомич Н. Противотанковые средства сухопутных войск капиталистических стран // Зарубежн. воен. обозрение.-1987.—№ 5—С. 24-33.

Фукс Т., Хартунг Г. Сокращение сроков установки мин специального назначения // Воен. зарубежник.-1969.—№ 10.—С. 56-63.

Хабиби В., Вязицкий П. О., Стороженко А. А. и др. Клинико-морфологические изменения внутренних органов при минно-взрывной травме // Воен.-мед. журн.-1988.—№ 11.—С. 17-19.

Хабиби В., Вязицкий П. О., Комаров В. И. и др. Функциональные и морфологические изменения внутренних органов при минно-взрывной травме // Война и хирургия.—СПб., 1993.—С. 99-101.

Хилое К. Л. Функция органа равновесия и болезнь передвижения.—Л.: Медицина, 1969.-279 с.

Хирургия минно-взрывных ранений / Под ред. Л. Н. Бисенкова.—СПб.: Акрополь, 1993.-320 с.

Чернов С. Авиационные системы минирования // Зарубежн. воен.

обозрение.-1982.—№ 1—С. 59-64.

Черныш А. В. Особенности минно-взрывной травмы при подрывах на мелководье: (Экспериментальное исследование): Дис .... канд. мед. наук.—СПб., 1995.-126 с.

Шанин В. Ю., Шанин Ю. Н., Захаров В. И., Анденко С. А. Теория и практика анестезии и интенсивной терапии при тяжелых ранениях и травмах.—СПб.: Изд-во ВМедА, 1993.-78 с.

Шанин В. Ю., Гуманенко Е. К. Клиническая патофизиология тяжелых

раненний и травм.—СПб., 1995.-135 с.

Шанин Ю. Н. Раневая болезнь.—Л., 1989.-32 с.

Шаплыгин Л. В. Ранения и травмы почек: (Клиника, диагностика и лечение): Дис . . . . д-ра мед. наук.—М., 1999.-232 с.

Шаповалов В. М. Взрывные повреждения конечностей и их профилактика. Обоснование и внедрение индивидуальных средств защиты ног военнослужащих (клинико-экспериментальное исследование): Дис . . . . д-ра мед. наук.—Л., 1989.-316 с.

Шевцов И. П. Повреждения органов мочеполовой системы.—Л.: Медицина, 1972.-228 с.

Шелухин В. А., Шулутко Б. И., Андрианов В. П., Бойцов С. А. Диагностика и лечение заболеваний почек в медицинских учреждениях МО РФ: Метод, рекомендации.—М., 1997.-47 с.

Шеянов С. Д. Дифференцированная тактика при повреждениях ободочной кишки с использованием презиционной хирургической техники: Автореф. дис . . . . д-ра мед. наук.—СПб., 1996.-38 с.

Шпаков И. Ф. Эндоскопическая диагностика и лечение ингаляционных поражений у обожженных: Автореф. дис . . . . канд. мед. наук.—СПб.,-21 с.

Шпаков И. Ф., Веневитинов И. О., Иншаков Л. Н. и др. Бронхоскопические методы в комплексной диагностике и лечении обожженных с ингаляционными поражениями // Вестн. Хирургии.-1999.—Т. 158, № 3.—С. 34-37.

Шпиленя Е. С. Современная боевая травма органов мочеполовой системы: Дис . . . . д-ра мед. наук.—СПб., 2000.-400 с.

Шуленин С. Н. Неязвенные заболевания желудка и двенадцатиперстной кишки у военнослужащих в условиях локальных вооруженных конфликтов: Автореф. дис . . . . д-ра мед. наук.—СПб., 1997.-42 с.

Шулутко Б. И. Болезни печени и почек.—СПб., 1995.-480 с.

Щукарев К. А. Вопросы патогенеза, клиники и терапии пневмоний, осложняющих операции и боевую травму.—Л., 1953.-203 с.

Эффективность защиты от действия ударной волны // Зарубежн. воен. медицина.-1986.—№ 1.—С. 38-40.

Adler J. Underwater blast injury // Rev. Intern. Serv. Santé Armées.-1982.—Т. 55, № 6.—Р. 568-569.

Agnoli F. L., Deutchman M. E, Trauma in pregnancy // J. Fain. Prac.—Vol. 37.—P. 588-592.

Aulong J. Considerations sur les amputations en chirurgie de querre: En—seigments tirés de la campagne du Tonkin, 1953-1954 // Rev. Corps. Santé Milit.-1955.—Vol. 11, № 3.—P. 337-364.

Awwad J. T., Azar G. B., Ariette A. T. 'et al. Postmortem cesarean section following maternal blast injury. Case report // J. Trauma.-1994.—Vol. 36, № 4.—P. 260-261.

Bellamy R. F., Zajtchuk R. The evolution of wound ballistics: A brief history // Textbook of Military Medicine.—Part I.—Washington, 1991.—Vol. 5.—P. 83-106.

Ben-Hur N. Brulures de guerre au cours de la guerre israelo-arabe de 1973 // Med. Armées.-1975.—T. 38, № 139.—P. 375-377.

Besson A., Saegesser F. Atlas of chest trauma and associated injuries.—London.-1983.—Vol. 2.

Boucheron. Le pied de mine // Rev. Corps. Santé Milit.-1955.—Vol. 11, № 1.—P. 3-18.

Brismar B., Bergenwald L. The terrorist bomb explosion in Bologna, Italy, 1980: An analysis of the effects and injuries sustained // J. Trauma.-1982.—Vol. 22, № 3.—P. 216-220.

Bronda F. Lesioni da urto esplosivo // Minerva chir.-1949.—Vol. 21, № 6.—P. 585-588.

Cameron G. R., Short R. H. D., Wackley C. P. G. Abdominal injuries due to underwater explosions // Brit. J. Surg.-1943.—Vol. 31, № 1.—H. 1-66.

Cheng D. L. Conservative treatment of renal trauma // J. Trauma.—Vol. 36, № 4.—P. 491-494.

Clemedson C. J. An experimental study of air blast injuries // Acta Physiol. Seand.-1949.—Suppl. 18.-61 p.

Clemedson C. J., Hultman H. Air embolism and the cause of death in blast injury // Milit. Surg.-1954.—Vol. 114, № 6.—P. 424-437.

Coakley A. Can the administration of antibiotics be useful for immediate treatment of combat casualties? An exchange of views among five countries. The British contribution // Med. Corps Intern.-1986. —Vol. 51, № 2.—P. 68-70.

Coppel D. L. Blast injuries of the lunge // Brit. J. Surg.-1976.—Vol. 63, № 7.—P. 735-737.

Coppola P. T., Coppola M. Emergency department evaluation and treatment of pelvic fractures // Emerg. Med. Clin, of North Amer.-2000.—Vol. 18, № 1.—P. 231-235.

Cornand L., Landes J., Quegniner P. Blast oculaire par jet dair comprime *j I* Bull. Soc. Ophtalmol. Fr.-1976.—T. 76, № 1.—P. 103-105.

Coupland R. M. Amputation for antipersonnel mine of the leg: preservation of the tibial stump using a medial gasnrochemius myoplasty // Ann. Reconstr. Coll. Surg. Engl.-1989.—Vol. 71.—P. 405-408.

Coupland R. M. Amputation for war wounds.—Geneva: 1CRC, 1992.-127 p.

Coupland R. M. War wounds of limbs.—Oxford: Butterworth-Heinemann. 1993.-101 p.

Cutler B. S., Daggett W. M. Application of the h-suit to the control of hemorrage in massive trauma // Ann. Surg.-1973.—Vol. 177, № 3.—P. 511-516.

Dahlgren B., Almskog B., Berlin R. Local effects of antibacterial therapy (benzyl-penicillin) of missile wound infection rate and tissue devitalization when debridement is delayed for twelve hours // Proceedings of the 4-th Symposium on Wound Ballistics.—Stockholm, 1982.—P. 271-279.

Dubley H. A. F., Knight R. J., McNeur J. C., Rosengarten P. S. Civilian battle casualties in South Vietnam // Brit. J. Surg.-1968.—Vol. 55, № 5.—P. 332-340.

Emergency war surgery NATO handbook.—Washington, DC, 1999.-378 p.

Field surgery pocket book.—London: Ministry of Defense, 1981.-316 p.

Freund U., Kopolovic J., Durat A. L. Compressed air emboli of the aorta and renal artery in blast injury // Injury.-1980.—Vol. 12, № 1.—P. 37-38.

Graham I., Cooper Ph. P., Robert L. et al. Casualties from terrorist bombing // J. Trauma.-1983.—Vol. 23, № 11.—P. 955-967.

Hardaway R. M. Vietnam wound analysis // J. Trauma.-1978.—Vol. 18, № 9.—P. 635-643.

Harmon J. N., Haluszka M. Care of blast injured casualties with gastrointestinal injuries // Milit. Med.-1983.—Vol. 148, № 7.—P. 586-588.

Harrison S. D., Nghuem H. V, Shy K. Uterine rupture with fetal death following blunt trauma // Amer. J. Radiol.-1995.—Vol. 165, № 6.—P. 1452.

Heidarpour A., Dabbagh A., Khatami M. S., Rohollani G. Therapeutic urogenital modalities during the last three years of the Iran and Iraq war (1985-1987) // Milit. Med.-1999.—Vol. 164, № 2.—P. 163-165.

Henderson S. O., Mallon W. K. Trauma in pregnancy // Emerg. Med. Clin, of North Amer.-1998.—Vol. 16, № 1.—P. 209-216.

Hill D. A., Lense J. J. Abdominal trauma in the pregnant patient // Amer. J. Fam. Physician.-1996.—Vol. 53.—P. 1269-1274.

Hillman J. S. Treatment of eye injuries from bomb explosions (Letter) // Brit. Med. J.-1975.—Vol. 11, № 5966.—P. 335.

Hooker D. K. Physiological effects of air concussion // Amer. J. Physiol.-1943.—Vol. 67, № 5.—P. 219-274.

Jacob E., Setterstorm J. A. Infection in war wounds: experience in recent military conflicts and future considerations // Milit. Med.-1989.—Vol. 154, № 6.—P. 311-315.

Johnson D. E., Crum J. N., Zumjak S. Medical consequences of the various weapons system used in combat in Thailand // Milit. Med.-1981.—Vol. 146, № 8.—P. 282-283.

Krause A., Freeman R., Sisson P. R., Murphy 0. M. Infection with Bacillus cereus after clouse-range gunshot injuries // J. Trauma.-1996.—Vol. 41, № 3.—P. 546-548.

Krohn P. L., Nhitteridge D., Zuckermann S. Physiological effects of blast // Lancet.-1942.—Vol. 1, № 2.—P. 252-258.

Kroll W., List W. F. Analgesia and anesthesia in emergency and disaster medicine // Wehrmed. Wehrpharm.-1994.—№ 1.—S. 8-12.

Lavery J. P., Staten-MeCormic M. Management of moderate to severe trauma in pregnancy // Obstet. Gynecol. Clin. North Amer.-1995.—Vol. 22.—P. 69-90.

Lindberg E. F., Grinnan G. L., Smith L. Acalculous cholecystitis in Vietnam casualties // Ann. Surg.-1970.—Vol. 171, № 1.—P. 152-157.

Marerovic K. J., Derezic D., Kehen J., Kastelan Z. Urogenital war injureis // Milit. Med.-1997.—Vol. 162, № 5.—P. 348-349.

Mathew W. E. Notes of the effects produced by a submarine mine explosion // J. Roy. Nav. Med. Serv.-1917.—Vol. 3, № 1.—P. 108-109.

McMurty R. Y., McLellen V. A. Management of blunt trauma. —Baltimore: Williams and Wilkins, 1989.-496 p.

Michelis J. Druckeinwirkungen auf den menschlichen Rmper bei Explosionen und ihre Auswirkungen // Beitr. Gerichtlich. Med.-1981.—Bd. 39.—S. 327-333.

Nechaev E. A., Gritsanov A. l., Fomin N. F., Minnullin I. P. Mine-blast trauma. Experience from the war of Afganistan. Stockholm, 1995.

Niemi T. A., Norton L. W. Vaginal injuries in patients with pelvic fractures // J. Trauma.-1985.—Vol. 25, № 3.—P. 547-551.

Nosny P. Neuf observations d'homogreffe de calcaneum pour fracture comminntive fermee par explosion // J. Chir.-1954.—T. 70, № 8-9.—P. 572-589.

Owen-Smith M. S. Explosive blast injury // Rev. Intern. Serv. Santé Armées.-1979.—T. 52, № 6.—P. 515-520.

Owen-Smith M. S. High velocity missile wound.—London, 1981.-182 p.

Phillips Y. Y., Richmond D. Primary blast injury and research: a brief history / Ed. R. Bellamy, I. T. Zajtchuk // Textbook of military medicine.—Waschington etc., 1991.—Vol. 5, pt. 1.—P. 221-240.

Phillips Y. Y., Zajtchuk I. T. The management of primary blast injury // Textbook of Military Medicine.—Part I.—Washington, 1991.—Vol. 5.—P. 295-348.

Querre M. A., Bouchât J., Comand G. Ocular blast injuries // Amer. J. Ophthalmol.-1969.—Vol. 67, № 1.—P. 64-69.

Rich N. M. Vietnam missile wounds evaluated in 750 patients *11* Milit. Med.-1968.—Vol. 133, № 1.—P. 9-22.

Rowlins J. S. Physical and pathophysiologocal effects of blast // Injury.-1978.—Vol. 9, № 4.—P. 313-320.

Salvatierra O., Wilson O. R., Norris M., Brady T. Vietnam experience with 252 urological war injuries *j I* J. Urol.-1969.—Vol. 101, № 4. —P. 615-620.

Schubert W. Uber einen makroskopischen Nachweis von Luftembolien im Organgewebe durch Fixierung im Unterdruckraum in Formalin im Anschluss an die Section // Virchows Arch. Pathol. Anat.-1952.—Bd. 322.—S. 494-502.

Sharpnack D., Johnson A., Phillips Y. The pathology of primary blast injury // Textbook of Military Medicine.—Part I.—Washington, 1991.—Vol. 5.—P. 273-292.

Shaw R. C. Post-traumatic acute acalculous cholecystitis in young males // Milit. Med.-1970.—Vol. 135.—P. 210-214.

Shibata K., Yamamoto Y., Kobayashi T. et al. Beneficial effect of upper thoracic epidural anesthesia in experimental hemorrhagic shock in dogs // Anesthesiology.-1991.—Vol. 74, № 2.—P. 303-309.

Shoulder P. J. The management of missile injuries // J.Roy. Nav. Med. Serv.-1983.—Vol. 69, № 2.—P. 80-84.

Spaccapeli D., Allegra M., Barneschi J. et al. inclagine statistica sulle lesioni consequenti ad attentati terroristici con larmi esposivi // Rass. Intern. Clin. Ter.-1983.—Vol. 63, № 16.—P. 1061-1070.

Spaccapeli D., Allegra M., Barneschi J. et al. Le lesioni da onda durto esplesiva localizzates: il piele da mina // Giorn. Med. Milit.-1985. —An. 135, № 1-2.—P. 27-37.

Stapzunski J. S. Blast injuries // Ann. Emerg. Med.-1982.—Vol. 11, № 12.—P. 687-694.

Stene J. L., Grande C. M. Trauma anesthesia.—Baltimore: Williams and Wilkins, 1991.-1428 p.

Steward R. D. Analgesia in the field // Med. Corps Intern.-1990. —Vol. 57, № 3.—P. 7-8.

Sunshine J. Injuries of the extremities in 369 US Army and Marine Corps casualties in Vietnam.—Maryland 21010: Edgewood Arsenal, 1970.-27 p.

Swartz D., Harwood-Nuss A. Urogenital trauma // In Howell JM. Emergency Medicine.—WB Saunders, 1998.—P. 1063.

Traverso L. W., Johnson D. E., Fleming A. et al. Combat casualties in Northern Thailand: Emphasis on land mine injuries and levels of amputation // Milit. Med.-1981.—Vol. 146, № 8.—P. 682-685.

Tucak A., Lukacevic T., Kuvezdic H. et al. Urogenital wounds during the war in Croatia in 1991-1992 // J. Urol.-1995.—Vol. 153, № 1.—P. 121-122.

Ugolini A. Leserto balistico. La pratica.—Firenze: Olimpia, 1980.—P. 43-48.

Whelan T. I. Surgical lessons learned and relearned in Vietnam // Surg. Ann.-1975.—Vol. 7, № 1.—P. 1-23.

Williams E. R. P. Blast effects in the warfare // Brit. J. Surg.-1941. —Vol. 30, № 1.—P. 38-49.

Wright R. K. Death or injury caused by explosion // Clin. Lab. Med.—1983.—Vol. 3, № 2.—P. 309-319.

Zuckerman S. Experimental study of blast injuries to the lungs // Lancet.-1940.—Vol. 2, № 6104.—P. 219-224.

Zuckerman S. Discussion on the problems of blast injuries // Proc. Roy. Soc. Med.-1941.—Vol. 34, № 2.—P. 171-188.

2

Ранения и травмы опорно-двигательного аппарата при боевых повреждениях

2.1. Специализированная ангиотравматологическая помощь

Афганский опыт лечения огнестрельных повреждений сосудов конечностей показал несовершенство системы специализированной помощи раненым, что нередко влекло за собой развитие тяжелых осложнений, ампутации конечностей, а в ряде случаев и летальный исход.

Лечение острой сосудистой травмы при огнестрельных повреждениях конечностей является актуальной проблемой хирургии. Благодаря применению современных методов лечения раненых значительно улучшились результаты, снизилась частота осложнений.

Тяжелые минно-взрывные и огнестрельные ранения конечностей с повреждением сосудов, нервов и трубчатых костей требуют принципиально иного подхода к лечению в свете современных представлений о ведущей роли сосудистой травмы.

По данным различных авторов во время локальных конфликтов повреждения сосудов конечностей встречались от 2,5 до 9,7% случаев от числа всех травм. Однако, этот показатель значительно выше, если учесть количество осложнений при травмах опорно-двигательной системы.

Решение проблемы лечения повреждения магистральных сосудов, помимо углубления знаний в этиопатогенезе, невозможно без разработки практических и организационных вопросов, которые возникают при оказании неотложной специализированной помощи раненым с сочетанными повреждениями сосудов и костей конечностей.

Восьмилетний опыт лечения огнестрельных повреждений магистральных сосудов в условиях боевых действий в Афганистане позволил определить основные направления совершенствования системы ангиотравматологической помощи пострадавшим.

По данным И.Ерюхина (1991) повреждения сосудов у раненых в Афганистане в 53,5% случаев были пулевыми, в 31,6%—осколочными. Минно-взрывные повреждения встречались в 10,9%.

Анализ структуры боевых ранений сосудов показал, что от 67,6%—до 83,3% были повреждены артерии, ранения магистральных вен встречались в 16,7-21%, ушиб сосуда достигал 11,4%. Ранение артерий и сопутствующих вен наблюдали в 32,3-43,4% случаев (И.Ерюхин,1991; И.Махлин 1991).

Изолированные повреждения сосудов были в 20,3-43,8% случаев, повреждения сосудов и нервов достигали 12,3-16,2%. Повреждения сосудов в сочетании с переломами костей конечностей наблюдали у 42,6-66,4% пострадавших. Множественные и сочетанные повреждения были у 38,7-56,2% раненых. Эти данные примерно совпадают с данными полученными N. Rich (1978).

Среди особенностей современных боевых повреждений сосудов можно выделить следующие:

— обширность повреждения сосудистой стенки;
— множественный характер ранений сосудов на фоне тяжелых повреждений костей и мягких тканей;
— сочетанные внесосудистые ранения органов и систем конкурирующие по тяжести с ранениями сосудов и определяющие трудность выбора очередности хирургического вмешательства;

— возрастание числа закрытых повреждений сосудов с низкой информативностью.

При огнестрельных повреждениях сосудов полный или частичный разрыв наблюдался в 53,5% случаев, краевое повреждение было в 11,4%, ушиб стенки сосуда наблюдали у 28,9% пострадавших, прочие повреждения—у 6,2%.

Наиболее частыми признаками огнестрельного повреждения сосуда являются локализация раны в проекции магистрального сосуда, обильное наружное кровотечение или нарастающая субфасциальная гематома, симптомы ишемии дистальных отделов конечности и острой кровопотери, когда отсутствует пульсация сосудов на периферии,

понижена температура кожи, изменена ее окраска, снижена или отсутствует болевая и тактильная чувствительность, нарушены активные движений и сухожильные рефлексы дистальнее раны.

Восстановление целостности поврежденного сосуда и регионарного кровотока возможно при выполнении определенных условий. Это предусматривает раннюю эвакуацию раненых на этап специализированной помощи, обязательную подготовку военных хирургов по ангиотравматологии, а так же использование сосудистых хирургов в передовых госпиталях.

Сроки поступления раненых с повреждениями сосудов в лечебные учреждения определялись сложностью медико-тактической обстановки в период боевых действий в Афганистане. Оптимальными сроками поступления раненых на этап специализированной помощи являются первые три часа. В эти сроки 74% раненых поступило в лечебные учреждения 40 армии, 17% пострадавших были эвакуированы до 6 часов и позднее 6 часов-9%.

Исходы лечения раненых с огнестрельными повреждениями магистральных сосудов конечностей в Афганистане можно условно разделить на два этапа: 1981-1985 гг., когда специализированную ангиохирургическую помощь оказывали хирурги и травматологи, и 1985-1988 гг., когда в составе травматологических отделений Центрального военного госпиталя работала ангиохирургическая группа усиления.

Повреждения сосудов в этот период встречались у 5,1% пострадавших хирургического профиля. Сочетанные повреждения сосудов и костей были у 79,7% раненых, изолированные—у 20,3%. Повреждения артерий наблюдали в 83,3% случаев, повреждения вен—в 16,7%. Такое соотношение повреждений артерий и вен 5:1, вряд ли соответствовало действительности, т.к. закрытые повреждения вен не диагностировали в связи с отсутствием объективных критериев нарушения кровообращения.

Квалифицированная помощь пострадавшим с повреждениями магистральных сосудов (табл. 1) предусматривала либо окончательное восстановление кровообращения (43,7%), либо перевязку сосуда (42,3%). Основанием такого решения служили признаки компенсированной ишемии.

Следует полагать, что в сложной обстановке при большом количестве раненых с множественными и сочетанными повреждениями перевязка магистральных артерий конечности при компенсированной ишемии могла быть допустимым элементом этапного лечения.

В единичных случаях выполняли временное шунтирование магистрального сосуда. Предполагалось, что эту операцию сможет выполнить хирург на передовом этапе, а окончательное восстановление кровотока—на этапе специализированной помощи. Анализ наблюдений показал, что в 40% случаев протезы тромбировались. Это было связано с несовершенством материалов, используемых для шунтирования, и неподготовленностью хирургов по ангиотравматологии.

Метод временного протезирования оправдан при эвакуации раненых с некомпенсированной ишемией воздушным транспортом в сопровождении хирурга. В последующем должно проводиться хирургическое вмешательство по неотложным показаниям на мышцах и костях с участием ангиохирурга.

Ангиографию при повреждении сосудов выполняли только у 6,2% пострадавших с повреждениями магистральных сосудов.

Неоправданное стремление хирургов использовать сосудистый шов (27%) и в основном только ручным способом без пластического замещения дефекта, неблагоприятно сказывалось на восстановлении магистрального кровотока. При применении сосудистого шва существенное значение имеет степень натяжения сосудистой стенки. Большое натяжение в зоне шва артерии или вены приводит к расхождению анастомоза, кровотечению и тромбозу. Ни диастаз, ни величина дефекта сосуда не могут приниматься за основу при решения вопроса о возможности прямого соединения сосуда, так как степень натяжения зависит от анатомо-топографических особенностей, возраста раненого и других факторов. При наличии дефекта в сосуде, вызывающего сомнение в возможности восстановления его целостности без натяжения, наиболее целесообразной является аутовенозная пластика.

Перевязка сосудов в ране предпринята в 42,3% случаев при необратимых изменениях в дистальных отделах конечностей или при неправильной оценки состояния магистрального кровотока. Это в последующем приводило к развитию тяжелых ишемических расстройств и как следствие—ампутации конечности. На наш взгляд, перевязку сосудов следует проводить только при явных признаках нежизнеспособности конечности, как этап последующей ампутации конечности. Неоправданное расширение показаний к перевязке магистральных сосудов и использование ее в качестве основного элемента остановки кровотечения с учетом предстоящей реконструкции приводило к развитию тяжелых расстройств периферического кровообращения и последующего включению в кровоток ишимизированной конечности. Неправильная интерпретация состояния регионарного кровотока, недооценка развивающихся тяжелых ишемических расстройств во многом определяли неблагоприятный исход этих операций.

В 14% случаев оперативное вмешательство на сосудах носило характер ревизии и не сопровождалось каким—либо воздействием на магистральное кровообращение. Это было связано с отсутствием методов исследований, когда хирурги полагались только на свой опыт и не использовали возможности функциональных и инвазивных методов диагностики. Анализ и оценка непосредственных результатов лечения свидетельствовал о существенной зависимости от степени нарушения регионарного кровотока в конечности, сроков хирургического вмешательства у пострадавших с угрожающими ишемическими явлениями, тяжести повреждения мягких тканей и костей.

Удовлетворительные результаты лечения достигнуты в 57,6% случаев. При достаточном коллатеральном кровотоке у них удалось полностью восстановить кровообращение и функцию поврежденной конечности. Неудовлетворительные результаты в ближайшем послеоперационном периоде отмечены у 42,4% пострадавших. В первые трое суток после операции умерло 4,4% раненых. Причиной летальных исходов явилось развитие острой почечной недостаточности или тромбоэмболии легочной артерии, возникшие вследствие тяжелых ишемических расстройств, связанных с осложнениями после реконструктивных операций на сосудах.

В структуре неудовлетворительных результатов преобладали ампутации конечностей (19,6%). Причиной ампутаций была неудачная попытка включения в кровоток нежизнеспособной конечности и развившийся синдром «включения» (11,2%), что привело к развитию острой почечной недостаточности и потребовало усечения конечности в сроки от 2 до 18 суток. В 5,1% случаев непосредственной причиной ампутаций было аррозивное кровотечение из линии сосудистого шва, а в 3,3%—тромбоз сосуда с развитием ишемической гангрены.

Нагноения ран, обширные некрозы кожи, затягивающие сроки лечения наблюдали у 13,8% раненых. Эти осложнения были обусловлены характером и тяжестью травмы, длительностью и травматичностью оперативного вмешательства, недостаточным гемостазом, неадекватностью дренирования раны, отсутствием современных методов лечения нарушений микроциркуляции.

Длительное расстройство кровообращения, которое сопровождалось декомпенсацией регионарного кровотока и нарушением функции конечности возникло у 4,7% пострадавших. Это осложнение разилось преимущественно в результате стеноза в зоне сосудистого шва или тромбоза периферического русла при восстановленном магистральном кровообращении, что увеличило сроки лечения и потребовало длительной консервативной терапии.

Полученные данные свидетельствуют о том, что в1981-1985 годах объем оперативных вмешательств при изолированных и сочетанных повреждениях сосудов конечностей не всегда соответствовал тяжести травм, поскольку в этот период не использовались современные методы диагностики и лечения. Неправильная оценка ишемических нарушений, недостаточность противошоковых мероприятий и контроля за гемодинамикой в течение операции и послеоперационном периоде, отсутствие необходимого лечебно-диагностического оснащения, неподготовленность хирургов, оказывающих специализированную помощь в вопросах ангиотравматологии, явились основными причинами неудовлетворительных результатов лечения. Кроме того, были ошибки и недостатки в лечении тяжелой сочетанной травмы, погрешности хирургической обработки, неадекватное дренирование огнестрельных ран, дефекты хирургической техники, недостаточные меры по предупреждению и лечению артериального спазма.

Оценка степени нарушения кровообращения конечности—важный критерий, определяющий объем помощи на этапах квалифицированной и специализированной помощи, сроки выполнения оперативных вмешательств. Основной выбор показаний к использованию пластических операций, шва сосуда или его лигирования, а так же техника их выполнения предопределяли эффективность и результаты лечения.

Значительная частота лечебно-диагностических ошибок и осложнений, неудовлетворительные исходы лечения, явились обоснованием к проведению организационно-штатных мероприятий, направленных на совершенствование ангиохирургической помощи, сохранение жизнеспособности поврежденной конечности у раненых с тяжелыми огнестрельными переломами и взрывными травмами.

С этой целью в 1986 году на базе травматологического отделения Центрального военного госпиталя (г. Кабул) создана ангиохирургическая группа. Ее основные задачи состояли в создании системы лечебно-эвакуационных мероприятий в целях повышения эффективности ангиотравматологической помощи, в оказании специализированной помощи пострадавшим с повреждениями магистральных сосудов, в внедрении высокоинформативных инвазивных диагностических и лечебных методов в клиническую практику, в научном анализе результатов лечения и разработке практических рекомендаций по совершенствованию ангиотравматологической помощи.

Система лечебно—эвакуационных мероприятий включала комплексное проведение противошоковой терапии, временное восстановление кровообращения в поврежденных магистральных сосудах, фиксацию костных отломков при переломах костей конечностей, эвакуацию на этап специализированной помощи, окончательное восстановление кровообращения поврежденной конечности, проведение реконструктивно-восстановительных операций на сосудах и костном скелете.

Специализированная помощь пострадавшим с изолированными и сочетанными повреждениями сосудов конечностей предусматривала высокий профессиональный уровень подготовки специалистов и необходимое современное оснащение и оборудование.

Внедрение селективной катетеризации артерий конечностей обеспечивало высокую диагностическую информативность при ангиографическом исследовании, динамический контроль за состоянием кровообращения в поврежденном сегменте конечности с последующей коррекцией выявленных нарушений при помощи медикаментозной терапии. Качественный и количественный анализ результатов лечения позволил выработать основные практические рекомендации по совершенствованию ангиотравматологической помощи и наметить пути их реализации.

Контингент пострадавших ангиотравматологического профиля в общей структуре боевых повреждений конечностей в 1986-1988 гг. составил 8,7% (табл.2). Изолированные повреждения артерий и вен были в 29% случаев, сочетанные-38,7%. У 32,3% раненых с переломами костей конечностей нарушения кровообращения имели функциональный характер (динамические расстройства кровообращения).

Таблица 1.

Распределение повреждений сосудов конечностей в зависимости от характера оперативных вмешательств (1981-1985 гг.)

Характер операции	Поврежденный сосуд				Всего	
	Артерия		Вена		Абс. число	%
	Абс. число	%	Абс. число	%		
Окончательное восстановление кровообращения	114	38,9	14	4,8	128	43,7

В том числе: пластика дефекта сосуда	47	16,0	2	0,7	49	16,7
Шов сосуда	67	22,9	12	4,1	79	27,0
Перевязка магистрального сосуда в ране и на его протяжении	89	30,4	35	11,9	124	42,3
Ревизия магистрального сосуда	41	14,0	-	-	41	14,0
Итого:	244	83,3	49	16,7	293	100,0

У всех пострадавших при повреждениях магистральных сосудов оценивали состояние кровотока в конечности по данным объективного обследования, а в необходимых случаях выполняли ангиографию (52,4%), что позволило у 38,7% раненых диагностировать повреждения артерий, не выявленных при клиническом обследовании. У 32,3% пострадавших наблюдали динамические расстройства кровообращения, которые носили функциональный характер—распостраненный или сегментарный травматический ангиоспазм, различного рода гемодинамические экстравазальные сдавления сосудов вследствие отека или гематом, травматизация сосудистой стенки костными отломками при переломах костей и др., которые сохранялись в течение 2-3 недель. По данным ангиографии выделяют следующие повреждения артерий: ушиб сосуда, который проявляется тотальным спазмом или замедлением кровотока, краевой дефект или полный перерыв артерии, восходящий тромбоз (табл.3).

По мнению И.Махлина (1994), первичные повреждения сосудов приводят к вторичным изменениям гемодинамики, которые и определяют развитие различных осложнений.

При тяжелых повреждениях конечностей основной задачей является спасение жизни раненых и сохранения конечности как органа. Заживление ран и консолидация перелома отступало на второй план и могло быть решено значительно позже, после обеспечения жизнеспособности конечности.

Таблица 2.

Распределение раненых в зависимости от характера
повреждений сосудов конечностей (1986-1988 гг.)

Характер повреждений сосудов	Абс. Число	%
Изолированные	86	29,0
В том числе: Артерий	61	20,5
Вен	25	8,5
Сочетанные огнестрельные	111	37,4
В том числе: Артерий	75	25,3
Вен	36	12,1
Сочетанные закрытые	4	1,3
Динамические расстройства кровообращения	96	32,3
Всего:	297	100,0

На наш взгляд, с точки зрения единой системы оказания ангиотравматологической помощи пострадавшим принципиальное значение имеет восстановления магистрального кровотока в два этапа. При явных признаках нежизнеспособности конечности и развившихся явлениях острой почечной недостаточности прибегали к ампутации конечности по жизненным показаниям.

Важным условием выполнения восстановительных операций на поврежденных сосудах является время, прошедшее с момента травмы. Решающим фактором в выборе лечебной тактики становится выраженность острой ишемии и степень ее прогрессирования, которые во многом зависят от уровня и локализации повреждения сосуда, характера разрушения мягких тканей и костей, тяжести состояния пострадавшего.

Полноценная иммобилизация, футлярная и новокаиновая блокады, введение спазмолитиков, восполнение кровопотери и управляемая гемодилюция улучшали коллатеральное кровоснабжение поврежденной конечности. Применение локальной гипотермии уменьшало поступление токсических продуктов в общий кровоток. Эти мероприятия наряду с интенсивной противошоковой терапией давали возможность в ряде случаев без угрозы потери конечности отсрочить окончательное оперативное вмешательство по восстановлению кровотока в поврежденной конечности. Однако успех первичных реконструктивных хирургических вмешательств при тяжелых сочетанных повреждениях конечностей находился в прямой зависимости от ишемического повреждения тканей, времени подготовки к операции, выведения пострадавшего из шока, восполнения кровопотери, дополнительных методов исследования для подтверждения или исключения сочетанных повреждений и многих других факторов.

Таблица 3.

Классификация повреждений артерий по данным ангиографии.

№	Вид повреждения	Ангиографические признаки
1	Ушиб	• Тотальный спазм артерий сегмента конечности. • Замедление кровотока
2	Краевой дефект	• Дефект стенки сосуда • Локальные экстравазаты • Артерио-венозные шунты
3	Полный перерыв	• Культя сосуда на уровне повреждения • Распространение контраста по раневому каналу
4	Восходящий тромбоз	• Обрыв контура сосуда проксимальнее уровня повреждения • Стехронизация артериальной и венозной фаз кровотока • Дилятация тромбированного сосуда

Опыт лечения огнестрельных повреждений магистральных кровеносных сосудов конечностей в Афганистане позволил определить основные направления совершенствования системы ангиотравматологической помощи пострадавшим.

По нашему мнению, операция, направленная на спасение конечности раненого, должна начинаться с первичного восстановления регинарного кровотока посредством временного шунтирования поврежденных сосудов. Первичное восстановление кровообращения в поврежденном сегменте конечности позволяло по динамике изменений в ишимизированных тканях определять тактику дальнейших интраоперационных лечебных мероприятий. При повреждениях сосудов, сочетающихся с переломами костей, остеосинтез выполняли до окончательного восстановления кровотока в артериях и венах.

Это обеспечивало более благоприятные условия для реконструктивных хирургических вмпешательств на сосудах, предохраняло их от травматизации и тромбозов в послеоперационном периоде. Для фиксации костных отломков применяли аппараты внешней фиксации или титановые пластины. С их помощью достигался стабильный остеосинтез, столь необходимый для выполнения последующих операций на поврежденной конечности. При этом отпадала необходимость в длительной иммобилизации гипсовыми повязками, что облегчало контроль за течением раневого процесса и состоянием поврежденного сегмента конечности в послеоперационном периоде.

Раненым с клиническими признаками повреждений сосудов, сопровождающихся расстройством кровообращения без необратимых явлений (11,1%) выполняли временное шунтирование при всех видах повреждений сосудистой стенки. При исключении прогрессирования регионарной ишемии осуществляли сложные реконструктивные хирургические вмешательства на костях конечностей, используя стабильный остеосинтез до окончательного восстановления поврежденных сосудов. На наш взгляд, на этапе квалифицированной хирургической помощи отсутствуют необходимые условия для окончательного восстановления кровообращения в поврежденной конечности. Недостаточная подготовленность хирургов и анестезиологов в вопросах ангиотравматологии, отсутствие нужной диагностической и лечебной аппаратуры, специального инструментария не позволяет им проводить хирургические реконструктивные вмешательства на сосудах с учетом требований восстановительной ангиохирургии. Независимо от характера повреждения кровеносного сосуда (боковое, касательное или сквозное ранение, полный перерыв или тупая травма) целесообразно временное шунтирование как наиболее универсальное, простое и доступное хирургическое вмешательство.

Лигирование поврежденных сосудов как первый этап окончательного восстановления кровообращения при отсутствии симптомов необратимой ишемии дистальных отделов конечности мы считаем неоправданным и не соответствующим современному уровню развития сосудистой хирургии. Восстановление регионарного кровообращения с помощью временных шунтов осуществлялось от нескольких часов до 7 суток, после чего выполнялись реконструктивные операции. Окончательное восстановление регионарного кровотока проводилось под общим обезболиванием бригадой ангиохирургов.

В 1986-1988 гг. у 283 пострадавших выполнено 409 операций на артериях и венах (табл.4).

Таблица 4.

Распределение повреждений сосудов конечностей в зависимости от характера оперативных вмешательств (1986-1988 гг.)

Характер операции	Поврежденный сосуд				Всего	
	Артерия		Вена		Абс. число	%
	Абс. число	%	Абс. число	%		
Окончательное восстановление кровообращения	103	25,2	44	10,8	147	36,0
В том числе: аутовенозная пластика	90	22,0	26	6,4	116	28,4
Шов сосуда	13	3,2	18	4,4	31	7,6

Перевязка магистрального сосуда в ране и на его протяжении	16	3,9	10	2,5	26	6,4
Ревизия магистрального сосуда	9	2,2	3	0,7	12	2,9
Катетеризация артерий	224	54,7	—	—	224	54,7
Итого:	352	86,0	57	14,0	409	100,0

Аутовенозную пластику сосудов применяли у 28,4% раненых с учетом особенностей этиопатогенеза огнестрельных повреждений и отсутствия объективных критериев допустимой степени натяжения сосудистой стенки. Аутовенозную пластику выполняли классическим способом с гидропрепаровкой и реверсией аутовенозного трансплантата, анастомозом конец в конец под углом в 45 градусов, обвивным швом по Каррелю. В качестве трансплантата, как правило, использовали большую подкожную вену противоположной конечности.

Шов поврежденных кровеносных сосудов выполнен у 7,6% раненых. На этапе квалифицированной хирургической помощи применяли механический шов «конец в конец». Магистральный венозный кровоток восстановлен ручным способом. Перевязка магистральных сосудов проведена у 6,4% пострадавших. Магистральные артерии лигировали после неудачных попыток повторного восстановления кровотока аррозивных кровотечений и во время реконструкции артерий при повреждениях крупных мышечных ветвей или одной из концевых артерий голени. Вены перевязывали в случаях невозможности восстановления магистрального кровотока.

Ревизия поврежденных сосудов (2,9%) без последующего хирургического вмешательства выполнена у 2,9% раненых и была диагностической.

В комплексном лечении сочетанных повреждений конечностей важное значение имеет нормализация функции системы периферического кровообращения и микроциркуляции. В этих целях применяли катетеризацию магистральных артерий для проведения селективной внутриартериальной инфузионной терапии. Регионарная селективная инфузионная терапия направлена на повышение жизнеспособности, репаративной активности и трофики тканей, нормализации регионарного кровотока. Система комплексной интенсивной терапии предусматривала применение анестетиков, спазмолитиков, антикоагулянтов, антигистаминных препаратов, витаминов, гормонов, ферментов и их ингибиторов, противовоспалительных и антибактериальных средств, биологических стимуляторов, регионарной форсированной дегидратации.

Создание высокой концентрации лекарственных препаратов приближенных к очагу поражения ускоряло восстановление кровообращения вплоть до уровня микроциркуляции. Быстрое восстановление регионарного кровотока создавало благоприятные условия для заживления ран, сокращало число гнойных осложнений, обеспечивало оптимальные условия для репаративных процессов. Селективная установка катетера в артерию позволяла проводить одномоментным полипозиционным способом высокоинформативные ангиографические исследования в комплексе с противошоковыми мероприятиями, которые начинались с момента поступления раненых на этап специализированной хирургической помощи.

Катетеризация магистральных артерий и их ветвей выполнена у 224 пострадавших с тяжелой огнестрельной травмой конечности, длительной ишемией и минно-взрывными ранениями, сопровождающихся обширными разрушениями мягких тканей и костей. Бедренную артерию катетеризировали в верхней трети бедра чрескожно. Катетер вводили ретроградно проксимальнее места отхождения глубокой артерии бедра. Нормализация нарушений регионарного кровотока голени требовала антеградного введения катетера дистальнее места отхождения глубокой артерии бедра. Плечевую артерию катетеризировали в верхней трети плеча интраоперационно. Для коррекции расстройств кровообращения на плече катетер устанавливали ретроградно выше огибающих плечо артерий, на предплечье—антеградно, дистальнее последних. Инфузию проводили постоянно со средней скоростью введения 1,0-1,5 мл/мин. в объеме 1,5-2,5 л/сут. Продолжительность внутриартериальной инфузионной терапии составляла от 2 до 8 суток в зависимости от общеклинических показателей и степени нарушения регионарного кровотока. Применяли специально разработанные с учетом совместимости лекарственные рецептуры. Для снятия ангиоспазма использовали спазмолитики и средства, улучшающие коллатеральное кровообращение. Профилактика гнойных осложнений достигалась антибактериальными препаратами. Для оптимизации реперативных процессов применяли антигистаминные средства, витамины, биологические стимуляторы, иммунокорректоры. Для профилактики тромбоэмболических осложнений использовали антикоагулянты, низкомолекулярные декстраны, антиагреганты.

Изучение регионарной гемодинамики в поврежденных сегментах конечностей при сочетанных огнестрельных и взрывных переломах показало, что у всех пострадавших после травмы возникают и в течение 2-3 недель сохраняются скрытые нарушения местного кровообращения. По данным ангиографии они имели органическую природу—перерыв рентгеновской тени магистральной артерии наблюдали в 5,9% случаев, сдавление артерии окружающими тканями и костными отломками был у 14,7% раненых (рис.1). В большинстве случаев нарушение регионарного кровотока носило функциональный характер. У 79,4% раненых наблюдали снижение васкуляризации и выраженный артериоспазм.

При анализе флебограм было установлено, что поражение венозной системы конечностей при огнестрельных поражениях имело более выраженный характер, чем артериальный. Оно проявлялось в виде спазма переходящего в тромбоз, смещения и перегиба венозных стволов. Система глубоких вен на голени страдает в большей степени, чем поверхностных. Так, при переломе одной из парных костей сегмента венозный коллектор, ее сопровождающий, блокируется полностью и отток происходит по венам окружающих неповрежденную кость. Эти изменения сохраняются спустя даже 3-4 недели после травмы.

Развившиеся сосудистые нарушения приводят к резкому снижению кровотока и уменьшению кровенаполнения в поврежденных сегментах конечностей. Это проявлялось при реовазографии снижением амплитуды систолической волны до 38±5 мом, амплитудно-частотного показателя до 4,7±0,6 мл/с., скорости быстрого кровотока до 0,58±0,09 ом/с. Повышался дикротический индекс до 116±13%. Затруднение венозного оттока выражалось в повышении диастоло-систолического индекса до 134±12%.

Сосудистые нарушения в большей степени выражены в поврежденных сегментах, чем в симметричных, что проявляется отрицательной асимметрией, значительно превышающий нормативный показатель. Коэффициент асимметрии составил 84±14% при нормативном не более 10%.

Реографические исследования подтверждались и данными кожной термометрии. Отрицательная асимметрия достигала 2,9 °C, что свидетельствовало о нарушении регионарной гемодинамики на уровне микроциркуляции.

Тяжелая огнестрельная травма конечностей приводит к развитию у пострадавших гиперкоагуляционного синдрома, который проявляется уменьшением времени свертывания крови до критического уровня в 0,43±0,14 мин. Это является предвестником возникновения опасных тромбоэмболических осложнений и жировой эмболии.

Огнестрельная и минно-взрывная травма оказывает мощное стрессорное воздействие на организм, что приводит к выраженной дезадаптации иммунореактивности. В первую очередь страдает клеточное звено иммунитета. Это проявляется в количественном и функциональном угнетении Т-лимфоцитов. Особенно нарушается дифференцировка Т-клеток, уменьшается число Т-хелперов, что приводит к снижению коэффициента дифференцировки Т-лимфоцитов до 1,10±0,08. В меньшей степени страдает неспецифическая резистентность, снижается трансферрин сыворотки крови до 2,31±0,09 г/л (В.Котов, 2005).

Создание высокой концентрации лекарственных препаратов в зоне огнестрельного повреждения при регионарной селективной инфузионной терапии на 5-7 сутки приводил к нормализации кровотока и кровенаполнения, восстанавливался венозный отток, что подтверждалось повышением амплитуды систолической волны до 143±17 мом.,

амплитудно-частотного показателя до 26,4±3,7 мл/с., скорости быстрого кровотока до 2,43±0,18 ом/с., снижением дикротического индекса до 65±6%, диастоло-систолического индекса до 74±5%. Реографические показатели гемодинамики поврежденных сегментов не отличались от таковых на симметричных сегментах конечностей (КАС=16±8%), что свидетельствовало о нормализации регионарного кровотока. Асимметрия кожной температуры приобретала положительный характер и достигала

0,74° С, что подтверждало развитие в поврежденных сегментах реактивной гиперемии и являлось благоприятным фактором для репаративных процессов.

На фоне длительной внутриартериальной инфузионной терапии развивалась отчетливая гипокоагляция. Время свертывания крови увеличивалось до 6,11±1,2 мин. без применения значительных доз антикоагулянтов. Это предупреждало развитие тромбоэмболических осложнений и жировой эмболии. Необходимо отметить, что несмотря на тяжесть огнестрельных повреждений и сложность проводимых хирургических вмешательств, тромбоэмболических осложнений у раненых не наблюдалось.

Нормализация показателей иммунореактивности у раненых, наступающая на 5-7 сутки после послеоперационного периода, свидетельствовала о более быстрой адаптации иммунореактивности под воздействием внутриартериальных инфузий. Это являлось мощным фактором предупреждения инфекционных осложнений.

При внутриартериальном способе введения антибактериальных препаратов создается значительно более высокая концентрация в очаге огнестрельного повреждения. Она в сотни раз больше чем при внутривенном введении и в тысячу раз больше, чем при внутримышечном введении. Полученные данные свидетельствуют о том, что внутримышечный способ введения антибиотиков в ближайшем послеоперационном периоде при огнестрельных ранениях неэффективен. При внутривенном введении профилактический эффект выражен слабо. Только внутриартериальной инфузионной терапии в огнестрельном очаге повреждения создается столь высокая концентрация антибактериальных препаратов, которая обеспечивает надежный бактерицидный эффект даже без предварительного определения чувствительности к ним микроорганизмов.

Четко обоснованные показания, качественная подготовка персонала, тщательно разработанная и правильно выполненная техника проведения внутриартериальных инфузий позволили избежать осложнений, присущих инвазивным способам обследования и лечения. Особо следует подчеркнуть, что при внутриартериальном введении лекарственных средств не были отмечены аллергические осложнения несмотря на то, что спектр вводимых препаратов был очень широк и включал наиболее «аллергенные» из них: антибиотики, анальгетики, белковые препараты. Результаты анализа лечения в 1986-1988 гг. в сравнении с таковыми в 1981-1985 гг. показали существенное возрастание эффективности ангиотравматологической помощи. Число осложнений снизилось в 2,5 раза. Хорошие и удовлетворительные результаты восстановления кровообращения и функции поврежденной конечности получены у 83,2% пострадавших, что на 25,6% больше, чем в начале боевых действий в Афганистане (рис.2). Неудовлетворительные исходы отмечены у 16,8% раненых. При сравнительном анализе неудовлетворительных результатов отмечено снижение летальности с 4,4% до 0,6%. Уменьшилось число ампутаций в 2,3 раза, а количество раневой инфекции снизилось в 3 раза (табл. 5).

Работа ангиохирургической группы при оказании специализированной помощи пострадавшим с сочетанными огнестрельными повреждениями сосудов позволила своевременно и качественно оказывать специализированную помощь при костно-сосудистых повреждениях конечностей. По нашему мнению, первичное восстановление регионарного кровотока в поврежденной конечности должно осуществляться посредством временного шунтирования поврежденных артерий и вен с последующим выполнением реконструктивных операций на сосудах и костях.

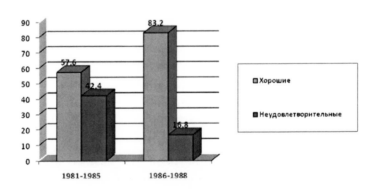

Рисунок 2.

Для реконструкции артерий и вен по нашему мнению, предпочтительна аутовенозная пластика. Катетеризация магистральных артерий является высокоинформативным диагностическим и эффективным лечебным методом. Регионарная селективная внутриартериальная инфузионная терапия при огнестрельных и минно-взрывных поражениях конечностей—обязательная составная часть комплексного лечения. Она должна проводиться с учетом особенностей течения раневого процесса. Клинические исследования показали высокую эффективность длительной внутриартериальной инфузионной терапии в комплексном лечении огнестрельных множественных и сочетанных переломов костей конечностей. Это обусловлено тем, что длительные внутриартериальные инфузии, создавая высокую концентрацию лекарственных препаратов непосредственно в очаге огнестрельного повреждения, нормализуют нарушения регионарного кровотока, улучшают жизнеспособность тканей, оптимизируют репаративные процессы, предотвращают развитие инфекционных осложнений. На этом фоне быстрее адаптируется после стрессорного воздействия система иммунореактивности и гемокоагуляции.

Таким образом, дальнейшее совершенствование ангиотравматологической помощи связано с необходимостью решения организационно-штатных вопросов, развития основных принципов единой хирургической тактики, оснащения лечебных учреждений необходимым оборудованием, подготовкой хирургов в вопросах боевой патологии повреждений сосудов конечностей.

Таблица 5.

Сравнительный анализ удовлетворительных результатов лечения.

Результат лечения	1981-1985	1986-1988
Летальность	4,4%	0,6%
Ампутации	11,2%	4,7%
Нагноение	13,8%	4,4%

Длительные расстройства кровообращения	4,7%	4,4%

Регионарная дегидратация в комплексном лечении огнестрельных повреждений конечностей.

Состояние регионарного кровообращения при огнестрельных переломах и минно-взрывных ранениях и пути воздействия на него является актуальным для хирургов и травматологов. Опыт показывает, что своевременная оценка регионарного кровотока и сосудистых реакций при огнестрельных повреждениях конечностей во многом определяет выбор тактики лечения, предупреждает возможные осложнения, влияет на сроки лечения и результаты реабилитации.

Регионарные гемодинамические нарушения при огнестрельных переломах костей тесно связаны с местными изменениями в тканях в области повреждения и общей реакцией организма, обусловленной механизмом травмы, характером перелома и сроками оказания первой медицинской помощи. Местная реакция в поврежденном сегменте проявляется в виде травматического спазма артерий и вен или возникновением тромбозов. Уже в первые часы после травмы происходят морфологические изменения стенок сосудов, снижается скорость кровотока, изменяются коагуляционные свойства крови. По мнению многих авторов, у 44-71% пострадавших с огнестрельными повреждениями конечностей всегда наступают травматические изменения поверхностной и глубокой венозной сети в виде спазма, циркуляторного или бокового сдавления поврежденными тканями и гематомой, боковых повреждений и тромбозов вен. Нарушения кровотока, возникающие в сосудистой сети при переломах костей, взаимосвязаны с изменениями в лимфотической системе. Они приводят к возникновению посттравматических отеков, ишемии конечности, замедлению репаративных процессов, снижению резистентности организма к гнойным осложнениям и требуют адекватной коррекции.

Среди причин нарушения местного кровообращения и развития отека поврежденного сегмента конечности основной является расстройство микроциркуляции. Нарушение транскапиллярного обмена при тяжелой огнестрельной травме конечности приводит к развитию интерстициального отека, который в свою очередь способствует дальнейшему расстройству регионарного кровотока и развитию ишемии. Накопление в разрушенных тканях токсических продуктов распада и последующее их всасывание в дистальных отделах капиллярной системы конечности ведет к интоксикации организма, развитию почечной недостаточности и расстройству гомеостаза. Для устранения экстравазального сдавления сосудов применяют фасциотомию, которая может уменьшить дальнейшее нарушение кровообращения в конечности, но не влияет на патогенетические механизмы развития отека.

Среди способов детоксикации и устранения отеков в хирургической практике применяется метод форсированного диуреза, основанный на внутривенной инфузии электролитных растворов, белковых препаратов, с последующим введением осмотических диуретиков или салюретиков при постоянном контроле водно-электролитного баланса и кислотно-щелечного равновесия (В.Хартиг, 1987; С.Клар, 1987). Повышение осмолярности плазмы сопровождается оттоком жидкости из интерстициального внутриклеточного пространства с последующей фильтрацией ее в почках. Однако выведение почками вместе с жидкостью электролитов приводит к расстройству гомеостаза, обезвоживанию организма и требует постоянного контроля за содержанием электролитов в крови и моче, а также коррекции этих нарушений. Указанные недостатки являются основным противопоказанием к применению метода форсированного диуреза у раненых и пострадавших с острой кровопотерей и обезвоживанием организма.

В месте с тем патогенетические принципы форсированного диуреза могут быть применены в комплексном лечении посттравматических нарушений кровообращения поврежденной конечности. Для этого нами предложен способ коррекции

посттравматических отеков дистальных отделов конечности, основанный на селективности и избирательности воздействия медикаментозных средств на ишемизированные ткани. После катетеризации одной из концевых артерий поврежденного сегмента эндоваскулярно вводили 30% раствор маннита из расчета 1-1,5 г на кг массы тела пострадавшего в течение 20-30 минут с коррекцией водно-электролитного баланса. Кроме 30% раствора маннита, использовали и другие осмодиуретики. С учетом механизма действия указанных препаратов и селективности их введения достигался быстрый дегидратационный эффект мягких тканей поврежденного сегмента конечности. Это способствовало восстановлению кровотока и микроциркуляции.

Метод дегидратации поврежденного сегмента конечности применяли у 226 пострадавших с огнестрельными переломами (89,8%) и минно-взрывными травмами (11,2%). Костно—сосудистые повреждения в 46,5% случаев были при огнестрельных переломах и требовали выполнения реконструктивных операций на сосудах. У 53,3% пострадавших нарушения регионарного кровотока носили динамический характер. В этом случае проводилась патогенетически обоснованная терапия, позволяющая полностью восстановить кровообращение.

Первичная стабилизация костных отломков аппаратами внешней фиксации или после внутреннего остеосинтеза уменьшала травматизацию тканей, что способствовало уменьшению гемодинамических расстройств. В то же время проблема снятия посттравматических отеков в ближайшем послеоперационном периоде в практике хирургов приобретает важное значение. Применение фасциотомии как основного элемента в лечении экстравазальных сдавлений не решает этой проблемы на патогенетической основе, а только способствует частичному устранению механического сдавления сосудов поврежденного сегмента.

Регионарную дегидратацию применяли в момент поступления раненых и пострадавших в Центральный военный госпиталь или в первые сутки после травмы. Результаты лечения оценивали по данным клинических, функциональных и инвазивных методов исследования. К исходу 3-4 суток в 95,3% случаев удалось купировать посттравматические отеки. Уменьшался объем поврежденной конечности, кожа приобретала обычный цвет, нормализовался симптом «капиллярного пятна», восстанавливались активные движения в суставах и иннервация дистальных отделов конечности, определялась отчетливая пульсация артерий стопы.

При термометрии первого межпальцевого промежутка стопы наблюдалось восстановление температуры кожи с 27,20±0,27°C до 30,70±0,31°C, что свидетельствовало об увеличении артериального притока крови и расширении сосудов.

Данные реовазографии в первые сутки после травмы свидетельствовали о наличии выраженного сосудистого спазма или органического повреждения артерий и вен. В результате проведенной внутриартериальной терапии или реконструкции сосудов на 5 сутки происходила нормализации реографической кривой.

Ангиографичекие исследования, выполненные в 1-е, 3-е 10-е сутки после травмы, характеризовались картиной распространенного периферического спазма магистральных сосудов поврежденного сегмента конечности в виде резкого уменьшения просвета сосудов, отсутствия контрастирования коллатералей, начиная с сосудов второго порядка, быстрой визуализации венозной сети, качественно подтверждающей наличие сброса по артерио-венозным шунтам. На 3-4 сутки после лечения восстанавливалась нормальная сосудистая архитектоника.

Основным пусковым механизмом регионарной дегидратации является быстрое повышение осмолярности плазмы крови необходимое для восстановления оптимальных условий обменных процессов.

Осложнения наблюдали у 2,7 % пострадавших. В одном случае (0,4%) развился тромбоз сосудистого русла дистальных отделов стопы, что было связано с погрешностями выполнения разработанной нами методики. У пяти (2,2%) пострадавших из-за нарушения электролитного баланса появились расстройства центральной гемодинамики, что потребовало соответствующей коррекции.

Таким образом, регионарная дегидратация является эффективным методом коррекции посттравматических отеков в комплексном лечении огнестрельных и минно-взрывных повреждений конечностей. Полученные данные позволили сделать следующие выводы:

— коррекция посттравматического отека путем внутриартериального введения диуретиков патогенетически обоснована в комплексном лечении изменений регионарной гемодинамики при огнестрельных повреждениях конечностей;

— регионарная дегидратация является альтернативной по отношению к фасциотомии;

— разработка метода регионарной дегидратации целесообразна и перспективна для клинического применения при лечении тяжелых огнестрельных и минно-взрывных повреждениях конечностей.

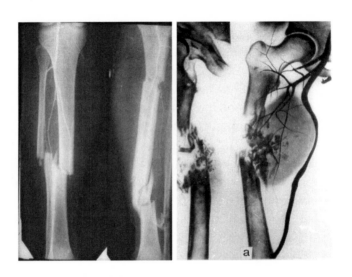

Рисунок 1. Перерыв магистральной артерии или сдавление ее окружающими тканями или костными отломками.

2.2. Особенности внутреннего остеосинтеза отломков у раненых с огнестрельными переломами длинных костей конечностей

И в начале XXI века все еще отсутствует единое мнение о показаниях и возможности выполнения внутреннего остеосинтеза отломков у раненых с огнестрельными повреждениями костей конечностей.

Далеко не идеальные исходы лечения раненых с огнестрельными переломами костей в вооруженных локальных конфликтах последних 50 лет продолжают привлекать внимание хирургов и травматологов. Выбор метода иммобилизации конечности или фиксации отломков после огнестрельных переломов является одной из самых важных составляющих современной травматологии и хирургии боевых повреждений.

Принципиальное значение в плане готовности военных травматологов и хирургов при лечении раненых с огнестрельными переломами костей конечностей приобретает понимание особенности боевых повреждений наносимых современными ранящими снарядами. Это обширность разрушения мягких тканей и костей с образованием множественных вторичных ранящих снарядов и дополнительных раневых каналов, оскольчатый характер переломов с продольным растрескиванием кости и образованием первичных дефектов костной ткани. Ранения высокоскоростными снарядами сопровождаются большой частотой повреждений магистральных сосудов и нервов не только в зоне прямого попадания, но и на некотором удалении от раневого канала, что сопровождается острой или вторичной окклюзией сосудов. Кризис микроциркуляции и нарастающая гипоксия тканей в огнестрельной ране приводят к возникновению ишемических некрозов, развитию и селекции микрофлоры в микробно загрезненной огнестрельной ране и прогрессированию инфекционного процесса. Стойкие нарушения эндо—и периостального кровообращения костных отломков на значительном протяжении от раневого канала отрицательно сказываются на репаративных процессах в костной ткани, что приводит к замедленной консолидации, образованию ложных суставов и дефектов костей.

Многообразие поражающих факторов действуют на человека при взрыве боеприпасов. Взрывные травмы составляют наиболее тяжелую группу раненых. С учетом ведущих признаков поражения различают взрывные ранения и взрывные повреждения. В структуре всех взрывных поражений в Афганистане (1980-88 гг.) взрывные ранения составляли 69%, взрывные повреждения-31%.

Взрывное ранение—это повреждение, вызванное прямым воздействием ранящих снарядов (первичных и вторичных) и взрывной волной. Взрывные ранения характеризуются множественными осколочными ранениями (слепыми, касательными, сквозными) в сочетании с признаками дистантных и непосредственных повреждений внутренних органов. Взрывные ранения сопровождаются массивной кровопотерей и шоком, тяжелыми разрушениями конечностей, в том числе и отрывами сегментов, сопутствующими переломами трубчатых костей, обширными разрушениями мягких тканей, множественными осколочными ранениями и чрезмерным загрязнением огнестрельных ран. Взрывные ранения имеют некоторые особенности в зависимости от механизма повреждения. При ранении комулятивными снарядами характерны множественные и обширные повреждения с отслойкой и ожогами мягких тканей, общая баротравма и множественные огнестрельные переломы трубчатых костей, которые часто сочетаются с дефектом костной ткани. Ранения гранатами сопровождались чаще всего тяжелыми повреждениями туловища. Взрывные повреждения запалами характеризовались ограниченными разрушениями и отрывами кисти или предплечья.

Взрывные повреждения возникают вследствие непрямого воздействия взрывной волны через какую-то преграду. Этот вид боевой травмы сопровождается множественными закрытыми и открытыми повреждениями головы, туловища, груди, живота и конечностей, частыми переломами костей и обширными повреждениями мягких тканей за счет воздействия мощной баротравмы и вторичных снарядов при взрывах противотанковых мин и фугасов. Взрывные травмы конечностей, как правило, сочетаются с тяжелой черепно-мозговой травмой, закрытой травмой живота и паренхиматозных органов, массивной кровопотерей и тяжелым шоком.

Структура боевых повреждений. Среди санитарных потерь хирургического профиля раненые в конечности составляли 63,3%. Частота повреждений в верхние конечности была в 25,4% случаев, в нижние—в 37,9%. Удельный вес торакальных и абдоминальных ранений наблюдали в 19,9% случаев. Ранения в голову и позвоночник был у 16,8% раненых. Пулевые ранения встречались в среднем у 41,2% раненых и преобладали в начале войны в Афганистане (62,2%) и уменьшались в конце войны (28,1%). Осколочные ранения наблюдали у 58,8%. Они реже встречались в начале боевых действий (37,2%) и возрастали к окончанию войны (71,9%). Множественные и сочетанные повреждения были у 49,6% и составляли от 16,0% в 1980 г. до 72,8% в 1985 г. Из числа пораженных чаще всего наблюдали ранения мягких тканей-60%, переломы костей конечностей и ранения крупных суставов составляли 40% случаев. Огнестрельные переломы и повреждения костей конечностей за весь период боевых действий в Афганистане встречался у 10,2 тыс. раненых.

Пулевые ранения встречались у 41,2% раненых. Они преобладали в начале боевых действий в Афганистане (62,2%) и в 2 раза реже—в конце (28,1%). Осколочные ранения были у 58,8% раненых, и их частота возрастала до 71,9% в конце войны. Множественные и сочетанные ранения наблюдали почти у половины пострадавших. Их количество возрастало во второй половине боевых действий, достигая 72,8%.

В структуре пострадавших, поступивших в ЦВГ в 1988 г. ранения конечностей составляли 65,5%, травмы-34,5%. Преобладали раненые с тяжелыми огнестрельными переломами (72%), часто сочетающимися с повреждениями магистральных сосудов (24%). По локализации повреждений преобладали ранения и травмы нижних конечностей-63,1%. Множественные и сочетанные повреждения были у 59% пострадавших. В состоянии шока доставлено 41% раненых.

Основные проблемы лечения огнестрельных переломов костей конечностей, стоящими перед хирургами определялись сроками и объемом хирургической обработки ран, способом фиксации костных отломков, закрытием огнестрельной раны и мероприятиями по предупреждению различных осложнений. Необходимо обозначить ряд положений определяющих отношение к хирургической обработке огнестрельных ран.

Большинство огнестрельных ран подлежат ранней хирургической обработке (до 70%). В зависимости от показаний различают первичную и вторичную хирургическую обработку ран. Первичная хирургическая обработка выполняется по поводу прямых и непосредственных последствий огнестрельной травмы. Вторичная хирургическая обработка выполняется по опосредованным последствиям огнестрельной травмы, т.е. по поводу осложнений, в абсолютном большинстве инфекционных.

Хирургическая обработка должна быть ранней и радикальной, в течение 12 час. после ранения, поскольку после 10-12 часов завершается преобразование микробного загрязнения, возникающего при ранении в микрофлору раны. Это неизбежно создает условия для развития инфекционного процесса. Раннее профилактическое применение антимикробных препаратов позволяет снизить частоту возникновения и тяжесть раневой инфекции, но не влияет на сроки ее развития. Основой развития инфекционного процесса являются нежизнеспособные ткани и формирующиеся очаги вторичного некроза.

После обработки огнестрельной раны первичный глухой шов не рекомендован. При благоприятном течении раневого процесса рационально использование первичного отсроченного шва или вторичного шва при этапном лечении. Первичный шов раны допустим при уверенности в полноценности хирургической обработки огнестрельной раны, в условиях хирургического стационара, под постоянным наблюдением оперировавшего хирурга.

Фармакологические или биофизические методы стабилизации раневого процесса не могут заменить хирургическую обработку, хотя они имеют чрезвычайную важность в плане снижения риска неблагоприятных последствий при вынужденной задержке хирургической обработки огнестрельной раны (И.А. Ерюхин, 1992).

Лечебная иммобилизация. Выбор способа обездвиживания костных отломков, наряду с решением вопросов хирургической тактики, объема и сроков выполнения хирургической обработки ран определяет эффективность лечения раненых с огнестрельными переломами. Тяжесть огнестрельных ранений и общего состояния пострадавших требуют применения простых и надежных методов лечебной иммобилизации, минимально травматичных и обеспечивающих возможность ранней медицинской реабилитации. Консервативные методы лечения раненых имеют более чем 100-летнюю историю развития. Они общедоступны, хорошо освоены. Вместе с тем, широкое их использование ограничено невозможностью выполнить точную репозицию костных отломков и удержать их в соприкосновении. Нередко их применение сопряжено с нарушениями регионарного кровотока. Возникновение вторичных смещений отломков, развитие процессов замедленной консолидации, контрактур и анкилозов суставов отрицательно влияют на частоту применения консервативных методов иммобилизации.

Все чаще предпочтение получают хирургические методы фиксации костных отломков при огнестрельных переломах. Они обеспечивают прочное удержание поврежденной кости, что является основным условием для нормализации регионарного кровотока, заживления огнестрельной раны и консолидации перелома. Создаются оптимальные условия для ухода за ранеными и проведения раннего эффективного восстановительного лечения.

Большинство отечественных и зарубежных специалистов считают внешнюю фиксацию костных отломков методом выбора при лечении раненых с огнестрельными переломами длинных костей. Частота применения внешнего остеосинтеза в Афганистане составляла 32,1% (В. Руцкий, 1989), а в Чечне достигала 40,8% (П. Иванов, 2002). Анализ анатомических результатов лечения показал, что только у 50% раненых было достигнуто правильное сращение переломов в оптимальные сроки, у 22,7% пострадавших были зарегистрированы ложные суставы, замедленная консолидация, неправильно сросшиеся переломы. Восстановление трудоспособности и боеспособности в значительной степени определяется функциональной составляющей итогов лечения. Анализ функциональных результатов лечения раненых с определившимся исходом оказался неутешительным. Увлеченность и необоснованное применение внешнего остеосинтеза аппаратами приводит к возникновению различных осложнений и в итоге—к неудовлетворительным функциональным результатам лечения. По данным А.Артемьева (1990) неудовлетворительные результаты после внешнего остеосинтеза огнестрельных переломов бедра и голени у 108 раненых в Афганистане составляли 36%, а частота различных осложнений достигала 68%. При анализе исходов лечения 625 раненых в Афганистане с огнестрельными переломами длинных костей (В.Котов 1995) неудовлетворительные анатомические и функциональные результаты лечения были у 68% раненых, а осложнения зарегистрированы в 56% случаев. В исследованиях П.Иванова (2002) при лечении огнестрельных переломов у 712 раненых в Чечне внешний остеосинтез был неэффективен у 30%

раненых, а частота различных осложнений встречалась в 79% случаев (рис.1).

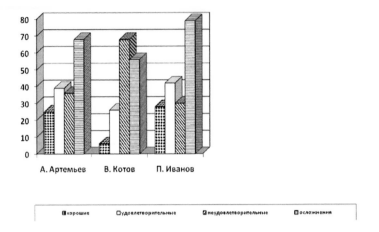

Рисунок 1. *Результаты применения внешнего остеосинтеза у раненных (%).*

Несмотря на популярность применения внешнего остеосинтеза аппаратами при лечении огнестрельных переломов в Афганистане и локальных конфликтах, он имеет ряд недостатков. Метод сложен и трудоемок, требует постоянного наблюдения и манипуляций хирурга на протяжении всего периода лечения, связан с длительным пребыванием раненого в хирургическом стационаре. Метод внешней фиксации ограничивает эффективное восстановление функции поврежденной конечности. Высокая частота различных осложнений, большой процент первичной инвалидности, длительные сроки лечения и нетрудоспособности, достигающие 6-13 мес. требуют поиска более эффективных методов лечения. Накопленный за годы войны в Афганистане и других локальных военных конфликтах опыт позволил определить ряд условий использования аппаратов внешней фиксации при огнестрельных переломах:—желательно применять отсроченный вариант внешнего остеосинтеза после выведения раненого из травматического шока, восполнения кровопотери, нормализации гемодинамики, дегидратации сегмента—при переломах костей предплечья и плеча через 3-5 суток, костей голени не позже 5-6 суток, при переломах бедренной кости—через 2 недели, т.е. в период предшествующий пику нейротрофических расстройств или после нормализации адренергического и холинергического каналов регуляции трофики;—репозицию костных отломков необходимо проводить на ортопедическом столе либо с помощью специальных малогабаритных репозиционных устройств;—при первичном или вторичном дефекте кости величиной не более 3-5 см возможна одномоментная адаптация отломков с компрессией торцовых поверхностей до образования костного регенерата, а при обширных дефектах целесообразна несвободная костная пластика с выполнением поперечных остеотомий, что не приводит к резкому нарушению регионарного кровотока и развитию стойких контрактур.

Сдержанное, а часто и явно отрицательное отношение к применению метода внутренней фиксации костных отломков при огнестрельных переломах можно объяснить реальной опасностью развития различных, в том числе и тяжелых гнойных осложнений, отсутствием достаточного технического оснащения и опыта у военных хирургов и травматологов в вопросах боевой патологии, недооценкой возможностей внутреннего остеосинтеза в современных условиях. В Центральном военном госпитале ограниченного контингента Советских войск в Афганистане в 1988 году внутренний стабильно-функциональный остеосинтез выполнен у 260 (54,7%) раненых, внешний остеосинтез аппаратами у-215 (45,3%), в основном при огнестрельных переломах и взрывных травмах нижних конечностей (65%) (табл.1)

Таблица 1.

Структура повреждений костей и методы фиксации костных отломков

Локализация	Огнестрельные ранения			Минно-взрывные травмы			Всего	
	Методы фиксации						абс	%
	Пластина	Штифты	АВФ	Пластина	Штифты	АВФ		
Бедро	55	21	44	12	19	15	166	34,9
Голень	13	1	84	18	8	19	143	30,1
Плечо	52	-	36	13	-	2	103	21,7

Предплечье		18	4	12	26	-	3	63	13,3
Итого	абс	138	26	176	69	27	39	475	
	%	40,6	7,6	51,1	51,1	20,0	28,9		100

Внутренний остеосинтез выполняли преимущественно при огнестрельных переломах бедра (41,2%), плеча (25%), костей предплечья (18,5%), голени (18,5%). Он позволяет одномоментно добиться точной репозиции и прочной фиксации костных отломков, совместить период консолидации огнестрельного перелома с восстановлением функции поврежденной конечности, оптимизировать лечение сопутствующих повреждений и уход за раненым. После правильно выполненного остеосинтеза не требуется применение дополнительной внешней иммобилизации, что обеспечивает раннюю активизацию и мобильность раненых, а так же возможность активного восстановительного лечения.

Из существующих методов внутренней фиксации отломков костей преимущественно применяли остеосинтез пластинами ТРХ, которые имеют достаточно высокие прочностные характеристики, соответствуют биомеханическим и физиологическим параметрам костной ткани, позволяют добиться прочной фиксации костных отломков при любых по виду и локализации огнестрельных переломов.

Внутренняя фиксация костных отломков при огнестрельных переломах, которую мы отстаиваем, как бы противоречит общепринятым хирургическим установкам. Немалое число специалистов считают, что металлическое инородное тело в зоне огнестрельного перелома является причиной развития раневых инфекционных осложнений. Вместе с тем, исследованиями установлено, что стабильная фиксация костных отломков при огнестрельных переломах значительно снижает вероятность развития раневой инфекции.

Современное понимание костной биологии и биомеханики привелоксмещениюакцентаотмеханическихаспектоввнутренней фиксации к биологическим принципам остеосинтеза.

Достигнув совершенства, механические принципы остеосинтеза исчерпали себя. Требования к абсолютному обездвиживанию костных отломков до полного их сращения является относительным и не выдерживает критики с позиции биомеханики и электрофизиологии костной ткани (В. Руцкий 1984). Причиной этого стало признание важности сохранения микроподвижности костных отломков и сохранение биоэлектрических процессов, связанных с механическими нагрузками и деформацией костной ткани в физиологических пределах.

Концепция совершенствования остеосинтеза была реализована посредством разработанной в 1983 г. пластинки ТРХ. Применение пластины основано на трех принципах:

— обездвиживание костных отломков, исключающее их макроподвижность и травматизацию регенерата;
— соответствие механических свойств фиксатора биомеханическим параметрам костной ткани;
— адекватность микродеформации отломков и регенерата оптимальному репаративному биоэлектрогенезу.

Техническим решением реализации этих принципов стала монолитная пластина, состоящая из двух частей с различными упруго-прочностными свойствами: внешнего жесткого контура и центральной упругой решетки.

Теоретические расчеты деформации, лабораторные испытания на нагрузочных стендах, эксперименты на фотоупругих моделях, электрофизиологические исследования динамических биопотенциалов, клинические наблюдения показали принципиальную возможность накостного остеосинтеза пластинами ТРХ и его преимущества по сравнению с жесткими конструкциями. Конструкция пластины обеспечивает одномоментную межотломковую компрессию силой не менее 200 Н, исключает поперечное, угловое и ротационное смещение отломков кости при функциональных нагрузках, допускает микродеформацию костной ткани при осевых нагрузках до 0,8% линейных размеров. Жесткие имплантаты являются механическим и электрическим шунтом. Это приводит к нарушению биоэлектрических процессов и как следствие к развитию атрофии и снижению механической прочности регенерата и кости на 12-20%.

Пластина ТРХ допускает осевую микроподвижность при физиологических нагрузках и создает условия для индукции биопотенциалов и дифференцировки костной ткани в оптимальные сроки.

Распределение внутренних напряжений в отломках, выявленных на фотоупругих моделях после остеосинтеза жесткой пластиной, характеризовалось неравномерностью на протяжении пластины с концентрацией у концов имплантата, которая достигала 70% на крайние винты. При остеосинтезе пластиной ТРХ определялось равномерное распределение напряжений на все фиксирующие винты, что повышало прочность системы «фиксатор-кость».

При выборе имплантата для остеосинтеза необходимо учитывать следующие требования:

— стабильность внутренней фиксации костных отломков;
— адекватность механических параметров имплантата и кости ;
— биологичность функционирования;
— технологичность применения имплантата;
— возможность ранней реабилитации.

Преимущества остеосинтеза упруго-напряженными пластинами ТРХ выражались в соответствии механических свойств фиксатора биомеханическим параметрам здоровой кости, возможности нагрузки на конечность и генерации биоэлектрических процессов. Равномерное распределение напряжений на фиксирующие винты при функциональных нагрузках на конечность повышает устойчивость соединения в системе «фиксатор-кость». Большое число отверстий облегчает визуальный контроль за положением костных отломков при остеосинтезе, особенно при огнестрельных переломах. Расширяется возможность для выбора проведения фиксирующих винтов. Ограниченный контакт пластины с прилегающей костью снижает возможность повреждения сосудистой сети кортикального слоя, повышает возможность раннего восстановления кровоснабжения костных отломков и регенерата за счет прорастания сосудов через свободные отверстия, что в совокупности предупреждает развитие трофических расстройств в параоссальных тканях, регенерате и самой кости.

Различия имплантатов для остеосинтеза по функциональным возможностям представлены в таблице 2.

Таблица 2.

Характеристика имплантатов для остеосинтеза

Функциональные требования	Имплантаты		
	репозиционные	стабильные	упруго-напряженные
Степень жесткости фиксации	Не достаточна	достаточно высока	достаточна, адекватна упругости кости
Возможность компрессии костных отломков	не обеспечивает	обеспечивает	обеспечивает
Расположение винтов	линейное одноплоскостное	линейное двухплоскостное	многоплоскостное
Распределение напряжения на винты	неравномерное, с концентрацией на крайние винты	неравномерное, с концентрацией на крайние винты	равномерное на все винты
Упругая деформация кости	нет	нет	сохранена
Возможность индукции биопотенциалов	нет	нет	есть
Трофические нарушения тканей	выражены	имеются	ограничены
Технологичность метода	низкая	ограничена	высокая
Функциональная реабилитация	ограничена	возможна	совмещена с периодом реабилитации

В структуре наблюдаемых нами огнестрельных повреждений преобладали осколочные ранения. Они достигали 60,9%. Пулевые огнестрельные переломы были в 39,1% случаев.

Изолированные огнестрельные переломы зарегистрированы у 44,4%, множественные и сочетанные повреждения, а так же сопутствующие повреждения сосудов и нервов были отмечены у 55,6% раненых.

Анализ лечения 260 раненых, которым был выполнен внутренний остеосинтез по поводу боевых повреждений костей, позволяет высказать ряд принципиальных положений. При планировании и непосредственном выполнении остеосинтеза следует учитывать следующие положения:

— объем и сроки проведения хирургической обработки;
— выбор оптимального способа фиксации костных отломков;
— способ закрытия огнестрельной раны;
— способы предупреждения возможных осложнений.

Хирургическая обработка раны. Основой лечения раненых с огнестрельными повреждениями костей была и остается своевременная, желательно ранняя и адекватная хирургическая обработка. Только при сквозных пулевых ранениях с точечным входным и выходным отверстиями, причем без кровотечения и больших гематом, при отсутствии значительных разрушений мягких тканей и тяжелых повреждений костей, она может не выполняться. В таких случаях раненый в процессе лечения нуждается в постоянном наблюдении хирурга.

Ранняя первичная обработка ран была выполнена у 62,9% пострадавших, отсроченная-32,8%, поздняя-3,3%,что было вынужденной мерой при массовом или позднем поступлении раненых в лечебное учреждение.

Хирургическую обработку начинали с рассечения входного и выходного отверстий по оси конечности в соответствии с направлением мышечных волокон. Если планировалось первичнуюхирургическуюобработкураны завершитьпервичным внутренним остеосинтезом, то вмешательство осуществляли типичным доступом к костным отломкам для последующей их репозиции и фиксации. Длина хирургического доступа должна обеспечивать возможность исследования огнестрельной раны по всей глубине, сообразуясь с анатомо-топографическими особенностями поврежденного сегмента конечности. Кожу иссекали экономно, удаляли только размозженные ее участки.

Подлежат удалению погибшие ткани, инородные тела, раневой детрит. Вскрывали и дренировали карманы по всей глубине раны. Очень важно полностью удалить излишнюю кровь и обеспечить тщательный гемостаз. Бережное отношение к костной ткани является непреложным требованием. Механическому удалению подлежали только явно нежизнеспособные костные осколки, в основном мелкие и свободно лежащие. Излишне радикальное удаление осколков или резекция концов костных отломков способствуют замедленному их сращению, образованию ложных суставов, дефектов костей и укорочению конечностей. Причем все эти действия не предупреждают развитие раневых инфекционных осложнений. Для более тщательной санации огнестрельной раны применяли ее промывание пульсирующей струей антисептическими растворами. Кость всегда прикрывали жизнеспособными мышцами. Хирургическую обработку завершали приточно-промывным дренированием с активной аспирацией раневого содержимого в течение 3-4 суток.

Остеосинтез огнестрельных переломов. Выбор способа обездвиживания костных отломков, наряду с решением вопросов хирургической тактики, объема и сроков выполнения хирургической обработки огнестрельной раны, определяет эффективность лечения раненых с огнестрельными и взрывными поражениями.

Тяжесть огнестрельных ранений и общего состояния пострадавших требуют применения простых и надежных методов лечебной иммобилизации, которые отличаются минимальной травматичностью хирургического вмешательства и обеспечивают

возможность выполнения программы ранней медицинской реабилитации. Наряду с полноценной и ранней хирургической обработкой раны, адекватной анибактериальной терапией, стабильное обездвиживание костных отломков является основным средством предупреждения раневых инфекционных осложнений при огнестрельных переломах.

Стабильный остеосинтез с учетом механических, биоэлектрических, биологических и прогностических принципов позволяет одномоментно добиться точной репозиции и прочной фиксации костных отломков, совместить период консолидации с восстановлением функции конечности, обеспечить оптимальные условия лечения сопутствующих повреждений и уход за ранеными. После правильно выполненного внутреннего остеосинтеза не требуется применение дополнительной внешней иммобилизации, что обеспечивает раннюю активизацию и мобильность раненых. Оперативное обездвиживание костных отломков при огнестрельных повреждениях выполнен до 3 недель в 33,4% случаев, отсроченный остеосинтез—в 50,7%, поздний—в 15,9%.

Ранний первичный остеосинтез в порядке оказания экстренной специализированной помощи мы не применяли. Он может быть допустим только в условиях адекватного анестезиологического обеспечения, после выведения раненого из шока, при отсутствии абсолютных противопоказаний к операции на конечности и в практическом плане не имеет преимуществ по сравнению с отсроченным остеосинтезом, который в меньшей степени сопряжен с риском развития гнойных осложнений и существенно не увеличивает сроки анатомического и функционального восстановления.

При выполнении фиксации костных отломков предпочтение отдавали накостному остеосинтезу пластинками ТРХ и Ткаченко. Его применяли у 79,6% раненых. Интрамедуллярный остеосинтез был выполнен в 20,4% случаев.

На наш взгляд, применение интрамедуллярного остеосинтеза у раненых менее целесообразно. Металлический штифт, удерживая костные отломки в правильном положении, далеко не всегда обеспечивает их неподвижность в области перелома. Интрамедуллярно введенный штифт разрушает внутрикостный кровоток в костно-мозговой полости и нарушает перфузию внутреннего кортикального слоя кости, повреждает эндостальные источники регенерации, вызывает нарушение регионарной гемодинамики. Штифты, в том числе и канюлированные, увеличивают давление в костно—мозговой полости, что способствует эмболизации в легкие. По этой причине интрамедуллярный остеосинтез противопоказан при множественных и сочетанных огнестрельных повреждениях, особенно у раненых перенесших шок и у пострадавших с повреждениями грудной клетки и контузией легких. В условиях локальных войн и вооруженных конфликтов возможен и допустим отход от классической схемы эвакуационного обеспечения раненых. Так, всем пострадавшим при их поступлении в специализированное лечебное учреждение оказывали хирургическую помощь, направленную на спасение жизни и стабилизацию общего состояния, выполняли первичную хирургическую обработку раны. В порядке экстренной травматологической помощи в комплексе противошоковых мероприятий обездвиживание костных отломков при огнестрельных переломах бедра и голени осуществляли гипсовой повязкой или аппаратами внешней фиксации, а при переломах верхней конечности—посредством гипсовых повязок.

У пострадавших с множественными переломами костей применяли одноэтапное оперативное вмешательство на двух и более сегментах. Подобная практика, по нашему убеждению, является более предпочтительной, так как при этом уменьшается опасность развития осложнений, связанных с повторными операциями, и сокращается общая продолжительность лечения.

Особого внимания заслуживает техника оперативного вмешательства с максимальной сохранностью кровоснабжения мягких тканей и кости, минимальной травматичностью операционного доступа и минимальным скелетированием костных отломков на стороне расположения фиксатора. Область перелома обнажали типичным доступом, костные фрагменты адаптировали и соединяли пластинкой, которую перекрывали мышцами. Рану дренировали и послойно зашивали. Техника репозиции отломков при диафизарных переломах и технология фиксации пластины к кости должны избираться с учетом максимальной сохранности кровоснабжения как мягких тканей, так и кости. При коррекции костных отломков отдавали предпочтение непрямой репозиции с помощью различных репозиционных устройств, что значительно уменьшало прямое травмирующее воздействие на костные фрагменты в зоне перелома и сохраняло их кровоснабжение. При простых и крупнооскольчатых переломах фиксацию костных отломков пластинкой выполняли с учетом конфигурации линии перелома. Крупные костные осколки адаптировали к отломкам и при необходимости дополнительно фиксировали к оснвным отломкам винтами.

При многооскольчатых переломах с целью уменьшения нарушений кровоснабжения костных отломков последние не выделяли. Пластинку фиксировали винтами только к проксимальному и дистальному отломкам, что сохраняло длину кости и правильную ось поврежденной конечности, исключало ротационную и угловую деформацию отломков.

При внутрисуставных и околосуставных переломах необходимость ранней и анатомически точной репозиции костных отломков, их стабильной фиксации возрастает. Такие переломы быстро срастаются, а остаточные смещения костных отломков в более поздние сроки не поддаются коррекции. Фиксацию отломков при метаэпифизарных переломах осуществляли с помощью прямых и углообразных пластин вскоре после спадения посттравматического отека и улучшения состояния раны мягких тканей.

На основании полученного опыта лечения раненых с боевыми повреждениями конечностей сформулированы показания к внутреннему остеосинтезу огнестрельных переломов костей. Он показан при изолированных переломах, множественных и сочетанных повреждениях, переломах осложненных повреждением магистральных сосудов и нервов. Нельзя выполнять внутренний остеосинтез раненым в состоянии шока, пострадавшим с острой травмой головного мозга до устранения мозговых явлений, при обширном разрушении мягких тканей и костей конечностей, когда невозможно закрыть кость и фиксатор здоровой мышечной тканью, при развившихся инфекционных осложнениях.

Кроме хирургической обработки огнестрельной раны и стабильной фиксации костных отломков важное значение в предупреждении раневых осложнений приобретает нормализация регионарного кровотока. Огнестрельный перелом правомерно рассматривать как тяжелую механическую травму сосудистой сети конечности. Повреждения сосудов конечностей различной степени тяжести встречались у 40% раненых с огнестрельными повреждениями костей конечностей, что приводило к серьезным нарушениям микроциркуляции и неблагоприятному течению раневого процесса (Э.Нечаев с соавт. 1994).

Раненым с клиническими признаками повреждения крупных артерий и расстройствами кровоснабжения конечности, но в период обратимых ишемических явлений выполняли временное шунтирование при всех видах повреждений сосудистой стенки, рассматривая его как наиболее простое, универсальное доступное органосохраняющее оперативное вмешательство. При исключении прогрессирования регионарной ишемии осуществляли фиксацию костных отломков с последующим окончательным восстановлением кровоснабжения в поврежденной конечности. Фиксация костных отломков пластинами ТРХ при огнестрельных переломах и повреждениях сосудов обеспечивала стабильный остеосинтез с только необходимый для выполнения последующих этапов операции. Такой подход создавал более благоприятные условия для реконструктивных хирургических вмешательств на сосудах, предохранял их от излишней травматизации и тромбозов в послеоперационном периоде.

Наиболее часто встречались разрыв магистрального сосуда (53,5%), ушиб стенки сосуда (28,9%), краевые повреждения стенки сосудов (11,4%) и восходящий тромбоз сосудов поврежденной конечности (6,2%).

В комплексном лечении раненых с огнестрельными переломами для коррекции нарушений регионарной гемодинамики большое значение имеет регионарная селективная инфузионная терапия. Для нормализации регионарного кровообращения в поврежденном сегменте конечности применяли спазмолитики, осмотические диуретики, ганглиоблокаторы, средства улучшающие коллатеральное кровообращение. Повышение жизнеспособности тканей в очаге поражения и оптимизация репаративных процессов достигалась применением витаминов, антигипоксантов, анаболических стероидов, биогенных препаратов, ингибиторов ферментов, стимуляторов метаболических процессов. Для профилактики и лечения раневой инфекции применяли антимикробные препараты, антигистаминные средства, иммуномодуляторы. Нормализация коагуляционных и реологических свойств крови потребовала применения плазмозаменителей и антикоагулянтов.

В послеоперационном периоде для предупреждения раневых осложнений помимо длительной внутриартериальной инфузионной терапии целесообразно приточно-промывное дренирование с активной аспирацией, ультрафиолетовое облучение крови, гипербарическая оксигенация, а так же физиотерапевтическое лечение и лечебная физкультура.

Закрытие огнестрельной раны. Закрытие огнестрельной раны—один из важных этапов хирургического лечения раненых, особенно после внутреннего остеосинтеза огнестрельных повреждений конечностей. Его следует рассматривать как логическое завершение первоначального хирургического вмешательства. Такой подход позволяет добиться наиболее благоприятных анатомических и функциональных результатов. Закрытие огнестрельной раны осуществляли согласно требованиям хирургии с помощью швов или кожной пластики. Основной целью шва огнестрельной раны является сокращение сроков заживления. Чем раньше закрыта раневая поверхность, тем более коротким будет и время заживления и лучшим функциональный и косметический результат лечения. Раннее закрытие раневой поверхности значительно снижает опасность внутригоспитального инфицирования раны, уменьшает резорбцию продуктов некролиза, потерь белка и жидкости. Шов раны обеспечивает простоту и безболезненность перевязок, является щадящим способом для больного и менее трудоемким для медицинского персонала. Первичный шов огнестрельной раны выполнен у 52,8% раненых после внутреннего остеосинтеза. Его выполнение допустимо при хорошем общем состоянии раненого, возможности наблюдения за ним в течение 7-10 суток после операции, полноценности хирургической обработки огнестрельной раны, возможности сближения краев раны после операции без заметного натяжения тканей, стабильной фиксации костных отломков, нормализации регионарного кровообращения.

Следует отметить, что недооценка степени жизнеспособности мягких тканей и кожи при первичном шве раны приводит к тяжелым последствиям. Стремление хирургов закрыть рану первичным швом без учета тяжести повреждения мягких тканей, степени загрязнения и состояния периферического кровообращения конечности, при натяжении кожи является порочным и недопустимым.

Отсроченный шов после внутреннего остеосинтеза отломков выполнен у 34,9% раненых с огнестрельными переломами костей конечностей. Его применяли, когда отсутствовала возможность круглосуточного наблюдения, при натяжении краев раны, опасности развития раневых инфекционных осложнений, нарушении рагионарной гемодинамики. Грубой ошибкой после внутреннего остеосинтеза следует считать незакрытие кости и имплантата жизнеспособными мягкими тканями.

При наличии дефекта мягких тканей или гранулирующих ран целесообразно использование мышечно-фасциальной или кожной пластики как завершающего этапа внутреннего остеосинтеза, которую выполняли у 12,3% раненых. Это создавало благоприятные условия для заживления огнестрельной раны. Свободную кожную пластику для закрытия раневой поверхности выполняли посредством дерматомной аутопластики перфорированным лоскутом. Кожную пластику способами Ривердена, Якович-Чайнского-Девиса и другими не применяли и связи с частым лизированием трансплантатов в области их пересадки и развитием гипертрофических рубцов.

Несмотря на разнообразие способов закрытия огнестрельной раны техника шва практически однотипна. С нашей точки зрения, после внутреннего остеосинтеза у раненых с огнестрельными переломами костей конечностей должен соблюдаться основной принцип—в ране нельзя оставлять замкнутых недренируемых полостей и карманов. Адаптация краев и стенок огнестрельной раны должна быть достаточной. Основным требованиям закрытия огнестрельной раны отвечает обычный узловой шов, проведенный через все слои раны. Это обеспечивает оптимальную адаптацию стенок раны и ее краев.

При закрытии глубоких огнестрельных ран целесообразно применять многостежковый обвивной шов, техника которого заключается в поэтапном проведении шовной нити через стенки и дно раны. При наличии обширной полости целесообразно применение П-образного шва, позволяющего хорошо адаптировать стенки огнестрельной раны.

Следует помнить, что в большинстве случаев шов огнестрельной раны выполняется при наличии восполительных изменений краев раны и мягких тканей конечности, выраженных в различной степени в зависимости от сроков с момента ранения и выполнения хирургической обработки. Для предупреждения прорезывания и расхождения швов оправданно накладывать их на трубках-амортизаторах.

Оптимальность лечебно-реабилитационных мероприятий, совместимых и взаимозаменяемых во времени, обеспечивает сокращение сроков консолидации костных отломков и ремоделирования костной мозоли, восстановление функции поврежденной конечности.

Консолидация огнестрельных переломов и восстановление функции конечности достигнуты в оптимальные сроки у 88,1% 80,6% раненых.(рис.2) Различные ошибки и осложнения были у 16,2% пострадавших. В 8,9% случаев развилось нагноение послеоперационной раны, что привело к остеомиелиту у 2,9%раненых. Деформацию и перелом фиксаторов наблюдали в 1,5% случаев, что было связано с повторными травмами и несоблюдением послеоперационного режима. В 2,9% переломы не срослись, что потребовало повторного хирургического лечения.

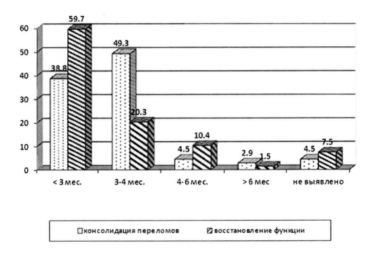

Рисунок 2. *Результаты лечения раненых с огнестрельными переломами костей.*

Таким образом, оптимизация остеорепарации проявлялась ранней консолидацией перелома и ремоделированием костной мозоли. Средние сроки сращения сократились до 3-4 месяцев, а восстановление функции—в 1,5-2 раза Клинические наблюдения после остеосинтеза огнестрельных переломов костей конечностей пластинами ТРХ представлены на рис.3-7.

Подводя итог, необходимо отметить, что не существует единого и универсального метода лечения раненых с огнестрельными переломами костей конечностей. При лечении раненых может быть выбран лишь один из возможных методов решения этой трудной задачи. В ряде случаев показан и правомочен последовательный остеосинтез.

Внутренний остеосинтез отломков у раненых с огнестрельными повреждениями костей конечностей возможен и допустим при надлежащем функционировании системы медицинской помощи. Очевидно, что внутренний остеосинтез отломков при огнестрельных переломах должен выполняться только в специализированных травматологических стационарах, где есть необходимое техническое оснащение, а хирурги имеют специальную подготовку и опыт по проведению этого сложного реконструктивно-восстановительного хирургического вмешательства.

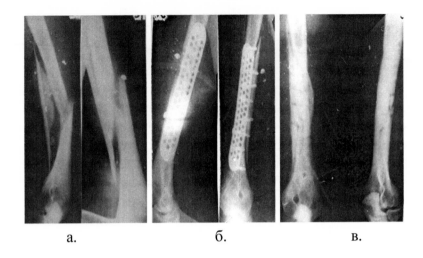

а. б. в.

Рисунок 3. Огнестрельный перелом плечевой кости(а);
первичный остеосинтез пластиной ТРХ(б);
через 3 месяца после удаления конструкции(в).

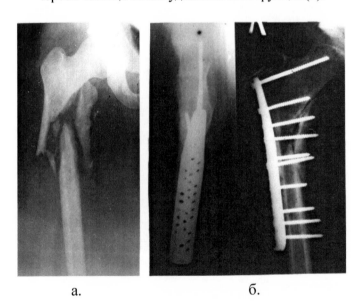

а. б.

Рисунок 4. Огнестрельный чрезвертельный перелом
бедренной кости (а); фиксация пластины ТРХ (б).

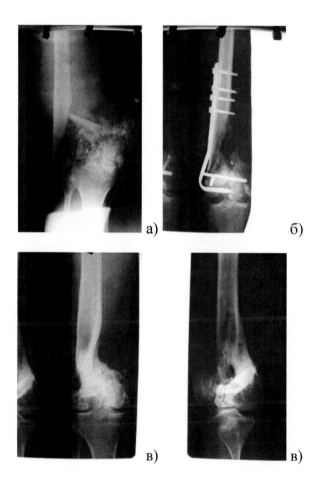

Рисунок 5. Огнестрельный перелом бедренной кости в нижней трети (а) (б) после остеосинтеза пластиной ТРХ, (в) результат после удаления конструкции.

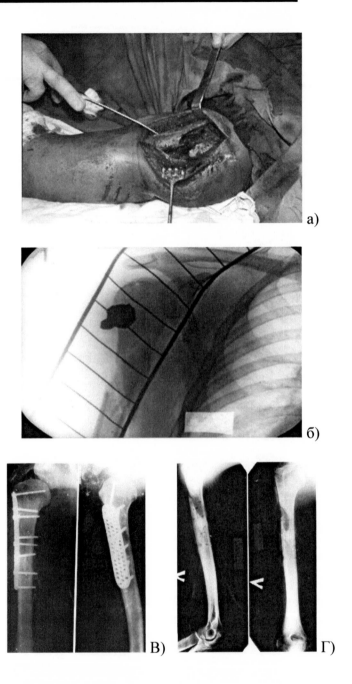

Рисунок 6. Взрывное ранение плечевой кости в верхней трети (а,б) (В) после остеосинтеза пластиной ТРХ. (Г) Результат после удаления пластины через 4 месяца, сохраняется дефект плечевой кости.

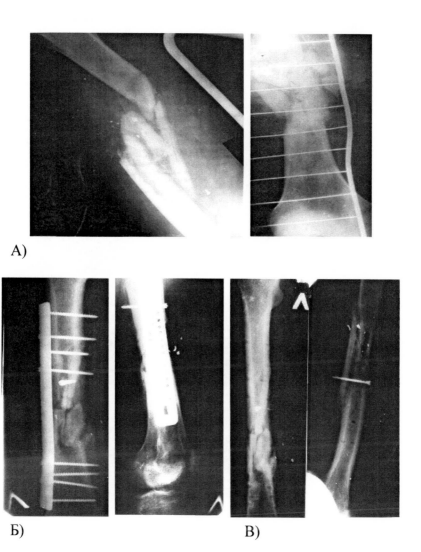

Рисунок 7. Огестрельный перелом бедренной кости (А).
После остеосинтеза пластиной ТРХ (Б).
Результат лечения после удаления пластины через 4 месяца (В).

A)   Б)

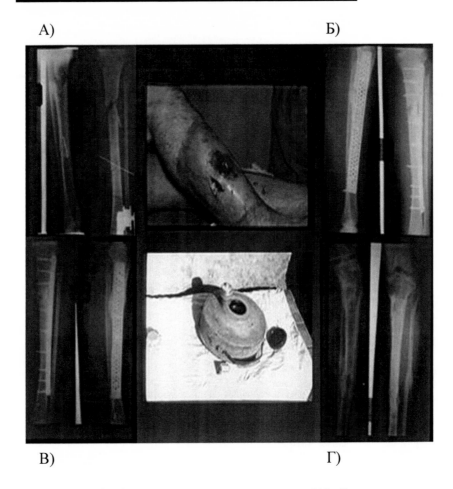

В)   Г)

Рисунок 8. Минно-взрывная травма голени (А). Остеосинтез пластиной ТРХ через 10 дней (Б). Сращение перелома через 3 месяца (В). Результат лечения после удаления металлоконструкции через 3,5 месяца (Г).

2.3. Список литературы.

1. Грицанов А., Хомутов В.—Эволюция остеосинтеза.—С. Пб. Морсар, 2005.-279 с.

2. Ерюхин И.—с соавт. Особенности диагностики и лечения современной боевой травмы кровеносных сосудов.—Воен. -мед. Журн.-1991.—№8.—с.22-24

3. Ерюхин И.—О хирургической обработке огнестрельных ран.—Воен.-мед. Журн.-1992. —№1.—с. 25-28.

4. Клар С.—Почки и гемостаз в норме и патологии.—М. Медицина, 1987.-445 с.

5. Нечаев Э. с соавт.—Минно-взрывная травма.—СПб. «Альд». 194.-488 с.

6. Хартич В.—Современная инфузионная терапия.—М. Медицина, 1987.-496 с.

7. Шаповалов В., Грицанов А.—Состояние и перспективы развития военной травматологии и ортопедии.—СПБ., Морсар. 1999.-559 с.

8. Rich N., Spencer F.,—Vascular trauma. Phila; W.B. Saunder Co., 1978-610 p.

3

Ранения и травмы ЛОР—органов в современных локальных вооруженных конфликтах (совместно с доктором Егоровым В.И.)

3.1. Особенности диагностики и лечения современных боевых повреждений ЛОР органов

В годы Великой Отечественной войны 1941-1945 гг. пострадав-шие с повреждением ЛОР органов составляли 3,4-4% от общего числа раненых. Преобладали осколочные (68,7%) и пулевые (29%) ранения. Контуженные с проявлением симптомов поражения ЛОР орга- нов встречались лишь в 2% случаев.

В настоящее время концепция "минной войны" официально закреплена в армейских уставах ведущих государств мира. Она предусматривает массовое, неограниченное по масштабу, месту, времени и виду боевых действий применение мин и других взрывчатых снарядов (Жуков Н., 1980, 1986; Нижаловский А., Бовда А., 1988; Гуманенко Е.К., Самохвалов И.М. 2011; Pickert H., 1980; Horne C.F., 1982).

В свете основных положений современной военно-медицинской доктрины и формирования концепции медицины катастроф необходима коррекция отдельных элементов медицинской помощи раненым с МВТ на этапах медицинской эвакуации и лечения (Гринев М.В., 1988; Лыткин М.И., Петленко В.П., 1988; Гайдар Б.В., 1990; Бисенков Л.Н., Тынянкин Н.А., 1992) с учетом сохранения и восстановления их военно-профессиональной работоспособности, возможной инвали-дизации и последующей социальной адаптации (Виноградов В.М. с соавт., 1979; Гречко А.Т., 1992; Янов Ю.К. с соавт., 1989; Гума- ненко Е.К., 1995). Повреждения, вызванные взрывом, занимают большой удельный вес в структуре санитарных потерь в современных военных конфликтах, составляя от 25% до 70% боевых травм и ранений (Хилько В.А. с соавт., 1983; Хабиби В. с соавт., 1989 а, б; Нечаев Э.А. с соавт., 1991; Дедушкин В.С. с соавт., 1992). В публикациях последних десятилетий утвердился термин "минная война", подразумевающий весь комплекс средств устройства и преодоления минно-взрывных заграждений, приемы и способы практического применения мин, ручных гранат и гранатометов, управляемых ракет и др.

Анализ опыта организации лечебно-эвакуационного обеспечения вооруженных конфликтов, происходящих в последнее столетие, и данные, полученные в ходе исследований, позволяют сделать вывод о том, что санитарные потери в значительной степени определяются, прежде всего, интенсивностью ведения боевых действий и их продолжительностью. Колебания в показателях в значительной степени зависят от вида применяемого оружия, состава войск, степени защищенности военнослужащих, инженерного оборудования, характера боевых действий и некоторых других условий (Фокин Ю.Н., 2000; Чиж И.М., 2000, Шелепов А.М. с соавт., 2003).

В локальных военных конфликтах последних десятилетий (Афганистан, Чечня) военно-медицинской службой использовалась многовариантная лечебно-эвакуационная система.

Во Вьетнаме (для сравнения) американские раненые с поля боя, минуя этап первой врачебной помощи, эвакуировались на этап квалифицированной хирургической помощи с помощью санитарного авиатранспорта.

Параллельно развивался и другой принцип оказания специализированной хирургической помощи—приближение ее к полю боя, преимущественно в виде мобильных медицинских отрядов, в штат которых входил и отоларинголог, проводивший специализированное лечение раненых со сроками выздоровления до 30 суток.

Что касается современных условий, то, как показывает практика, в вооруженных конфликтах последних лет, как правило, отсутствует линия фронта, и зачастую специализированная медицинская помощь оказывается в стационарных учреждениях. При этом раненые и пострадавшие прямо с поля боя поступают на этап специализированной медицинской помощи. При таких особенностях системы организации лечебно-эвакуационных мероприятий в полной мере реализуются все возможности современного лечебного учреждения (Llewellyn, Dovel, 1985; Adams, 1988).

В условиях современных локальных войн в общей структуре бо-евых повреждений травма ЛОР органов составляет около 4-4,5%. Ранения (открытые повреждения) ЛОР органов составили 25,2% от общего количества изолированных боевых повреждений ЛОР органов и 1,4% от всех раненых. По виду ранящего оружия ранения ЛОР органов распредели-лись следующим образом: осколочные-83,7%, пулевые-16,3%. В абсолютном большинстве случаев (96%) осколочные ранения были слепыми или касательными, а пулевые (98%)—сквозными. В общей структуре различные повреждения уха составили 80,5% наблюдений, носа и околоносовых пазух—в 14,3% и шеи—в 5,2% случаев. Из представленных данных видно, что в локализации ранения ЛОР органов имеются существенные различия по сравнению с данными Великой Отечественной войны. Объясняется это как специфическими особенностями ведения боевых действий в условиях горно-пустынной местности, так и всевозрастающим травмирующим воздействием поражающих факторов современных видов оружия. Преобладание осколочных ранений ЛОР органов существенным образом сказалось на характере повреждения. Как правило, разрушения мягких тканей и костно-хрящевого скелета носили обширный характер.

В общей структуре ранений ЛОР органов (табл. 1) преобладают ранения носа и околоносовых пазух. В целом ранения носа и околоносовых пазух составляют до 76,5 % всех ранений. Ранения уха и сосцевидного отростка, так же как и ранения шеи составляют до 11,7 % всех ранений, при этом во всех случаях преобладают глубокие ранения по сравнению с поверхностными.

Таблица 1

Структура ранений ЛОР органов
(по данным боевых действий в Афганистане)

Локализация ранения	Относительное количество, %
1. Ранения носа:	36,76
А) без повреждения костей	14,7
Б) с повреждением костей	22,06
2. Ранения околоносовых пазух	39,71
3. Ранения наружного уха и области сосцевидного отростка:	11,76
а) без повреждения височной кости	4,4
б) с повреждением височной кости	7,35
4. Ранения шеи:	11,76
а) непроникающие	2,94
б) проникающие с повреждением глотки, гортани, трахеи, шейного отдела пищевода	8,82
Всего	100

Практически в 15 % всех наблюдений ранения ЛОР органов сопровождались повреждениями других частей тела (конечности, грудная и брюшная полость и других). И только 18,2 % ранений ЛОР органов были изолированными.

Что касается тяжести поражения, то удобна и достаточно полна, на наш взгляд, классификация предложенная, В.Р. Гофманом (1992, 1995).

Классификация предусматривала деление поражений по четырем степеням тяжести.

1. Легкой степени тяжести:
   — поверхностные повреждения мягких тканей, поверхностные ожоги 2-3 степени уха, носа, шеи.
2. Средней степени тяжести:
   — травмы лобной, верхнечелюстной пазух, клеток решетчатого лабиринта, среднего уха и обширные травмы мягких тканей шеи без повреждения гортани,

трахеи, глотки, пищевода и сосудисто-нервного пучка.

3. Тяжелой степени тяжести:
   — ранения внутреннего уха, лобной и основной пазух, шеи (глотки, гортани, трахеи, пищевода, сосудисто-нервного пучка), обусловливающие функциональное нарушение дыхания, глотания, слуха и речи;
   — ранения ЛОР органов, непроникающие в полость черепа с тяжелым повреждением головного мозга (ушиб головного мозга тяжелой степени);
   — ранения ЛОР органов, проникающие в полость черепа с нетяжелым повреждением головного мозга;

4. Крайне тяжелой степени тяжести:
   — ранения шеи с повреждением сосудистого пучка или пищевода, вызывающие состояния, угрожающие жизни раненого;
   — ранения ЛОР органов, проникающие в полость черепа с тяжелыми повреждениями головного мозга.

Оценивая настоящую организацию хирургической помощи раненым в челюстно-лицевую область можно выделить следующие особенности:

- сокращение этапов оказания медицинской помощи;
- преобладание эвакуации раненых авиатранспортом;
- короткие сроки поступления раненых в лечебные учреждения;
- ранняя специализированная хирургическая помощь большинству раненых.

Такая система оказания медицинской помощи раненным в челюстно-лицевую область способствует снижению частоты возникновения асфиксий в 2,5 раза, отсутствию обтурационных, стенотических и клапанных асфиксий, а также существенному уменьшению количества трахеостомий при устранении асфиксии. Быстрая доставка раненых в лечебные учреждения ведет к уменьшению количества раненых с продолжающимся наружным кровотечением из ран челюстно-ицевой области, а рациональная хирургическая обработка ран на этапах специализированной медицинской помощи позволеят сократить частоту перевязки наружной сонной артерии до 0,4 %.

Огнестрельные ранения подразделяются на изолированные, множественные и сочетанные. При поражениях челюстно—лицевой области, как правило, наблюдаются последние две группы. Под изолированными понимаются ранения одного анатомического органа.

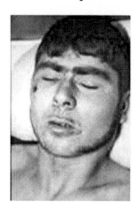

Пулевое слепое ранение правой верхнечелюстной пазухи

Осколочное слепое ранение левого решетчатого лабиринта

К множественным относятся ранения двух и более органов.

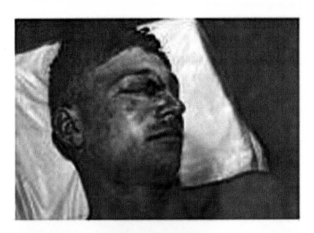

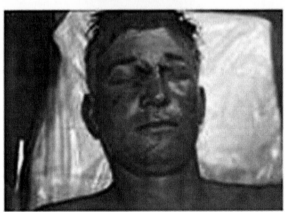

Ранение обоих решетчатых лабиринтов и наружного носа

В сочетанных выделяются две группы. В первой группе выделяются комбинации ранений ЛОР органов, сопровождающиеся ранениями челюстей, скуловой кости и т.п., орбиты).

Сочетанное ранение лобной пазухи, решетчатого лабиринта, верхнечелюстной пазухи и глазницы

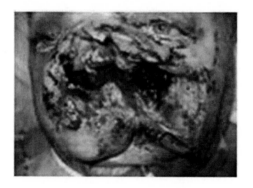

Сочетанное ранение лицевого скелета

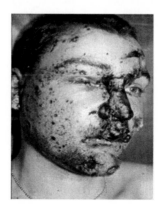

Множественные осколочные рання лицевого черепа

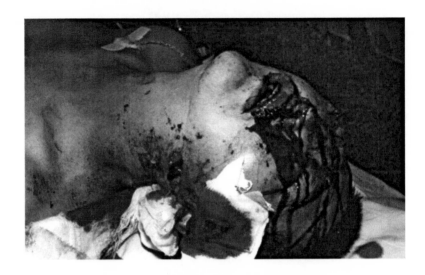

Сквозное пулевое ранение лицевого черепа (входное
отверстие—правая орбита, выходное—угол нижней челюсти слева)

К второй группе относятся ранения челюстно-лицевой
области, сопровождающиеся ранениями других областей тела
(туловища, конечностей, грудной и брюшной полости, полости
черепа).

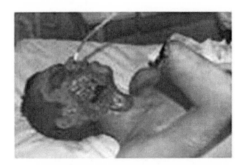

Сочетанное ранение лица, шеи, правой нижней конечности

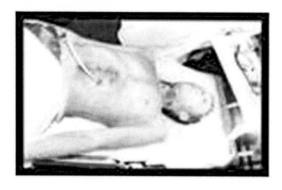

Сочетанное ранение шеи и брюшной полости

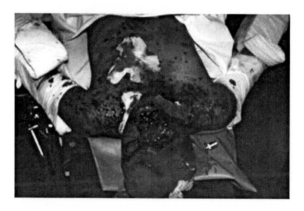

Сочетанное ранение головы и верхних конечностей

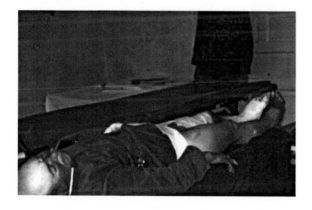

Сочетанное ранение околоносовых пазух и нижней конечности

Лечение огнестрельных ран представляет собой сложную задачу и слагается из ряда последовательных приемов, которые нужно применять с учетом всех особенностей каждого ранения. Подчеркнем, что очень желателен хирургический консенсус оториноларинголога, челюстно—лицевого хирурга и, часто, офтальмолога, нередко—нейрохирурга.

Патологические изменения, вызванные огнестрельной травмой, имеют свои особенности, отличающие их от ранений неогнестрельного происхождения. В механизме образования огнестрельной раны основное значение принадлежит следующим факторам: головная ударная волна, воздействие ранящего снаряда, воздействие энергии бокового удара (образование временной пульсирующей полости), воздействие вихревого следа. Попадание пули или другого огнестрельного ранящего снаряда из менее плотной в более плотную среду нарушает равномерность скорости ее движения, вызывает торможение, образование разрушительного сверхзвукового потока и временной пульсирующей полости. Формирование ранения в целом происходит за счет повреждающего действия временной пульсирующей полости, период существования которой в несколько тысяч раз превышает время преодоления пулей повреждаемых тканей. При взаимодействии пули под углом с костью возможен внутренний рикошет с образованием раневого канала в виде ломаной линии.

В соответствии с морфологическими и функциональными изменениями в пределах раневого канала выделяют три зоны: зона непосредственного раневого дефекта, зона первичного некроза, зона вторичного некроза. В механизме образования огнестрельной раны при действии современных ранящих снарядов, отличающихся чрезвычайно высоким повреждающим действием, большое значение имеет ярко выраженный контузионный синдром (Попов В.Л., Дыскин Е.А., 1994).

Специализированная хирургическая помощь оказана 38,7% раненым отоларингологического профиля, остальным— квалифицированная хирургическая помощь.

Во всех имеющихся публикациях авторы отмечают высокий процент повреждения взрывной волной слухового анализатора с разрывами барабанных перепонок, шумом в ушах на протяжении

2 мес. и более, а иногда и полной глухотой [Byzne I.E.T., 1975; Pahoz A.L., 1981; Graham J.et al., 1983].

Частота травм взрывной волной слухового анализатора наблюдалась в 73,3% случаев, причем только 22% пострадавших из них в остром периоде травматической болезни активно предъявляли жалобы на слуховые расстройства.

Повреждение ЛОР органов при минно-взрывных ранениях в 14,6% случаев сочеталось с травмой головного мозга, в 33,6%—глаз и в 21,8%—челюстей.

Среди ранений шеи в 18,2% наблюдались ранения с повреждени-ем жизненно важных органов, в остальных случаях—ранения мягких тканей. Наиболее часто имели место изолированные повреждения гортани (39%), реже—глотки (19,5%) и пищевода (7%). В остальных случаях повреждения носили сочетанный характер, в том числе с повреждением крупных сосудов (11,5%).

Преобладание осколочных ранений ЛОР органов существенным образом сказалось на характере повреждения. Как правило, разру-шения мягких тканей и костно-хрящевого скелета носили обширный характер.

Специализированная хирургическая помощь оказана 38,7% ране-ным отоларингологического профиля, остальным— квалифицированная хирургическая помощь. Преобладающее большинство раненых в шею с повреждением жизненно важных органов поступило на этап специали-зированной помощи в 1-5 сутки после оказания им неотложной ЛОР помощи, а нередко и хирургической обработки раны на предыдущих этапах, что не только существенным образом вносило коррективы в традиционную лечебную тактику, но, в ряде случаев, и отрицательно сказывалось на функциональных исходах лечения.

Хирургическая обработка наружных ран ЛОР органов должна производиться в возможно ранние сроки. Она должна предусматри-вать косметический эффект операции, поэтому допускается удаление только заведомо нежизнеспособных мягких тканей и утративших связь с надкостницей костных осколков с наложением первичных швов. В тех случаях, когда сближение краев раны сопряжено с большим натяжением накладывают направляющие швы. При хирургичес-кой обработке ран носа и наружного уха необходимо предусматривать сохранение формы и нормального просвета их полостей.

Одной из главных задач современной анестезиологии является снятие патологической импульсации из поврежденных органов и час- ей тела, т.е. воздействовать на патологическое звено шока. Наиболее действенным средством в военно-полевой хирургии является проведение проводниковой анестезии.

В отоларингологической практике в доступной нам литературе мы не встретили сообщений о выполнении подобных вмешательств при ранениях и повреждениях носа и околоносовых пазух. В практике челюст-но-лицевой хирургии существуют способы блокады 2-й ветви трой-ничного нерва (надскуловой, подскуловой), однако, из-за анатомических особенностей лицевого черепа они иногда не выполнимы, а также требуют определенного навыка.

В течении раневого процесса микробному фактору нами уделялась большая роль, как одному из важнейших факторов в возникновении и развитии гнойных осложнений.

Частота высевания из ран при поступлении пострадавших мик-робов в первые сутки после ранения составила $58 \pm 7,2\%$. При ог-нестрельных ранениях с повреждением околоносовых пазух и органов шеи микробная загрязненность составила $80,3 \pm 4,7\%$. Как правило, высевалась монофлора. Видовой состав микрофлоры (основной): стафилококк-26%, клебсиелла-12,5%, протей-9,6%, синегнойная палочка-7,5%, кишечная палочка-1,4%.

На госпитальном этапе помощь пострадавшим с травмой ЛОР ор-ганов оказывалась в соответствии с характером повреждения. Начи-ная с момента ранения, следили за поддержанием свободной проходимости дыхательных путей, при наличии наружного кровотече-ния накладывали давящую повязку или туго тампонировали рану. В случаях отрыва носа или ушной раковины их, по возможности, сох-раняли до этапа оказания специализированной медицинской помощи.

При кровотечении из носа его останавливали в объеме оказания первой врачебной помощи. С этой целью обычно проводили переднюю или заднюю тампонаду по В.И.Воячеку и Беллоку (задняя тампонада носа) с последующим наложением пращевидной повязки. Тампон в полости носа во избежание инфицирования старались не держать без смены более 2 сут.

При кровотечении из нижних отделов глотки, гортани или трахеи, особенно с признаками асфиксии, пострадавшим по жизненным показаниям выполняли трахеостомию. Кровотечение из слухового прохода останавливали тугой тампонадой.

На этапе оказания квалифицированной медицинской помощи ле-чение раненых чаще осуществлялось врачами общего хирургического профиля. Оперативным вмешательствам здесь подвергали пострадав-ших с продолжающимся кровотечением или асфиксией.

Остановка кровотечения, как правило, дополнялась ревизией раны, лигированием поврежденных сосудов или их перевязкой на протяжении по общепринятым классическим методикам. При поврежде-нии сигмовидного синуса производят трепанацию сосцевидного отростка с его обнажением и введением тампонов по Уайтингу: узкая турунда, пропитанная синтомициновой эмульсией или йодоформом, помещается между костью и стенкой синуса. Здесь тампон должен находиться в течение 10 дней. С этой целью можно также использовать мышцу, например, височную.

Хирургические вмешательства при ранениях носа, околоносовых пазух, глотки, пищевода, уха на этом этапе производили исключи-тельно по неотложным показаниям.

На этапе оказания специализированой медицинской помощи ле-чение проводили с непременным участием ЛОР врачей. Все постра-давшие при поступлении делились на 3 основные группы:

— раненые с продолжающимся или возобновившимся кровотечением или нарушением дыхания. Их оперируют в первую очередь по неот-ложным показаниям;
— пострадавшие с ранениями шеи, среднего и внутреннего уха, но без угрожающих жизни симптомов. Их оперируют после завершения первоочередных операций;
— раненые с повреждением наружного уха, носа, околоносовых пазух. Этих пострадавших оперируют в третью очередь, после ста-билизации жизненно важных функций организма.

Симультанные операции среди наших раненых с взрывными пора-жениями ЛОР органов выполнены в 51,5% случаев и обычно проводи-лись с окулистами, нейрохирургами и челюстно-лицевыми хирургами.

Данное обстоятельство диктует, по нашему мнению, необходимость не только максимально раннего вмешательства высококвалифициро-ванных специалистов, но и формирования из них совместных хирурги-ческих бригад.

Особую ценность в диагностике оказывает компьютерная томография. Она позволяет выявить костные повреждения, содержимое пазух, в том числе инородные тела, смещение мягких тканей, гематомы, внедрение осколков в глазницу, определить состояние клеток решетчатого лабиринта, соотношение костных повреждений со зрительным нервом, абсцессы мозга, предполагаемый источник ликвореи.

Для улучшения визуализации повреждений, локализации инородных тел, патологических процессов, вариантов строения околоносовых пазух и соседних анатомических образований целесообразно дополнять компьютерные томограммы в стандартных проекциях многоплоскостными и объемными изображениями (реконструкциями), особенно при использовании спирального компьютерного томографа (Киселев А.С., Руденко Д.В., 2002).

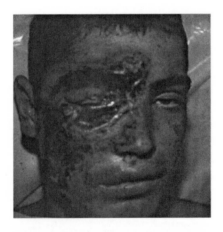

Сочетанное ранение верхнечелюстной пазухи, решетчатого лабиринта, орбиты.

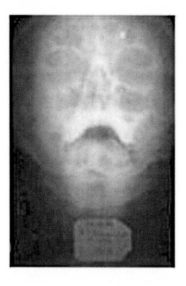

Осколок в левой лобной пазухе

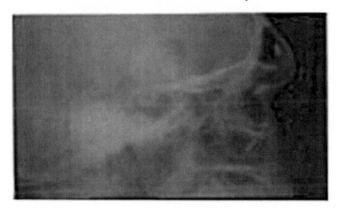

Осколок в лобной пазухе (боковая проекция).

При подозрении на перелом глазницы выполняют рентгеновский снимок по Резе. Для оценки состояния задней стенки лобной пазухи, крыши решетчатой кости и верхней стенки основной кости особенно важен боковой снимок (переднее основание черепа). Если не удается точно установить ход линии переломов, то дополнительно производят томографию. Однако следует иметь в виду, что нельзя исключить перелом основания черепа в случае отсутствия его рентгенологических признаков.

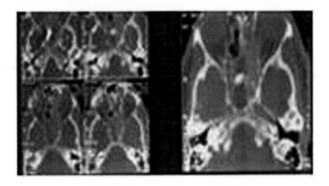

Осколок в клиновидной пазухе, двусторонний сфеноидит, этмоидит.

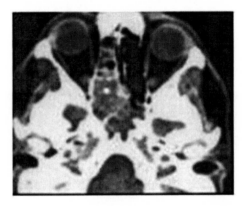

Осколок в задних клетках решетчатого лабиринта, этмоидит.

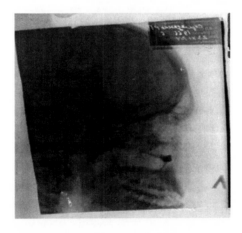

Осколок в верхнечелюстной пазухе.

Общие особенности основных операций на ЛОР органах сводятся к следующему.

3.2. РАНЕНИЯ НОСА И ОКОЛОНОСОВЫХ ПАЗУХ

Актуальность рассматриваемой темы дополнительно подтверждается тем, что при ранениях околоносовых пазух в 10 % наблюдений имелись поражения глубоких пазух (задние клетки решетчатого лабиринта и основная пазуха).

Из всех ранений околоносовых пазух наиболее часто наблюдались ранения верхнечелюстных пазух (88%), значительно реже—лобных (11,6%) и только в единичных случаях (0,4%) ранения решетчатого лабиринта и клиновидных пазух. Изолированные огнестрельные ранения околоносовых пазух составляют 17% от всех ранений пазух, основная масса—сочетанные ранения. Локализация сочетанных ранений околоносовых пазух: ранения орбиты-42%, верхняя челюсть-37%, проникающие в полость черега-18%, другие органы и сегменты тела-3%.

Такие повреждения чаще всего встречаются при ранении их осколками взрывных устройств. При этом наблюдается самая разнообразная симптоматика: боль в носу и голове, носовое кровотечение, заглатывание крови через носоглотку, и вследствие этого, кровавая рвота, гнусавый оттенок речи, затруднение носового дыхания.

Ранения носа и околоносовых пазух характеризуется следующими особенностями. Поверхностные ранения мягких тканей носа и областей околоносовых пазух иногда вызывают только косметический дефект. Что касается ранений, проникающих в полость носа, пазух и смежных отделов лица, то они нарушают целостность как мягких тканей, так и хрящевых структур, костных стенок и слизистой оболочки указанных образований, вызывают расстройства функций дыхания, обоняния, речи, приема пищи, а также нередко ведут к значительному обезображиванию лица.

В результате повреждения кровеносных сосудов в ране возникают поверхностные или более глубокие кровотечения, когда кровь изливается в полости пазух, носовую полость, глотку, а при нарушении целостности черепных стенок—в полость черепа. Массивные кровотечения связаны с повреждением сонных артерий, челюстных артерий или других крупных сосудистых стволов.

Местные реактивные изменения становятся заметными по мере развития воспалительного процесса, возникающего в связи с нарушением целостности кожи и слизистой оболочки, скоплением раздробленных костных осколков, частиц одежды и других инородных тел, попавших вместе с ранящим снарядом, размозжением и некрозом тканей. Огнестрельная рана всегда первично загрязнена микробами, а сообщение с внешней средой и доступ микроорганизмов из полости носа и глотки служат источником дополнительного инфицирования раны.

Возможность развития травматического остеомиелита в результате костного повреждения определяется инфицированием поврежденной костной ткани, когда инфекция заносится непосредственно в костный мозг через трещины кости, либо ее источником является патологический процесс, возникающий в околоносовых пазухах.

Легким повреждением наружного носа принято считать его ушибы, отрывы кожных лоскутов, трещины и переломы костного скелета.

Последние вызывают деформацию наружного носа— смещение его в сторону или западение стенки с крепитацией при пальпации костных отломков. При передней риноскопии обнаруживают инородные тела, повреждения перегородки носа или ее гематому, которая нагнаивается (если ее срочно не лечить) почти в 100% случаев.

К более тяжелым ранениям носа относятся травмы переносицы и хрящей, а также структуры внутреннего носа. В случаях слепых ра-нений инородное тело застревает в одном из носовых ходов, не-редко с перфорацией перегородки. Иногда может встречаться ране-ние с разрушением всей архитектоники носа одновременно со стен-ками орбит и других околоносовых пазух. В этом случай говорят о назоорбитальных ранениях.

Повреждение верхнечелюстной пазухи, учитывая ее топографи-ческое положение, редко бывает изолированным, а чаще сочетается с поражением носа, орбиты, жевательного аппарата. Пазуха может пострадать и при ушибах, когда имеет место перелом верхней че-люсти и устанавливается сообщение пазухи с ротовой полостью. В верхнечелюстную пазуху внедряются костные осколки и инородные тела. Чаще всего ранящий предмет проникает через подглазничную, скуловую область той же стороны или через другую пазуху и по-лость носа. Признаками поражения верхнечелюстной пазухи служат уже описанные симптомы, характерные для ранений носа. К этому следует добавить боль, иррадиирующую в область верхних зубов, отек подглазничной области, иногда слезотечение при прямом или косвенном повреждении слезоотводящих путей. При переломах верх-ней стенки пазухи всегда наблюдаются изменения со стороны орби-ты: контузия глаза, смещение глазного яблока, гематомы, затруднение движения глазного яблока.

К числу функциональных расстройств относятся нарушения носового дыхания, обоняния, защитной функции носа, приема пищи, жевания, глотания и речевой артикуляции. Все это в особенности выражено при сочетании ранений носа и пазух с носоглоткой, небом, жевательным аппаратом и дефектами мягких тканей лица.

Симптомом травматического гнойного воспаления пазух служит выделение гноя через раневые или свищевые отверстия; оно может происходить не только наружу, но и в полость носа или рта. Особенностью огнестрельных синуситов по сравнению с воспалениями пазух в мирное время является, с одной стороны, возможность комбинации с остеомиелитом, а с другой—более скорое обратное развитие процесса, например, после удаления осколка, тормозившего выздоровление.

Ранения верхнечелюстных пазух протекают наиболее благоприятно по сравнению с ранениями других околоносовых пазух. Размеры наружных ран варьируют от небольших округлых или линейных до больших зияющих ран.

Решетчатый лабиринт при минно-взрывных ранениях, как пока-зал наш опыт, чаще всего (92%) повреждается со стороны орбитытой же или противоположной стороны. В последнем случае поврежда-ются как левый, так и правый решетчатые лабиринты и оба глаза.

В виду тонких костных стенок решетчатого лабиринта и многокамер-ности его строения костные осколки обычно мелкие, близкое соседство задних клеток решетчатого лабиринта со зрительным нервом ведет к его повреждениям.

Анатомо-топографические особенности решетчатого лабиринта обусловливают относительную редкость изолированных ранений и трудность дифференцировки повреждения отдельных его стенок.

Характер костных поражений решетчатого лабиринта определяется рентгенографически. Для этого производятся снимки в аксиальной, фасной и боковой проекциях. На этих же снимках обнаруживаются инородные тела лабиринта и место их залегания. Весьма полезна рентгенография с введением металлического ориентира.

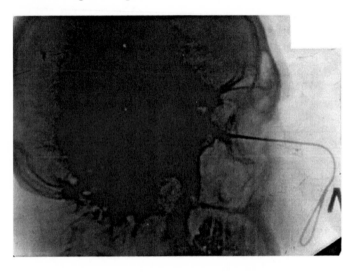

Рентгенография околоносовых пазух с металлическим ориентиром

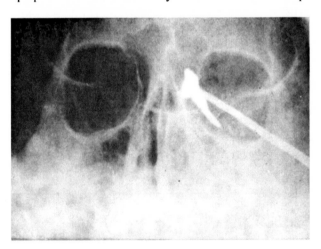

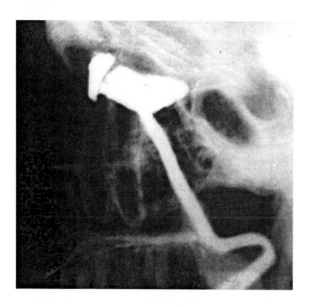

Металлический ориентир—в области осколка, находящимся в решетчатом лабиринте (прямая и боковая проекции)

Лобные пазухи чаще, чем другие, повреждаются с обеих сторон. Особенностью ранений лобных пазух является возможность пов-реждения передней черепной ямки. Ранения крупными осколками вы-зывают значительное разрушение передней стенки лобной пазухи, а при больших лобных пазухах через входное отверстие открывается внутренняя поверхность пазухи, а иногда и лобная доля головного мозга. Все раненые даже с повреждением только передней стенки лобной пазухи должны быть осмотрены нейрохирургом, так как, по нашим данным, в 76% одновременно наблюдается ушиб головного моз-га. Такой пострадавший из оториноларингологического переходит в категорию нейрохирургического раненого, нуждающегося в оказании соответствующего пособия.

Ранения решетчатого лабиринта часто сочетаются с повреждением других околоносовых пазух носа. Поражение передних и средних клеток лабиринта преимущественно сочетаются с повреждением верхнечелюстной или лобной пазухи, а ранение задних клеток—с повреждением основной пазухи. Сочетание ранения решетчатого лабиринта с повреждением основной пазухи угрожает кровотечением из системы внутренней челюстной артерии или кавернозного синуса.

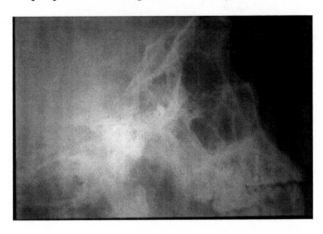

Осколок в задних клетках решетчатого лабиринта.

К ранним симптомам ранения лобных пазух относится кровотечение из раны и из носа. При наружном осмотре определяется припухлость тканей в области лба и прилегающих участков. Особенно выраженным бывает отек век (глаз может быть почти полностью закрыт). Пальпаторно иногда определяется костная или воздушная крепитация. Эндоназально обнаруживаются кровоточащее место или следы кровотечения и реактивное набухание слизистой оболочки в верхних отделах носа. Трещины задней и орбитальной стенок рентгенологически иногда не устанавливаются, и диагностировать такие повреждения удается только во время операции. Однако, рентгеновские снимки в двух проекциях (фас и профиль) дают представление о характере ранения и о строении лобных пазух, что играет важную роль в составлении плана хирургического вмешательства. Задержка в пазухе нормального или патологического секрета приводит к образованию муко—или пиоцеле, признаками которого является пастозность и воспалительная инфильтрация мягких тканей, а иногда—гнойные свищи, появляющиеся чаще всего в медиальном отделе надбровной дуги или на верхнем веке. Свищи, открывающиеся ближе к середине лба, указывают на вовлечение в процесс обеих пазух и разрушение межпазушной перегородки.

Глубокое и скрытое положение клиновидной пазухи определяет относительную редкость ее изолированного ранения. Часто поражение клиновидной пазухи сочетается с ранениями других пазух, глазницы или носа. Ранения клиновидной пазухи в большинстве случаев являются тяжелыми, что объясняется анатомо-топографическими особенностями этой области. Верхняя стенка клиновидной пазухи граничит с передней и средней черепной ямками, а задняя ее стенка—с задней черепной ямкой. На верхней стенке пазухи располагается перекрест зрительных нервов, а несколько кзади от него, в турецком седле—гипофиз. По бокам от пазухи находятся ветви внутренних сонных артерий, пещеристый венозный синус, повреждение которых приводит к смерти еще на поле боя, III, IV, первая ветка V и VI пары черепномозговых нервов.

Диагностика ранений клиновидной пазухи является чрезвычайно трудной, так как свободный осмотр и пальпация области ранения невозможны, а зондирование бывает очень опасным. Основным или решающим методом диагностики в современных условиях является компьютерная томография.

Наиболее убедительными рентгенографическими признаками ранения клиновидной пазухи являются наличие в этой области инородного тела или деформация костных стенок.

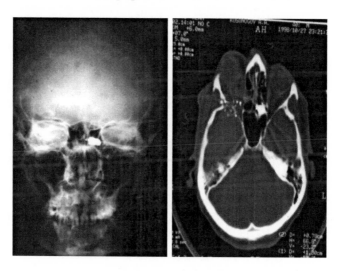

Инородное тело (осколок) в клиновидной пазухе

Особенностью современной боевой травмы носа и околоносовых пазух является преобладание их сочетанных повреждений, сопровождающихся тяжелой травмой жевательного аппарата, содержимого черепа и глазницы. При сочетанных ранениях носа и околоносовых пазух повреждение соседних органов может оказаться более опасным и определять основную тактику при оказании специализированной медицинской помощи.

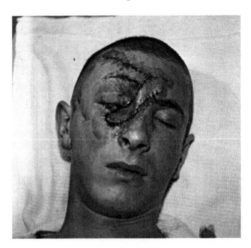

После сочетанного ранения верхнечелюстной пазухи, решетчатого лабиринта и орбиты

При проникающих в полость черепа ранениях околоносовых пазух различают общемозговые и местные симптомы. К общемозговым симптомам относятся потеря сознания и длительные головные боли, к местным—изменения со стороны раны, полости носа, черепномозговых нервов.

Диагностика повреждений носа и околоносовых пазух основывается прежде всего на наружных методах исследования—осмотр, пальпация, зондирование; эндоскопии—передняя и задняя риноскопия; исследовании дыхательной и обонятельной функции носа и рентгенологического исследования. Рентгенологическое исследование должно проводиться обязательно в двух проекциях; переднезадней, так называемой носоподбородочной проекции, и строго профильной.

Следует отметить, что другая переднезадняя проекция (носолобная) не позволяет распознавать повреждения назоорбитальной области, так как на снимках плохо видны лобные пазухи и орбиты. Для глубоко залегающих инородных тел (клиновидная пазуха) показана дополнительная проекция.

При повреждении носа производится редрессация смещенных костных отломков носового скелета и придаточных пазух, первичная хирургическая обработка ран носа с удалением размозженных и загрязненных участков, свободных костных отломков и инородных тел. При этом следует максимально бережно относиться к сохранившим жизнеспособность тканям.

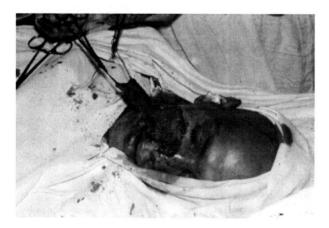

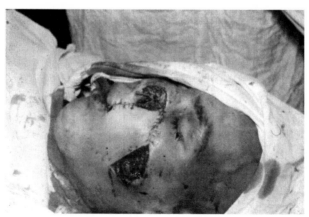

Дефект кожи лица после необоснованного иссечения жизнеспособных поврежденных мягких тканей на этапе первой врачебной помощи В более поздние сроки, при наличии инфекции, придаточные пазухи вскрываются, тщательно удаляется все патологическое содержимое. Операции заканчивают созданием широкого соустья с полостью носа. Наружная рана зашивается наглухо.

При обширных травмах носа и пазух (лобных) с раздроблением их церебральных стенок на дне раны можно увидеть пульсирующую твердую мозговую оболочку. Иногда такие ранения сопровождаются субдуральной гематомой, которая обнаруживает себя фиолетовым оттенком твердой мозговой оболочки и отсутствием пульсации мозга на этом участке. При разрыве твердой мозговой оболочки в глубине раны обнаруживается вещество мозга, возможна ликворея. Наряду с этим встречаются раны с небольшими наружными повреждениями, но с глубоким раневым каналом, уходящим в полость черепа. Такие ранения таят в себе опасность развития гнойных внутричерепных осложнений. В ранних стадиях представляют опасность проникающие в череп ранения с повреждением a. meningea media, которые сопровождаются сильным кровотечением.

Непосредственная реакция на проникающее в полость черепа ранение околоносовых пазух может быть маловыраженной, однако дальнейшая динамика патологического процесса характеризуется картиной быстро нарастающего повышения внутричерепного давления: сильные головные боли, тошнота, рвота, ригидность затылочных мышц, симптом Кернига, потеря сознания. Иногда появляются и очаговые симптомы. В первые дни после ранения температура тела может быть очень высокой, а затем падать до субфебрильных цифр. Со стороны крови отмечается лейкоцитоз и увеличение СОЭ. При повреждении лобной доли мозга может наблюдаться эйфория, двигательное беспокойство, снижение критики.

Проникающие ранения черепа раньше и чаще всего осложняются менингитом, который может развиться в первые две недели после травмы. Возможно и позднее возникновение менингита (через 2-3 месяца после ранения), когда причиной его обычно бывают вторичные явления со стороны поврежденных пазух (синусит, остеомиелит). Важным признаком гнойного менингита является изменение цереброспинальной жидкости. При спинномозговой пункции она вытекает под большим давлением, в начале заболевания бывает опалесцирующей, а затем становится мутной. Концентрация белка в ликворе оказывается повышенной, а качественные реакции на глобулины (Нонне-Апельта и Панди)—резко положительными. Количество лейкоцитов увеличивается до сотен и тысяч в 1 мл^3, вместо 3-6 в 1 мм^3 в норме. При бактериологическом исследовании в спинномозговой жидкости нередко находят различных возбудителей.

Нередки и другие внутричерепные осложнения—энцефалит, абсцесс мозга и тромбоз пещеристого и верхнего продольного синусов.

Различают сочетанные ранения носа, пазух и глазницы с повреждением глазного яблока и без повреждения его. Возможны повреждения глаза и при закрытых переломах костных стенок глазницы, поэтому при любой травме носа и околоносовых пазух необходимо внимательно исследовать орган зрения.

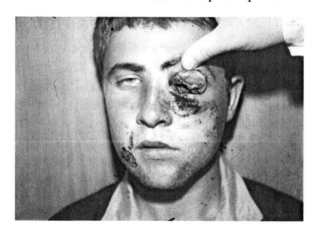

Сочетанное ранение верхнечелюстной пазухи и глазницы

Назоорбитальные ранения имеют характерный внешний вид: гиперемия, отек, инфильтрация мягких тканей с кровоизлияниями в их толщу. Отек и кровоизлияния бывают особенно выраженными в области век и служат причиной полного закрытия глаза; нередко наблюдается содружественный отек век другого глаза. Повреждение глазничной клетчатки сопровождается резким отеком конъюнктивы (хемоз). Пальпаторно иногда можно определить костную крепитацию в области раны, которая указывает на повреждение глазничных стенок. Травма глазнично-пазушных стенок в большинстве случаев сопровождается эмфиземой клетчатки глазницы и век, для которой характерна воздушная крепитация. Осторожное зондирование раневого канала (содержимое полости черепа!) также позволяет уточнить характер и размер повреждения.

Наиболее ценным диагностическим приемом является опять-таки компьютерная томография, которая может дать наиболее четкое представление о месте и протяженности травмы костных стенок глазницы и о наличии инородных тел и костных осколков.

Оториноларинголог, челюстно-лицевой хирург должны владеть простейшими способами офтальмологического исследования. При отеке век, хемозе осмотр глаза возможен только с помощью векоподъемника после анестезии раствором дикаина. Наружные повреждения век очевидны и устанавливаются довольно легко. Так же легко обнаруживаются и обширные травмы (размозжения) глазного яблока.

Повреждение глазнично-пазушных стенок нередко сопровождается смещением глазного яблока и экзофтальмом; как осложнение наблюдаются абсцессы и флегмоны глазницы.

Жевательный аппарат чаще всего поражается при ранениях верхнечелюстной пазухи. В тех случаях, когда доминирует травма жевательного аппарата, ведущая роль в оказании помощи принадлежит челюстно-лицевому хирургу, а оториноларинголог выполняет роль консультанта. И, наоборот, когда преобладает повреждение околоносовых пазух, оториноларинголог выполняет все лечебные мероприятия.

Функциональный исход таких сочетанных ранении во многом зависит от своевременной диагностики челюстно-лицевого ранения. Почти постоянным симптомом таких сочетанных ранений является расстройство жевания и глотания. У некоторых раненых наблюдается попадание пищи в нос через поврежденную верхнечелюстную пазуху или через раны в твердом и мягком нёбе.

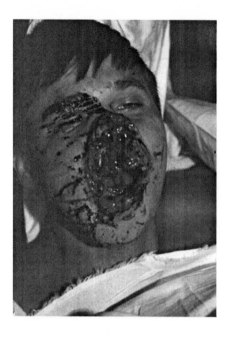

Сочетанное ранение средней зоны лица

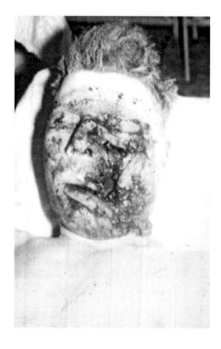

Сочетанное ранение средней и нижней зоны лица

337

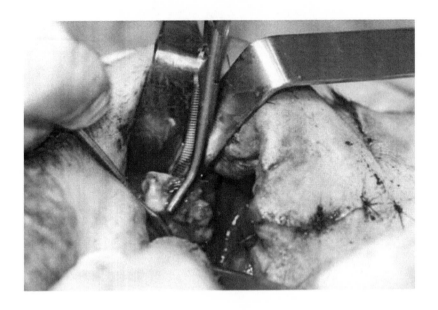

Ревизия верхней челюсти (и верхнечелюстной пазухи),
удаление свободного костного отломка с зубами

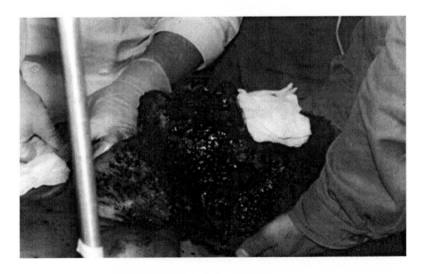

Сочетанное комбинированное (осколочное и термическое)
ранение лица и шеи

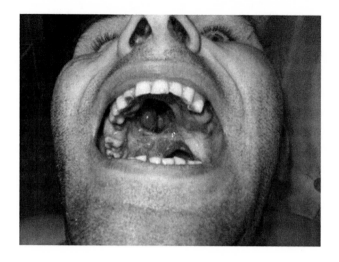

Постраневой дефект твёрдого и мягкого нёба

При переломах челюстей часто происходит смещение костных отломков; переломы могут быть и без смещения или иметь вид трещин.

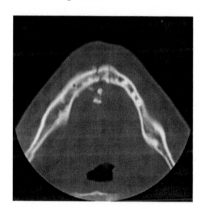 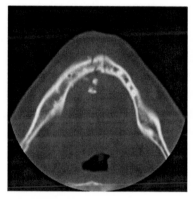

Перелом нижней челюсти.

Одним из характерных признаков перелома челюсти является затрудненное закрывание рта. Опасным в смысле появления асфиксии бывает западение языка, нередко наблюдающееся при переломах нижней челюсти.

Первичная хирургическая обработка изолированных огнестрель-ных ранений околоносовых пазух заключается в выполнении типичных оперативных вмешательств: удаляются размозженные ткани, костные отломки, инородные тела и накладывается соустье с полостью носа.

От активного промывного дренажа мы отказались ввиду его нецелесообразности.

При ранениях лобных пазух, когда разрушения минимальные, как исключение, может быть выполнена ревизия через входное от-верстие с установкой ниппельного дренажа. При этом у хирурга должна быть полная уверенность в сохранности задней (церебраль-ной) стенки пазухи. Все ранение с повреждением лобной пазухи должны быть осмотрены нейрохирургом, т.к. возможны повреждения голов-ного мозга (сотрясение, ушиб, ранение).

При сочетанных ранениях околоносовых пазух и орбиты, при дефектах ее стенок необходима изоляция пазух от содержимого ор-биты путем пластики (чаще с помощью лиофилизированной твердой мозговой оболочки или широкой фасции бедра), пазухи дренируются в полость носа. При оказании специализированной хирургической помощи при ранениях верхнечелюстных пазух, носа, решетчатого лабиринта, а также при сочетанных повреждениях глазницы и верхней челюсти с успехом была проведена проводниковая анестезия через нижне-глазничную щель. Одной из главных задач современной анестезиологии является снятие патологической импульсации из поврежденных органов и частей тела, т.е. воздействовать на патологическое звено шока. Наиболее действенным средством в военно-полевой хирургии является проведение проводниковой анестезии.

В целях ликвидации патологической импульсации из верхнече-люстной пазухи и клеток решетчатого лабиринта, особенно при со-четанных повреждениях орбиты, проводились блокады первой и вто-рой ветвей тройничного нерва, последняя с успехом блокировалась через нижнеглазничную щель. Нами с успехом проводилась проводниковая анестезия 116 раненым через нижне-глазничную щель.

Описание способа проведения анестезии.

После обработки кожи игла вводится в нижне-наружный угол глазницы перпендикулярно к ее нижней стенке. Когда конец иглы упрется в кость, то иглу переводят в горизонтальное положение, ставят сагиттально и несколько внутрь. Иглу продвигают вдоль нижней стенки орбиты так, чтобы все время ощущался контакт с костью. На глубине 40-45 мм производится инъекция 5-7,0 мл 2% раствора лидокаина. Анестезия наступает на 3-6 минуте. При этом полностью купируется болевой синдром, что позволяет в усло-виях приемного отделения провести зондирование раны, рентгеноло-гическое и лабораторные исследования. Кроме того, когда анестезиологи этапа не могут принять участие в оперативном вмешательстве, первичная хирургическая обработка может быть выполнена и при указанной анестезии.

При ранениях околоносовых пазух с повреждением головного мозга (все раненые оперировались нейрохирургом с привлечением отоларинголога) хирургическая тактика заключалась в изоляции мозговой раны путем глухого закрытия, после обработки мозговой ткани, дефекта твердой мозговой оболочки с помощью апоневроза или широкой фасции бедра. Пораженная лобная пазуха облитерировалась: удалялась слизистая оболочка и церебральная стенка, коагулировался выводной проток пазухи. При одновременном поражении и верхнечелюстной пазухи последняя вскрывалась типичным способом с активным дренированием. Ни в одном случае осложнений, исходящих из пораженных пазух, не было. Чаще всего менингиты и менингоэнцефалиты являлись следствием течения раневого процесса поврежденной мозговой ткани.

3.3. Ранения глотки

Особенности ранений глотки целесообразно рассматривать соответственно анатомическому и функциональному ее делению на носоглотку, ротоглотку и гортаноглотку.

Ранения носоглотки в большинстве случаев сочетаются с повреждениями носа, околоносовых пазух, крылонёбной ямки, основания черепа, ретро—и парафарингеального пространства, крупных сосудов и нервов. В таких случаях ведущими являются симптомы повреждения жизненно важных органов.

Осмотр носоглотки производится с помощью обычного носогло—точного зеркала. При необходимостди можно прибегнуть к двустороннему оттягиванию мягкого нёба или через носовую полость при глубокой риноскопии.

Максимальный обзор носоглотки обеспечивает
эндоскопическая техника.

Иногда данные о направлении раневого канала и наличии инородного тела можно получить путем зондирования. Особенно ценным способом диагностики ранений носоглотки является рентгенография в двух взаимно перпендикулярных плоскостях с последующей коррекцией рентгеновских снимков по К. Л. Хилову, дающая представление о масштабах и характере повреждений стенок носоглотки, наличии и локализации инородных тел. Для уточнения локализации инородного тела производится рентгенография с металлическими ориентирами, вводимыми через носовую полость и ротоглотку.

Местно наблюдается носовое кровотечение с попаданием крови в нос, а также в глотку. При одновременном повреждении верхних позвонков отмечается резкая болезненность при движениях головы, нагрузка на голову также вызывает резкую боль в месте травмы. Повреждение верхних шейных позвонков часто осложняется их остеомиелитом, а затем спинальным и церебральным менингитом. Повреждение мышц глотки приводит к ограничению или полной неподвижности мягкого нёба, а вследствие этого к расстройству глотания и речи (попадание пищевых масс в нос, гнусавость).

Поражение боковых стенок носоглотки может сопровождаться реактивными явлениями в среднем ухе с расстройством слуховой функции. Рваные ткани, подслизистые гематомы и сгустки крови иногда полностью закрывают носоглотку и нарушают носовое дыхание.

Из симптомов поражения соседних областей довольно часто наблюдаются расстройства жевания и зрения. Расстройство жевательной функции возникает при повреждении верхней челюсти и восходящей ветви нижней челюсти, нижнечелюстного сустава и жевательной мускулатуры. Зрительные расстройства наблюдаются при одновременном поражении содержимого глазницы.

Инородные тела парафарингеального пространства при фасном изображении проецируются на уровне верхних и нижних V, VI и VII зубов, а на профильном:—на уровне нижней части ветви нижней челюсти. Инородные тела в области сосудистого пучка на фасном снимке проецируются на верхне-латеральный угол верхней челюсти, а на профильном:—позади ветви нижней челюсти. Значительно улучшает распознавание повреждений и локализацию инородных тел компьютерное томографическое исследование.

Ранения ротоглотки чаще бывают сочетанными с поражением лицевого скелета, языка, шейных позвонков и других областей.

В ранние сроки после травмы важным и частым симптомом ранения ротоглотки является кровотечение, которое нередко может быть опасным для жизни. Частота такого кровотечения обусловлена близостью крупных кровеносных сосудов и их ветвей (бассейны наружной сонной и внутренняей сонных артерий). При одновременном повреждении боковых отделов шейных позвонков возможно сильное кровотечение из позвоночной артерии. Часто наблюдаются большие кровоизлияния в ткани парафарингеального пространства. Кровотечение может быть наружным и внутригорловым. Последнее сопровождается кровохарканием и угрожает аспирацией крови в легкие.

К ранним признакам ранений ротового отдела глотки относятся функциональные расстройства в виде затруднения глотания, а иногда и удушья, а также резкая боль в области раны. В более поздние сроки могут развиться воспалительные явления в стенках глотки, окологлоточном пространстве и в области шейных позвонков. К очень тяжелым осложнениям относятся аспирационная пневмония, орофарингеальный сепсис и менингит. По шейному сосудистому пучку инфекция может распространяться в переднее средостение и вызывать гнойный медиастинит.

Промежуток от гипофарингса до гортани и входа в пищевод очень невелик, а поэтому ранения гортаноглотки очень часто сочетаются с одновременным повреждением соседних отделов гортани (надгортанник, черпаловидные хрящи) и пищевода. Нередко при таких травмах в зоне ранения оказываются шейные позвонки и сосудисто-нервный пучок. Различают непроникающие и проникающие ранения гипофарингса. При непроникающих травмах ранящий предмет может повреждать все слои стенки глотки, сосуды и нервы, не нарушая целости слизистой оболочки. Однако в последней часто развивается отек, воспалительная инфильтрация, возникают кровоизлияния, которые вызывают нарушения глотания и дыхания.

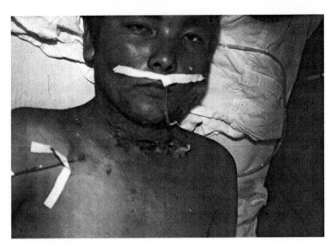

После ушивания раны шеи, гортаноглотки; назо—гастральный зонд.

Проникающие ранения гортаноглотки сопровождаются более выраженными функциональными расстройствами.

Диагноз ранения устанавливается на основании результатов наружного и эндоскопического исследования (фарингоскопия и зеркальная гипофарингоскопия), а также оценки функциональных расстройств. Прямой осмотр гортаноглотки после ранения с помощью различных шпателей редко применим из-за резкой болезненности глотки и шеи, не исчезающей после местной анестезии. Рентгенологическое исследование не всегда достигает своей цели, так как при отсутствии инородного тела не позволяет судить о характере и масштабах повреждения мягких тканей.

Ранения нижних отделов глотки характеризуются тяжелым общим состоянием и быстро наступающим значительным повышением температуры тела, вызванным инфицированием окологлоточной клетчатки.

Наружное и внутриглоточное кровотечение, дисфагия и затруднение дыхания являются ранними симптомами проникающего повреждения гортаноглотки. К частым симптомам таких ранений относится также подкожная эмфизема в шейной области. Движения шеи резко затруднены, болезненны, поэтому голова находится в вынужденном положении. При эндоскопическом исследовании обнаруживается синюшного цвета припухлость стенок глотки (отек тканей, кровоизлияния); нередко определяется и отверстие раны. Мучительным симптомом повреждения гортаноглотки является затруднение глотания и поперхивание пищей за счет нарушения разделительного механизма. Иногда слюна или жидкая пища при глотании выходят через рану наружу. При травме шейных позвонков подвижность этого отдела позвоночника становится ограниченной и резко болезненной. Повреждение шейного симпатического и блуждающего нервов вызывает соответственно синдром Горнера и хрипоту с поперхиванием.

Через несколько дней после ранения вследствие инфицирования окружающих рану тканей очень часто развивается воспалительный процесс, захватывающий не только область раны, но и распространяющийся по всей шее и спускающийся иногда в средостение (шейные флегмоны, медиастинит, сепсис). Некротический воспалительный процесс может вызвать аррозию крупных сосудов с последующим сильным внезапным кровотечением.

Рентгенография шеи в двух взаимно перпендикулярных проекциях чаще всего применяется при слепых ранениях шеи для определения локализации и характера инородного тела, а также причиненных им повреждений кости (позвонков, подъязычной кости). Уточнению глубины залегания инородного тела помогают рентгенограммы шеи с предварительно введенными в раневой канал или через естественные отверстия металлическими ориентирами.

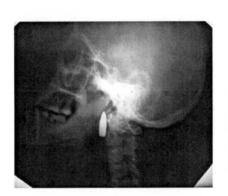
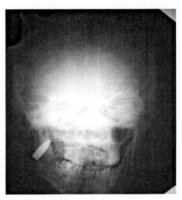

Слепое пулевое ранение шеи

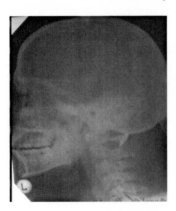
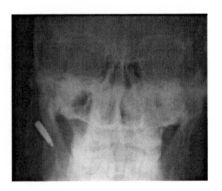

Слепое пулевое ранение шеи

Для распознаваний неметаллических инородных тел при наличии свища пользуются методом фистулографии.

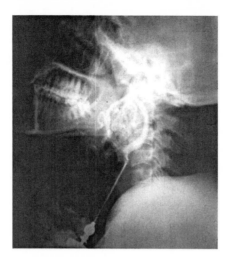

Фистулография раны шеи

Рентгенография шеи, особенно в боковой проекции, позволяет также судить и о развитии воспалительного процесса в превертебральной области, не всегда проявляющегося клиническими признаками. На серии боковых рентгенограмм шеи, производимых через определенные промежутки времени, можно доказать прогрессирование процесса на основании увеличения поперечника превертебральной тени. Этот признак позволяет распознавать воспалительные процессы в ретровисцеральном пространстве шеи, осложняющие повреждение шейных позвонков, переломы подъязычной кости, а также слепые осколочные ранения шеи с локализацией \инородного тела в превертебральной области.

В условиях специализированного медицинского учреждения диагностика особенностей повреждений при огнестрельных ранениях глотки и пищевода, а также уточнение локализации инородных тел должны проводиться с использованием компьютерной томографии, а, если необходимо, то и ангиографии сосудов шеи.

Ранения носоглотки. Ранения ее в большинстве случаев бывают соче-танными с повреждением носа, околоносовых пазух, крылонебной ям-ки, основания черепа, ретро—и парафарингеального пространства, крупных сосудов и нервов.

В таких случаях ведущими являются симптомы повреждения жизненно важных органов.

К общим симптомам ранения носоглотки относятся: потеря соз-нания, шоковое состояние и головные боли. Местно наблюдается но-совое кровотечение с попаданием крови в нос, а также в глотку, откуда она отхаркивается. При одновременном повреждении верхних позвонков отмечается резкая болезненность к ограничению или пол-ной неподвижности мягкого неба, а впоследствии этого—к расс-тройству глотания и речи (попадание пищевых масс в нос, гнуса-вость).

Поражение боковых стенок носоглотки может сопровождаться реактивными явлениями в среднем ухе с расстройствами слуховой функции. Рваные ткани, подслизистые гематомы и сгустки крови иногда полностью закрывают носоглотку и выключают носовое дыхание.

Ранения носоглотки тяжело протекают при повреждении парафа-рингеального пространства, в котором проходят крупные сосуды и нервы (внутренняя сонная артерия и яремная вена, языкоглоточный и блуждающий нервы). При таких повреждениях наблюдаются угрожаю-щие жизни кровотечения и расстройства глотания (поперхивание).

Присоединившаяся инфекция может привести к развитию глубокой шейной флегмоны, переднего мастоидита, сепсиса.

Ранения задней стенки носоглотки нередко сочетаются с травмой тела основной кости и дуги атланта. В этих случаях движения головы становятся резко ограниченными и болезненными, нагрузка на голову также вызывает резкую боль в месте травмы.

Повреждение верхних шейных позвонков часто осложняется их остеомиелитом, а затем спинальным и церебральным менингитом. При ранениях задней стенки носоглотки инфекция может спускаться по ретрафарингеальному пространству вниз, вызывая задний медиасти-нит с тяжелой картиной септикопиемии.

Из симптомов поражения соседних областей довольно часто наблюдаются расстройства жевания и зрения (нижнечелюстной сус-тав, жевательная мускулатура, содержимое глазницы).

Диагностика основана на данных опроса, осмотра, зондирова-ния и рентгенографии. При ранениях носоглотки пострадавший часто предъявляет жалобы на головные боли, иррадиирующие в затылок, и на боли при движении головы. При эндоскопии (задняя риноскопия) нередко не удается осмотреть несоглотку, поэтому прибегают к от-тягиванию мягкого неба тонкой резиновой трубкой по А.Я. Галебско-му с одной стороны или с обеих сторон.

Особенно ценным способом диагностики ранений носоглотки яв-ляется рентгенография в двух взаимно перпендикулярных плоскостях с последующей коррекцией рентгеновских снимков по К.Л.Хилову, дающая представление о масштабах и характере повреждений стенок носоглотки, наличии и локализации инородного тела производится рентгенография с металлическими ориентирами, вводимыми через но-совую полость и ротоглотку.

Ранения ротоглотки. Ранения ротоглотки чаще бывают сочетанными с поражением лицевого скелета, языка, шейных позвонков.

В ранние сроки после травмы важным и частым симптомом ране-ния ротоглотки являеется кровотечение, которое нередко может быть опасным для жизни. Частота такого кровотечения обусловлена близостью крупных кровеносных сосудов и их ветвей (система на-ружной сонной артерии, внутренняя сонная артерия). При одновре-менном повреждении боковых отделов шейных позвонков возможно кровотечение из позвоночной артерии. Наблюдаются большие крово-излияния в ткани парафарингеального пространства. Кровотечение может быть наружным и внутригорловым. Последнее сопровождается кровохарканьем и угрожает аспирацией крови в легкие.

К ранним признакам ранений ротового отдела глотки относятся функциональные расстройства в виде затруднения глотания, а иногда и удушья, а также резкая боль в области раны.

В более отдаленные сроки могут развиться воспалительные явления в стенках глотки, окологлоточном пространстве и в облас-ти шейных позвонков. К очень тяжелым осложнениям относятся аспи-рационная пневмония, орофарингеальный абсцесс и менингит. По шейному сосудистому пучку инфекция может распространяться в пе-реднее средостение и вызывать гнойный медиастинит.

Диагностика основывается на данных осмотра, зондирования и ощупывания, а также на рентгенологическом исследовании.

Ранения гортаноглотки. Промежуток от гипофирингса до гортани и входа в пищевод очень невелик, поэтому в этом месте очень часто ра-нения нижнего отдела глотки сочетаются с определенным поврежде-нием соседних отделов (надгортанник, черпаловидные хрящи, пище-вод).

При непроникающих ранениях осколки могут повреждать все слои глотки, сосуды и нервы, не нарушая целости слизистой обо-лочки. Однако в подслизистом слое могут быть выраженный отек, кровоизлияние, нарушающие глотание или дыхание.

Проникающие ранения сопровождаются более выраженными функ-циональными нарушениями. Диагноз устанавливается на основании результатов наружного и эндоскопического исследования.

Ранения нижних отделов глотки и шейного отдела пищевода ха-рактериизуется тяжелым общим состоянием, вызванным инфицировани-ем окологлоточной клетчатки и клетчатки шеи. Они обычно сопро-вождаются наружным и внутриглоточным кровотечением, дисфагией, затруднением дыхания, подкожной эмфмземой в шейной области, бо-лезненность движения шеи, затруднением глотания и поперхиванием.

Иногда слюна или жидкая пища выходит через рану. Повреждение шейного симпатического и блуждающего нервов вызывает соответс-твенно синдром Горнера и хрипоту с поперхиванием.

Воспалительный процесс, вследствие инфицирования окружающих рану тканей, распространяется по всей шее и спускается иногда в средостение (шейные флегмоны, медиастинит, сепсис). Распростра-нение инфекции объясняется отсутствием анатомических барьеров между средостением и шейным окологлоточным пространством.

Диагноз ранения устанавливается на основании результатов наружного и эндоскопического исследования (фарингоскопия), а также констатации функциональных расстройств. Рентгенологическое исследование малоинформативно, за исключением определения инородных тел.

Ранения шеи. Наиболее тяжелыми в клиническом и прогности-ческом плане, как правило, являются повреждения шеи, при которых в 60 % имелось повреждения глотки, гортани, трахеи или сосудисто—нервного пучка.

В остальных случаях—ранения мягких тканей. Наиболее часто имели место изолированные повреждения гортани (39%), реже—глотки (19,5%) и пищевода (7%). В остальных случаях повреждения носили сочетанный характер, в том числе с повреждением крупных сосудов (11,5%).

До сих пор не существует четких критериев, которые определяли бы, кто из специалистов должен лечить такого пострадавшего: общий хирург, отоларинголог, челюстно-лицевой хирург. Очевидно, основным пока-зателем все же должна являться степень повреждения того или иного органа шеи. При ранении крупных сосудов (сонная артерия, яремная вена) ведущим специалистом должен быть сосудистый хи-рург, профессиональная значимость которого в ургентной хирургии за последние годы неуклонно возрастает.

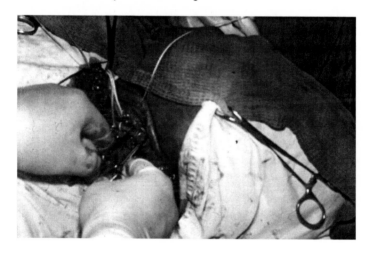

Осколочное повреждение общей сонной артерии

При ранениях шеи в области угла нижней челюсти, корня языка, ротоглотки и подъязычной кости такой пострадавший направляется в отделение челюстно-лицевой хирургии. Раненые с повреждением шеи в нижних отделах (яремная вырезка, щитовидная железа, пищевод, грудиноключичные сочле-нения и т.д.) чаще являются компетенцией торакальных хирургов.

В ото-ларингологические отделения направляются раненые с повреждением хрящевого скелета гортани (проникающие и непроникающие ранения) —они составляют, по нашим данным, около 30% от всех раненых в шею, а также глотки (20%) и трахеи (16-17%).

Гортань и трахея. Среди ранений шеи большой процент падает на повреждения гортани и трахеи. В зависимости от того, сообща-ется ли гортань или трахея с наружной раной или окружающей сре-дой, различают открытое и закрытое повреждение.

Закрытые повреждения гортани или трахеи возникают чаще все-го при ушибах.

Тяжесть ранени я и функциональный прогноз находятся в прямойзависимости от того, является ли ранение гортани проникающим или непроникающим; изолированным или сочетанным. Проникающие ранения вызывают наиболее значительные разрушения тканей внутри гортани и сопровождаются выраженными реактивными явлениями.

Основными симптомами этих ранений являются: нарушение дыха-ния, изменение голоса, появление боли, подкожная эмфизема, кро-вохарканье (у каждого пятого раненого), подкожные гематомы, на-рушение глотательной функции (повреждение надгортанника, черпа-ло-надгортанных хрящей).

При проникающих ранениях глотки и шейного отдела пищевода инфекция попадает в глубокую клетчатку шеи со стороны их просвета с проглатываемой пищей, слюной и даже с воздухом, а также заносится огнестрельным снарядом. Рыхлая околопищеводная клетчатка реагирует на травму и инфекцию выраженным отеком. Сочетание травматического отека с присоединяющимся воспалительным серозно-гнойным пропитыванием тканей может привести последовательно к возникновению некрозов клетчатки, при отторжении которой в околопищеводной области образуется более или менее значительных размеров полость, которая в дальнейшем заполняется грануляционной тканью.

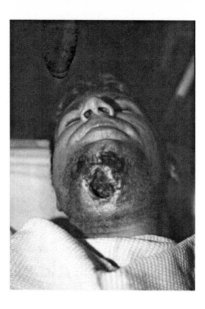

Гранулирующая рана подчелюстной области

На характер местной воспалительной реакции в области шеи может влиять иммунобиологическое состояние организма, вид огнестрельного инородного тела, характер ранения, размеры раны и объем разрушения тканей, степень их инфицирования, наличие очагов инфекции в полости носа и рта (синуситы, кариозные зубы, гнойно-казеозное содержимое крипт миндалин) и т. д. Степень разрушения тканей в большой мере зависит от вида огнестрельного снаряда. При сквозных пулевых ранениях шеи, проникающих в глотку или пищевод, разрушение тканей может ограничиваться областью раневого канала, ранения же этих органов осколками, значительно превышающими площадь поперечного сечения пули, сопровождаются ушибами, разрывами и размозжениями тканей не только по ходу раневого канала, но нередко и за его пределами.

Тяжесть ранения шеи может зависеть от направления раневого канала, вернее, плоскости прохождения тканей осколком или пулей. Наиболее опасными ранами считаются те, при которых пуля или осколок проникает в ткани шеи в сагиттальной плоскости (спереди назад). При такой траектории ранящего снаряда и при большой скорости последнего нередко повреждается позвоночник и спинной мозг, что может привести к гибели раненого на поле боя. Чаще наблюдаются ранения шеи во фронтальной плоскости—горизонтальные и косые. Следует помнить, что при ранах шеи не рекомендуется воспроизводить ход раневого канала путем мысленного соединения входного и выходного отверстия, так как легкая смещаемость тканей и органов в отношении друг друга и наличие позвоночного столба, от которого инородные тела нередко рикошетируют, могут привести к ошибочным заключениям.

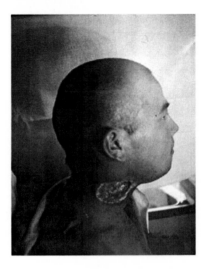

Сквозное ранение ранение шеи

Морфология раневых дефектов в стенке глотки и пищевода при сквозном ранении пулей или мелким осколком довольно однообразна. Раны большей частью имеют вид дырчатых, неправильно круглой или неправильно овальной формы дефектов с неровными, иногда фестончатыми, краями. В первые дни после ранения в окружности дефектов отмечается сглаженность складок слизистой оболочки, зависящая от ее отека или подслизистой гематомы. Между размерами дефектов в глотке и пищеводе и размером ранящего снаряда часто имеется несоответствие, что может зависеть от особенностей анатомической структуры органа, а также и от скорости снаряда.

При небольшой скорости последнего в стенке глотки или пищевода образуется щелевидный дефект, который уменьшается в размерах благодаря противоположно направленному действию циркулярного и продольного мышечного слоя. Экссудативный воспалительный процесс в тканях в окружности раневого канала в ближайшие дни после ранения довольно тесно переплетается с пролиферацией клеточных элементов Таким образом, патологические изменения в стенке глотки или пищевода, возникающие в результате прямого действия огнестрельного снаряда, носят локализованный характер, ограничиваясь областью раневого канала и зоной прилежащих к нему тканей. Деструктивные изменения и гнойно-некротические процессы в глубокой клетчатке шеи носят более распространенный характер, чем в стенке глотки или пищевода, что выражается наличием полости с распадом в околопищеводной области. Причина неудовлетворительного спонтанного дренирования этой полости, приводящего к задержке здесь гнойного экссудата, лежит в самом характере раневого канала, Практическим выводом из указанных морфологических данных является необходимость ранней хирургической ревизии шейной раны с целью создания хорошего дренажа.

При слепых ранениях шеи без ранения глотки или пищевода, но с глубокой локализацией инородного тела (в окологлоточной и особенно в околопищеводной области) доминирующее значение имеет инфекция, вносимая в ткани загрязненным осколком.

Известно, что слепые осколочные ранения шеи сопровождаются развитием гнойного процесса (ретро—или парафарингеального)—ретропищеводного абсцесса или флегмоны. Реакция со стороны тканей при слепых пулевых ранениях шеи нередко характеризуется пролиферативными процессами, приводящими к инкапсулированию инородного тела. В связи с тем, что рыхлая клетчатка в окружности глотки и пищевода переходит без каких-либо анатомических преград в клетчатку средостения, последняя при безбарьерно протекающих периэзофагитах или глубоких флегмонах шеи нередко вовлекается в гнойный воспалительный процесс.

Постраневая флегмона шеи, трахеостома

Наиболее часто медиастинит присоединяется к ранению пищевода на границе шейного и грудного отдела, что объясняют близостью гнойного очага к средостению.

Диагноз устанавливается на основании: а) наружного осмотра; б) пальпации шеи; в) зондирования; г) ларингоскопии (непрямая, прямая); д) рентгенологического исследования (в том числе с введением контрастных веществ).

Особенно опасным для жизни пострадавшего является острый стеноз верхнего отдела дыхательного тракта, который может быть вследствие западания языка, механического закрытия дыхательных путей кровяным сгустком или инородным телом, сдавления гортани или трахеи гематомой, эмфиземой или вследствие других причин.

При этом врачу важно оценить степень нарушения дыхания и реакцию организма на кислородное голодание.

По быстроте наступления дыхательных расстройств различают молниеносные стенозы (спазм голосовой щели, инородные тела гортани или трахеи); острые стенозы (нарастание стенозов в течение часов и дней); хронические стенозы (нарастание симптомов в течение недель или месяцев). Быстрота развития стеноза в значительной степени определяет тяжесть пато-логических реакций: при остром развитии расстройств отсутствует возможность включения компенсаторных механизмов.

В клинической картине стенозов верхних дыхательных путей различают четыре стадии (по В.Ф.Ундрицу): **первая** стадия компен-сации. Она характеризуется углублением и урежением дыхательных экскурсий, выпадением дыхательной паузы; **вторая**—стадия непол-ной компенсации (субкомпенсации). При этом в акте дыхания прини-мают участие вспомогательные мышцы, при входе втягиваются над—и подключечные ямки; дыхание сопровождается шумом (стидорозное), появ-ляется цианоз слизистой оболочки губ; **третья**—стадия декомпен-сации: резко выраженный стридор, максимально напряжены дыхатель-ные мышцы, беспокойное поведение (больной мечется), выраженный цианоз слизистых оболочек и кожных покровов, холодный пот; **чет-вертая** стадия—асфикция, которая характеризуется апатией, вя-лостью, падением сердечной деятельности, расширением зрачков, потерей сознания, непроизвольным отхождением мочи и кала.

К основным оперативным вмешательствам, которые проводятся при ранении гортани и трахеи, относятся: трахеостомия и ларинго-фиссура. Последняя является доступом к внутренней поверхности гортани для обеспечения ранней ларингопластики. Она является очень важной в профилактике рубцовых стенозов гортани, которые приводят человека к глубокой инвалидности и для устранения кото-рых требуются длительные многоэтапные оперативные вмешательства.

Первым этапом производится ларингостомия (или ларингофиссура), при которой рассекается щитовидно-подъязычная мембрана, что обеспечивает достаточно свободный доступ к области входа в гор-тань и гортаноглотку. После рассечения щитовидного хряща по средней линии обеспечивается хороший доступ к внутренней поверх-ности гортани. Удаляются инородные тела, обрывки нежизнеспособ-ных тканей, хрящей, производится пластика слизистой гортани за счет местной слизистой оболочки или взятой на ножке из области гортаноглотки. Оперативное вмешательство заканчивается введением резинового баллончика или эндопротеза. В послеоперационном пери-оде контролируется формирование внутренней выстилки из слизистой оболочки гортани. В случае введения баллончика рана остается открытой, а затем вторым этапом закрывается ларингостома. При использовании эндопротеза возможно одномоментное с первичной хи-рургической обработкой раны гортани и трахеи закрытие ларинго-фиссуры с последующим удалением его эндоларингеально через 3-4 недели. Применение местно кортикостероидов в ранние сроки после оперативного вмешательства способствует ограничению чрезмерных реактив-ных явлений и тем самым более благоприятному приживлению лоску-тов слизистой оболочки без утолщения подслизистого слоя и образования грубых рубцов.

Раненным в гортань необходимо обеспечить покой, режим мол-чания, применение наркотических препаратов и атропина, а также надлежащий уход за полостью рта. Однако в любом случае в ведении таких пострадавших принимают активное участие все перечисленные специалисты, так как изолированные повреждения отдельных анатомических орга-нов шеи взрывного генеза встречаются редко. Чаще поступают пост-радавшие с сочетанными ранениями соседних органов: глотки, гор-тани, трахеи, пищевода, позвоночника. Основными положениями в тактике ведения ран шеи являются: 1) при проведении ПХО щадящее отношение к окружающим тканям; 2) противопоказано глухое зашива-ние тканей (велика возможность нагноения по ходу раневого кана-ла, формирования абсцессов в межфасциальных пространствах и флегмон шеи); 3) дренирование раневого канала на всем протяжении, исключая оставления замкнутых пространств и инородных тел; 4) при мощных разрушениях скелета гортани и трахеи—ранняя ларингофиссура с последующим моделированием их просвета (канюлей по Н.А. Паутову или мазевыми тампонами по Микуличу); 5) строго обоснованные показания к проведению трахеостомии, так как эта операция сама по себе является серьез-ным дополнительным травмирующим фактором, нередко вызывающим серьезные функциональные осложнения. В случае проведения этой операции более предпочтительным, на наш взгляд, является не про-дольное вертикальное рассечение кожи и фасций шеи, а более щадя-щее и косметически оправданное поперечное (на 2 см выше яремной вырезки) с последующим продольным тупым разведением мышц и мяг-ких тканей шеи; 6) во время хирургической обработки свести до минимума травмирование окружающих раневой канал мягких тканей шеи. Следует отметить, что, несмотря на совершенствование ог-нестрельных видов оружия, основные каноны, разработанные хирур-гами в период второй мировой войны в отношении ран шеи, остались основополагающими.

Согласно статистическим данным, около половины раненных в гортань и трахею нуждаются в выполнении трахеостомии, но вопрос в каждом случае должен решаться на основании данных оценки дыхания (наличие асфиксии, тяжести стеноза или возможность их развития в процессе эвакуации), локализации ранения (других повреждений) и состояния раненого.

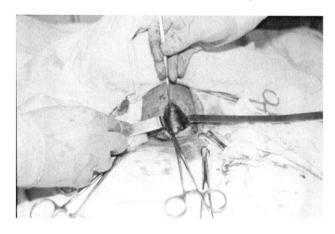

Трахея обнажена

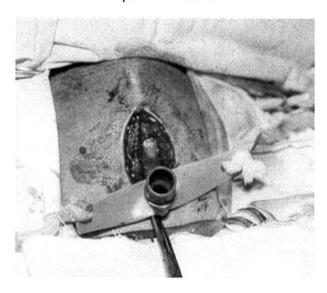

Введена трахеоканюля в трахею

В боевой обстановке характер оперативного вмешательства определяется имеющимся повреждением. При зияющей ране трахеотомическая трубка может быть введена в просвет гортани или трахеи через рану.

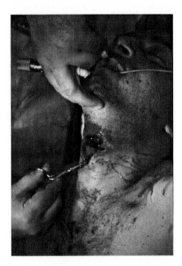

При срочной трахеостомии дыхательные пути могут вскрываться в наиболее доступных участках, в связи с чем здесь возможно проведение коникотомии, даже тиреотомии. В дальнейшем, так как вопрос о преимуществах того или иного типа трахеостомии до сих пор дискутируется, хирургом выполняется та трахеостомия, которой он лучше владеет.

Тактика отношения отоларингологов к инородным телам дикту-ется четырьмя комбинациями обстоятельств (по В.И. Воячеку): 1) инородное тело труднодоступно, но его присутствие относительно безопасно; 2) инородное тело труднодоступно, его присутствие от-носительно опасно; 3) инородное тело легкодоступно, его присутс- твие относительно безопасно; 4) инородное тело легкодоступно, его присутствие относительно опасно.

При первой комбинации операция удаления инородного тела мо-жет быть отсрочена на более поздний период и проведена при бла-гоприятных условиях (в отсутсвие потока раненых или в тыловых госпиталях при достаточной компенсированности пострадавшего). Во второй комбинации показано удаление инородного тела не оттягивая срока начала операции, но с большими предосторожностями и квали-фицированным специалистом в условиях специализированного стацио-нара. При третьей комбинации операция показана весьма условно.

И, наконец, в четвертом случае удаление инородного тела относи-тельно безопасно и показано на этапе оказания специализированной помощи.

В дополнение к классическим методам удаление инородных тел представляется целесообразным отметить следующее обстоятельство.

Инертность мышления и, как правило, большая загруженность хирур-гов не позволяют им в ряде случаев нестандартно подходить к тактике удаления инородных тел. В частности, при ранениях головы и шеи необходимо оценить траекторию раневого канала, глубину за-легания инородного тела и, что немаловажно, степень опасности его извлечения. Практика показывает, что в ряде случаев целесо-образнее (безопаснее и доступнее) доступ к инородному телу осу-ществлять через контралатеральный разрез. Так, например, ранящий осколок, вошедший в шею в задне-переднем направлении на уровне сосцевидного отростка позади кивательной мышцы, труднодоступен, а его извлечение чревато повреждением лицевого нерва или других нервных стволов шеи (блуждающего или симпатического). Удаление тела может быть легко осуществлено перорально через парафаринге-альную клетчатку (глубина его залегания составляет 2-3 см).

При ранении шейного отдела пищевода осуществляют его реви-зию из доступа по внутреннему краю левой грудино-ключично-сосце-видной мышцы. Обнажают разрушенную стенку пищевода, экономно ис-секают его края, раскрывают все затеки и карманы. На рану накла-дывают одиночные однорядные швы. При невозможности наложения на пищевод швов раневое отверстие в нем, по возможности фиксируют к коже одиночными швами и хорошо дренируют окружающие ткани. В случаях возникновения гнойных очагов производят широкую шейную медиастинотомию с вскрытием переднего и заднего средостения с установкой в конце операции проточно-промывного дренирования его по Н. Н. Каншину.

3.4. Ранения уха

При оценке особенностей травм уха в нем принято выделять четыре зоны в зависимости от глубины расположения. Первая зона поверхностная—включает в себя ушную раковину, перепончато-хрящевую часть наружного слухового прохода и наружные мягкие ткани сосцевидной области.

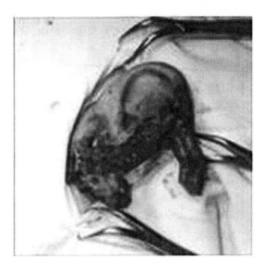

Рваная рана левой ушной раковины после огнестрельного ранения

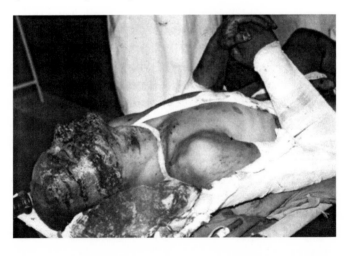

Сочетанное ранение первой зоны уха, средней зоны лица и шеи

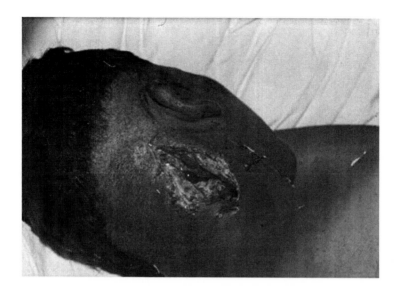

Слепое ранение шеи с повреждением сосцевидного отростка

Во вторую зону входят костная часть наружного слухового прохода, система клеток сосцевидного отростка и сустав нижней челюсти.

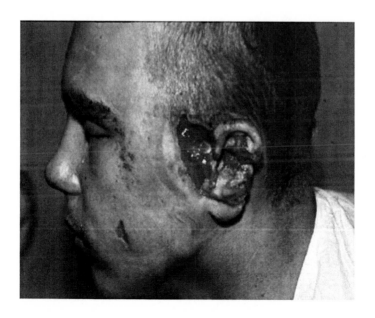

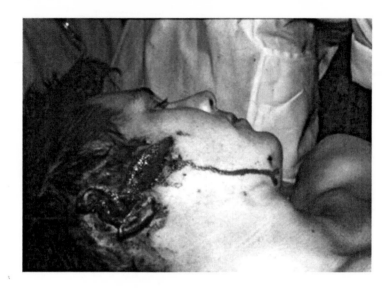

Осколочное ранение второй зоны уха

Третью зону составляют антрум и барабанная полость с устьем слуховой трубы.

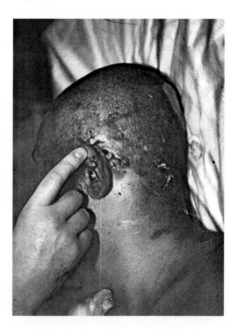

Посттравматический антромастоидит, заушный свищ

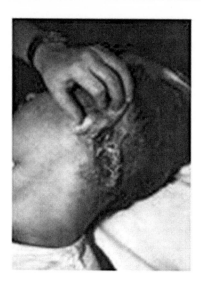

Гранулирующая рана заушной области, мастоидит

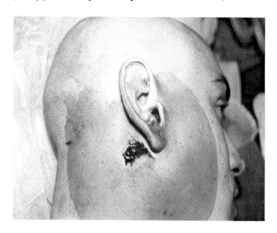

Слепое ранение сосцевидного отростка

Четвертая зона состоит из медиальных отделов височной кости, содержащей в себе ушной лабиринт, внутренний слуховой проход с его нервами и канал сонной артерии. К этой зоне примыкают тройничный и отводящий нервы, мозг, его оболочки и боковая цистерна. Деление ушных травм по зонам поражения необходимо для назначения соответствующего лечения и определения прогноза его. Нередко травмируется несколько зон или даже все зоны.

Огнестрельные ранения уха нередко сопровождаются переломами височной кости. Переломы могут быть продольными и поперечными. Продольные переломы пирамиды височной кости встречаются чаще, чем поперечные. При этом трещины захватывают верхнюю стенку наружного слухового прохода, крышу барабанной полости и сопровождаются разрывами барабанной перепонки и кожных покровов наружного слухового прохода.

Клиническая картина характеризуется кровотечением из уха, а иногда и ликвореей; слуховая функция понижается, однако полной глухоты, вестибулярных расстройств и нарушения функции лицевого нерва может не быть.

Поперечные переломы пирамиды, как правило, захватывают ушной лабиринт и канал лицевого нерва, а поэтому сопровождаются угасанием слуховой и вестибулярной функций, а также парезом или параличом лицевой мускулатуры.

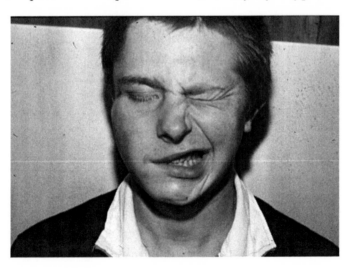

Парез правого лицевого нерва

Ранения наружной зоны уха в зависимости от локализации делятся на: раны ушной раковины с повреждением хряща или только кожных покровов; раны наружного слухового прохода; раны верхушки сосцевидного отростка. Возможны различные сочетания указанных повреждений. Нередко наблюдается комбинация ранений наружной зоны уха с расстройствами в более глубоких его зонах по типу контузии Ранения ушной раковины и наружного слухового прохода по внешнему виду и по характеру повреждения тканей весьма многообразны. Такие повреждения сопровождаются умеренным кровотечением из ветвей наружной сонной артерии и соответствующих венозных сосудов. Наиболее часто встречается кровотечение из затылочной, височной и задней ушной артерии или их ветвей.

Повреждения наружной зоны нередко сочетаются с поражением соседних органов (сустава нижней челюсти, околоушной слюнной железы, ветвей лицевого нерва, мышц и сухожилий). Ранения наружного уха характеризуются резким ограничением подвижности нижней челюсти, выделением слюны через рану и парезом или параличом лицевых мышц. В более поздние сроки могут возникать воспалительные и некротические процессы в этой области: нагноение отгематомы, перихондрит, мирингит, гнойный средний отит и др.

При более глубоком распространении инфекции травмы наружной зоны уха могут привести к лабиринтиту и внутричерепным осложнениям. Клиника таких состояний обычна, а диагноз устанавливается на основании общего состояния пострадавшего, осмотра наружной раны, отоскопической картины, а также данных рентгенографии, компьютерной томографии и функционального исследования (поражения звукопроводящего аппарата).

Небольшие размеры отдельных образований уха по отношению к величине ранящего снаряда и глубокое расположение их в височной кости определяют частоту сочетанных повреждений органов уха и комбинацию ушных поражений с интракраниальными и другими травмами. Изолированные ранения уха встречаются редко.

При ранениях глубоких зон уха повреждаются барабанная полость, антрум, клетки сосцевидного отростка, евстахиева труба и ушной лабиринт. Нередко такие ранения сопровождаются переломом основания черепа. Глубокие ранения уха могут вызывать сильное кровотечение из расположенных по соседству внутренней сонной артерии и внутричерепных венозных синусов.

Диагноз ранения глубоких зон основывается на данных отоскопии, зондирования, рентгенографии в специальных позициях (Стенверса, Шюллера, Майера), компьютерной томографии и функциональных методов исследований уха, а также на данных исследования функции черепно-мозговых нервов, расположенных около пирамиды (V и VI пары).

Ранения барабанной полости, как правило, вызывают разрывы барабанной перепонки и часто сопровождаются повреждением лицевого нерва и евстахиевой трубы. Иногда парез лицевого нерва появляется позднее вследствие присоединившегося воспаления или происходящего после травмы рубцевания. Повреждение евстахиевой трубы приводит к ее стриктуре или непроходимости, что определяется способом ушной манометрии.

Среди всех более глубоких отделов уха чаще повреждается сосцевидный отросток. Ранение мягких тканей, покрывающих сосцевидный отросток, может угрожать воспалением сигмовидного и поперечного синусов, с которыми они связаны посредством эмиссариев. Глубокие повреждения сосцевидного отростка нередко сопровождаются повреждением лицевого нерва в фаллопиевом канале или при выходе нерва из шилососцевидного отверстия.

При ранениях глубоких зон уха, как правило, наблюдаются расстройства слуховой и вестибулярной функций, обусловленные кровоизлияниями во внутреннее ухо, разрывами перепончатого лабиринта или переломами его костной капсулы. При этом возникают сильные ушные шумы, резко снижается острота слуха или наступает полная глухота на пораженное ухо, отмечается вестибулярная атаксия с вегетативными реакциями.

В течение первой недели после травмы нередко проявляются воспалительные осложнения ранений уха, к которым относятся травматический отит, мастоидит, лабиринтит и внутричерепные осложнения.

Признаки травматического отита почти не отличаются от картины обычного воспаления среднего уха, однако в этиологии и отоскопической картине первого главное значение имеют элементы травматизации (разрывы барабанной перепонки, кровоизлияния в барабанную полость и т. п.). К концу месяца после ранения уменьшается количество серозно-кровянистых и гнойных выделений, а затем они полностью прекращаются. Перфорированная барабанная перепонка рубцуется и при отсутствии повреждений звуковоспринимающей части слухового анализатора заметно улучшается слуховая функция.

После ранений сосцевидного отростка часто развивается травматический мастоидит. При этом воспалительный процесс в сосцевидном отростке возникает в результате повреждения костной ткани и кровоизлияний в воздухоносные клетки, под слизистую оболочку и в барабанную полость. Нередко мастоидиту предшествуют разрывы барабанной перепонки и травматический отит. В клиническом течении травматического мастоидита имеются особенности, отличающие его от обычных гнойных мастоидитов. Так, ввиду того, что имеется свободный отток эксудата через раневой канал, нет условий для возникновения субпериостального процесса с характерными для него симптомами (припухание покровов сосцевидного отростка, смещение ушной раковины, образование субпериостального абсцесса, инфильтрация верхнезадней стенки наружного слухового прохода, пульсирующие боли и др.). Нередко травматические мастоидиты протекают латентно и длительно, со слизисто-гнойными выделениями из уха и раны, небольшими спонтанными болями и незначительной болезненностью при пальпации сосцевидной области.

Воспалительный процесс в сосцевидном отростке редко заканчивается самопроизвольно. Этому препятствуют инородные тела при слепых ранениях и вяло протекающее гранулирование раны с резорбцией костных перегородок отростка. Признаки травматического мастоидита надежнее всего определяются способом обычной компьютерной томографии. Обычными рентгенологическими методами определить характер повреждения сосцевидного отростка, присутствие инородного тела и участки гнойного размягчения нередко сложно.

Недостаточное развитие демаркационного барьера при травматических мастоидитах способствует распространению воспалительного процесса на более глубокие отделы уха (лабиринт, пирамиду) и внутричерепные органы (сигмовидный синус, мозговые оболочки и др.).

Среди отогенных внутричерепных осложнений различают экстра—и субдуральные гематомы, экстра—и субдуральный абсцесс, энцефалит, абсцесс мозга, пролапс мозга, серозный, гнойный, разлитой и ограниченный менингиты, арахноидит и др. Септические явления чаще сопровождаются тромбозом венозных синусов и внутренней яремной вены. Внутричерепные осложнения могут быть ранними и поздними. К ранним осложнениям относятся гематомы, менингиты, энцефалиты и абсцессы мозга. В поздние сроки появляются абсцессы и менингиты, возникающие вследствие распространения инфекции из среднего и внутреннего уха.

При менингите появляются сильные головные боли, вялость, легкая возбудимость, а затем бессознательное состояние раненого. Ригидность затылочных мышц, симптомы Кернига и Брудзинского, нарушение функции черепномозговых нервов, застойные явления на глазном дне, а также соответствующие изменения ликвора характерны для гнойного менингита. Это осложнение сопровождается повышением температуры тела и учащением пульса. Серозные менингиты протекают более доброкачественно, но длительнее гнойных, которые нередко имеют молниеносное течение.

По данным эндоскопического обследования пострадавших с МВТ в 73,4% случаев наблюдается повреждение барабанной перепонки различного характера, причем в 55,4% имеются поверхностные повреждения: 1) поверхностные кровоизлияния; 2) кровянистые визикулы в толще барабанной перепонки; 3) образование воздушных пузырьков между слоями барабанной перепонки; 4) кровоизлияние в барабанную полость; в 18%—разрывы барабанных перепонок: а) точечные перфорации, в том числе и множественные (7,6%); б) линейные разрывы с ровными и фестончатыми краями (81,2%); в) субтотальные и тотальные перфорации (11,2%). Разрывы барабанной перепонки бывают чаще односторонними (в 76,2% случаев). Только в 3,6% случаев нами наблюдалось сочетание повреждения барабанной перепонки (чаще субтотальное) с нарушением цепи слуховых косточек.

Перфорации барабанной перепонки локализовались преимущественно в нижних квадрантах (72%). Перфорации в одних только верхних квадрантах встречались намного реже.

При ранениях перепончато-хрящевой части наружного уха основной задачей является сохранение и восстановление наружного слухового прохода. Последнее достигается введением в просвет мягких эластичных трубок.

при ранениях уха в 40% наблюдались поражения сосцевидного отростка и височной кости.

В случаях ранений костной части наружного слухового прохода удаляют секвестры, костные осколки, инородные тела с последующей кожной пластикой свободным или несвободным лоскутом на ножке. Заушную рану либо зашивают и дальнейшее лечение проводят через наружный слуховой проход, либо ее оставляют без швов, рыхло там-понируя.

При глубоких ранениях уха объем хирургического вмешательст-ва состоит из мастоидэктомии и радикальной операции уха. Если в ЛОР отделении имеется микрохирургический инструментарий и опера-ционный микроскоп, то одновременно с первичной хирургической об-работкой раны уха при отсутствии признаков инфекции целесообраз-но производить первичные восстановительные операции на среднем ухе типа оссикулотимпаномирингопластики.

Преобладающее большинство раненых в шею с повреждением жизненно важных органов поступило на этап специализированной помощи в 1-5 сутки после оказания им неотложной ЛОР помощи, а нередко и хирургической обработки раны на предыдущих этапах, что не только существенным образом вносило коррективы в традиционную лечебную тактику, но, в ряде случаев, и отрицательно сказывалось на функциональных исходах лечения. В то же время, большому числу ЛОР раненых с повреждением мягких тканей квалифицированная хирургическая помощь на этапах квалифицированной ме-дицинской помощи не оказывалась, прежде всего, ввиду недостаточ-ной подготовки хирургов по вопросам диагностики характера повреждения ЛОР органов. По этой причине хирургическое лечение им осуществлялось на этапах специализированной медицинской помощи нередко на 3-5 сутки после ранения, то есть, в те сроки, когда уже развиваются местные и общие реактивные явления, что оказыва-ло определенное влияние на характер и сроки лечения.

Хирургическая обработка наружных ран ЛОР органов производи-лась в возможно ранние сроки. Она предусматривала косметический эффект операции, поэтому допускалось удаление только заведомо нежизнеспособных мягких тканей и утративших связь с надкостницей костных осколков с наложением первичных швов. В тех случаях, когда сближение краев раны сопряжено с большим натяжением накла-дывали направляющие швы. При хирургической обработке ран носа и наружного уха предусматривалось сохранение формы и нормального просвета их полостей.

Следует заметить, что отсутствие в госпиталях рентгеноопе-рационных с наличием электроннооптических преобразователей зат-рудняло поиск инородных тел как при огнестрельных ранениях око-лоносовых пазух, так и при ранениях шеи. Поэтому наличие подоб-ного рентгенологического оборудования в госпиталях, имеющих спе-циализированные отделения, является очень желательным.

Огнестрельные и минно-взрывные ранения ЛОР органов имели существенные специфические особенности, отличающиеся от повреждений других органов и систем. Приведенные результаты наших исследований помогут врачам оказать квалифицированную помощь на различных этапах медицинской эвакуации. Наш опыт поз-воляет дать некоторые рекомендации, которые могут повысить эф-фективность и качество лечения такого вида раненых.

Симультанные операции среди раненых с взрывными пора-жениями ЛОР органов выполнены в 51,5% случаев и обычно проводи-лись с окулистами, нейрохирургами и челюстно-лицевыми хирургами.

Данное обстоятельство диктовало необходимость не только макси-мально раннего вмешательства высококвалифицированных специалис-тов, но и формирования из них смешанных хирургических бригад.

ЛОР хирург должен владеть техникой атипичных мастоидальных и радикальных операций на ухе; атипичных операций на верхнечелюстной, лобной пазухах, решетчатом лабиринте; способами вскрытия клиновидной пазухи и методами обработки ран на шее; косметической и реконструктивной хирургией, что исключительн актуально, так как это в значительном количестве случаев позволит обеспечить успех последующих хирургических вмешательств или вовсе избежать их.

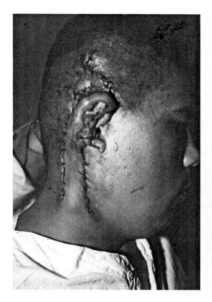 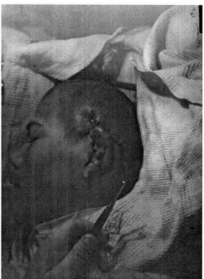

После первичной отомастоидопластики

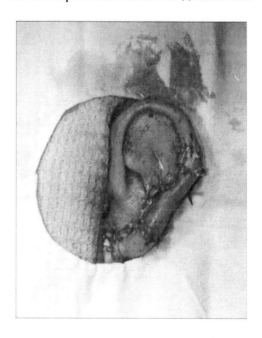

После первичной отопластики

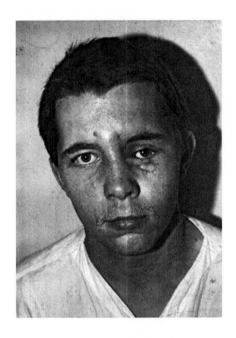

После ранения верхнечелюстной пазухи

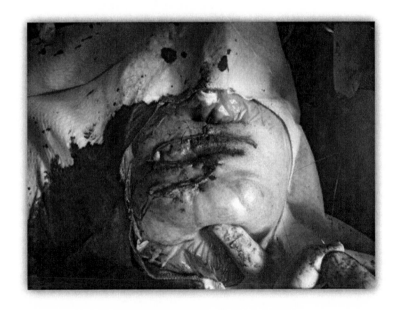

После первичной пластики губ

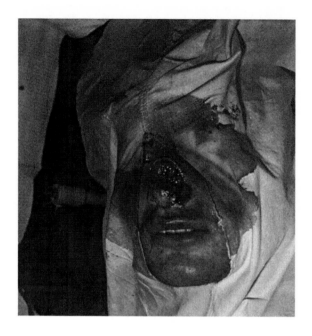

Ранение наружного носа

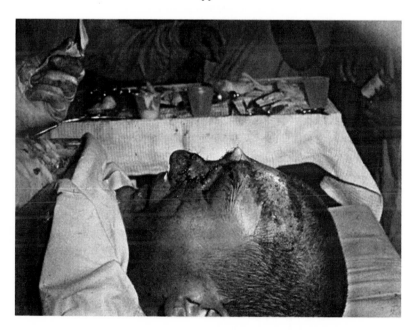

После ПХО и первичной ринопластики (у того же раненого)

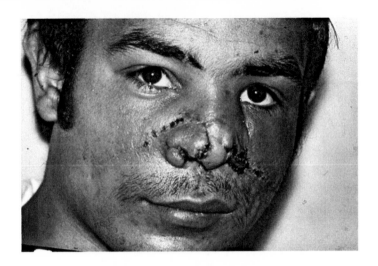

После первичной ринопластики

Исходя из сказанного, нами сформулированы следующие основополагающие принципы специализированной хирургической помощи данной категории раненых:

1. Одномоментная исчерпывающая первичная хирургическая обработка раны с фиксацией отломков костей, восстановлением дефектов мягких тканей, налаживанием приточно-отливной системы для дренирования раны и смежных клетчаточных пространств;
2. Общая интенсивная терапия в послеоперационном периоде, включающая и коррекцию водно-электролитных нарушений, симпатическую блокаду, управляемую гемодилюцию и адекватную анальгезию;
3. Интенсивная терапия послеоперационной раны, направленная на создание благоприятных условий для ее заживления и включающая целенаправленное селективное воздействие на микроциркуляцию в ране и на местные протеолитические процессы.

В первом принципе специализированной хирургической помощи выделяется пять этапов.

Первый этап—хирургическая обработка раны мягких тканей лица и полости рта. Она заключается в рассечении раны, ревизии, остановке наружного кровотечения, послойном экономном иссечении нежизнеспособных тканей, удалении инородных тел, кровяных сгустков. Рассечение раны, особенно при небольших размерах входного или выходного отверстия раневого канала, является важным элементом операции. Оно должно быть достаточным для тщательного осмотра всей раны, обеспечивать хороший доступ ко всем поврежденным тканям и кровоточащим сосудам. Рассечение осуществляется через рану в направлении, соответствующем проекционным линиям стандартных доступов для предупреждения интраоперационного повреждения крупных сосудов и нервов челюстно-лицевой области.

Следующим важным элементом операции является иссечение нежизнеспособных тканей. Оно выполняется послойно: экономно иссекают кожу, более радикально—жировую клетчатку и фасцию; мышцы иссекают до появления кровоточивости и сократимости. При иссечении раны следует учитывать очаговость зоны вторичного некроза, особенно в мышечной ткани, что требует особой тщательности и внимания при работе с мышцами. В ходе иссечения рана должна приобретать определенную, заранее спланированную хирургом форму; края ее должны быть ровными, слои—отчетливыми. По ходу всей операции удаляют инородные тела, сгустки крови, костные осколки. Следует учитывать, что обязательному удалению подлежат только крупные инородные тела и костные осколки, расположенные в ране или в непосредственной близости к ней. Множественные мелкие осколки, расположенные вдали от раны, например, при минно-взрывных ранениях, не удаляют. Завершают первый этап операции обильным промыванием раны растворами антисептиков пульсирующей струей, повторной обработкой операционного поля, сменой белья и перчаток.

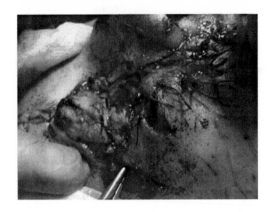

Ранение лицевого скелета (наружного носа, решетчатых лабиринтов).

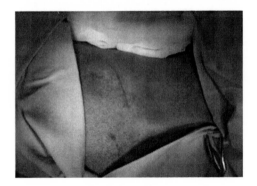

Пулевое ранение шеи (до операции)

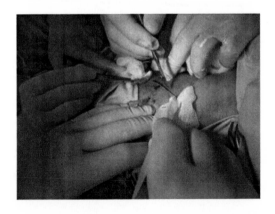

Пулевое ранение шеи (разрез)

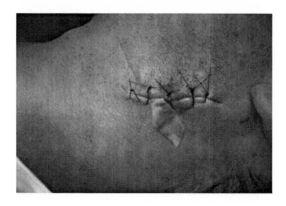

Пулевое ранение шеи (после операции)

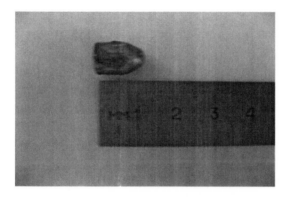

Пулевое ранение шеи (удаленная пуля)

Второй этап—хирургическая обработка костной раны. Она заключается в окончательном удалении свободно лежащих костных осколков, освежении и адаптации краев костных отломков. Обязательным является удаление костных осколков, утративших связь с надкостницей; удаляют также костные осколки, жесткая фиксация которых невозможна. Этот элемент следует считать обязательным, поскольку подвижные костные осколки в конце концов лишаются кровоснабжения, некротизируются и становятся морфологическим субстратом остеомиелита. Поэтому на данном этапе «умеренный радикализм» следует считать целесообразным.

Следующим элементом второго этапа является обработка костных отломков: острые края их аккуратно скусывают с учетом последующей репозиции, при необходимости адаптируют друг к другу, ущемленные между отломками мягкие ткани освобождают. Удаляют зубы либо их корни, расположенные в области перелома челюсти.

При хирургической обработке огнестрельных ран лицевого черепа, если раневой канал проходит через верхнюю челюсть, лобную кость, решетчатый лабиринт, проводят ревизию «заинтересованных» околоносовых пазух с наложением широкого соустья между пазухой и полостью носа. Особенно тщательно следует удалять все свободные костные осколки, видимые инородные тела, а также оголенные от надкостницы тонкие костные пластинки, даже когда они не потеряли видимой связи с основным массивом кости. После ревизии оперированные пазухи тампонируют для гемостаза, с выведением конца тампона в полость носа. При незначительных кровотечениях тампонада не производится.

При сквозных ранениях челюстно-лицевой области хирургическую обработку осуществляют как со стороны входного, так и со стороны выходного отверстий раневого канала. Первой обрабатывают рану с интенсивным кровотечением, обширной гематомой либо с большим объемом поврежденных тканей. При ранениях, проникающих в полость рта, обработке подлежат и раны полости рта. В сложных случаях, особенно при множественных ранениях челюстно-лицевой обрасти или головы, большую диагностическую ценность имеет интраоперационная рентгенография. Второй этап операции также завершается обильным промыванием раны растворами антисептиков пульсирующей струей.

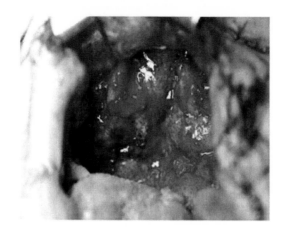

Ревизия правой верхнечелюстной пазухи (этап)

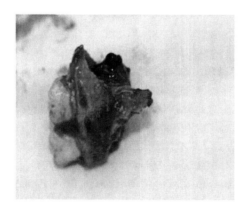

Удаленный свободный костный отломок

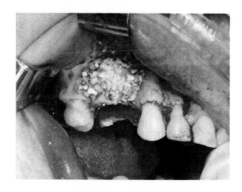

После ПХО верхней челюсти

Третий этап—репозиция и жесткая фиксация костных отломков, в первую очередь—челюстей. Этот этап является элементом восстановительной операции, которая становится составной частью первичной хирургической обработки раны. Именно первичное восстановление костной структуры с обязательной жесткой фиксацией отломков отличает предлагаемую методику от операций, выполнявшихся в период Великой Отечественной войны. Репозиция костных отломков не только восстанавливает исходное состояние костной структуры, но и способствует остановке кровотечения из костной ткани, предотвращает формирование гематомы.

В свою очередь, жесткая фиксация переломов создает благоприятные условия для восстановления микроциркуляции в тканях, прилежащих к ране, и тем самым предупреждает развитие раневой инфекции. Особо следует отметить эффективность репозиции и фиксации костных отломков именно в ходе первичной хирургической обработки раны, а не в отдаленные сроки, когда опасность осложнений высока, а эффективность репозиции и фиксации существенно снижается.

Возможность выполнения одномоментной репозиции и фиксации переломов челюстей в ходе первичной хирургической обработки раны челюстно-лицевой области появилась после разработки надежных и малотравматичных средств внешней фиксации переломов, базирующихся на стержневой основе и апробированных в мирное время.

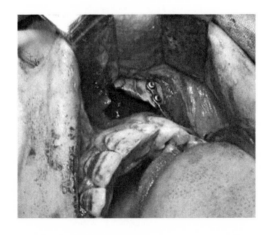

Фиксация костных отломков (этап)

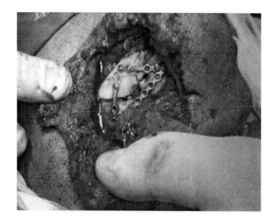

Фиксация костных отломков (завершение)

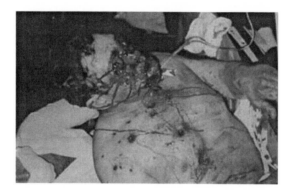

Сочетанное ранение лицевой области (при поступлении)

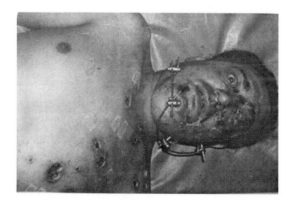

Тот же раненый—после операции

Четвертый этап—дренирование раны. Дренирование раны является важным элементом любой первичной хирургической обработки огнестрельной раны, поскольку удалить все нежизнеспособные ткани хирургическим путем невозможно с учетом очаговости зоны вторичного некроза. Особое значение этот элемент операции приобретает при хирургической обработке раны челюстно-лицевой области, где иссечение тканей осуществляется экономно и предполагается первичное восстановление тканей с наложением глухого шва. Одномоментная исчерпывающая первичная хирургическая обработка раны, не исключая промывание околоносовых пазух через чрескожные катетеры, включает два основных способа дренирования.

1. Приточно-отливная система.

    После репозиции и фиксации костных отломков определяют зону с наибольшим дефектом тканей, обычно в области перелома кости (часто—челюстей). К нижнему отделу раны через отдельный прокол подводят отводящую трубку внутренним диаметром 5-6 мм, с 3-4 отверстиями на конце и укладывают горизонтально на дне раны под костными отломками. К верхнему отделу раны также через отдельный прокол подводят приводящую трубку внутренним диаметром 3-4 мм, с 2-3 отверстиями на конце и укладывают горизонтально над костными отломками. Визуально проверяют функционирование приточно—отливной системы.

2. Профилактическое дренирование смежных с раной клетчаточных пространств подчелюстной области и шеи по методике Н.Н. Каншина. Такой способ дренирования предотвращает распространение гнойных затеков или инфекционного процесса из раны по смежным клетчаточным пространствам. Таким образом дренируют клетчаточные пространства, топологически связанные с раной. Методика профилактического дренирования состоит во введении двухпросветной трубки в клетчаточное пространство через отдельный прокол в его нижнем отделе. При этом трубка подходит к ране, но с ней не сообщается.

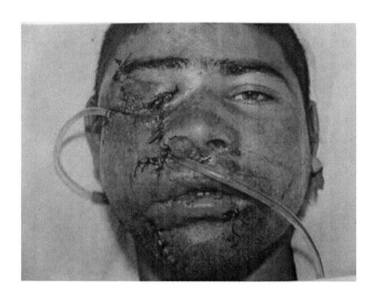

Дренажи лицевой области после операции

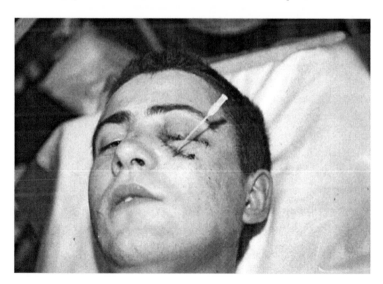

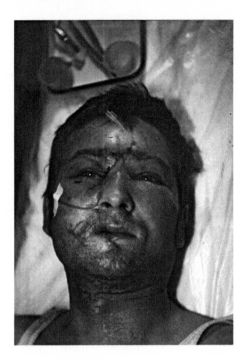

Варианты дренирования околоносовых пазух

Пятый этап—ушивание раны. Ушивание раны осуществляют послойно. Первоначально тщательно укрывают мягкими тканями обнаженные участки кости. Затем ушивают слизистую оболочку, особенно—полости рта для разобщения раны с полостью рта, содержащей высокопатогенную микрофлору. Этот элемент имеет большое значение для предупреждения развития раневой инфекции.

Первичный шов на кожу накладывается при следующих условиях:

А) отсутствие в ране воспалительных изменений, то есть при выполнении первичной хирургической обработки в первые сутки после ранения;

В) отсутствие натяжения кожи при наложении обычного шва, пластике местными тканями методами встречных треугольных лоскутов или ротационного лоскута, то есть при размерах дефекта тканей в пределах 10-12 см^2.

Когда этих условий нет, рана заполняется сорбентом, а на кожу накладываются провизорные швы.

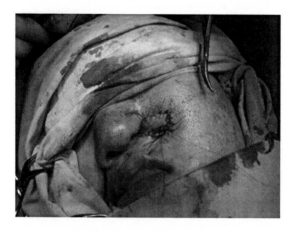

После пластики крыла носа

После осколочного ранения шеи

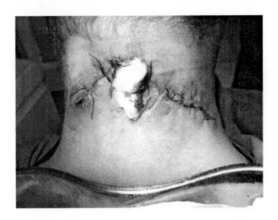

Рана шеи ушита

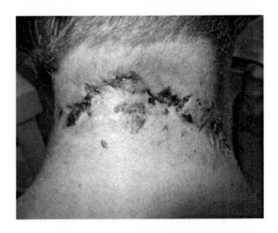

Швы с раны сняты.

Во втором принципе специализированной хирургической помощи определяем следующие базисные моменты общей интенсивной терапии раненых:

1) устранение гиповолемии и анемии, расстройств микроциркуляции;
2) послеоперационная анальгезия, как защита регуляции адаптации и блокада избыточной адренергической стимуляции;
3) предупреждение респираторного дистресс-синдрома взрослых и пневмоний;

4) профилактика и лечение расстройств водно-солевого обмена;

5) устранение избыточного катаболизма; обеспечение организма энергетическими субстратами для формирования устойчивой адаптации, компенсации, достаточного иммунного ответа и заживления ран.

Интенсивная терапия послеоперационной раны (третий принцип специализированной хирургической помощи) включает два комплекса мероприятий: первый—направлен на восстановление микроциркуляции в послеоперационной ране; второй—направлен на очищение раны от вторичного некроза в послеоперационном периоде.

Комплекс мероприятий, направленных на восстановление микроциркуляции в послеоперационной ране, включает два основных элемента: 1.катетеризация поверхностной височной артерии на стороне ранения; 2.инфузия лекарственных препаратов через катетер в послеоперационном периоде.

При изолированных и множественных ранениях челюстно-лицевой области объем инфузионно-трансфузионной терапии на протяжении первых трех суток обычно составляет 2500-3000 мл/сут. Как правило, в состав инфузионно-трансфузионной терапии включаются препараты крови либо цельная кровь, солевые кристаллоидные растворы, реологически активные растворы и альбумин в количестве 0,5-1,0 г/кг массы тела. Если к исходу третьих суток данные клинического и лабораторного обследования свидетельствуют о нормоволемии и достаточной регидратации, объем инфузионной терапии снижаается до 1000-1500 мл. С этого периода возмещение жидкости и энергонесущих субстратов осуществляется в ходе зондового питания.

Подводя итог можно сделать вывод, что предупреждение развития гнойно-инфекционных осложнений происходит не за счет профилактического применения антибиотиков, а за счет патогенетического воздействия на все звенья раневого процесса:

• удаление первичного и вторичного некроза хирургическим путем во время обработки раны;

- восстановление и жесткая фиксация костей;
- восстановление покровных тканей;
- удаление очагов вторичного некроза ферментативным путем в процессе приточно-отточного дренирования;
- восстановление микроциркуляции в ране и в окружающих ее тканях путем введения реологически активных препаратов.

Приближение специализированной оториноларингологической помощи и лечения к раненому способствует сокращению сроков лечения и достижению наиболее благоприятных результатов лечения.

Современная система специализированной оториноларингологической помощи, построенная на принципах эшелонирования, не только оправдала себя в условиях вооруженного конфликта, но к настоящему времени не исчерпала всех своих возможностей.

3.5. Акубаротравма слуховой системы

Механизмы воздействия ударных взрывных волн на организм, в частности на слуховую и вестибулярную системы, до сих пор иссле-довались только на биоманекенах и животных с последующей экстра-поляцией полученных данных на человека (Засосов Р.А., Унд-риц В.Ф., 1934; Иванов Н.И., 1967; Бейкер У. с соавт., 1986 и др.). Как было отмечено ранее, ведение боевых действий в Афганистане, охарактеризованное как "минная война", привело к большому количеству минно-взрывных травм, в том числе и ЛОР органов. Учитывая актуальность проблемы большого процента повреждений слуховой системы в процессе оказания медицинской помощи таким пострадавшим мы поставили перед со-бой цель изучить основные механизмы и звенья патогенеза мин-но-взрывных травм слуховой системы, разработать эффективные ме-тоды диагностики и лечения этих повреждений. Механическое реше-ние этой проблемы путем разделения пораженных органов на "сферы влияния" специалистов, исходя из очевидных и "видимых" поврежде-ний, в клинической практике часто оказывалось безуспешным.

Для решения поставленных в работе задач нами проведено комплексное исследование на субклеточном, клеточном, системном и организменном уровнях, включающее изучение слуховых, вестибуляр-ных и сопутствующих нарушений, вызванных взрывами различной ин-тенсивности, а также предложены пути оказания помощи таким пост-радавшим.

Для изучения основных закономерностей распространения удар-ных волн, патогенеза повреждений слуховой и вестибулярной систем нами предварительно были проведены исследования на биоманекене головы человека и в экспериментах на 306 животных. Для этого ис-пользованы методы теневой высокоскоростной регистрации процесса взаимодействия взрывной ударной волны с физическими телами; опре-деления избыточного давления в различных зонах ЛОР органов с по-мощью дренированной модели головы биоманекена; использования экспериментальных животных для оценки травматического действия взрывных ударных воздействий на слуховую систему.

Исследованиями показано, что последовательное воздействие отраженных ударных волн разных поколений приводит к тому, что в каждой точке на поверхности обтекаемого тела давление изменяется не монотонно: оно то возрастает, то понижается, создавая кроме положительных и отрицательные значения давления. Воздействие ба-рофакторов со стороны натекания ударной волны намного усиливает-ся (практически в 2 раза) за счет сложения падающей и отражене-ной ударных волн нескольких поколений.

Так доказано что, если ударная волна натекает в наружный слуховой проход со стороны взрыва, то к ее воздействию присоеди-няются отраженные ударные волны от барабанной перепонки и стенок наружного слухового прохода, что влечет за собой повреждения бо-лее тяжелые, чем от воздействия непосредственно ударной волны.

Имеет место так называемый "феномен суммации ущерба". Этот фено-мен является неизбежным проявлением полисегментарного многофак-торного воздействия взрыва в остром периоде МВТ, а также опреде-ляет все последующее течение патологического процесса поврежден-ных тканей и систем.

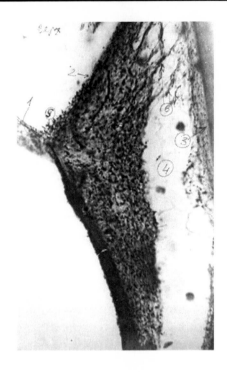

Латеральная область улитки погибшего человека от МВТ. Отслойка перепончатого лабиринта от костной основы. Базилярная мембрана резко утолщена. Структура латеральной спиральной вырезки и сосудистой полоски отсутствуют.

Экспериментальные исследования на животных выявили морфоло-гические изменения структур внутреннего уха животных после МВТ, которые свидетельствовали о высокой чувствительности рецепторных и звукопроводящих структур слуховой системы к воздействию факто-ров взрыва. Так взрывы малой мощности (мощность ударной взрывной волны Р < 0,56 кг/см) сопровождались асимметрией поражения, вы-ражавшейся в преобладании повреждений элементов среднего уха (разрыв барабанной перепонки, гемотимпанум, смещение цепи слухо-вых косточек) со стороны взрыва. Наблюдались также типичные травматические разрывы барабанных перепонок, имеющие "звездча-тую" форму с зазубренными краями. При этом, микроскопическое исследование структур внутреннего уха выявило незначительные из-менения со стороны рецепторного аппарата улитки без выраженной асимметричности размеров волосковых клеток со стороны взрыва и с противоположной стороны (до 7,3%).

При взрывах большей мощности (мощность ударной взрывной волны Р > 0,56 кг/см) выявлялись значительные различия степени повреждения рецепторного аппарата улиток (до 69,8%). В этом слу-чае все три вида исследований—гистологический, гистохимичес-кий, электронно-микроскопический— свидетельствовали о том, что через 14 суток после воздействия факторов взрыва наступали явле-ния деструкции всех рецепторов внутреннего уха (Кортиева органа, рецепторных структур полукружных каналов и мешочков преддверья, ганглиозных клеток), а также нервных волокон. Чрезвычайно важно отметить, что нарушения морфологической структуры отмечались также в подкорковых ядрах продолговатого мозга, четверохолмии, корковых центрах слуха височной доли мозга.

Таким образом, у лиц, пострадавших от МВТ, во всех звеньях слуховой системы, в наружном, среднем и внутреннем ухе, корковых и подкорковых центрах слуха определяются характерные для подоб-ного вида травм изменения.

Дальнейшие исследования с помощью электронной микроскопии позволили уточнить характер паталогических изменений со стороны внутреннего уха при МВТ на ультраструктурном уровне. Под дейс-твием взрыва в цитоплазме волосковых клеток вестибулярного отде-ла лабиринта многие митохондрии набухали и были просветленными, кариоплазма многих клеточных ядер была умеренно разрежена. Нерв-ные окончания в большинстве случаев были увеличены в размерах с наличием просветленных митохондрий. В базальных отделах ряда во-лосковых клеток, а также в ряде миелиновых преганглионарных нервных волокнах наблюдались процессы кальцификации. Во многих подлежащих капиллярных сосудах как и слухового отдела лабиринта отмечались явления кровеносного застоя.

Из всех органоидов наиболее выраженные и часто встречающие-ся изменения выявлялись в митохондриях с характерной гетероген-ностью их состояния (вплоть до распада). Появлялись и реактивные изменения миелинизированных аксонов, прилегающих к капиллярам.

По-видимому, наблюдаемые нами повреждения митохондрий, ответс-твенных за энергообеспечение эндотелиоцитов сосудов внутреннего уха и приводят к нарушению работы белоксинтезирующей системы, дыхательной цепи, интенсивности окислительного фосфорилирования, что обусловливает развитие тугоухости при МВТ. Другой возможной причиной развития тугоухости при МВТ может являться нарушение нормальной структуры миелина в аксонах сосудистой полоски.

Следует отметить, что, кроме изменений в собственно рецеп-торном аппарате внутреннего уха, были выявлены изменения в кро-веносных сосудах внутреннего уха после МВТ. Причем степень изме-нения была прямо пропорциональна мощности взрывного заряда и расстоянию от эпицентра взрыва. Наблюдаемые деструктивные и ре-активные изменения всех структурных элементов сосудистой полоски под влиянием МВТ, несомненно, сказываются на биохимических и би-офизических процессах, происходящих в Кортиевом органе, и могут приводить к изменению его рецепторной функции. Этим, очевидно, объясняется наблюдаемое нами в клинике прогрессирование явлений перцептивной тугоухости у пострадавших после МВТ. В то же время в зависимости от силы воздействия изменения в сосудистой полоске могут носить обратимый характер.

Таким образом, комплексное исследование рецепторов внутрен-него уха с использованием гистологических, электронно-микроско-пических, функционально-морфологических и других методик помога-ет расшифровать многие стороны патогенеза периферических вести-було-кохлеарных нарушений при действии взрывной волны. Эти изме-нения, несомненно, лежат в основе не только выраженных слуховых, но и вестибулярных расстройств, что является одним из важных предрасполагающих факторов к развитию болезни движения у постра-давших с МВТ. Полученные результаты имеют определенное значение для разработки научного обоснования способов этиопатогенетичес-кого подхода к профилактике и лечению вестибуло-кохлеарных расс-тройств при МВТ.

Клинические и экспериментальные данные свидетельствовали о том, что практически все виды акубаротравмы слуховой системы взрывного генеза сопровождаются повреждениями структур головного мозга, рецепторного аппарата Кортиева органа, а также звукопроводящих и звуковоспринимающих путей слухового анализатора. Это подтверждается гистоморфологическими, электро—и психофизиологическими исследованиями (Глазников Л.А., Головкин В.И.,1992; Гофман В.Р., Глазников Л.А., Янов Ю.К., Гречко А.Т.,1996, Кунельская Н. Л., Пальчун В.Т. с соавт, 2004, Кунельская Н. Л., Полякова Е. П., 2006) Важно отметить, что в настоящее время в мире насчитывается более 450 млн. человек, у которых поражение слуха является одной из главных причин инвалидности. Причем в 80-90% случаев в структуре патологии слуха имеет нейросенсорная тугоухость (Wilson S.J., 1985). Это подчеркивает высокую актуальность проблемы тугоухости (в том числе травматического генеза) не только для военной меди-цины, но и большую значимость для гражданского здравоохранения.

Следует отметить, что для достижения лучшего исхода лечения пострадавших с МВТ с преимущественным поражением слуховой систе-мы, особенно в военное время, исключительно важной являлась их медицинская сортировка, при которой определялись группы постра-давших по однородным лечебно-эвакуационным характеристикам. Так, исходя из нашего опыта, по тяжести повреждения слуховой системы мы считаем целесообразно выделять следующие группы.

В первую группу целесообразно включать пострадавших, нужда-ющихся в проведении ранних восстановительных операций (пластика барабанной перепонки, тимпанопластика и т.д.). Это обеспечит максимально раннее восстановление слуха и предупреждение гной-ных, некротических или адгезивных процессов в среднем ухе.

Во вторую группу—тех лиц, которые должны направляться в отделение для легкораненых под наблюдение хирурга общего профи-ля. К ней относятся пострадавшие без разрыва барабанных перепо-нок со снижением восприятия шепотной речи до 4 м. В строй они могут вернуться через 10-15 суток.

Третья группа пострадавших направляется в ГЛР, где имеется врач-отоларинголог. Она включает пострадавших со снижением восп-риятия шепотной речи до 2 м, с разрывом барабанной перепонки, незначительно выраженными вестибулярными расстройствами (спон-танный нистагм первой степени, мелкоразмашистый, горизональ-ный). После лечения (до 60 суток) они могут вернуться в строй.

Четвертая группа пострадавших с тяжелыми сочетанными пора-жениями нуждается в стационарном лечении по профилю ведущей па-тологии. Здесь лечение акубаротравмы слуховой системы проводится ЛОР специалистами в порядке межгоспитальных консультаций в мно-гопрофильном госпитале.

Пятая группа пострадавших направляется в нейрохирургический госпиталь (в системе единой госпитальной базы) при подозрении на отоликворею с сопутствующим ушибом мозга и спонтанным нистагмом второй и третьей степени). Через 20-30 сут после стабилизации общего состояния они будут переведены в госпитали II эшелона или в тыловые госпитали Министерства здравоохранения РФ.

Наши исследования в эксперименте с помощью электронной микроскопии позволили уточнить характер паталогических изменений со стороны внут-реннего уха при МВТ на ультраструктурном уровне. Под действием взрыва в цитоплазме волосковых клеток лабиринта многие митохондрии набухали и были просветленными, кариоплазма многих клеточных ядер была умеренно разрежена (что свидетельствовало о снижении концентрации диффузной РНК).

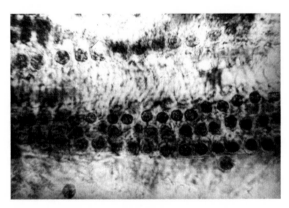

Через 2 часа после взрыва. Дезинтеграция рядности наружных волосковых клеток, в которых ядра находятся в состоянии частичного распада.

Нервные окончания в большинстве случаев были увеличены в размерах с наличием просветленных митохондрий. В базальных отделах ряда волосковых клеток, а также в ряде миелиновых преганглионарных нервных волокнах наблюдались процессы кальцификации. Во многих подлежащих капиллярных сосудах слухового отдела лабиринта отмечались явления кровеносного застоя.

Из всех органоидов наиболее выраженные и часто встречающие-ся изменения выявлялись в митохондриях с характерной гетероген-ностью их состояния (вплоть до распада). Появлялись и реактивные изменения миелинизированных аксонов, прилегающих к капиллярам.

По-видимому, наблюдаемые нами повреждения митохондрий, ответс-твенных за энергообеспечение эндотелиоцитов сосудов внутреннего уха, приводят к нарушению работы белоксинтезирующейсистемы,дыхательнойцепи,интенсивности окислительного фосфорилирования, что обусловливает развитие тугоухости при МВТ. Другой возможной причиной развития тугоухости при МВТ может являться нарушение нормальной структуры миелина в аксонах сосудистой полоски улитки.

Следует отметить, что, кроме изменений в собственно рецеп-торном аппарате внутреннего уха, были выявлены изменения в кро-веносных сосудах внутреннего уха после МВТ. Причем степень изме-нения была прямо пропорциональна мощности взрывного заряда и расстоянию от эпицентра взрыва.

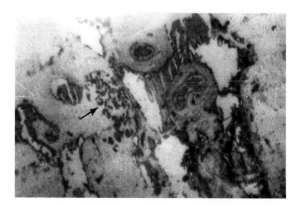

Разрушенный капилляр сосудистой полоски внутреннего уха в результате акубаротравмы.

Наблюдаемые деструктивные и реактивные изменения всех структурных элементов сосудистой полоски под влиянием МВТ, несомненно, сказываются на биохимических и биофизических процессах, происходящих в Кортиевом органе, и могут приводить к изменению его рецепторной функции. Этим, очевидно, объясняется наблюдаемое нами в клинике прогрессирование явлений перцептивной тугоухости у пострадавших после МВТ. В то же время в зависимости от силы воздействия изменения в сосудистой полоске могут носить обратимый характер.

Таким образом, комплексное исследование рецепторов внутрен-него уха с использованием гистологических, электронно-микроско-пических, функционально-морфологических и других методик помога-ет расшифровать многие стороны патогенеза периферических вести-було-кохлеарных нарушений при действии взрывной волны. Эти изме-нения, несомненно, лежат в основе не только выраженных слуховых, но и вестибулярных расстройств, что является одним из важных предрасполагающих факторов к развитию болезни движения у постра-давших с МВТ. Полученные в исследованиях результаты имеют определенное значение для разработки научного обоснования способов этиопатогенетического подхода к профилактике и лечению вестибуло-кохлеарных расстройств при МВТ.

Проведенные гистоморфологические исследования височных костей людей, погибших от МВТ, также свидетельствовали о том, что взрывное повреждение среднего уха сопровождается разрывом барабанной перепонки, в ряде случаев переломом и дислокацией слуховых косточек, кровоизлиянием под слизистую оболочку и под надкостницу стенок барабанной полости. Во внутреннем ухе измене-ния носили также двоякий характер: связанные непосредственно с действием взрывной волны и вызванные сосудистыми расстройствами.

Проведенное аудологическое обследование 772 пострадавших с МВТ позволило выделить три вида аудиограмм. К первому виду (в 35% случаев) отнесены те аудиограммы, на которых наблюдался горизонтальный тип аудиометрических кривых с костно-воздушным интервалом в зоне ос-новных разговорных частот в среднем до 25 дБ. У пострадавших с таким видом аудиометрических кривых диагностирована баротравма среднего уха с нарушением целостности барабанной перепонки.

Ко второму виду (43%) отнесены аудиограммы с обрывистым ти-пом аудиометрических кривых. Типичным для них являлось выражен-ное повышение порогов слышимости как по костной, так и воздушной проводимости на высоких частотах с преимущественным повышением на частоте 4000 Гц, что доказывает акутравматический механизм. В зоне низких и средних частот пороги тонального слуха у части пострадавших существенно не отличались от нормы. У остальных по-роги слышимости по воздушной проводимости были повышенными (от 15 до 30 дБ по данным средних величин), что свидетельствует о смешанном характере тугоухости. Кондуктивный компонент в ней обусловлен баротравмой среднего уха, определяемой клинически.

К третьему виду (22%) были отнесены аудиограммы с горизон-тальным типом аудиометрических кривых и повышением порогов слы-шимости как по костной, так и по воздушной проводимости во всем диапазоне исследованных частот в среднем до 50 дБ. У 15% из них клинически определялась баротравма среднего уха. Характерным для пострадавших этого типа было наличие тоно-речевой диссоциации: при удовлетворительном восприятии тонов резко страдала разборчи-вость речи.

Следовательно, по виду аудиограмм можно косвенно определить наличие большего или меньшего распространения процесса, которое зависит от силы взрыва и от характера изменений в улитке, насту-пивших непосредственно после травмы. Ограниченное понижение восприятия одной или двух самых высоких октав является следстви-ем прямого повреждения основного завитка улитки акустической или ударной волной. Более диффузное поражение, захватывающее и дру-гие зоны восприятия, видимо, может быть связано с кровоизлияния-ми в улитке и биохимическими нарушениями в лабиринтной жидкости; с последними, по-видимому, связано наблюдающееся иногда наруше-ние звукопроводимости при отсутствии изменений в среднем ухе.

Причем замечено, что наиболее стойкое, а нередко и прогрессирую-щее снижение слуха, наблюдается при нарушении восприятия тонов на частоте 4000 Гц. Это указывает на дегенеративно-атрофические изменения в кортиевом органе основного завитка улитки (Преобра-женский Н.А. с соавт., 1988).

Вместе с тем выявлено, что существует и такая форма пораже-ния, при которой в отличие от других форм имеются выраженные на-рушения в ЦНС (в 83% случаев при III степени перцептивной ту-гоухости). Эти изменения являются решающими в патогенезе кох-леовестибулярных расстройств. Результаты аудиометрических и вестибулометрических исследований, равно как данные ЭЭГ, омега—потенциалов, неврологическая симптоматика, оценка субъективного статуса, иммуно-биохимические исследования убедительно свидетельствовали о центральном характере поражения. Отличительной особенностью ту-гоухости при этой форме являлась ее заметная лабильность. Улуч-шение, реже восстановление, слуха у пострадавших наблюдалось, как правило, в более поздние сроки. Причем это происходило в тех случаях, когда неврологическая симптоматика и показатели биопо-тенциалов головного мозга приходили в норму.

Таким образом, результаты комплексного клинико-аудиологи-ческого обследования пострадавших при МВТ свидетельствуют о на-личии у них слуховых расстройств, выражающихся преимущественно или в виде баротравматического повреждения структур среднего и внутреннего уха, или в виде специфического поражения сенсор-но-невральных образований ушного лабиринта (акутравма).

Поскольку, по данным литературы, сосудистые системы глаза, головного мозга и внутреннего уха имеют функциональную и морфо-логическую взаимосвязь (Хрипкова А.Г., Тупицын И.О., 1978), на-шими исследованиями убедительно доказана однонаправленность ре-акции сосудов бульбарного отдела конъюктивы (БОК) и системы кро-воснабжения внутреннего уха.

Исследования показали, что у пострадавших со взрывным пора-жением слуховой системы развиваются значительные изменения МЦ.

Так, к примеру, при тугоухости II степени это проявлялось нерав-номерностью калибра венул (58%), аневризмами капилляров и арте-риол (50%), извитостью венул и капилляров (100%). Характерным для них было проявление спастико-атонического состояния микросо-судов, что подтверждалось уменьшением артериоло-венулярных соот-ношений от 1:6 до 1:7 (при норме 1:2 и 1:3). Внутрисосудистые нарушения были выраженными и стойкими. Они проявлялись замедле-нием скорости кровотока как в венулах, так и в капиллярах и ар-териолах. В некоторых микрососудах отмечалось ретроградное дви-жение крови и даже ее кратковременная остановка. У большинства пострадавших с повреждением слуха отмечалась различная степень внутрисосудистой агрегации эритроцитов. Так, 1-ая степень агре-гации эритроцитов (агрегация в венулах) наблюдалась у всех пост-радавших на стороне с повреждением слуха; агрегация эритроцитов 2-ой степени (в венулах и капиллярах) обнаруживалась также у 100% пострадавших; агрегация эритроцитов 3-ей степени (в вену-лах, капиллярах и артериолах) отмечалась у 78% пострадавших. В итоге ИВИ (индекс внутрисосудистых изменений) на стороне с повреждением слуха достоверно был значительно выше, чем аналогичный индекс на неповрежденной стороне (соответственно 8,0 и 5,75 балла).

В то же время важно отметить, что и на неповрежденной сто-роне все же имелись значительные изменения МЦ. Причиной тому яв-ляется, на наш взгляд, нарушения всей микрогемоциркуляции головы у пострадавших с МВТ слуховой системы. Полученные результаты имеют большое клиническое значение для ЛОР специалистов, дают возможность уточнения патогенеза неврологических изменений внут-реннего уха и осуществления поиска новых путей коррекции слухо-вых нарушений у пострадавших с острой акубаротравмой.

Следовательно, использованный нами метод биомикроскопии БОК может служить в качестве дополнительного критерия для оценки микроциркуляции головного мозга и внутреннего уха при обследова-нии данной категории пострадавших. Нам также представляется перспективным применение этого метода при оценке эффективности и адекватности лечения больных нейросенсорной тугоухостью взрывно-го генеза, поскольку при этой патологии имеются нарушения микро-циркуляции в бассейне лабиринта. Недаром, исследователи называют бульбарную конъюнктиву "открытым зеркалом организма".

Таким образом, в генезе перцептивной тугоухости после мин-но-взрывной травмы значительная роль принадлежит нарушениям мик-роциркуляции, носящим неспецифический характер в условиях особо-го патологического процесса, чем являются МВТ, аналогов которых не имеет практика мирного времени.

Общие нарушения деятельности ЦНС при акубаротравме были исследованы в основном с помощью электроэнцефалографического ме-тода. Установлено, что на ЭЭГ пострадавших со взрывным поражени-ем слуховой системы в 40,5% случаев наблюдалось резкое угнетение биоэлектрической активности с депрессией всех ритмов по всей конвекситальной поверхности. Одновременно с этим наблюдалось резкое снижение реакции в пробах на сенсорные воздействия и отк-рывание и закрывание глаз, что свидетельствовало о нарушении процессов активации коры головного мозга, выражающемся в актива-ционном гипертонусе и может быть связано с функциональными нару-шениями на стволовом и корковом уровне. В 52% случаев на ЭЭГ по-мимо функциональных изменений регистрировались расстройства по органическому типу, свидетельствовавшие о дисфункции стволовых, преимущественно диэнцефальных структур (наблюдавшихся в 34% слу-чаев), что выражалось в генерализованных вспышках дельта—и тета-активности билатерального характера или с незначительной меж-полушарной либо передне-задней асимметрией амплитудой более 150 мкВ. Реже (18%) наблюдались изменения ЭЭГ по органическому типу локального характера предположительно коркового генеза, причем локальные проявления патологической активности имели место при наличии активационного гипертонуса в областях вне очаговых про-явлений. Характер очаговых изменений ЭЭГ отличался разнообразием и не ограничивался увеличением индекса тета—и дельта-активности, в 11% случаев наблюдалась условная эпилептическая активность локального характера в виде острых волн.

В процессе исследования выявлено, что при МВТ слуховой сис-темы имеет место неврологическая картина сотрясения, или даже ушиба, головного мозга. Но в то же время в большинстве случаев неврологическая симптоматики с одной стороны, изменение функцио-нальных показателей—биологической активности головного мозга—с другой выходят за пределы классической картины черепно-мозго-вой травмы. По-видимому, акубаротравма, как интенсивный механи-ческий стимул взрывного генеза, обуславливает возникновение в структурах головного мозга через звуковоспринимающие пути зону так называемого "молекулярного сотрясения" мозговой ткани со всеми вытекающими отсюда последствиями: появление органических дисфункций на ЭЭГ. Не исключено, что этот же механизм лежит в ос-нове изменений биохимических и иммунологических нарушений ЦСЖ при взрывной травме слуховой системы и напоминающих биохимичес-кую картину, развивающейся при черепномозговой травме.

Немаловажно отметить, что непосредственно после акубаротравмы в клинической картине кроме неврологической симптоматики выявлены и психические изменения у пострадавших, которые необходимо учитывать при оказании им медицинской помощи. Так, по результатам выполнения теста Люшера характерной особенностью эмоционального состояния пациентов с повреждением слуховой системы являлась повышенная восприимчи-вость к отношению со стороны окружающих, острая потребность ощу-щать сочувствие и преодолевать гнетущее чувство отгороженности, сочетающееся с повышенной раздражительностью в отношении внешних ограничений (отмечалось у 61% обследованных). В то же время сле-дует учитывать, что у 46% пострадавших доминирующими чертами яв-лялись повышенная сопротивляемость неблагоприятным обстоятель-ствам, упорство в сочетании с повышенной чувствительностью к со-циальной оценке. Внутреннее эмоциональное напряжение проявлялось преимущественно в тематической фиксированности бесед и чрезмерно повышенном внимании к динамике своего состояния.

Подобная форма посттравматического поведения, способствую-щая мобилизации функциональных резервов, может благоприятно от-ражаться на эффективности реабилитационных мероприятий, за иск-лючением случаев, когда восстановление протекает на пределе фи-зиологических возможностей, а психологическое стимулирование заключает в себе потенциальную опасность перенапряжения.

Сопоставление результатов исследования сыворотки крови и церебоспинальной жидкости пострадавших с легкими внечерепными травмами и ранениями не показало статистически значимых различий в биохимическом спектре сыворотки крови по сравнению с нормой.

Гиперферменторахия, выявленная у пострадавших с взрывным поражением слуховой системы до III степени, может расцениваться как ранний информативный показатель первичности поражения мозга и слуховой системы. Биохимические сдвиги в ЦСЖ свидетельствуют о наличии нейролитического синдрома. Максимальная выраженность этого процесса наблюдалась на 1-3 сутки после взрывной акубарот-равмы. Об этом, в частности, свидетельствует резкое увеличение ферментов переаминирования аминокислот: АлАТ (в 16 раз), АсАТ (в 2,9 раза), а также ЛДГ (в 1,8 раза) и КфК (в 1,6 раза). Выявленные изменения биохимических показателей ЦСЖ имеют такой же характер, как и при легкой черепно-мозговой травме.

Для показателей гуморального иммунитета при тугоухости III степени взрывной этиологии характерно появление в ликворе факто-ров, свидетельствующих о нарушении проницаемости гемато-энцефа-лического барьера уже в первые часы-сутки после травмы. Наиболее информативным в этом отношении являлся низкомолекулярный преаль-бумин, концентрация которого на 3 сутки после травмы увеличива-лась почти в 2,5 раза. В отличие от пострадавших со взрывной ту-гоухостью III степени и ЧМТ легкой степени у лиц с легкими вне-черепными повреждениями в этом периоде травматической болезни (первые сутки) активация гуморального звена иммунной системы не выражена.

Исследованиями доказано, что показателями первичности повреждения мозга и слуховой системы в условиях взрывной политравмы могут служить биохимические проявления синдрома цитолиза. При этом увеличение активности цитоплазматических и митохондриальных ферментов в ликворе оказалось прямо пропорционально тяжести травмы мозга и слуховой системы.

Известно, что изменения в ЦСЖ обусловлены преимущественно механической травмой мозга (Шулев Ю.А., 1994). В этой связи из-менение иммунобиохимических показателей ЦСЖ использовано нами в качестве свидетельства альтерации мозга взрывной травмой. Уста-новлено, что изменение биохимических показателей ЦСЖ при МВТ с сочетанным повреждением слуховой системы и снижением слуха III степени коррелирует с таковыми при легкой взрывной черепно-мозговой травме.

Таким образом, для диагностики и прогноза тяжести поражения слуховой системы является установленная прямая корреляци-онная зависимость между глубиной биохимических изменений в лик-воре и тяжестью акубаротравмы, что наиболее существенно для кон-тингента нейрохирургических пострадавших. Тяжесть взрывного по-ражения у них обусловлена преимущественно первичным воздействием взрывной волны. У лиц с ранениями, нанесенными осколками, с ме-ханической травмой головного мозга таких устойчивых корреляций не выявлено.

В условиях одномоментного воздействия на пострадавшего раз-личных поражающих компонентов взрыва характер поражения опреде-лялся конкретным их сочетанием, в максимальной степени опреде-ляющим тяжесть состояния пострадавшего. Таким образом, соотноше-ние прямого и опосредованного повреждений мозга при МВТ слуховой системы в совокупном ущербе взрывного воздействия определяли объем медицинской помощи и лечебную тактику.

Таким образом, по нашим данным, острое минно-взрывное акуба-ротравматическое поражение уха своеобразно и почти не имеет ана-логии в клинике заболеваний мирного времени. Его отличали следу-ющие характерные особенности:

1) диффузный характер поражений, часто захватывающий всю слуховую систему от периферии до коры мозга;
2) многообразие патогенеза—расстройство кровоснабжения, разрывы сосудов, кровоизлияния, смещение элементов внутреннего уха, дегенерация специфической нервной ткани, вегетативные нару-шения, повреждения ядер и нарушение деятельности коры мозга, глубокие изменения в звукопроводящем аппарате;
3) высокая лабильность его течения.

Комплексное лечение минно-взрывной травмы было направлено на решение триединой задачи: сохранение не только жизни и лич-ности больного, но и его трудоспособности. В связи с этим в ост-ром периоде МВТ сочетались по показаниям методы и средства ур-гентной хирургической и терапевтической помощи, включающие не только борьбу с дыхательной недостаточностью, но и сохранение функций сердечно-сосудистой системы, коррекцию кровообращения и нарушений энергетического обмена в головном мозге. Сюда же вклю-чалась и максимально ранняя защита и реабилитация органа слухо-вой и вестибулярной систем. Вместе с тем прогнозируемое сохране-ние качества профессионального труда и боеспособности определяли необходимость разработки и использования не только отдельных высокоэффективных препаратов, но и их комплексов (рецептур).

Сложность и в значительной степени индивидуальный характер патогенеза острой тяжелой МВТ определяли искусство сочетания ак-тивной тактики хирургического вмешательства и консервативной фармакотерапии.

Анализ основных положений консервативной фармакотерапии и основных классов лекарственных препаратов, использующихся в ран-нем посттравматическом периоде, свидетельствует, что врачебная тактика в этом случае направлена на снижение как величины небла-гоприятной по жизненным показаниям первичной реакции мозга и ор-ганизма на травму, так и скорости развития следовых изменений.

При разработке схем лечения острой перцептивной тугоухости мы руководствовались образным принципом в формировании задач и последовательности этапов лечения: вначале "успокоить"—это значит воздействовать на первичные механизмы повреждения кохле-арного нерва и возникшие следовые реактивные изменения. А также воздействовать на гуморальные, трофические и сосудистые механиз-мы, которые позволили бы обеспечить поврежденные морфологи-ческие структуры звуковоспринимающего анализатора кислородом и продуктами обмена веществ, оптимизировать метаболические процес-сы, сохранить резистентность слуховой системы к гипоксии, ткане-вому ацидозу, устранить усугубляющее действие экзо—и эндотокси-нов. И только после этого оптимизировать функцию нейрофизиологи-ческого звена (проводников, синапсов и др.), обеспечивающего проведение нервных импульсов, и, тем самым, сохранить максималь-но большее число жизнеспособных клеток Кортиева органа в их функциональной взаимосвязи.

Комплекс терапевтических мероприятий, направленных на оптимизацию внешнего и клеточного дыхания, жизнеспособности клеток слухового анализатора, включал следующие компоненты: 1) восстановление естественного кровообращения в улитке и в центральных отделах слухового анализатора, 2) восстановление функций мембран сосудистой стенки и гемато-лабиринтного барьера, 3) ликвидацию всех форм гипоксии, 4) оптимизацию метаболизма в мозге и слуховом анализаторе.

С указанной целью в остром периоде МВТ для патогенетической и симптоматической терапии использовали (Гречко А.Т., 1992; Пас-тушенков Л.В., 1988):

1) средства, корригирующие интенсивность метаболических ре-акций и кислородный запрос мозга, в частности, следовые повреж-дения клеточных мембран, ускоряющие их восстановление (стресс-протекторы, включая ингибиторы ПОЛ, антиоксиданты, анти-гипоксанты, стимуляторы протеинсинтеза и др.);

2) средства, регулирующие микроциркуляцию и сосудистые на-рушения, ограничивающие зону и величину деструкции внутриклеточ-ного и межклеточного отека (различные вазоактивные препараты);

3) средства, улучшающие энергетический баланс и обменные процессы в мозге (энергодающие препараты, витаминные комплексы, ноотропы).

Анализ имеющегося за рубежом и в нашей стране опыта специа-лизированной фармакологической помощи показал, что решение проб-лемы лекарственной защиты и реабилитации при экстремальных (пов-реждающих) воздействиях на организм и его отдельные системы представляется наиболее перспективным на основе создания многоп-рофильных фармакологических средств и их сочетаний, влияющих на базальные процессы биоэнергетики и репарации. При этом очень важна безвредность данных препаратов, достижение эффекта не лю-бой ценой, а за счет экономизации энергетических процессов и расширения узких звеньев метаболизма, активации пластических ре-акций и тех механизмов, которые приводят к развитию стойкой адаптации организма.

Наиболее высокий интегральный рейтинг, на наш взгляд, в этой области у представителей класса актопротекторов, где одним из наиболее изученных является бемитил (Виноградов В.М., Пасту-шенков Л.В., Смирнов А.В., Бобков Ю.Г.).

Всестороннее изучение действия этого препарата показало его высокую эффективность в военной медицине, в частности, в военной оториноларингологии. Так, на кафедре отоларингологии Военно-ме-дицинской академии препарат успешно использовался для профилак-тики укачивания, для лечения неврита слухового нерва и профилак-тики нейросенсорной тугоухости при интенсивных акустических наг-рузках (Плепис О.Я., Глазников Л.А., Юнкеров В.И., 1982; Ревской Ю.К., Глазников Л.А., 1986).

Этиопатогенетическим обоснованием применения препарата этой группы является его способность корригировать негативные измене-ния, развивающиеся при воздействии экстремальных факторов: ути-лизация недоокисленных продуктов, повышение синтеза РНК, устра-нение гипоксии и т.д. (Виноградов В.М., 1973; Бобков Ю.Г., Ви-ноградов В.М., 1984; Пастушенков Л.В., 1988; Гречко А.Т., 1992).

Первичное изучение этого препарата в раннем периоде МВТ мозга, слухового и вестибулярного анализаторов в сочетании с су-щественным снижением работоспособности, нарушениями психоэмоцио-нальной сферы проведено вначале на экспериментальных моделях у животных.

3.5.1. Стационарное лечение взрывных поражений слухового анализатора

Только с учетом механизмов нарушений функций слуховой сис-темы возможно эффективное лечение взрывных травм. На первом эта-пе (часы-сутки) тактика отоларинголога определяется необходи-мостью вмешательства специалистов по профилю ведущей патологии.

Наши клинические наблюдения показали, что благоприятные ре-зультаты лечения пострадавших при взрывных поражениях нервной ткани и головного мозга являются следствием комплексного тера-певтического пособия с включением современных фармакологических рецептур препаратов-адаптогенов, ноотропов, актопротекторов, ан-тигипоксантов различных классов.

В наших экспериментальных исследованиях одного из актопро-текторов—препарата бемитил установлено, что по критерию выжи-ваемости и восстановлению функций он обладает защитно-восстано-вительным действием. Препарат существенно изменял спектр тяжести течения острого периода тяжелой МВТ (до 7-15 суток), снизив ран-нюю в течение первых часов-суток летальность в группах экспери-ментальных животных в 1,47-1,88 раза. По показателю выживаемости и коррекции тяжелых неврологических расстройств препараты срав-нения церебролизин и аминалон в остром периоде МВТ были неэффек-тивны.

При лечении бемитилом в течение первых 2 суток у животных исчезали спонтанные судорожные приступы, нормализовался ритм, частота дыхания и сердечных сокращений, восстановился роговичный рефлекс и реакция на болевой раздражитель. Бемитил препятствовал снижению уровня потребления кислорода (16,4 мл/кг—в контроле; 23,5 мл/кг—на фоне бемитила) и в течение первых 2-3 суток уст-ранял гипертермию, вызванную МВТ (соответственно: 39,2 5°С и 37,5°С). У животных, получавших бемитил, содержание лактата в крови повышалось в значительно меньшей степени (на 12%). Доста-точно быстро восстанавливались биохимические показатели крови. В частности, содержание в крови глюкозы, остаточного азота, общего белка, микроэлементов натрия и калия, хлоридов, активности фер-ментов щелочной фосфатазы, АлАТ, АсАТ, ЛДГ, СОД, МДА, церрулоп-лазмина. Очевидно, это взаимосвязано с регуляторным и восстано-вительным, мембранотропным и антиоксидантным действием препара-тов этого ряда—адаптогенов и актопротекторов.

Таким образом, в стандартизированных условиях эксперимента установлено, что бемитил относится к эффективным средствам тера-пии раннего периода минно-взрывной травмы (1-15 сутки). Его фар-макологический эффект проявляется в существенном снижении раз-личных патофизиологических и биохимических признаков тяжелой травмы; в нормализации обменных процессов, микроциркуляции кро-ви, уменьшении гипоксии и отека тканей мозга и организма, что способствует уменьшению ранней (часы-сутки) смертности и восста-новлению функций мозга, мотиваций и адекватного зоосоциального поведения. Дальнейшая апробация бемитила в клинических и полевых условиях подтвердила наши предположения о его высокой лечебной и пофилактической эффективности при взрывных повреждениях слуховой системы.

Проведенный анализ теоретических разработок и практических исследований по оказанию неотложной помощи пострадавшим в раннем периоде после МВТ позволил составить и апробировать в условиях клинической практики оригинальную пропись лекарственных препаратов, оказывающих защитно-восстановительное действие при нарушении функций слухового и вестибулярного анализаторов.

1. Рецептура "разгрузочной" капельницы включает:

   — преднизолонгемисукцинат-60,0 мг;
   — лазикс-40,0 мг;

      — 3%-раствор витамина В1-1,0 мл;
      — 5%-раствор аскорбиновой кислоты-5,0 мл;
      — 5%-раствор глюкозы-250,0 мл.

   Капельница выполняется 1 раз в день, ежедневно в течение 3 дней.
   В конце каждой инфузии внутривенно вводится раствор пананги-на (10,0 мл).

2. Следующей группе пострадавших в условиях ЛОР стационара ежедневно в течение 8 дней проводилось по 1 сеансу ГБО.

3. Третьей группе больных проводили операции плазмафереза по вено-венозному контуру с выведением 30-40% плазмы на фоне вы-сокой (300-400 ЕД/кг) гепаринизации с замещением выведенной плазмы растворами с выраженной реологической и антиагрегационной активностью. Проводится 2-3 операции с интервалом 3-4 дня.

4. Четвертой группе больных в первые же часы после МВТ вра-чом части назначался препарат бемитил по 0,25 г

внутрь 3 раза в день—тремя пятидневными курсами с перерывом между каждым цик-лом-1 день.

5. Пятая (контрольная) группа включала пострадавших, кото-рым лечение в силу различных обстоятельств в раннем периоде взрывного поражения не проводилось.

6. Шестая группа включала пострадавших, которым назначалось комплексное лечение, рассмотренное в п. п. 1-4.

Анализ эффективности лечения 318 пострадавших по каждой группе рассмотрен в таблице 2 Представленные данные свидетельствуют, что наибольшей эф-фективностью при любой тяжести поражения слухового анализатора является предложенное нами комплексное лечение. Эффективность других схем прогрессивно убывает пропорционально времени, про-шедшему после травмы. Максимальная эффективность лечебных мероп-риятий—в первые сутки, через трое суток она убывает на 27%, че-рез 10 дней—на 62%, через месяц—на 86%.

Как видно из представленных в табл. 2 данных, применение бемитила в первые же сутки после МВТ в значительной степени пре-дупреждает развитие необратимых явлений со стороны звуковоспри-нимающей части слухового анализатора у лиц с первой степенью тугоухости.

Таблица 2

Эффективность различных методов лечения взрывного поражения слухового анализатора.

Состояние слухового анализатора		Изменение состояния слухового анализатора при различных методах лечения (в % к общему числу лечившихся)					
До лечения	После лечения	Разгрузочная к-ца	Гбо	Плазмаферез	Бемитил	Без лечения	Комплексное леч-е
0/1	0/0 0/1	88,6 11,4	80,8 19,2	87,2 12,8	93,2 6,8	78,7 21,3	96,3 3,7
0/2	0/0	70,0	57,5	75,9	74,5	43,4	85,6
	0/1	18,1	24,1	15,5	16,4	37,6	9,1
	0/2	11,9	18,4	8,6	9,1	19,0	5,3
0/3	0/0	31,7	14,1	47,7	52,6	9,5	61,8

	0/1	47,0	35,0	31,4	30,2	17,9	26,3
	0/2	12,1	29,5	16,7	11,1	41,4	9,2
	0/3	9,2	21,4	4,2	6,1	31,2	2,7
1/2	0/0	63,0	54,2	69,7	72,8	29,3	82,0
	0/1	24,7	27,6	20,7	18,3	41,3	10,5
	0/2	12,3	18,2	9,6	8,9	29,4	7,5
1/3	0/0	29,3	12,4	30,9	37,7	8,1	54,1
	0/1	35,0	37,1	41,4	37,3	12,3	31,2
	0/2	19,3	31,4	14,0	14,9	42,7	8,6
	0/3	16,4	19,1	13,7	10,1	36,9	6,1
2/1	0/0	|78,5	62,6	70,7	78,7	61,8	81,3
	0/1	21,5	37,4	29,3	21,3	38,2	18,7
2/2	0/0	60,9	45,8	63,9	71,1	18,4	|79,5
	0/1	22,9	26,8	21,5	18,2	43,5	14,2
	0/2	16,2	27,4	14,6	10,7	38,1	6,3
2/3	0/0	19,5	11,6	35,1	38,8	4,4	54,0
	0/1	37,3	27,6	31,8	31,2	13,0	26,1
	0/2	24,0	37,5	17,2	16,3	42,5	10,3
	0/3	19,2	23,3	15,9	13,7	40,1	9,6

Примечание:

*—в числителе—состояние барабанной перепонки: 0—без повреждений, 1—отек, 2—разрыв; в знаменателе—степень потери слуха: 0—слух в норме, 1—первая степень тугоухости, 2—вторая степень, 3—третья степень.

Из этой группы обследуемых, как показала практика, из зоны боевых действий были направлены на этап квалифицированной и специализированной помощи в первые сутки после МВТ лишь 15,1% пострадавших, 22,4%—через двое-трое суток, 38,2%—в пределах 4-7 суток, а остальные (24,3%)—в пределах от 8 до 21 суток. В связи с этим помощь этому контингенту пострадавших, как правило, оказывалась с большим опозданием. Поэтому в подавляющем боль-шинстве случаев терапия, проводимая лицам с легким повреждением слухового анализатора (тугоухость первой степени) была недоста-точно эффективной. Применение же бемитила в первые часы после взрывных повреждений приводило к значительному сокращению про-цента развития стойкой тугоухости 1-й степени (до 6,8%; в контрольной группе-21,3%).

Из группы лиц с повреждением слухового анализатора второй степени в первые сутки после МВТ были направлены к отоларинголо-гу 23,9% пострадавших, 47,4%—на вторые-третьи сутки, 18,1%—в пределах 4-7 суток, 10,6%—позднее 7 суток.

Анализ данных показал, что применение препарата "бемитил" в первые же часы после МВТ значительно эффективнее, чем применение высокоэффективных лечебных мероприятий в условиях стационара, но примененных со значительным опозданием (позднее 2-3 суток после получения травмы). Так, сохранение тугоухости второй степени после лечения бемитилом наблюдалось в 9,1% случаев (в контроле—19,0%), первой степени—в 16,4% случаев (в контроле-37,6%). Полное восстановление слуха на фоне этого препарата отмечено в 74,5% (в контроле—лишь в 43,4%). Комплексное же лечение восстанавливает слух до нормы в 85,6%.

Применение бемитила в течение первых суток после МВТ в значительной степени предупреждало развитие необратимых наруше-ний со стороны звуковоспринимающей части слуховой системы у лиц с первой степенью тугоухости. Из этой группы обследуемых из зоны боевых действий были направлены на этап квалифицированной и спе-циализированной помощи спустя 1-7 суток 75,7% пораженных, ос-тальные—позже. В большинстве случаев терапия, проводимая лицам с легким повреждением слуховой системы (тугоухость первой степе-ни) была недостаточно эффективной. Применение бемитила в первые часы после взрывных повреждений приводило к улучшению состояния пораженных: в 2-3 раза уменьшались признаки тугоухости первой степени (в контрольной группе они составили 21,3%).

Анализ эффективности различных методов лечения в группе пострадавших с третьей степенью тугоухости показал, что бемитил (0,25 г по 2 таблетке 2 раза в день), назначенный в первые часы после МВТ, был значительно эффективнее, чем методы сравнения, использованные в эти временные интервалы. Полное восстановление функции слуха при лечении бемитилом наступало в 32,6% случаев. В то же время, в контрольной группе пострадавших восстановление слуха до уровня нормы наступало лишь в 9,5% случаев.

Таким образом, применение бемитила на ранних этапах оказания медицинской помощи (в первые часы после взрывного повреждения слухового анализатора) в дальнейшем в значительной степени упреждает развитие необратимых дегенеративных процессов звуковоспринимающей части слухового анализатора и повышает эффективность проводимой комплексной терапии.

В связи с этим включение препарата из группы актопротекторов—бемитила—в индивидуальную аптечку военнослужащих в ко-нечном итоге обеспечит высокоэффективную профилактику нейросен-сорной тугоухости у лиц, пострадавших от взрывной травмы. Кроме того, такие препараты, на наш взгляд, целесообразно включать в аптечки первой врачебной помощи на предприятиях, выполняющих работы, связанные с воздействием на организм импульсных шумов или взрывных веществ.

Важно отметить, что методы плазмафереза без дополнительных методов лечения также весьма эффективны даже и в отдаленном (че-рез 2-3 суток, а иногда и через неделю) периоде травмы. При этом восстанавление слуха достигает нормы до 75,9%.

Представляют большой интерес данные анализа эффективности различных методов лечения в группе пострадавших с третьей сте-пенью тугоухости. Следует обратить внимание на то, что такие пострадавшие значительно раньше поступали на этап специализиро-ванной медицинской помощи после МВТ (в 63,4% случаев—в первые сутки, в 27,8%—на вторые сутки, остальные 8,8%—в период с 3 по 14 сутки). Это объясняется тем, что, во-первых, выраженная тугоухость у пострадавшего заставляет быстрее эвакуировать его на этап специализированной медицинской помощи; во-вторых, такая тяжесть повреждения слухового анализатора в большинстве случаев (82%) сочеталась со средней и тяжелой степенью травмы других ор-ганов и систем, что также требовало неотложной госпитализации раненого. Тем не менее, как видно, и при таких повреждениях слу-хового анализатора бемитил, назначенный в первые же часы после МВТ, был значительно эффективнее, чем другие методы лечения, но применяемые в более поздний период—через 2 суток и более после взрывной травмы. Полное восстановление функции слуха в этой группе на фоне бемитила наступало в 52,6% случаев. В то же вре-мя, у нелеченных раненых восстановление слуха до нормы наступало лишь в 9,5% случаев.

Следует отметить, что в случае раннего поступления постра-давших с разрывом барабанных перепонок нами осуществлялась первичная пластика перепонок, которая заключалась в том, что сводились края барабанных перепонок над гемостатической губкой, предварительно введенной в полость среднего уха через перфорацию.

Таким пострадавшим, кроме "разгрузочных" капельниц, ГБО, плазмафереза и других методов лечения, проводилась и местная те-рапия (сосудосуживающие капли и мазь в нос, анемизация устья слуховой трубы, физиопроцедуры и т.п.), которая способствовала ускорению эпителизации и рубцеванию перфораций и снижению воспа-лительных явлений со стороны среднего уха.

Стойкая сухая перфорация барабанной перепонки формировалась в 6,5% случаев, которая завершалась, в дальнейшем (через 3 месяца и более), мирингопластикой.

Проведенный нами статистический анализ акубаротравмы уха не подтвердил сложившейся в военной отоларингологии гипотезы, что разрыв барабанных перепонок упреждает более тяжелые повреждения звуковосприни-мающих структур слухового анализатора.

Тяжесть повреждения звуковоспринимающих или звукопроводящих структур зависит от преобладания одного из компонентов взрыва—аку—или барофакторов (степени и скорости перепада барометричес-кого давления, временного фактора воздействия на звукопроводящие структуры среднего уха и т. п.), которые в разной степени определяют то или иное повреждение.

Полученный в госпитале опыт позволяет рекомендовать следующий оптимальный комплекс терапии этой патологии. В первые 5 суток после травмы:

— "разгрузочная" капельница—внутривенно капельно, ежед-невно по 1 капельнице в день в течение 3-х дней. В конце капель-ницы вводить внутривенно панангин-10,0 мл;

— седуксен-0,5%-ный раствор (2,0 мл) внутримышечно ежед-невно 1 раз в день (5 дней);

— сульфатмагния-25%-ныйраствор(10,0мл)внутримышечно ежедневно (6 дней);

— тавегил (диазолин) по 1 табл. 0,001 г 2 раза в день;

— дибазол—по 1 табл. 0,02 г 2 раза в день.

Если лечение патологии в клинике начинается через 10-15 дней и более после травмы, к комплексу рекомендуемой терапии вместо седуксена и антигистаминных препаратов рекомендуется подключить: компламин (никотиновая кислота)-15%-ный раствор (2,0 мл) внутримышечно ежедневно; подкожные инъекции галантамина (стрихнина)-0,1%-ный раствор (1,0 мл) ежедневно, 10-15 инъек-ций; церебролизин-1,0 мл внутримышечно, 20-30 инъекций. При ушных шумах—меатотимпанальные новокаиновые блокады; седативные средства и транквилизаторы: сонапакс—по 0,025 г 2-3 раза в день, N.60; триоксазин—по 0,3-0,6 г 2-3 раза в день; сеансы ГБО—8 сеансов.

При безуспешности указанного терапевтического комплекса, а также у лиц с грубой патологией нейродинамики (по данным ЭЭГ), особенно в слуховой зоне, а также с недостаточностью внутриче-репной гемодинамики или с неадекватностью такой реакции (оцени-ваемой по данным РЭГ и динамики микроциркуляции бульбарного от-дела конъюктивы в ответ на акустическую нагрузку) весьма высокую эффективность оказывали операции плазмафереза.

Этиопатогенетическим обоснованием применения этого метода являются негативные изменения в слуховоспринимающем отделе ана-лизатора при взрывной травме: расстройство микроциркуляции, ги-поксия, повышение вязкости крови, ухудшение ее реологических свойств, накопление антигенов, активация ферментов и биологичес-ки активных веществ, токсического материала распада клеток и т.

д. Операция плазмафереза способствовала устранению данных нега-тивных последствий взрывной травмы. Показанием к проведению опе-рации является также нарушение слуха по перцептивному типу со снижением восприятия шепотной речи менее 1 м на одно или оба уха, повышение аудиологических порогов на разговорных частотах (1-3 кгц) выше 20 дБ и на высоких частотах выше 40 дБ (Гуре-вич К.Я., Глазников Л.А., Воробьев А.А., 1991).

На основании изучения патогенетических особенностей течения ранений (повреждений) выдвинуто предположение, что проводимые вмешательства целесообразно условно разделить на детоксикацию и реокоррекцию.

Эффективность применения методов ЭД оценивали по степени выраженности клинических симптомов интоксикации, тяжести общего состояния центральной нервной системы, систем дыхания, кровооб-ращения, ран и ожоговой поверхности, по степени нарушения кро-воснабжения конечности.

Об эффективности экстракорпоральной реокоррекции при акуба-ротравме судили по выраженности нарушений слуха, интенсивности шума в ушах, четкости восприятия речи, порога аудиометрической кривой, вестибуловегетативной устойчивости.

Об эффективности экстракорпоральных операций свидетельствует тот факт, что у 30 раненых из 40 удалось достичь положительн ого клинического резуль-тата, причем наибольший эффект получен при реокоррекции у постра-давших с акубаротравмой с повреждением магистральных сосудов. Эффект ЭД подтвержден существенными изменениями таких показа-телей, как уровень билирубина сыворотки крови (с 29 ± 4 до 16 ± 1 ммоль/л), мочевины (с 8.9 ± 0.3 до 7.8 ± 0.2 ммоль/л), креатинина (с 0.114 ± 0.011 до 0.103 ± 0.009 ммоль/л), лизосомально-катионный тест (с 1.1 ± 0.1 до 1.3 ± 0.1 ед.), лейкоцитарный индекс интоксикации (с 4.1 ± 1 до 3.6 ± 0.1 ед.). Проводимая предоперационная подготовка, а также медикаментозная и инфузионно-трансфузионная терапия поз-волили сохранить клеточный, белковый и электролитный состав кро-ви. Кроме того эффект реокоррекции объективно доказан значительным сниже-нием вязкости крови (с 30 ± 2 до 22 ± 3 мПа с), адгезивности тромбо-цитов (с 1.4 ± 0.1 до 1.1 ± 0.2 ед.), содержания фибриногена (с 4.6 ± 0.2 до 4.1 ± 0.2 г/л) и глобулинов (с 48 ± 4 до $39 \pm 5\%$), повыше-нием деформабельности эритроцитов (с 46 ± 7 до $86 \pm 15\%$). При этом проводимая медикаментозная и инфузионно-трансфузионная терапия позволила сохранить основные морфологические и биохимические по-казатели крови.

Таким образом, методы ЭД достаточно эффективны и должны быть использованы в комплексном лечении раненых. С учетом полу-ченных результатов, а также данных литературы нами сформулирова-ны показания, основные принципы проведения и критерии эффектив-ности методов ЭД у пораженных хирургического профиля. Методы ЭД целесообразно применять на этапе специализированной медицинской помощи или на этапе квалифицированной хирургической помощи, ис-пользуя выездные бригады в качестве групп усиления.

3.6. ВЗРЫВНЫЕ ПОРАЖЕНИЯ ВЕСТИБУЛЯРНОЙ СИСТЕМЫ

Проведенные нами вестибулярные исследования подтвердили предположение В.И.Воячека (1937) о чрезвычайно высокой чувствительности вестибулярной системы к интенсивным акубаротравматическим воздействиям. Вестибу-лярная дисфункция у пострадавших с МВТ выявлялась в 70-85% случаев как в остром, так и в отдаленном периодах травмы.

Следует подчеркнуть большое значение выявленных закономер-ностей течения вестибулярных реакций в зависимости от степени компенсации вестибулярной функции и фазы травмы. При изучении в динамике самых разнообразных процессов в ЦНС выявлено, что тече-ние вестибулярных реакций имеет закономерности, которые определялись степенью компенсации вестибулярных нарушений.

В остром периоде МВТ, особенно в тяжелых случаях, вестибу-лометрия выявляла противоречивые, а иногда диаметрально противо-положные результаты у пострадавших с одной и той же степенью взрывной травмы: у одних превалировали показатели ОКН в поражен-ную, у других—в здоровую сторону (или в менее травмированную взрывом). Однако тщательно проведенный анализ показал, что все данные имеют строгую закономерность и тесно коррелируют с факто-ром времени от момента травмы до обследования.

Так, в первые двое суток после взрывной травмы, отчетливо наблюдалось (в 83% случаев) преобладание всех характеристик Ny в более пораженную сторону (в ту же сторону наблюдался и спонтан-ный Ny). Начиная с 3-4 дня, Ny реакция начинала выравниваться и степень выраженности ее асимметрии постепенно снижалась. Продол-жительность данного периода восстановления значительно зависела от степени тяжести взрывной травмы. Этот переход носил плавный характер и завершался практически во всех случаях устранением асимметрии и появлением тенденции к обратной направленности спонтанного, вращательного и ОК Ny (то есть его преобладание в сторону менее пораженного уха).

В то же время, при таких мощных взрывных травмах, когда повреждение структур внутреннего уха приводило к выпадению функ-ции лабиринта (39% случаев), наблюдалась обратная последователь-ность—спонтанный, вращательный и ОК Ny вначале были направлены или превалировали в здоровую (или менее поврежденную) сторону, затем уравновешивались; исчезала асимметрия и в дальнейшем вновь возникала, но в пораженную сторону, что, по нашему мнению, сви-детельствовало о процессах компенсации в ЦНС.

Все перечисленные закономерности наблюдались, в основном, при малых скоростях ОК стимуляции (60 град/с). При больших ско-ростях ОК стимуляции наступала диссоциация нистагменной реакции.

В частности, ОК система не отвечала на заданный ритм стимуляции, она удерживалась на предыдущем уровне или даже подавлялась.

Вероятно, это обусловлено изменением порогов возбудимости вестибулооптокинетических структур, отвечающих за регенерацию ОКН данного направления.

Полученные результаты позволили установить наиболее благоп-риятные сроки, когда вестибулярная дисфункция временно компенси-руется в результате восстановления энергетического уровня в вес-тибулярных ядрах, то есть устранения его дисбаланса. Именно в этот период перехода от асимметрии к симметричности пострадавший легче переносит вестибулярные нагрузки, иными словами может счи-таться транспортабельным. В период же следующего этапа, когда вновь нарастает асимметрия Ny и дисбаланс, но противоположный по знаку предшествующему, даже легкое вестибулярное раздражение вы-зывает интенсивные вестибуло-вегетативные реакции. В этот период вновь будет противопоказана транспортировка пострадавшего.

Таким образом, при оценке функции вестибулярной системы до-казана необходимость обращать серьезное внимание на сроки и тя-жесть взрывной травмы. Показатели такой несложной методики как оптокинетография, которая может проводиться и у постели тяжело-раненых, могут отражать стадию компенсации в системе ОК струк-тур. Этими показателями необходимо руководствоваться при выра-ботке определенной тактики в отношении пострадавших, а также оп-тимизировать комплекс фармакопрофилактики вестибуло-вегетативных расстройств при подготовке пострадавшего к эвакуации.

Благодаря совместным усилиям фармакологов, невропатологов, отоларингологов и физиологов Военно-медицинской академии, была предложена и с успехом апробирована новая комплексная лекарс-твенная рецептура следующего состава: скополамина камфорнокисло-го 0,0001 г, гиосциамина камфорнокислого 0,0004 г (таблетирован-ный препарат "Аэрон"); этимизол 0,1 г; гаммалон 0,25 г, получив-шая сокращенное название—"АЭГ" (по первым буквам лекарственных компонентов, входящих в ее состав). Действие "Аэрона" связано с особенностями фармакодинамики скополамина и гиосциамина. Химически оба этих вещества относятся к алкалоидам атропина.

Основной фармакологической особенностью гиосциамина являет-ся его способность блокировать М-холинорецепторы. На Н-холиноре-цепторы он действует слабо.

Блокируя М-холинорецепторы гиосциамин делает их нечувстви-тельными к ацетилхолину, образующемуся в области окончаний пост-ганглионарных парасимпатических (холинергических) нервов. Тем самым, эффект действия гиосциамина противоположен эффектам, наб-людающимся при возбуждении парасимпатической нервной системы, т.е. при укачивании. Кроме того, гиосциамин хорошо проникает че-рез гематоэнцефалический барьер и оказывает достаточно сложное влияние на ЦНС, так как он обладает центральными холинолитичес-кими свойствами и стимулирует кору головного мозга.

Гамма-аминомаслянная кислота (ГАМК) является биогенным веществом, содержится в центральной нервной системе и принимает активное участие в обменных процессах головного мозга.

По данным Г.Е. Ковалева (1990) ГАМК является химическим медиатором, участвующим в процессе торможения в ЦНС. Под ее влиянием усиливаются энергетические процессы, повышается дыхательная активность тканей головного мозга, улучшается церебральная гемодинамика и утилизация мозгом глюкозы, облегчается удаление из нервной ткани токсических продуктов обмена. Действие ГАМК в ЦНС осуществляется путем ее взаимодействия со специфическими ГАМКергическими рецепторами, находящимися в тесной связи с дофаминергическими и другими рецепторами мозга.

При применении ГАМК в лечебных целях при церебральной пато-логии установлено, что она способствует улучшению динамики нерв-ных процессов в головном мозге, улучшает мышление, память, ока-зывает мягкое психостимулирующее действие, ослабляет вестибуляр-ные расстройства.

Наше предположение о возможной противоукачивающей эффектив-ности этимизола—препарата с преимущественным дыхательным ана-лептическим действием, основывалось на том, что в настоящее вре-мя в генезе болезни движения, как это было показано выше, отво-дится большая роль изменениям гормонально-метаболического стату-са организма (Тигранян Р.А. с соавт., 1988; Тигранян Р.А., 1988; Тигранян Р.А., 1990). Литературные данные свидетельствуют о том, что при укачивании развивается дефицит эндогенного АКТГ рили-зинг-фактора и резко угнетается активность центров симпатоадре-наловой системы. Этимизол способен активировать адренокортикот-ропную функцию гипофиза, повысить активность центров симпатоад-реналовой системы и отчасти имитировать действие АКТГ рили-зинг-фактора (Смирнов А.В., 1989), а также улучшить память и способствовать повышению умственной работоспособности (Машковс-кий М.Д., 1988).

Результаты противоукачивающей эффективности рецептуры АЭГ.

Изучение противоукачивающей эффективности предложенной ле-карственной смеси проводилось, как это принято в мировой практи-ке, двойным слепым методом, в сравнении с общепризнанным препа-ратом-стандартом скополамином (1 мг) и плацебо.

Полученные результаты для большей наглядности изложены в таблице 3 и диаграммах с учетом информативности каждого показа-теля.

По результатам анализа "Анкеты самооценки состояния" после полета на фоне действия АЭГ заметно возросла общая активность:

бодрость появилась у 67,7%, внимательность и собранность отмети-ли 58,1% (p<0,01) обследуемых, тогда как при приеме скополамина уровень бодрости возрос лишь у 28,6% (p<0,05). При приеме плаце-бо статистически достоверного улучшения показателей общей актив-ности не зафиксировано. Улучшение эмоционально-соматической комфортности при приеме АЭГ, выражающееся в хорошем настроении и хорошем самочувствии у 32,3% и 61,3% обследуемых, соответственно, было также статистически достоверно (p<0,01).

Значимого изменения этого же показателя на фоне скополамина и плацебо не отмечалось. Так же не было получено достоверных изменений по сравнению с контрольной группой у лиц, принимавших скополамин или плацебо, в отношении мотивации к деятельности и возбудимости после НКУК. Тогда как при приеме АЭГ интерес к работе сохранился у 51,6% и 48,4% были спокойны и уравновешены (p<0,01). Уверенность в своих силах сохранилась у 45,2%, при этом необходимо подчеркнуть, что хорошая работоспособность, по субъективной оценке участников эксперимен-та, наблюдалась в 61,3% (p<0,01), что в 3 раза выше, чем у лиц принимавших скополамин (21,4%, p<0,05).

При приеме АЭГ удалось в значительной степени уменьшить частоту жалоб пострадавших на головокружение, тошноту, потерю аппетита, неприятные ощущения в живете. Полностью купировалась зевота и сонливость.

Как и при приеме скополамина, не было отмечено повышенной потливости. Причем, в отличии от последнего, побочный холиноли-тический эффект в виде жажды и сухости во рту, при использовании АЭГ не наблюдался (p>0,05).

Результаты неврологического осмотра убедительно свидетель-ствовали об улучшении неврологического статуса обследуемых лиц.

Значительно уменьшилась частота вегето-сосудистых реакций, в 2 раза реже фиксировались рефлексы орального автоматизма, ни у од-ного из испытуемых не наблюдалось анизокории. Следует отметить и ту положительную динамику, которая не появлялась при профилакти-ческом приеме препарата-стандарта и плацебо При приеме "АЭГ" удалось в значительной степени уменьшить частоту жалоб пострадавших на головокружение, тошноту, рвоту, потерю аппетита, дискомфорт в животе, сонливость. Результаты неврологического осмотра убедительно свидетельствовали об улучшении неврологического статуса пострадавших получавших "АЭГ". Значительно уменьшилась частота вегето-сосудистых реакций, в 2 раза реже фиксировались рефлексы орального автоматизма. Ни у одного из обследованных после транс-портировки не наблюдалось анизокории. В то же время на фоне транспортировки авиатранспортом у лиц, не получавших препараты, развивались тяжелые неврологические расстройства и выраженные вегетососудистые реакции, усугубляющие их состояние.

Таким образом, комплексный препарат АЭГ обладает выраженным эффектом профилактики укачивания и неврологических расстройств при транспортировке пострадавших. Полученные результаты позволяют оптимизировать состояние пострадавших с МВТ при их эвакуации и последующем лечении.

Полученный клинический опыт свидетельствовал о необходимос-ти ранней диагностики и динамического наблюдения за состоянием слуха у всех пострадавших с минно-взрывной травмой. Комплекс ле-чебных мероприятий, проводимых этому контингенту пострадавших, как правило, включало современные препараты, ослабляющие интен-сивность стресс-реакции, повреждающей мембраны клеток, восста-навливающие внутриклеточный обмен веществ и микроциркуляцию кро-ви, активирующие репаративные процессы (современные адаптогены, ноотропы, актопротекторы, обладающие комплексом подобных свойств).

3.7. Литература

1. Бобков Ю.Г., Виноградов В.М., Катков В.Ф., Лосев С.С., Смирнов А.В. Фармакологическая коррекция утомления. —М.: Меди-цина, 1984.-208 с.

2. Бисенков Л.Н., Тынянкин Н.А. Особенности оказания помощи пострадавшим с минно-взрывными ранениями в Республике Афганистан // Воен.-мед. журн.-1992.—N. 1.—С. 19-22.

3. Виноградов В.М., Пастушенков Л.В., Белоногов В.Н., Греч-ко А.Т., Пастушенков А.Л., Яковлев М.М. Консервативное лечение черепно-мозговой травмы в остром периоде (экспериментальное исс-ледование) // Тр. Воен.-мед. акад.—Л., 1979.—Т. 203.—С. 139-149.

4. Виноградов В.М., Урюпов О.Ю. Гипоксия как фармакологическая проблема // Фармакология и токсикология.-1985.—Т. 48, N 4.—С. 9-20.

5. Виноградов В.М., Бобков Ю.Г. Фармакологическая стратегия адаптации // Фармакологическая регуляция состояний дезадаптации. —М., 1986.—С. 7-16.

6. Виноградов В.М., Пастушенков Л.В., Белоногов В.Н., Греч-ко А.Т., Пастушенков А.Л., Яковлев М.М. Консервативное лечение черепно-мозговой травмы в остром периоде: Эксперим. исслед. // Тр. / Воен.—мед. акад.—Л., 1979.—Т. 203.—С. 139-149.

7. Виноградов В.М., Пастушенков Л.В., Белоногов В.Н., Греч-ко А.Т., Пастушенков А.Л., Яковлев М.М. Консервативное лечение черепно-мозговой травмы в остром периоде: Эксперим. исслед. // Тр. / Воен.—мед. акад.—Л., 1979.—Т. 203.—С. 139-149.

8. Виноградов В.М., Гречко А.Т., Катков В.Ф., Степовик Н.В., Сумина Н.А., Бахланова И.В., Шамов В.А. Общие принципы фармакологической оптимизации работоспособности организма в обычных и осложненных условиях // Всесоюз. науч.-51—конф. "Фармакологическая регуляция физической и психической работоспо- собности."—М., 1980.—С. 3.

9. Военно-полевая хирургия локальных войн и вооруженных конфликтов.—под ред. Гуманенко Е.К. и Самохвалова И.М.—М.: ГЭОТАР-Медиа, 2011.-672с. Гуревич К.Я., Воробьев В.В., Глазников Л.А. Основные принципы экстракорпоральной детоксикации в военно-полевой хирур- гии // Воен.—мед. журн.-1991.—N 7.—С. 7-11.

10. Глазников Л.А., Баранов Ю.А., Гофман В.Р., Бутко Д.Ю. Структура психологических нарушений у пострадавших от взрывных факторов // Вестн. гипнологии и психотерапии.—Л., 1991.—N 1. —С. 52-54.

11. Гречко А.Т. Разработка новых фармакологических средств с защитным и восстановительным действием при экстремальных воз-действиях. Автореферат дис . . . . д-ра мед. наук.—Л.: Воен.-мед. акад., 1992.-48 с.

12. Гречко А.Т. Физиологические механизмы адаптации и ее фармакологическая коррекция "быстродействующими адаптогенами" // Междунар. мед. обзоры.-1994.—Т. 2.—N 5.—С. 330-333.

13. Гринев М.В. Клиническая характеристика сочетанных травм: современное состояние проблемы // Сочетанная травма и травмати-ческий шок (патогенез, клиника, диагностика и лечение).—Л., 1988.—С. 5-11.

14. Гуманенко Е.К. Актуальные проблемы сочетанных травм // Клин. мед. и патофизиол.-1995.—N 1.—С. 9-21.

15. Гайдар Б.В. Принципы оптимизации церебральной гемодина-мики при нейрохирургической патологии головного мозга: Клини-ко-эксперим. исслед. Автореф. дис . . . . д-ра мед. наук.—Л., 1990.-46с.

16. Ерюхин И.А., Гуманенко Е.К. Терминология и определение основных понятий в хирургии повреждений // Вестн. хирургии.—1991.—Т. 146, N 1.—С. 55-59.

17. Засосов Р.А., Ундриц В.Ф. О действии сверхмощных звуков на ухо животных: Типограф. оттиск.—Л., 1934.-11 с.

18. Иванов Н.И. Гистохимические изменения в кортиевом органе кроликов при действии на них импульсных шумов большой мощности // Журн. ушных, носовых и горловых болезней.-1967.—N 4.—С. 48-51.

19. Ковалев Г.В. Ноотропные средства.—Волгоград, 1990.-368с.

20. Кунельская Н. Л., Полякова Е. П. Нарушения слуховой и вестибулярной функции у больных с травмами головы ударно-волновой и механической природы и их коррекция // Вестник оториноларингологии.-2006.—№6.—С. 25-31

21. Лыткин М.И., Петленко В.П. Методологические аспекты уче- ния о травматической болезни // Вестник хирургии. -1988.—Т. 141.—N 8.—С. 3-8.

22. Пальчун В.Т. с соавт. Состояние слухового и вестибулярного анализаторов у больных с минновзрывной травмой. // Вестник оториноларингологии.-2006.—№4.—С. 24-30

23. Машковский М.Д. Лекарственные средства.—М.: Медицина, 1993.—Т. 1.—С. 135; Т. 2.—С. 117.

24. Пастушенков Л.В. Доказательства универсальности действия антигипоксантов, оптимизирующих обменные процессы в клетке // Тез. докл. 1 Всесоюз. конф.: Фармакологическая коррекция гипок-сических состояний. —Ижевск, 1988.—С. 97-98.

25. Плепис О.Я., Глазников Л.А., Юнкеров В.И. Изучение эф-фективности противоукачивающих средств методом дисперсионного анализа // Журн. ушных, носовых и горловых болезней.-1982.—N 5.—С. 22-26.

26. Преображенский Н.А., Константинова Н.П., Гусейнов Н. М. Острая нейросенсорная тугоухость как следствие черепно-мозговой травмы // Вестн. оториноларингологии.-1988.—N 1.—С. 8-10.

27. Ревской Ю.К., Глазников Л.А. Использование антигипоксан-тов для коррекции операторской работоспособности при вестибуляр-ных нагрузках // Фармакологическая регуляция состояния дезадап-тации. —М., 1986.—С. 128-136.

28. Шулев Ю.А. Поражения черепа и головного мозга при взры-вах: повреждающие механизмы, клинические проявления, принципы систематизации, дифференцированное лечение. —Автореф. дис . . . д-ра мед. наук.—СПб, 1994.-48 с.

29. Хрипкова А.Г., Тупицын И.О. Микроциркуляторное русло бульбоконъюнктивы как показатель состояния мозгового кровообра-щения // Тез. докл. 5 совещ. по пробл. "Гисто-гематические барь-еры", посвящ. 100-летию со дня рожд. акад. Л.С. Штерн.—М., 1978.—С. 152-153.

30. Янов Ю.К., Дискаленко В.В., Филимонов В.Н. Состояние слуховой функции при минно-взрывных ранениях нижних конечностей // Патогенез и лечение изолированных и сочетанных травм.—Л., 1989.—С. 110-111.

31. Бейкер У., Кокс П., Уэстайн П. и др. Взрывные явления. Оценка и последствия. Пер. с англ. под ред. Я.Б. Зельдовича, Б.Е. Гельфанда.—М.: Мир, 1986.-382 с.

(Explosion hazards and evaluation. W.E. Baker, P.A. Cox, P.S. Westine et al. Amsterdam etc., 1983.).

32. Wilson S.J. Deafness in developing countries. Approac-hes to a global program of prevention//Arch. Otolaryngol.-1985.—Vol. 111, N 1.—P. 2-9.

4

Восстановительное лечение и медицинская реабилитация пострадавших в условиях локальных вооруженных конфликтов (совместно с Нигмедзяновой Л.Р., Нигмедзяновой Р.Р.)

4.1. Актуальность проблемы медицинской реабилитации и пути ее решения

В современных условиях развития мирового сообщества, локальные вооруженные конфликты, перерастающие порой в крупномасштабные боевые действия, наносят невосполнимый ущерб окружающей среде на территории, где эти события происходят (Richard Engel, 2008). По данным многочисленных официальных статистических источников, вооруженные конфликты за последние годы XX столетия возникали в различных странах мира не менее 30 раз, в результате которых только погибших десятки миллионов человек и сотни миллионов пострадавших, а материальные потери исчисляются триллионами долл. США. Перемены, естественным образом происходящие в природе, вызывают стихийные бедствия; пожары возникают ежегодно не менее 7 млн. раз; рост промышленного производства, к сожалению, сопровождается техногенными катастрофами. Официальная статистика последних лет свидетельствует о том, что количество стихийных бедствий и техногенных катастроф возросло в 7-8 раз. Крупномасштабная техногенная катастрофа, возникшая в Японии в марте 2011 г. вследствие мощного землетрясения и цунами, унесшая жизни десятки тысяч жителей прибрежных районов страны, трагическое этому подтверждение. Сотни тысяч японцев, которые не входят в статистические сводки о пострадавших, находясь в зоне бедствия, вместе с тем, приобрели посттравматические стрессовые расстройства (ПТСР—PTSD—Post Traumatic Stress Disorder). Однако следует отметить, что население Японии, обладает, характерными для нации, самодисциплиной, навыками самообладания, обучены приемам само—и взаимопомощи, что в значительной степени облегчает преодоление последствий стихийных бедствий и техногенных катастроф. Ряд специалистов (Judith Herman, 1992, Dena Rosenbloom, Mary Williams, Barbara Watkins, 1999, Frank Patkinsonm 2000, Glenn R. Shiraldi, 1999, Aphrodite Matsakis, 1996) считает, что необходимо обучать мирное население приемами оказания само—и взаимопомощи, уметь настраивать себя на оптимистичный лад, даже в самых критических ситуациях, что в последующем позволит быстрее адаптироваться, оказавшись в условиях чрезвычайных ситуаций (Frank Parkinson, 2000; Robyn D. Walser, Darrah Westrup, 2007)). Даже в развитых странах, значительный рост количества транспортных средств никак не может соответствовать модернизации старых и строительству новых дорог, что приводит к росту количества пострадавших в автотранспортных авариях. По данным ВОЗ в среднем течение года количество погибших достигает 1,5 млн, а пострадавших со всевозможными травмами до 50 млн.человек, что сопоставимо с человеческими жертвами, возникающими в ходе ведения локальных, порой крупномасштабных вооруженных конфликтов (Glenn R. Shiraldi, 1999).

Разногласия в мировом сообществе религиозного характера, разная степень жизнеобеспеченности населения, существующая во многих странах, значительная часть которого проживает за чертой бедности, социальные и политические проблемы, сопровождаются в конечном итоге террористическими акциями, принимающими все новые разрушительные формы, есть опасность использования террористами биологического, ядерного оружия. Все вышеизложенные негативные процессы в обществе приводят к значительному росту людских потерь, увеличению количества нетрудоспособного населения (Anne Williams, Vivad Head, 2006; Paul A. Erickson, 2006; Philip P. Purpura, 2007; Brenda D. Phillips, 2009).

При всей очевидности проблемы восстановления здоровья пострадавших в чрезвычайных ситуациях, локальных вооруженных конфликтах, готовности государственных и международных организаций приступить незамедлительно к ликвидации последствий бедствий, вместе с тем, более 70% пострадавших в чрезвычайных ситуациях по объективным причинам, не могут получить своевременно специализированной медицинской помощи, Как известно, если пострадавшие в течение первых шести месяцев с момента нахождения в зоне бедствия не получают своевременного лечения, то большая часть из них становятся хроническими больными с ПТСР. В организационном плане, международные медицинские формирования могут находиться в зоне бедствия короткий промежуток времени—не более одного месяца, в последующем, основные вопросы по восстановлению инфраструктуры системы здравоохранения страны, решаются самостоятельно, что также в значительной степени усложняет возможность своевременного предоставления специализированной помощи всем нуждающимся в зонах бедствия (Brenda D. Phillips, 2009; Paul A. Erickson, 2006, Clinival Practice Guideline, 2010).

Вместе с тем, коварство разрушительньного для организма человека процесса заключается в том, что пациенты, приобретая хроническую форму ПТСР, в последующем частично или полностью теряют трудоспособность, профессиональные навыки, некоторые из которых злоупотребляют алкоголем и наркотиками, следовательно нуждаются в дополнительных социальных услугах, тем самым вызывая напряженность в обществе (Richard Engel, 2008; Laurie B. Slone, Matthew J. Friedman, 2008).

Остается нерешенным в полной мере вопрос реабилитации самих специалистов и их семей—спасателей, врачей, сотрудников международных организаций, оказывающих помощь пострадавшим непосредственно в зонах бедствия, хотя у большинства именно этой категории граждан возникают признаки ПТСР, но по долгу службы они обязаны перемещаться из одной чрезвычайной ситуации в другую, чаще игнорируя необходимость применения превентивных мер восстановления здоровья.

Всемирная организация здравоохранения (WHO), Организация объединенных наций (UN), в составе которых 193 страны мира, наряду с другими международными организациями (Международный Красный Крест и Красный Полумесяц, Врачи без границ, Международная организация гражданской обороны ICDO), а также национальными министерствами, департаментами, подразделениями в различных странах мира принимают непосредственное участие в ликвидации последствий чрезвычайных ситуаций различного происхождения, взаимодействуют в разработке и реализации национальных программ по оказанию помощи пострадавшим и последующей их медицинской и социальной реабилитации, однако помощь не всегда приходит своевременно и, как правило, не в полной мере. Недостаточно развития международная служба по координации и перераспределению оказываемой гуманитарной помощи, особенно в части восстановления инфраструктуры разрушенных медицинских учреждений, сказывается и на том, что эффективность этой помощи не столь значимая.

Известно, что пострадавшие, оставшиеся в живых вследствие природных катастроф (Aphrodite Matsakis, 1996), переносят страдания легче, чем те, кто оказался жертвой войны. Например, разрушительное воздействие торнадо длится не более 15 секунд, тогда как войны могут длиться месяцы, а порой годы. Не случайно, особая роль в ликвидации последствий чрезвычайных ситуаций и вооруженных конфликтов предоставляется военно-медицинской службе. Только за последние 20 лет военно-медицинская служба принимала участие в вооруженных конфликтах в Афганистане, Эфиопии, Мозамбике, Анголе, антитеррористических операциях в Чеченской Республике (1994-1996 гг., 1999-2000 гг.), ликвидации последствий более чем 130 катастроф и аварий с человеческими жертвами, в том числе с химическим и радиационным поражением населения (Военная энциклопедия, 1994). Необходимость скорейшего возвращения раненых и больных к боевой деятельности и мирного населения к активному труду обусловливают высокие требования к медицинскому обеспечению войск и восстановлению здоровья населения. В столь неблагоприятных условиях могут быть значительно сокращены расходы на медицинское обеспечение пострадавших за счет совершенствования системы организации лечебно-эвакуационного обеспечения войск путем проведения комплекса патогенетически обоснованных мероприятий, объединенных понятием «реабилитация» (Шанин Ю.Н., 1997), а также вследствие модернизации сил и средств медицинских служб, используемых в зоне бедствия.

Накопленный в мире опыт использования современных достижений в науке и медицине для обеспечения медицинской и социальной реабилитации пострадавших в чрезвычайных ситуациях с учетом наличия у них ПТСР, позволяет добиться определенных результатов в проведении лечебных мероприятий в зоне бедствия и в условиях мирной жизни. В каждой стране существуют национальные программы по медицинской и социальной реабилитации пострадавших в чрезвычайных ситуациях, однако до настоящего времени не создана международная Организация, которая могла бы не только объединить усилия, опыт и знания, накопленные в данной области в каждой из стран, но и систематизировать их, обеспечить условия постоянного сбора и анализа полученных материалов с тем, чтобы выработать соответствующие унифицированные методические рекомендации, предоставить возможность пользоваться этими навыками в любой из стран. До настоящего времени отсутствует унифицированная международная программа подготовки специалистов для оказания реабилитационной помощи пострадавшим в чрезвычайных ситуациях, что значительно снижает эффективность действий международных сил, задействованных в этих мероприятиях. Унификация необходима также для медицинских приборов, оборудования, методов диагностики и лечения. Современные инновационные технологии позволяют создать медицинские приборы и оборудование компактными и многофункциональными, в основе которых заложен принцип обратной связи с пациентом, такие приборы особенно эффективны для применения в зонах бедствий. Лекарственные препараты, с учетом потребности обеспечения пострадавших препаратами, способствующими адаптации пострадавших в чрезвычайных ситуациях, являются частью комплекса лечебных мероприятий, которые могут применяться непосредственно в зоне бедствия.

Весьма актуальной является проблема своевременного выявления ПТСР на ранней стадии их развития. Один из простых и доступных вариантов выявления «ПТСР—тест», который разработан и активно используется в ряде стран (Швейцария, США), что позволяет оказывать своевременную помощь пострадавшим в мирной жизни, и особенно в зонах бедствий.

Как было сказано ранее, наиболее типичным проблемам, которые необходимо решать в зоне крупномасштабного бедствия, относятся—организация своевременной и эффективной медицинской помощи пострадавшим, рациональное распределение имеющихся сил и средств, поступающих, в том числе, от международных организаций, правительств стран, частных лиц в качестве гуманитарной помощи, скорейшее восстановление учреждений здравоохранения, но для этого требуется время, поэтому возрастает значимость применения полевых госпиталей, причем не только в период бедствия, но и в последующем, на этапе восстановления служб медицинского обеспечения стран, где произошли это бедствия (Paul A. Erickson, 2006; Lucien G. Canton, 2007) Полевые мобильные унифицированные госпитали, имеют стратегическое значение для обеспечения медицинской помощи пострадавшим в экстремальных ситуациях.

Исходя из собственного опыта и данных специальной литературы, следует, что проблема совершенствования полевых госпиталей существует особенно в части унификации оснащения, приборов, методов диагностики и лечения, а также подготовки специалистов с международной сертификацией их знаний и навыков, что особенно важно в условиях международного сотрудничества медицинских отрядов в крупномасштабных зонах бедствий.

Конструктивные и функциональные задачи формирования полевых госпиталей в разных странах решаются в той или иной степени успешно. По данным экспертов ООН полевые госпитали Российской Федерации признаны одними из лучших в мире. Американские компании по производству полевых госпиталей идут по пути создания логистической системы производства изделий, которые позволяют, в зависимости от поставленной задачи, сформировать любую конфигурацию полевого госпиталя. Вместе с тем, полевые госпитали, используемые в зонах бедствия, не рассчитаны на планомерное и преемственное восстановительное лечение и медицинскую реабилитацию пострадавших, вследствие чего и возникают те самые многочисленные пострадавшие с ПТСР, которым не была оказана своевременно медицинская помощь.

Не нарушая существующей единой и испытанной службы медицинского обеспечения пострадавших в зонах бедствий, с целью наибольшего охвата специализированной медицинской помощью пострадавших с ПТСР, с обеспечением последующего восстановительного и реабилитационного лечения, мы, в составе группы специалистов, разрабатываем новые подходы к решению данной проблемы и предлагаем рассмотреть возможность включения новой составной части в структуре существующих полевых госпиталей—унифицированного, сертифицированного по международным стандартам модуля для лечения пострадавших с ПТСР в зонах чрезвычайных ситуаций. Данный модуль может стать дополнительным звеном в системе медицинского обеспечения госпиталя для легкораненых, также может стать дополнительным звеном в многопрофильном госпитале для оказания квалифицированной и специализированной медицинской помощи, а также может быть составной частью Отдельного многопрофильного госпиталя для восстановительного и реабилитационного лечения пострадавших с ПТСР в зоне бедствий. В зависимости от масштабов и количества пострадавших в зоне бедствия может быть выбран один из вариантов модуля для лечения ПТСР.

Модуль для лечения ПТСР представляет собой конструкцию, размещенную в 20-футовом контейнере, трансформируемом в стационарное здание, по площади 8-12 раз большем по сравнению с первоначальной площадью, наличием оборудования для автономного жизнеобеспечения (электричество, вода, тепло-холод, утилизация отходов). Модуль может быть доставлен вертолетом или путем десантирования непосредственно в зону бедствия, или же установлен на шасси автомобиля для транспортировки к месту назначения. Конструкция модуля, где используются современные строительные материалы и нанотехнологии, позволяет использовать помещение в различных климатических условиях (-55C + 55C), а оснащение специальными механизмами, позволяет установить здание, готовое к эксплуатации, в течение 1 часа, одним или двумя операторами. Современное медицинское оснащение предлагаемой конструкции модуля для ПТСР, компактное, надежное, многофункциональное, с системой обратной связи «пациент-прибор» состоит из недорогостоящего диагностического и лечебного оборудования, системы управления с применением IT-технологий, планирования, обеспечения, хранения и анализа получаемых данных о каждом пациенте. Готовые к применению одноразовые комплекты для приема, диагностики и лечения пациентов позволяют значительно увеличить количество пациентов, которым оказывается помощь. Одновременно в модуле могут быть приняты для экспресс-диагностики и лечения 20 пациентов, каждому из которых уделяется не более 20 минут времени, в течение суток, 10-часов работы одного модуля может быть оказана помощь пострадавшим с ПТСР около 600-800 пациентам. Штат модуля состоит из 3 врачей, 4 медицинских сестер, 4 санитаров, которые выполняют функции, в том числе, по обеспечению жизнедеятельности модуля. Стоимость одного комплекта модуля, учетом вышеизложенного, конкурентоспособна и имеет значительные преимущества по ряду вышеизложенных причин.

Это одно из направлений наших исследований, которое входит в концепцию, разработанную нами в рамках проекта WMRC (World Medical Rehabilitation Center), целью которого является организация и обеспечение восстановительной и медицинской реабилитационной помощи пострадавшим в чрезвычайных ситуациях путем создания сети унифицированных многопрофильных лечебно-оздоровительных учреждений в различных странах под единым брендом WMRC, с использованием инновационных технологий и оборудования для диагностики и лечения, сотрудничества с государственными и частными учебными заведениями, медицинскими реабилитационными центрами, организациями и компаниями по производству медицинской техники и медицинских препаратов, международными организациями.

Согласно нашей концепции, в странах, которые намерены участвовать в нашей программе будут созданы типовые стационарные унифицированные многопрофильные медицинские центры для восстановительной и реабилитационной помощи пациентов с ПТСР, оснащенные современным оборудованием для экспресс-диагностики, восстановительного лечения (на 100 или 300 мест, с поликлиническим приемом), функциями «отель-клиника», «клиника одного дня», полного комплекса реабилитационной помощи, с наличием гостиницы на 60 мест, научного и учебного центра с одноименным названием WMRC и целым рядом функций, которые позволяют принимать пациентов любого возраста, включая семьи с детьми, в последующем оказывая им помощь на дому, координируя и содействия решению проблем со здоровьем в условиях выполнения профессиональной деятельности на рабочем месте, тем самым обеспечивая «замкнутый цикл» предоставляемой пациентам с ПТСР помощи возвращения к полноценной жизни, обеспечивая профессиональное долголетие—таковы функции филиалов WMRC, которые будут осуществлять взаимодействие с национальными службами здравоохранения и с центральным офисом-штаб квартирой WMRC.

В ситуациях возникших в стране бедствий, названные филиалы примут на себя функции по обеспечению помощи пострадавшим непосредственно в зоне бедствия с использованием вышеописанных модулей для лечения ПТСР, и в последующем, по завершению восстановительных работ в зоне бедствия, направят пациентов в собственные стационарные медицинские центры для продолжения и завершения лечения пациентов.

Штаб-квартира WMRC принимает на себя функции по координации сотрудничества организации на международном уровне, обеспечивает развитие Проекта в целом. В решении поставленных задач мы рассчитываем на сотрудничество со специалистами из различных стран мира в различных областях медицины, сотрудничество с международными организациями (ООН, ВОЗ, Врачи без границ, Красный Крест, МОГО, Гуманитарными Фондами и Ассоциациями), правительственными учреждениями, учебными заведениями, компаниями по разработке и производству медицинского оборудования, лекарств различной формой собственности. По завершению процесса ликвидации последствий чрезвычайных ситуаций в стране возникает необходимость создания лечебно-профилактических учреждений для обеспечения медицинской реабилитаци пострадавшего населения. Предлагаемые нами, в рамках концепции проекта WMRC, типовые, унифицированные, быстровозводимые многопрофильные медицинские центры восстановительной медицины и реабилитации, могли бы в значительной степени сократить количество пострадавших с ПТСР, тем самым оказывая содействие в скорейшем и эффективном восстановлении инфраструктуры здравоохранения и других жизненно важных служб в стране.

Землетрясение в Гаити 12 января 2010 г. не только унесло сотни тысяч жизней, но и вызвало инвалидизацию значительной части населения, оказавшейся в зоне бедствия, разрушения инфраструктуры различных служб в стране, необходимых для жизнеобеспечения населения, что лишило возможности оказания своевременной медицинской помощи пострадавшим. Даже значительные финансовые средства, аккумулированные международными организациями для оказания помощи Гаити для ликвидации последствий бедствия, гуманитарная помощь, поступавшая из различных стран, не позволили избежать вспышки инфекционных заболеваний, «криминального взрыва» отчаявшегося населения, у которого иссякли терпение и надежда на то, что им будет оказана какая-либо действенная помощь.

Одной из причин, столь негативных результатов гуманитарной помощи является факт того, что эта помощь осуществлялась различными странами бессистемно, нескоординированно и была рассчитана на короткий промежуток времени. Мы согласны также с мнением автора (Brenda D. Phillips, 2009), что в зонах бедствия, социальные проблемы, порой преобладают над психологическими. Состояние стойкой депрессии у пострадавших, отсутствие какой-либо эффективной помощи, усугубляет ПТСР, которые возникают уже с первых дней нахождения в зоне бедствия (Laurie B. Slone, Matthew J. Friedman, 2008). Вместе с тем, по мнению (Brenda D. Philips, 2009), в течение года после возникшего бедствия у 51% пострадавших симптомы ПТСР исчезают полностью, однако у другой половины пострадавших они нарастают и переходят в хроническую форму. Возвращаясь к проблемам Гаити, возникшим в январе 2010 г. вследствие землетрясения, мы разработали предложения по оказанию помощи пострадавшим с учетом наличия у них ПТСР и направили в Международную комиссию по оказанию гуманитарной помощи, к сожалению, по объективным причинам нам не представилась возможность реализовать наши предложения.

Вместе с тем, значимость нашего проекта заключается в том, что в любой иной чрезвычайной ситуации может быть использован опыт, полученный в ходе разработки предложений для Гаити.

Таким образом, восстановление здоровья пострадавших в чрезвычайных ситуациях должно начинаться непосредственно в зоне бедствия и продолжено после завершения работ по ликвидации разрушительных последствий, с использованием имеющихся возможностей в самой стране и с привлечением помощи международного сообщества. Своевременное и качественное применение комплекса реабилитационных мер позволяет вернуть к полноценной жизни пострадавших, сохранить для общества трудоспособное население.

По определению ВОЗ «реабилитация»—координированное применение медицинских, социальных, педагогических и профессиональных мероприятий для подготовки (переподготовки) индивидуума на оптимальное использование его трудоспособности. Конечной целью реабилитации является социальная интеграция пострадавшего (объект реабилитации), обеспечивающая успешность его профессиональной деятельности. При этом врачи проводят только медицинскую часть реабилитационной программы, которую обозначают как «медицинская реабилитация» (Шанин Ю.Н., 1997)). Основой медицинской реабилитации пострадавшего, с учетом современного представления здорового образа жизни и социальных приоритетов развития личности, является восстановление его максимально возможной функциональной активности (Боголюбов В.М., 2007; Пономаренко Г.Н., 2005). Данное понятие вошло в медицинскую терминологию в конце 60-х годов, когда врачи обратили внимание на необходимость продолжения лечебных мероприятий после выписки больных и раненых из стационара. Была подготовлена база к выделению стадий-этапов медицинской реабилитации, ранее обозначенной понятием «восстановительное лечение», ведущую роль в котором играют лечебные физические методы лечения.

В годы Великой Отечественной войны возникли объективные предпосылки для выделения физиотерапевтической помощи как самостоятельного вида специализированной медицинской помощи раненым и больным (Пономаренок Г.Н., Воробьев М.Г., 1995) Особое значение в программах медицинской реабилитации в зонах бедствия приобретают физические методы лечения, обеспечение которых не требует значительных финансовых затрат, являются универсальными в комплексном лечении раненых и больных, обладают свойствами местного и общего лечебного воздействия, с применением природных и искусственных лечебных физических факторов, использование которых стимулирует защитные силы организма, уменьшает воспалительные и дистрофические изменения в пораженных тканях, являются разновидность специализированной медицинской помощи. Исходя из нашего опыта применения физических методов лечения раненых и больных в условиях ведения локальный войн мы обратили внимание на тот факт, что у пациентов, проходивших курс физиотерапевтического лечения, выздоровление по основному заболеванию ускорялось, а признаки ПТСР возникали только у тех пациентов, которые не получали своевременной специализированной помощи в полной мере или не получали вовсе (Frank, Parkinson, 2000; Randall L. Braddom, 2007). Следует также отметить, что российский опыт применения физических методов лечения раненых и больных в условиях ведения локальных войн является уникальным и требует дальнейшего развития и применения (R. Nigmedzyanov, 2001).

Структура санитарных потерь в вооруженных конфликтах
Крупномасштабные боевые действия с применением современных видов оружия приводят к массовым потерям личного состава, обучение и восстановление которых требует значительных средств. В экстремальных условиях ведения боевых действий большое значение имеет структура санитарных потерь, определяющая тактику лечебно-эвакуационных мероприятий.

Структура санитарных потерь в современных вооруженных конфликтах определяется характером боевых действий. Для определения приоритетных задач по оказанию физиотерапевтической помощи целесообразно ее проанализировать по виду поражающего оружия, локализации, сочетанию поражений и степени тяжести. Анализ организации и содержания специализированной помощи раненым и больным в вооруженных конфликтах последних десятилетий по виду поражающего оружия выявил значительную долю пострадавших от минно-взрывного и высокоточного огнестрельного оружия в структуре боевой хирургической патологии. Среди боевой хирургической травмы в Афганистане преобладали огнестрельные (в т.ч. минно-взрывные) ранения-64,1%, механические травмы-33,2%, ожоги-4,1%, отморожения-1,3%. Свыше 50% всех ранений были нанесены пулями, а до 47%—осколками (Ахундов А.А.,1989; Верховский А.И., 1992).

В патогенезе возникающей минно-взрывной травмы преобладают глубокие и обширные разрушения тканей нижних конечностей, а также общий контузионно-коммоционный синдром, манифестирующий черепно-мозговой травмой различной степени выраженности или расстройствами функций анализаторов и внутренних органов (Грицанов А.И., 1987; Головкин В.И., 1990; Бисенков Л.Н., 1992). При проведении отдельных боевых операций в Республике Афганистан санитарные потери от сочетанной минно-взрывной травмы составляли до 45% от общего числа пострадавших, с летальностью среди таких раненых до 47-51% (Гуманенко Е.К., Самохвалов И.М., 2011).

В вооруженных конфликтах в Чеченской Республике (1994-1996 и 1999-2000 гг.) вооруженные бандформирования применяли различные виды стрелкового и минно-взрывного оружия отечественного, иностранного и кустарного производства. Вследствие этого, огнестрельные ранения характеризовались сложностью и многообразием клинических проявлений, обусловленных поражающим действием ранящего снаряда, характером повреждения органов и тканей, анатомо-физиологическими особенностями области ранения и т.д. При анализе структуры повреждений по виду поражающего оружия выявлено значительное преобладание пулевых ранений (75,8%) перед осколочными (17,7%), изолированных повреждений (64,5%) перед сочетанными и множественными, что объясняется использованием стрелкового и минно-взрывного оружия.

Преимущественное использование огнестрельного оружия в условиях ведения боевых действий определяет преобладание в структуре боевых санитарных потерь по локализации поражений пострадавших с ранениями конечностей (65-71,5%), что соответствует статистическим данным, полученным в результате анализа структуры раненых и больных в Великой Отечественной войне и вооруженных конфликтах последних десятилетий (Брюсов П.Г., 1996; Военная энциклопедия, 1994). Повреждения верхних конечностей составили 34,8%, нижних-55,9% и до 10% раненых получили сочетанные повреждения. По локализации повреждений конечностей ранения кисти составили 14,5%, предплечья-9,3%, плеча-13,7%, надплечья-1,4%, бедра-24,6%, голени-25,3%, стопы-11,2%. Изолированные или сочетанные повреждения крупных суставов конечностей наблюдались у 16,4% раненых, среди них лучезапястного-12%, локтевого-16,3%, плечевого-9,4%, тазобедренного-3,1%, коленного-33,5%, голеностопного-25,7%. Средние сроки лечения раненых в конечности в войне в Афганистане составили 73,9±2,6 суток. Из общего числа раненых в конечности 79,1 % имели ограниченные повреждения мягких тканей, 14,4%—обширные повреждения, а у 6,5% раненых конечности были разрушены. Повреждения крупных сосудов конечностей составили 13%, а первичные повреждения периферических нервов выявлены у 10,3% раненых. Почти все ранения были сочетанными и множественными, что определяло возникавшие осложнения (Брюсов П.Г., 1996; Е.К.Гуманенко, И.М. Самохвалов, 2011).

По данным лечения пострадавших в ходе ведения боевых действий в Республике Афганистан восстановление функции поврежденных конечностей наблюдали только у 29,4% раненых, укорочение конечности—у 28% раненых, контрактуры и анкилозы—у 30%, сохранение болевого синдрома—у 8,2%, отсутствие сегмента или его части—у 29,6% раненых. Результатом огнестрельных ранений явились стойкие ограничения функции суставов, что и предопределяло непригодность военнослужащего к дальнейшей службе в войсках.

У раненых с повреждениями мягких тканей конечностей полное восстановление функции поврежденного сегмента отмечено в 60,8 %, незначительное ограничение—в 10%, умеренное ограничение—в 7,2%, значительное ограничение функции поврежденной конечности—у 4,3% раненых. Значительную роль в восстановлении функции поврежденных конечностей играет правильная тактика медицинской реабилитации раненых и больных. Реабилитационные мероприятия необходимо использовать на ранних этапах медицинской эвакуации, с соблюдением преемственности на этапах квалифицированной и специализированной медицинской помощи (Хомутов В.П., 1991; Шанин Ю.Н., 1997).

Структура санитарных потерь хирургического и терапевтического профилей в вооруженных конфликтах подтвердила актуальность положения военной медицины XIX века о том, что основным направлением совершенствования медицинского обеспечения раненых и больных является своевременная организация этапов медицинской эвакуации и оказания специализированной медицинской помощи, в том числе физиотерапевтической. На начальных этапах медицинской эвакуации важнейшее значение имеет правильная постановка диагноза и профессиональный подход к лечению. Тактика хирургического лечения раненых в конечности должна быть основана на максимальном сохранении и восстановлении поврежденных тканей. Важнейшим звеном комплексного лечения раненых и больных являются физические методы лечения, которые во многом определяют последующий исход проводимого лечения в целом.

Структура санитарных потерь в экстремальных условиях катастроф, куда некоторые исследователи относят войны и вооруженные конфликты, существенно не отличается. Все катастрофы, которые определяют как непредвиденные, несущие угрозу для жизни человека ситуации, с которыми пострадавшее население не способно справиться самостоятельно и вынуждено обратиться за помощью извне (Корбут В.Б., 1996), объединяет необходимость организации своевременного оказания помощи пострадавшим в экстремальных ситуациях с минимальными потерями и возможностью восстановления жизнедеятельности раненых и больных в предельно короткие сроки (Венедиктов Д.Д.).

Выделены общие причины санитарных потерь в катастрофах и вооруженных конфликтах (Нечаев Э.А., 1994; Philip P. Purpura, 2007; Paul A. Erickson, 2006; Brenda D. Phillips, 2009) и их следствия:

- Внезапность—определяет численность погибших людей, масштабы разрушений и нанесенного ущерба.

- Непредсказуемость развития событий—существенно дестабилизирует любую систему оказания помощи пострадавшим.
- Неуправляемость развития ситуации—не позволяет своевременно приступить к реабилитационным мероприятиям.
- Чувство страха и безысходности—дезорганизует оказавшихся в экстремальных условиях лиц, у которых возникает психологический срыв адаптации.
- Разрушительное действие поражающих факторов—не позволяет в полном объеме обеспечить пострадавших необходимой медицинской помощью.
- Массовые людские потери—приводят к потерям и среди медицинского персонала и вспышкам инфекционных заболеваний.

В структуре санитарных потерь при землетрясениях ведущие позиции занимают лица с психической травмой (50-80%), механическими повреждениями (50-75%) и обострениями заболеваний внутренних органов (30-40%). При этом удельный вес травм тяжелой и средней степени составляет 10-22%. По локализации травмы вследствие техногенных катастроф и землетрясений распределяются следующим образом: конечности-58%, позвоночник-24%, грудь, живот и таз-12%, голова-6 % (221). Примечательно, что у пострадавших вследствие землетрясения в Армении в 24% случаев наблюдали краш-синдром, в 87% случаев—открытые повреждения, что несколько превышало показатели у раненых вследствие боевых действий (Трусов А.А., 1999).

Приведенная структура санитарных потерь в вооруженных конфликтах отражает приоритетность задач военно-медицинской службы по оказанию специализированной помощи раненым и больным в вооруженных конфликтах. Сравнительный анализ санитарных потерь в них и последствий крупнейших катастроф и землетрясений свидетельствует о невысокой значимости для решения этих задач абсолютных показателей массового потока. Вместе с тем необходимо отметить значительное сходство показателей входящего потока раненых и больных в вооруженных конфликтах по структуре, локализации, степени тяжести и сочетанному характеру поражений. В обоих случаях преобладали множественные и сочетанные повреждения, доля которых превышала 70% (Ахундов А.А., 1989, Нечаев Э.А., 1994)). Анализ структуры санитарных потерь позволяет заключить, что взаимодействие военно-медицинской службы и органов гражданского здравоохранения в организации физиотерапевтической помощи раненым и больным должно базироваться на принципах военно-медицинской доктрины: оказание специализированной медицинской помощи в полном объеме и с конечным положительным результатом.

4.2. Особенности адаптации комбатантов к экстремальным условиям локального вооруженного конфликта.

У участников боевых действий и лиц, оказавшихся в зоне стихийных бедствий и катастроф, как было указано ранее, возникает посттравматический стрессовый синдром (ПТСР), что существенно утяжеляет период их реконвалесценции, служит причиной обострения хронических заболеваний или способствующим фактором возникновения новых заболеваний (язвенная болезнь, инфаркт миокарда, потеря памяти, слуха, речи, формирование стойкой депрессии, вестибулярная дисфункция и т.п.).

В последнее десятилетие вследствие увеличения частоты вооруженных конфликтов и катастроф, адаптация человека к экстремальным условиям привлекает внимание не только врачей, но и психологов, социологов (Lucien G. Canton, 2007; Philip P. Purpura, 2007; Paul A. Ericson, 2007; Dena Rosenbloom, 1999; Laurie B. Slone, 2008; Robyn D. Walser, 2007). Расстройства психофизиологической сферы раненых и больных во время войны во Вьетнаме были выявлены медиками США, которые заключили, что основные факторы ухудшения состояния здоровья, значительные трудности в адаптации к мирной жизни складываются именно в период массовых катаклизмов—войн, конфликтов и стихийных бедствий. Изучение отдельных посттравматических реакций у американских военнослужащих, принимавших участие в боевых действиях во Вьетнаме, выявило также симптомы психической дезадаптации, сохранявшиеся долгие годы при нормализации внешней стороны их жизни.

Полученные данные обусловили необходимость разработки специальных реабилитационных программ для участников боевых действий. После краткосрочной боевой операции в Панаме и военной операции «Буря в пустыне» (1991 г.) непосредственные участники событий, а также их семьи в течение 3-6 мес. проходили медицинскую и социальную реабилитацию в специально созданных медицинских центрах (Военная энциклопедия, 1994).

К основным факторам, воздействующим на психику раненых и больных относят: *опасность*—осознание военнослужащим обстановки как угрожающей его здоровью и жизни;

Внезапность—неожиданное для военнослужащего изменение обстановки в ходе выполнения задачи;

неопределенность—отсутствие, недостаток или противоречивость информации об условиях выполнения, содержания боевой задачи или о противнике и характере его действий;

новизна—наличие ранее неизвестных военнослужащему элементов в условиях выполнения или в самой боевой задаче;

увеличение темпа действий—сокращение времени на выполнение действий; *дефицит времени*—условия, при которых успешное выполнение задачи невозможно простым увеличением темпа действий, а необходимо изменение содержания структуры деятельности (Ищук Ю.Г., 2000, Снедков Е.В., 1999).

Реальность существования в условиях длительной, объективно и субъективно неразрешимой психогенной ситуации, приходит в противоречие с устремлениями и желаниями раненых и больных, формируя аномальное развитие личности (Снедков Е.В., 1992). У раненых и больных происходят изменения прежних отношений, запросов, требований к окружающему миру и осознание происшедшего. Разрешение психотравмирующего стресса затягивается по объективным и субъективным причинам, что стирает грань между непатологическим и патологическим развитием личности. Аналогичные проявления описаны у лиц с «ситуационным неврозом» в продолжительных экстремальных условиях.

В известной мере изучаемые состояния близки к проявлениям посттравматических стрессовых расстройств, при которых имеют место фиксация на психогенно-травматических переживаниях, изменение общего уровня «жизненного функционирования», снижение интереса к окружающему, повышенная раздражительность, чрезмерная пугливость, снижение памяти, вегетативные дисфункции и вегеталгии.

Медико-психологический анализ войн, стихийных бедствий и экологических катастроф свидетельствует о специфичности эмоционально-стрессовых реакций, к которым, по определению Международной классификации болезней (МКБ-10, 1992), относят состояние паники, страха, тревоги, депрессии, двигательного возбуждения или заторможенности, аффективного сужения сознания с бегством. При этом под боевой психической травмой понимают совокупность симптомов, обусловленных психоэмоциональным стрессом, и включают в это понятие психогенные стрессовые реакции, которые часто сопровождаются реактивными состояниями, хотя общепринятого определения боевой психической травмы на сегодняшний день не сформулировано. Используемые многими авторами термины «вьетнамский», «афганский» и «чеченский» синдромы рассматриваются преимущественно с позиции психиатрии, невропатологии, психологии и социологии, в то время как их патофизиологические аспекты разработаны еще недостаточно (Литвинцев С.В., 1994).

Состояние военнослужащих в вооруженных конфликтах и катастрофах исследователи обозначают как «эколого-профессиональное перенапряжение», «антропоэкологическое напряжение», а психосоматические нарушения у военнослужащих после боевой психической травмы—«посттравматический стресс-синдром», «психонейроэндокринные стресс-индуцированные синдромы», «солдатское сердце». Основу этих нарушений составляет повреждение стресс-индуцированной нейродинамической системы.

Сочетанное воздействие экологических и военно-профессиональных факторов вызывает в организме раненого и больного глубокую перестройку обмена веществ и функциональные сдвиги нервной, эндокринной, сердечнососудистой, иммунной и других систем организма. Усиление метаболизма в процессе адаптации сопровождается синхронной активацией перекисного окисления липидов и замедлением рекомбинации свободных радикалов в организме, что приводит к угнетению функции иммунокомпетентных клеток. На этом фоне снижается активность неспецифических факторов защиты, угнетаются функции гуморального иммунитета, активность ферментного звена антиоксидантной системы, а также истощается пул тканевых антиоксидантов. Возникающее преморбидное состояние проявляется снижением умственной и физической работоспособности и развитием иммунодефицита. Подчеркивая существенную роль этого комплекса симптомов и роль как экологических, так и профессиональных факторов, было предложено обозначить комплекс указанных феноменов термином «синдром хронического эколого-профессионального перенапряжения». Его основными клинико-физиологическими и биохимическими проявлениями являются:

- истощение и угнетение функции антиоксидантной системы;
- нарушение белкового обмена вплоть до развития белковой недостаточности;
- угнетение процессов синтеза;
- уменьшение эффективности функционирования сиситем жизнеобеспечения организма;
- снижение умственной и физической работоспособности;
- изменение функции желудочно-кишечного тракта с нарушением его защитной роли и процессов всасывания;
- угнетение иммунной системы и факторов неспецифической защиты организма с возникновением вторичных иммунодефицитов различной степени выраженности.

Стресс, как общий вид функционального состояния, имеет свои биохимические механизмы, которые включают не только активацию медиаторных, но и пептидергических систем. Под действием различных экстремальных раздражителей раненый или больной либо адаптируется к сложившейся ситуации, либо у него нарушается саморегуляция основных физиологических систем организма, что приводит в одних случаях к психо-нейроэндокринным расстройствам, а в других—к развитию устойчивых психопатологических заболеваний, которые включают бессонницу, навязчивые воспоминания прошлого, ночные кошмары, бесконтрольную злобу, тревогу, депрессию, сексуальные расстройства (Dena Rosenbloom, 1999).

Особенностью начального этапа адаптации является то, что жизнедеятельность организма в этот момент протекает на пределе его физиологических возможностей и не в полной мере обеспечивает необходимый адаптационный эффект. Долговременный этап адаптации возникает постоянно, в результате длительного и многократного воздействия на организм факторов среды, в результате чего в адаптивных системах возникает соответствующий структурный "след" в виде дополнительно синтезированных нуклеиновых кислот, белков и органелл в клетках. В то же время, возможно функциональное истощение системы, доминирующей в адаптационной реакции. Как следует из данных литературы (Литвинцев С.В., 1994), «структурная цена» адаптации—это количество молекул нуклеиновых кислот и белков, дополнительно синтезированных для осуществления данной адаптационной реакции. «Структурная цена» слагается прежде всего из молекул, дезинтеграция которых интенсифицируется в стрессорную фазу адаптации и которые должны быть ресинтезированы по мере формирования устойчивой адаптации. В переходную и устойчивую фазы нарастает гипертрофия внутренних органов. Если воздействие экстремальных факторов длительно и превышает адаптивные возможности систем организма («структурная цена» адаптации очень высока), структурный след не образуется, истинной адаптации не наступает, а адаптивные системы постепенно истощаются вплоть до возникновения ряда патологических сдвигов в организме и развивается так называемый «синдром эколого-профессионального перенапряжения» (Новицкий А.А., 1993).

Пребывание в экстремальных ситуациях зачастую сопровождается значительными нагрузками на организм, обусловленными климато-географическими особенностями местности. На театре военных действий вооруженного конфликта для большинства военнослужащих, прибывающих из других климатических поясов, гидрометеорологические особенности отрицательно сказываются на выполнении боевых задач (Никонов В.П., Козловский И.И.,1996) и существенно снижают их адаптацию (Новиков В.С., 1994).

Исследования механизмов адаптации военнослужащих к жаркому климату и горно-пустынной местности во время вооруженного конфликта в Афганистане свидетельствуют о том, что при своей выраженной специфичности она проходит те же стадии, что адаптация к другим факторам среды. Сам по себе жаркий климат и горно-пустынная местность не вызывают каких-либо специфических заболеваний, которые можно считать самостоятельными нозологическими формами, поэтому адаптацию к этим условиям среды считают физиологическим процессом. В условиях войны в Афганистане на его участников воздействовал комплекс высокоинтенсивных и ацикличных термических факторов (избыточное ультрафиолетовое облучение и содержание аэроионов, гипоксия, изменения микроэлементного состава воды, своеобразное питание, специфическое микробно-вирусное окружение, геомагнитные аномалии, пониженное атмосферное давление и т.д.), что в сочетании с боевой деятельностью может привести к срыву механизмов адаптации различной степени тяжести.

Проблема эмоционального стресса и возникающих психосоматических расстройств находятся в центре внимания многих отечественных и зарубежных исследователей (Clinical Practice Guideline, 2010). Исследования нейрохимических механизмов эмоционального стресса позволяют сделать вывод о том, что в основе нейропсихических расстройств в экстремальных условиях лежит переактивация стресс-лимитирующих механизмов, что и приводит к формированию устойчивых патологических состояний.

Хроническое эмоциональное напряжение обусловливает неизбежные висцеро-вегетативные расстройства, которые являются компонентом астено-депрессивных и субдепрессивных состояний любого генеза (Clinical Practice Guideline, 2010). Среди факторов, обусловливающих адаптивную или, напротив, патологическую направленность эмоционально-стрессорных реакций, следует рассмотреть не только параметры самих стрессорных раздражителей (интенсивность, длительность, кратность, частота и т.д.), их биологическую и социальную значимость, но и конституцию, пол и возраст пострадавших.

В литературе подробно описаны различные стрессовые реакции, возникающие у пострадавших в мирное или военное время (Richard Engel, 2008, Laurie B. Slone, 2008; Aphrodite Matsakis, 1996). К наиболее часто встречающимся стрессовым реакциям относятся: психические, кардиоваскулярные, дыхательные и эндокринные. В экстремальных условиях можно обнаружить все формы страха: биологический (страх искалечения, смерти, боли, ранения), дезинтеграционный (соответствующий необычным, непрогнозируемым впечатлениям), социальный (страх показать трусость и потерять уважение товарищей) и моральный (страх потери боеспособности и способности к самозащите). Стрессорные факторы (стрессоры) подразделяют на кратковременные и долговременные (Dena Rosenbloom, 1999; Glenn R. Shiraldi, 1999; Judith Herman, 1992; Brenda D. Phillips, 2009). Длительно воздействующие стрессоры экстремальных условий вооруженного конфликта и катастрофы подразделяют на стрессоры сражения (им подвергаются лица, участвующие в бою), опасной работы (у лиц не участвующих в боевых действиях, но находящиеся недалеко от линии фронта), изоляции (проявляется на подводных лодках, кораблях, самолетах, БМП и т.д.), продолжительной работы (у штабных работников, медицинского персонала, особенно в дни напряженных боевых операций). Понятие «стресс» получило широкое распространение и, следовательно, столь многозначное толкование, что требовало введения определения «травматический», которое, с одной стороны, подчеркивает интенсивность стресс-факторов, а с другой—потенциальную возможность травмирования психики под их воздействием. Посттравматический стрессорный синдром обычно развивается вследствие реакции на страх при воспроизведении обстоятельств и механизма травматического повреждения, многократного обыгрывания ситуации, связанной с травмой (Clinical Practice Guideline, 2010).

У участников вооруженных конфликтов в Афганистане и Чеченской Республике с прекращением участия в боевых действиях война не заканчивается. У 40-80% из них симптомы боевого стресса трансформируются в посттравматические стрессовые расстройства и проявляются годы и десятилетия, а в ряде случаев формируется психопатологическое состояние, связанное с боевой психической травмой. Из общего числа госпитализированных пострадавших в результате катастроф в г. Арзамасе, г. Ереване и г. Уфе (1988-1989 гг.) психические травмы были выявлены соответственно у 50%, 20% и 8% пострадавших. Следовательно, боевая обстановка вооруженного конфликта является причиной основных психопатологических состояний, возникающих вследствие несоответствия между биосоциальной сущностью личности и предъявляемыми к ней требованиями боевой деятельности, противоречием между жестокими реалиями боя и субъективными условиями личности, борьбой между долгом и желанием выжить, моральными принципами и необходимостью воевать с противником. Патологическое влияние боевой обстановки на психику раненых и больных настолько выражено, что психические и психосоматические расстройства весьма своеобразны по своей симптоматике и зачастую не укладываются в рамки патологии мирного времени, что приводит к неэффективности привычных лечебно-реабилитационных мероприятий (Литвинцев С.В., 1994).

Психосоматические заболевания развиваются лишь в случае совпадения неблагоприятного состояния функций внутренних органов и нарушения психической адаптации к действию повреждающих факторов боевой обстановки. Согласно концепции избирательного поражения внутренних органов в период стрессовых нагрузок нарушение функций в первую очередь развивается в той системе, возбуждение которой предшествует стрессу и повторно обрывается им.

Данные многочисленных исследователей (Frank Parkinson, 2000; Glenn R. Shiraldi, 1999; Brenda D. Phillips, 2009), свидетельствуют о том, что в патогенезе боевого стресса и формировании психосоматических заболеваний и посттравматических стрессовых расстройств принимает участие комплекс социальных, биологических и психологических факторов, причем в каждом конкретном случае ведущее значение имеет один из указанных факторов при обязательном участии остальных. Вследствие сложности патогенетических механизмов, множественности воздействующих факторов, многоуровневости и структурности расстройств, проблема адаптации при стрессе и ее значение в развитии посттравматического стресса, медицинская реабилитация таких раненых и больных обязательно должна включать методы психо-эмоциональной коррекции (Литвинцев С.В., 1994, Цыганков Б.Д., 1992). Попытка использования для профилактики и лечения фармакологических препаратов различных групп ограничена опасностью побочных явлений (аллергические реакции, феномен «рикошета», синдром «отмены» и прочее). В связи с этим представляет значительный интерес немедикаментозные методы психокоррекции, среди которых перспективными являются физические методы лечения.

Под влиянием периодического возбуждения коры головного мозга упорядочивается синхронизация основных физиологических процессов, восстанавливается нарушенный метаболизм нейронов и ритм биоэлектрических функций, нарушение которого является типичным для психоэмоциональных расстройств. Так, например, после курса импульсной электротерапии (центрального воздействия) физическая работоспособность повышается на 30%, умственная—на 17-19%, а скорость кровотока в сосудах головного мозга—на 25%. Выделяющиеся при этом в стволовых структурах головного мозга эндорфин и энкефалины являются индукторами трофических процессов в тканях внутренних органов. Следовательно, накопленный опыт использования электролечебных факторов в различных областях психофизиологии и пограничной психиатрии показал их высокую эффективность, и они могут быть рассмотрены в качестве перспективных методов коррекции расстройств адаптации и психофизиологического статуса раненых и больных (Литвинцев С.В., 1994; Снедков Е.В., 1992).

Таким образом, не только у раненых и больных, но и у других участников вооруженного конфликта происходит срыв адаптации, что проявляется патологической ответной реакцией нервной, эндокринной и иммунной систем и в совокупности приводит к неадекватной реакции организма человека: обострению хронических, нервных и соматических заболеваний, а также осложнению полученных ранений и травм (Шанин Ю.Н., 1997). Программа медицинской реабилитации раненых и больных в вооруженных конфликтах обязательно должна включать в себя методы повышения неспецифической резистентности, стимуляции иммунитета и активации катаболизма. Они должны быть использованы в течение всего курса медицинской реабилитации раненых и больных.

Структура санитарных потерь хирургического и терапевтического профилей в вооруженных конфликтах подтвердила актуальность положения военной медицины XIX века о том, что основным направлением совершенствования медицинского обеспечения раненых и больных является своевременная организация этапов медицинской эвакуации и оказания специализированной медицинской помощи, в том числе физиотерапевтической. На начальных этапах медицинской эвакуации важнейшее значение имеет правильная постановка диагноза и профессиональный подход к лечению. Тактика хирургического лечения раненых в конечности должна быть основана на максимальном сохранении и восстановлении поврежденных тканей. Важнейшим звеном комплексного лечения раненых и больных являются физические методы лечения, которые во многом определяют последующий исход проводимого лечения в целом.

Принципы организации медицинской реабилитации в вооруженных конфликтах

На театре военных действий осуществляется медицинская реабилитация только тех раненых и больных, продолжительность течения ранения или заболевания у которых не превышает установленных сроков пребывания в госпитальных базах или в полевых госпиталях, развернутых в зоне вооруженного конфликта-100-120 суток (Отчет НИР, 1997). В соответствии с принципом единства восстановительного лечения раненых и больных традиционно выделяют три этапа медицинской реабилитации по месту проведения реабилитационных мероприятий: госпитальный, амбулаторно-поликлинический и санаторно-курортный (Шанин Ю.Н., 1997; Пономаренко Г.Н., 1998,1999,2005)). При этом исследователи считают, что такой этап был, есть и будет *местом*, где осуществляется какое-либо медицинское реабилитационное действие. Вместе с тем, некоторые специалисты (хирурги, травматологи, нейрохирурги и др.) подразделяют реабилитацию по другим признакам—срокам лечения в стационаре (Шанин Ю.Н., 1997), этапности хирургической обработки ран, содержанию проводимых мероприятий (Нечаев Э.А., 1991). При такой постановке выделяют неврологическую, ортопедическую, общесоматическую, хирургическую, инфекционную, пульмонологическую, иммунологическую и некоторые другие виды медицинской реабилитации. В деление этапов медицинской реабилитации разные авторы также вкладывают различный смысл. Выделяют первичный и вторичный госпитальный, госпитальный и послегоспитальный, внутригоспитальный и внегоспитальный и другие этапы.

Как было отмечено ранее, существуют различные определения понятия «реабилитация». В системе медицинской службы ВС РФ реабилитацию определяют как «совокупность медицинских, военно-профессиональных, социально-экономических и педагогических мер, направленных на восстановление здоровья, боеспособности (трудоспособности), нарушенных или утраченных военнослужащими в связи с болезнью или травмой». Ее конечной целью является интеграция военнослужащего (объекта реабилитации) в подразделение, обеспечивающая успешность его профессиональной деятельности (Шанин Ю.Н., 1997).

Первый этап медицинской реабилитации (госпитальный, текущий) осуществляется в специализированных лечебных и реабилитационных отделениях стационаров (больниц, клиник), второй—в региональных центрах медицинской реабилитации и реабилитационных центрах поликлиник, а третий—в санаторно-курортных условиях соответствующего медицинского профиля (Пономаренко Г.Н., 1998, 1999, 2005; Боголюбов В.М., 2007).

На госпитальном этапе медицинской реабилитации раненых и больных проводят этиопатогенетические лечебные мероприятия, направленные на устранение (ослабление) причины заболевания и максимальную компенсацию повреждения при помощи специальных хирургических манипуляций и медикаментозных средств.

На амбулаторно-поликлиническом этапе у раненых и больных нередко выявляется дистрофия пораженных органов со снижением массы тела и иммунодефицитные состояния, обусловливающие снижение неспецифической резистентности организма. Для этих лиц характерны патогенетическая связь с изменениями острой фазы повреждения соматического заболевания, сочетание местных и общих патологических последствий травмы или болезни, носящих преимущественно функциональный характер с нарушениями психо-эмоционального статуса и вегетативной нервной системы, незначительная выраженность клинических симптомов при значительном функциональном дефекте и сохранении патогенетических звеньев болезни, неодинаковый удельный вес патологии различных органов и систем при их сочетанном повреждении и мультиморбидность с феноменом «отягощения» основного заболевания сопутствующей патологией.

Лечебные мероприятия этого этапа направлены на:

- стимуляцию и коррекцию регуляции функционирования жизненно важных функций организма, так как именно нарушение их регуляции является основным звеном патогенеза большинства соматических заболеваний;
- индивидуализацию лечебного воздействия;
- постепенное увеличение удельного веса раздражающих факторов в сочетании со снижением количества обезболивающих процедур;
- высокую точность и неинвазивность воздействий;
- использование методов подпороговой стимуляции сенсорных систем организма, направленных на повышение различных видов чувствительности.

На заключительном (итоговом, санаторно-курортном) этапе проводят мероприятия, повышающие функциональные свойства пораженных органов и тканей до оптимума их активности.

Все вооруженные конфликты (особенно в их начальной фазе) и массовые катастрофы объединяет одна особенность—несоответствие между числом пострадавших и реальной возможностью оказания медицинской помощи. Вследствие одномоментного поступления большого потока раненых, нуждающихся в квалифицированной медицинской помощи в условиях жесткого дефицита времени и нехватки медицинского персонала, медицинских учреждений, оборудования и медикаментов, а также средств транспорта, связи, существует опасность паники и вспышки инфекционных заболеваний. Опыт медицинского обеспечения личного состава воюющей группировки в условиях вооруженного конфликта свидетельствует о необходимости проведения медицинской реабилитации для большого контингента раненых и больных.

Анализ представленных результатов свидетельствует об очень малой доле пострадавших, прошедших заключительный (санаторно-курортный) этап медицинской реабилитации. Так, например, среди нуждавшихся в ней участников вооруженного конфликта в Афганистане на санаторный этап было направлено всего 11% от всех нуждающихся. Доля лиц, прошедших санаторный этап медицинской реабилитации после операции в Чеченской Республике (1994-1996 гг.), оказалась еще меньше-4,5%. В условиях вооруженного конфликта необходимость выделения амбулаторно-поликлинического этапа медицинской реабилитации лишена смысла и не представляется целесообразной. Поэтому данные о количестве прошедших этот этап раненых и больных в публикациях отсутствуют. Следовательно, деление процесса медицинской реабилитации по месту проведения лечебных мероприятий (госпиталь—поликлиника—санаторий) в вооруженных конфликтах требует иных организационных форм, базирующихся на основе других подходов.

В основу этапного деления медицинской реабилитации целесообразно положить степень восстановления функций раненых и больных (Боголюбов В.М., 2007). Исходя из этого, некоторые авторы считают целесообразным выделение последовательно лечебно-щадящего, функционально-тренирующего этапов и этапа активного восстановления функций.

Вся система организации медицинской реабилитации раненых и больных в вооруженных конфликтах должна быть направлена на решение первостепенных задач, исходящих из факта массовых потерь (Нечаев Э.А., 1991, Шанин Ю.Н., 1997). Эффективная помощь раненым и больным возможна лишь при четком согласовании и взаимодействии медицинских учреждений с органами власти, техническими и административными службами в зоне вооруженного конфликта.

Основная задача медицинской службы при массовых санитарных потерях—медицинская сортировка пострадавших (Чиж И.М., 1995 Брюсов П.Г., 1992; Чиж И.М., 2000), которая определяет вид и объем медицинской помощи, возможность и очередность транспортировки с учетом последующих этапов оказания квалифицированной и специализированной помощи.

Сортировка предполагает приоритет для «подлежащих спасению»—кто может выжить (объем повреждений позволяет предопределить клинический прогноз и, частности, жизнеспособность пострадавшего). Именно этот контингент со сроками предполагаемого лечения до 90 суток требует проведения реабилитационных мероприятий (Трусов А.А., 1999; Ушаков И.Б., 2000).

Определенный интерес представляет разработанный в Медицинском центре Брук Армии (США) этапный оперативный план на случай возникновения экстремальных условий. Согласно плану, госпиталь мобилизует весь медицинский и вспомогательный персонал для действия в закрепленных за ним районах, независимо от размеров случившегося бедствия. Основной принцип этого плана—незамедлительная мобилизация людских и материальных ресурсов с учетом количества пострадавших.

Опыт Великобритании, Германии и США свидетельствует, что в условиях вооруженных конфликтов и катастроф происходит путаница и дублирование действий. Специалисты разных стран едины во мнении о необходимости плана действий во всех медицинских учреждениях. Эти планы должны соответствовать структуре национальной системы здравоохранения и военно-медицинской доктрине.

Известно, что чем позже начинается лечение, тем больше затрат требуют реабилитационные мероприятия. Исходя из этого необходимо проведение медицинской реабилитации непосредственно в зоне боевых действий, что способствует своевременной регенерации поврежденных тканей и органов, уменьшает количество последующих осложнений травм и ранений. При таком подходе уже в ранний период имеется возможность восстановления функций поврежденных органов и систем, сокращения вероятности возникновения спаек и рубцов, что исключает необходимость повторных операций, уменьшает количество дней, проведенных в стационаре, экономит силы и средства, затрачиваемые на реабилитацию «упущенных из поля зрения»—тех, кто был недолечен своевременно, или же получил лечение не в полном объеме. Причины могут быть разными, но основная из них—отсутствие единой системы реабилитации и отсутствие согласования её этапов.

Результаты теоретических и клинических исследований последнего десятилетия позволили наиболее четко сформулировать основополагающие принципы медицинской реабилитации больных и раненых в вооруженных конфликтах (Шанин Ю.Н, 1997; Боголюбов В.М., 2007):

1. Единство этиопатогенетической и симптоматической терапии (однонаправленность этапов медицинской реабилитации).
2. Индивидуальность конкретных программ медицинской реабилитации.
3. Курсовое проведение реабилитационных мероприятий на разных этапах.
4. Последовательное использование лечебных режимов возрастающей интенсивности на каждом этапе медицинской реабилитации.
5. Оптимальное сочетание применяемых лечебных физических факторов и фармакологических препаратов. Динамическое проведение этапов медицинской реабилитации, место проведения которых может быть различно в зависимости от патологии.
6. Комплексное использование различных средств и методов в программах медицинской реабилитации.

Несмотря на накопленный клинический опыт, сегодня необходима разработка проблемы медицинской реабилитации в ее научном, практическом и учебном аспектах. Реализация указанных принципов может быть осуществлена при подходе к процессу медицинской реабилитации с позиций единства восстановительного лечения пострадавших.

Единое понимание концепции медицинской реабилитации раненых и больных в вооруженных конфликтах военно-медицинской службой и органами гражданского здравоохранения позволили:

1. Своевременно проводить необходимые лечебные мероприятия пострадавшим независимо от профиля лечебного учреждения и места его дислокации.

2. Обеспечить преемственность и последовательность реабилитационных мероприятий для участников вооруженных конфликтов в остром, подостром и отдаленном периодах течения ранений, заболеваний, травм и их последствий.

3. Использовать научно обоснованные апробированные на практике программы медицинской реабилитации пострадавших с различными видами ранений и заболеваний.

4. Осуществлять автоматизированный контроль и оценку эффективности медицинской реабилитации раненых и больных на различных стадиях течения ранений, заболеваний и травм.

4.3. ВОЗМОЖНОСТИ ФИЗИОТЕРАПЕВТИЧЕСКИХ МЕТОДОВ ЛЕЧЕНИЯ БОЕВЫХ ПОВРЕЖДЕНИЙ

В условиях вооруженных конфликтов особое значение в медицинской реабилитации пострадавших приобретают физические методы, стимулирующие защитные силы организма, способствующие уменьшению воспалительных, дистрофических нарушений, корригирующие психоэмоциональный статус и повышающие неспецифическую резистентность раненых и больных различного профиля.

Физиотерапия играла важную роль в системе комплексного лечения раненых и больных во время Великой Отечественной войны. Своевременное и рациональное назначение лечебных физических факторов существенно увеличило эффективность проводимого лечения, снизило его сроки, а включение в комплекс восстановительных мероприятий позволило резко уменьшить инвалидизацию раненых и больных. За годы войны физические методы лечения были использованы у 13 млн. пострадавших, что составило 58 % всех раненых и больных. Военные медики накопили немалый опыт применения физиотерапевтических методов лечения до начала Великой Отечественной войны в ходе медицинского обеспечения войск, участвовавших в вооруженных конфликтах у озера Хасан (1938 г.) и реки Халхин-Гол (1939 г.). В статье «Оборонное значение физиотерапии» Б.М. Бродерзон (1952) указывал на высокую эффективность физиотерапии огнестрельных ранений конечностей, периферических нервов, переломов костей и их осложнений, необходимость подготовки квалифицированных специалистов и производства специальной медицинскойаппаратурыдляпроведениялеченияискусственными физическими факторами в полевых условиях (Ивашкин В.Т., 1992). Необходимость решения этих задач подтвердила советско-финская война (1939-1940 гг.) По ее завершении в СССР началась разработка стройной системы использования лечебных физических факторов как на этапах медицинской эвакуации, так и в раннем комплексном лечении раненых. Однако из-за нехватки физиотерапевтов и перестройки медицинской промышленности к началу Великой Отечественной войны вопросы лечения физическими факторами раненых не были полностью разрешены. В войсковом звене медицинской службы (БМП, ПМП, ДМП) по штатам военного времени физиотерапевтические кабинеты были не предусмотрены, а специально обученный персонал отсутствовал (Медицинское обеспечение, Воениздат, 1993). В эвакуационных госпиталях (ЭГ) различной коечной емкости и специализации, входивших в состав госпитальных без армий и фронтов, физиотерапия была представлена в составе самостоятельных физиотерапевтических отделений (ФТО): при коечной емкости ЭГ 200-500 коек ФТО состояло из 3-6 человек, 600-900 коек-6-9 человек, 1000-2000 коек-9-14 человек. Физиотерапевтические кабинеты были введены в состав неврологических отделений армейских авиационных госпиталей (ААГ) на 200 коек. Количество раненых и больных, охваченных физиотерапевтической помощью во втором периоде войны, составило 80% от общего количества санитарных потерь (свыше 5,2 млн. человек). Количество физиотерапевтических процедур в полевых подвижных госпиталях составило 1,5-5%, в армейских и фронтовых госпитальных базах 20-25%, а в эвакогоспиталях тыла страны-70-80 % от всего количества лечебных процедур (15, 16). Объем применения лечебных физических факторов зависел от условий ведения боевых операций. Так, например, в период Курской наступательной операции физические методы лечения применяли у 90% легкораненых. Эффективность такого лечения оказалась высокой: у 94% раненых в мягкие ткани наступило полное клиническое выздоровление (Пономаренко Г.Н., Воробьев М.Г., 1995).

Проведенная на втором этапе Великой Отечественной войны реорганизация военно-медицинской службы способствовала максимальному приближению физиотерапевтической помощи к передовым этапам медицинской эвакуации, нарастанию удельного веса электролечебных процедур (до 10% от общего числа). Благодаря отлаженной организации физиотерапевтической помощи и возросшей квалификации специалистов существенно уменьшились сроки ее оказания и существенно улучшилось качество. В первую декаду лечения ее получали 10% раненых, во вторую—свыше 20%, а в третью—до 70%. Раннее применение лечебных физических факторов приводило к значимому снижению числа осложнений (келоидных рубцов, контрактур, невралгий и пр.) у раненых в конечности и грудь, количество которых составило 80% от всего числа раненых. В изданных по фронтовому лечебному опыту этого периода «Указаниях . . .» требовалось «лечение физическими методами для большей эффективности назначать возможно раньше». Основными показаниями для их использования являлись огнестрельные ранения мягких тканей и периферических нервов, костные переломы и их осложнения, инфицированные и вялозаживающие раны, остеомиелиты, ранения периферических нервов, контрактуры суставов, постампутационные фантомные боли и трофические расстройства, отморожения.

На завершающем (третьем) этапе Великой Отечественной войны успешно была внедрена разработанная во втором периоде система этапного оказания физиотерапевтической помощи. В батальонном и полковом медицинских пунктах, где пострадавшим оказывали соответственно доврачебную и первую врачебную помощь в первые часы после ранения, физические методы лечения практически не использовали, а начинали применять только в дивизионном медицинском пункте на этапе оказания квалифицированной помощи через 8-12 часов после ранения. Здесь врачи назначали преимущественно процедуры неотложной физиотерапии, такие как ультрафиолетовое облучение в гиперэритемных дозах перед хирургической обработкой раны или сразу после нее. Наряду с этим, в дивизионных медицинских пунктах использовали светотепловое облучение ран, парафинотерапию, местные ванны с добавлением антисептиков, УВЧ-терапию при отморожениях и электрофорез новокаина для анестезии. Указанные методы составили основу арсенала неотложной физиотерапии.

В ходе Великой Отечественной войны окончательно сложилась система организации физиотерапевтической помощи, как нового и самостоятельного вида специализированной помощи пострадавшим (Пономаренко Г.Н., Воробьев М.Г., 1995). Учитывая объективные сложности при оказании медицинской помощи одновременно большому количеству пострадавших в отсутствие стационарных (выделенных по месту проведения) этапов медицинской реабилитации в условиях ведения боевых действий следует отметить принципиальную возможность формирования системы оказания физиотерапевтической помощи раненым и больным в вооруженных конфликтах.

Раненые и больные, прошедшие медицинскую реабилитацию с использованием физических факторов, в последующем быстрее адаптировались к новым условиям жизни, имели меньшее количество осложнений вследствие полученного ранения или перенесенного заболевания (Александров В.Н., Сидорин В.С., 1997; Шанин Ю.Н., 1997). Комплекс физических методов лечения, в сочетании с другими лечебными мероприятиями, обеспечил сокращение сроков лечения, ускорил восстановление утраченных или нарушенных функций и способствовал быстрому возвращению раненых и больных к полноценной жизни.

Анализ приоритетов современного развития медицины и военно-медицинской службы ВС РФ (Чиж И.М., 2000) свидетельствует о неуклонном возрастании удельного веса лечебных физических факторов в структуре медицинской помощи в силу их высокой клинической эффективности. Физическим методам лечения отводят ведущую роль на заключительных этапах медицинской реабилитации раненых и больных, которая является стратегическим источником восполнения санитарных потерь в современной войне.

Своевременное и рациональное назначение лечебных физических факторов существенно увеличивает эффективность комплексного лечения раненых и больных, снижает его сроки и уменьшает инвалидизацию раненых и больных. Опыт медицинского обеспечения войск, участвовавших в вооруженных конфликтах последних десятилетий, свидетельствует о возрастании количества больных, нуждающихся в физиотерапии как на начальных (легкораненые), так и заключительных этапах медицинской эвакуации. Исходя из этого, в штатах большинства военно-полевых лечебных учреждений предусмотрены физиотерапевтические отделения. Анализ публикаций по вопросам оказания медицинской помощи в вооруженных конфликтах показывает, что проблема оптимальной организации физиотерапевтической помощи раненым и больным в таких условиях к настоящему времени даже не поставлена и как следствие, далека от разрешения.

В соответствии с видами энергии и типами ее носителей лечебные физические факторы делят на две группы (Пономаренко Г.Н., 1998):

ЛЕЧЕБНЫЕ ФИЗИЧЕСКИЕ ФАКТОРЫ

Искусственные	Природные
электролечебные	климатолечебные
магнитолечебные	бальнеолечебные
фотолечебные	грязелечебные
механолечебные	
термолечебные	
гидролечебные	
радиолечебные	

При таком подходе многие исследователи отмечают некоторое сходство механизмов действия и лечебных эффектов физических факторов, порой существенно различающихся по виду энергии без выделения их специфических компонентов. Исходя из этого для оказания физиотерапевтической помощи сегодня врачи используют иную классификацию—синдромно-патогенетическую, которая позволяет осуществлять их назначение в зависимости не столько от конкретной нозологической формы заболевания, сколько от особенностей развития патологического процесса.

СИНДРОМНО - ПАТОГЕНЕТИЧЕСКАЯ КЛАССИФИКАЦИЯ ФИЗИЧЕСКИХ
МЕТОДОВ ЛЕЧЕНИЯ (Пономаренко Г.Н., 1998)

Методы воздействия преимущественно на центральную нервную систему

Аналитические	Тонизирующие
Седативные	Психостимулирующие

Методы воздействия преимущественно на периферическую нервную систему

Анестезирующие	Трофостимулирующие
Нейростимулирующие	Раздражающие свободные нервные окончания

Методы воздействия преимущественно на мышечную систему

Миостимулирующие	Миорелаксирующие (токолитические)

Методы воздействия преимущественно на сердце, сосуды и кровь

Кардиотонические	Сосудосуживающие (вазоконстрикторные)
Гипотензивные	Лимфодренирующие (противоотечные)
Сосудорасширяющие (вазодиля таторные)	Коагулокоррегирующие Гемостимулирующие и спазмолитические

Методы воздействия на респираторный тракт

Улучшающие бронхиальную проходимость (бронходрени рующие)	Муколитические Усиливающие альвеоло-капиллярный транспорт

Методы воздействия на желудочно-кишечный тракт

Модулирующие секреторную функцию желудка Желчегонные	Модулирующие моторную функцию кишечника

Методы воздействия на кожу и соединительную ткань

Меланинстимулирующие   Противозудные
Фотосенсибилизирующие   Дефиброзирующие
Обволакивающие   Диафоретические
Вяжущие   Кератолитические

Методы воздействия на мочеполовую систему

Мочегонные   Стимулирующие
     репродуктивную
Корригирующие эректильную   функцию
дисфункцию

Методы коррекции эндокринной системы

Воздействующие на   Воздействующие на
гипоталамус и гипофиз   Воздействующие на
надпочечники Воздействующие на щитовидную железу

Методы коррекции обмена веществ

Энзимстимулирующие   Ионкоррегирующие
Пластические   Витаминостимулирующие

Методы модуляции иммунитета и неспецифической
резистентности

Иммуностимулирующие   Гипосенсибилизирующие
Иммуносупрессивные

Методы воздействия на вирусы, бактерии и грибы

Противовирусные   Бактерицидные и микоцидные

Методы лечения воспаления

Альтеративно-экссудативная фаза   Репаративная
Пролиферативная фаза   регенерация

Методы лечения повреждений, ран и ожогов

Стимулирующие заживление   Противоожоговые
ран и повреждений

Методы лечения злокачественных новообразований

Онкодеструктивные   Цитолитические

Формирование представлений о лечебном действии физических факторов происходило в диалектическом единстве представлений о специфичности и универсальности их лечебного действия (Понмаренко Г.Н., 2005; Боголюбов 2007; Randall L. Braddom, 2007). Известно, что физические факторы обладают неодинаковой эффективностью при лечении различных ранений, травм и заболеваний. Исходя из этого, параметры лечебного фактора и методика его применения должны максимально соответствовать характеру и фазе патологического процесса. Такое соответствие может быть достигнуто в полной мере только на основе альтернативного подхода, связанного со «специфическим» действием каждого фактора.

То, что один и тот же физический фактор обладает лечебным эффектом при разных заболеваниях в известной мере обусловлено однотипностью патогенетических механизмов повреждения. С другой стороны, различная природа заболеваний предполагает возможность сочетания при развитии каждого из них разных патогенетических вариантов (синдромов). Поэтому физический метод лечения специфичен для определенного состояния организма, хотя в формировании его лечебных эффектов участвуют и общие (неспецифические) реакции. Такая специфичность требует направленного выбора фактора и методики его применения, составляющего сущность патогенетического действия лечебных физических факторов (Пономаренко Г.Н., 1998).

Удельный вес физических методов лечения на разных этапах медицинской реабилитации различен и существенно возрастает в период активного восстановления боеспособности, когда решена задача сохранения жизни и функций пораженных органов и тканей. Исходя из этого, максимальное использование лечебных физических факторов предусмотрено не в ранние, а в более поздние этапы медицинской реабилитации раненых и больных. Доля физиотерапевтической помощи в общем объеме лечебных мероприятий начальных этапов медицинской реабилитации не превышает 10-30% (Шанин Ю.Н., 1997). Их малая доля обусловлена тем, что на данном этапе основное значение имеют хирургические вмешательства, этиотропная терапия (антибактриальная и иммунокоррегирующая), направленная на спасение жизни раненых и минимизацию объема погибших тканей. Лечебные же физические факторы в своем большинстве обладают синдромно-патогенетическим действием (Боголюбов В.М. 2007) и восполняют объем циркулирующей крови, нормализуют микроциркуляцию, стимулируют репаративную регенерацию, корригируют водно-солевой обмен, активируют детоксикационную, антиоксидантную и антигипоксантную системы.

Госпитальные реабилитационые программы, как правило, включают в себя соответствующий лечебный режим, пассивные и активные движения в постели, дыхательную гимнастику, электро-, свето—и механолечебные процедуры. Конкретные физические факторы в структуре госпитальной реабилитационной программы должны определяться преимущественно профилем военно-полевого лечебного учреждения и наличием показаний к применению перечисленных методов. Анализ накопленного клинического опыта и приоритетов клинической медицины показывает, что наиболее целесообразно использование физических факторов, прежде всего, в хирургических, травматологических, нейрохирургических отделениях и госпиталях легкораненых (Боголюбов В.М. 2007). Именно в них существует острая необходимость раннего использования реабилитационных мероприятий, промедление с проведением которых может привести к устойчивой утрате боеспособности и инвалидизации пострадавших военнослужащих (Ищук Ю.Г., Кожекин И.Г., Лямин М.БВ, 2000).

Доля лечебных физических факторов в коррекции функционального состояния реабилитируемых раненых и больных на тренирующем этапе увеличивается до 40-70%. Наряду с ними, на данном этапе существенно расширяется выбор средств и методов лечебной физической культуры, психокоррекции (формирования сенсорного образа профессиональной деятельности) и иммуномодуляции. Они призваны обеспечить завершение патологического процесса и направлены на ликвидацию остаточных явлений воспаления и восстановление функциональной активности систем организма (Миннуллин И. П., Каюми А.В., Беляев А.А., 1987; Боголюбов В.М., 2007).

Основополагающим принципом физиотерапевтической помощи на данном этапе является увеличение интенсивности физических факторов и физических упражнений в реализации мероприятий по активному восстановлению боеспособности и навыков соответствующей специальности (Шанин Ю.Н., 1997).

Состав и последовательность используемых на данном этапе лечебных физических факторов оформляют в виде раздела комплексной реабилитации. Коррекция выполняемых процедур и упражнений осуществляется на основе текущего контроля, а оценка эффективности—на основе заключительного. Итоговый результат как системообразующий фактор данного этапа («квант действия» функциональной системы) имеет кардинальное значение. Он оценивается на основании субъективных ощущений раненых, объективных параметров функционального состояния и научного сопоставления реально достигнутого результата с ожидаемым. Исходя из теоретических представлений о сроках восстановления функций у раненых и больных в соответствии с продолжительностью формирования у них кратковременной и долговременной адаптации, текущий контроль эффективности медицинской реабилитации может быть осуществлен минимальным числом хорошо апробированных методов оценки систем жизнеобеспечения организма (измерение частоты пульса, дыхания, артериального давления, температуры тела, ЭКГ, спирография, функциональные пробы).

На этапе активного восстановления функций лечебные мероприятия должны быть направлены на стабилизацию и достижение оптимального состояния утраченных при болезни функций, повышение резервов адаптации. Доля лечебных физических факторов на санаторно-курортном этапе медицинской реабилитации максимальна и достигает 70-80% в общем объеме лечебных мероприятий (Шанин Ю.Н., 1997; Пономаренко Г.Н., 1998).

Совершенствование физиотерапевтической помощи на данном этапе должно идти по пути увеличения веса активных физических факторов и уменьшения пассивных. Необходимо постепенное нарастание объема физических упражнений и усиление их тяжести с последующим переходом в физическую подготовку. Искусственные факторы применяют лишь в случае обострения болезни и на начальном этапе акклиматизации.

Как правило, на ранних этапах медицинской реабилитации используют низкоинтенсивные лечебные физические факторы, а на заключительных—высокоинтенсивные. При этом следует учитывать, что высокоинтенсивные лечебные физические факторы вызывают преимущественно неспецифические лечебные эффекты (Боголюбов В.М., Пономаренко Г.Н., 1999, Пономаренко Г.Н., 1999, 2005; Боголюбов В.М., 2007; 37, 66, 87, 241, 242, 318, Пономаренко Г.Н., Воробьев М.Г., 2005, Randall L. Braddom, 2007).

Таким образом, физиотерапевтическая помощь раненым и больным в вооруженных конфликтах должна быть направлена на быстрейшее выздоровление и возвращение в строй лиц с боевыми травмами. Основными *задачами* физиотерапевтической помощи являются:

• подавление патогенной микрофлоры воспалительного очага;

• купирование болевого синдрома;

• создание условий для наложения первичных, первично отсроченных и ранних вторичных швов;

• стимуляция репаративной регенерации пораженных тканей;

• формирование функционально полноценных рубцов в области раневого дефекта;

• предупреждение разрастания грануляций и образования келоидных рубцов;

• снижение частоты осложнений раневого процесса и сроков заживления ран;

• купирование стрессовых реактивных состояний и нервно-психической неустойчивости (астено-невротических и вегетативно-дистонических проявлений), доминирующих в структуре неврологических синдромов.

Используемые в современных войнах и вооруженных конфликтах высокоточные и технически совершенные системы вооружений обусловливают высокие требования к интеллектуальному и физическому развитию военнослужащих и продолжительные сроки их профессиональной подготовки. В связи с этим с началом боевых действий возникает проблема скорейшего восполнения некомплекта боевых формирований за счет быстрого возвращения в строй опытных и подготовленных солдат и офицеров. В этих условиях для военно-медицинской службы приоритетное значение приобретает система патогенетически обоснованных мероприятий, объединенных понятием «медицинская реабилитация».

Формирование представлений о лечебном действии физических факторов происходило в диалектическом единстве представлений о специфичности (292, 293, 310) и универсальности (Понмаренко Г.Н., 2005; Боголюбов 2007; Randall L. Braddom, 2007) их лечебного действия. Известно, что физические факторы обладают неодинаковой эффективностью при лечении различных ранений, травм и заболеваний. Исходя из этого, параметры лечебного фактора и методика его применения должны максимально соответствовать характеру и фазе патологического процесса. Такое соответствие может быть достигнуто в полной мере только на основе альтернативного подхода, связанного со «специфическим» действием каждого фактора.

То, что один и тот же физический фактор обладает лечебным эффектом при разных заболеваниях в известной мере обусловлено однотипностью патогенетических механизмов повреждения. С другой стороны, различная природа заболеваний предполагает возможность сочетания при развитии каждого из них разных патогенетических вариантов (синдромов). Поэтому физический метод лечения *специфичен* для определенного состояния организма, хотя в формировании его лечебных эффектов участвуют и общие (неспецифические) реакции. Такая специфичность требует направленного выбора фактора и методики его применения, составляющего сущность патогенетического действия лечебных физических факторов (Пономаренко Г.Н., 2005).

Удельный вес физических методов лечения на разных этапах медицинской реабилитации различен и существенно возрастает в период активного восстановления боеспособности, когда решена задача сохранения жизни и функций пораженных органов и тканей. Исходя из этого, максимальное использование лечебных физических факторов предусмотрено не в ранние, а в более поздние этапы медицинской реабилитации раненых и больных. Доля физиотерапевтической помощи в общем объеме лечебных мероприятий начальных этапов медицинской реабилитации не превышает 10-30% (Шанин Ю.Н., 1997). Их малая доля обусловлена тем, что на данном этапе основное значение имеют хирургические вмешательства, этиотропная терапия (антибактериальная и иммунокоррегирующая), направленная на спасение жизни раненых и минимизацию объема погибших тканей. Лечебные же физические факторы в своем большинстве обладают синдромно-патогенетическим действием (Боголюбов В.М. 2007) и восполняют объем циркулирующей крови, нормализуют микроциркуляцию, стимулируют репаративную регенерацию, корригируют водно-солевой обмен, активируют детоксикационную, антиоксидантную и антигипоксантную системы.

Госпитальные реабилитационые программы, как правило, включают в себя соответствующий лечебный режим, пассивные и активные движения в постели, дыхательную гимнастику, электро-, свето и механолечебные процедуры. Конкретные физическиефакторывструктурегоспитальнойреабилитационной программы должны определяться преимущественно профилем военно-полевого лечебного учреждения и наличием показаний к применению перечисленных методов. Анализ накопленного клинического опыта и приоритетов клинической медицины показывает, что наиболее целесообразно использование физических факторов, прежде всего, в хирургических, травматологических, нейрохирургических отделениях и госпиталях легкораненых (Боголюбов В.М., 2007). Именно в там существует острая необходимость раннего начала реабилитационных мероприятий, промедление с проведением которых может привести к устойчивой утрате боеспособности и инвалидизации пострадавших военнослужащих (Ищук Ю.Г., Кожекин И.Г., Лямин М.БВ, 2000).

Незначительное количество раненых и больных, прошедших полноценную медицинскую реабилитацию, свидетельствует о недостаточной эффективности традиционного подхода к организации реабилитационных мероприятий. Поэтому в условиях вооруженного конфликта при возникновении значительного потока раненых, больных и пораженных реализация трехэтапного подхода весьма затруднительна. Опыт восстановительного лечения раненых и больных в годы Великой Отечественной войны и последующих вооруженных конфликтов свидетельствует о невозможности организации амбулаторного и особенно санаторно-курортного этапа медицинской реабилитации в условиях вооруженного конфликта. Исходя из вышеизложенного, представляется исключительно актуальным и необходимым детальный медико-статистический анализ организации физиотерапевтической помощи в системе медицинских реабилитационных мероприятий раненых и больных в вооруженных конфликтах последних десятилетий.

Среди актуальных научных проблем организации физиотерапевтической помощи раненым и больным, подлежащих научному изучению, необходимо отметить ее медико-технические аспекты, особенности у раненых и больных различного клинического профиля, оценку эффективности, объема и структуры, поиск современных физических методов лечения лиц с различными нозологическими формами. В условиях вооруженного конфликта особое значение приобретают физические методы лечения, стимулирующие защитные силы организма, способствующие уменьшению воспалительных, дистрофических нарушений, повышающие адаптационные возможности систем жизнеобеспечения организма (Пономаренко Г.Н., 1998, 2005; Шанин Ю.Н., 1997; В.М.Боголюбов 2009).

Вместе с тем, сегодня отсутствуют научно обоснованные показания к комплексному использованию физических методов лечения при оказании физиотерапевтической помощи раненым и больным в вооруженных конфликтах. Отсутствие унификации медицинского оборудования и методов оказания физитерапевтической помощи приводят к различию подходов и критериев, применяемых без учета вариабельности, динамики патологического процесса, текущего состояния конкретного раненого или больного.

Анализ литературы свидетельствует об актуальности поиска путей оптимизации физиотерапевтической помощи раненым и больным в вооруженном конфликте. Закономерности лечебного применения физических факторов у раненых и больных различного клинического профиля могут быть определены путем изучения эффективности использования лечебных физических факторов в программах физиотерапевтической помощи, а также статистического анализа тактики применения физических факторов лечения вкомплексе мероприятий медицинской реабилитации раненых и больных различного клинического профиля в вооруженных конфликтах. В восстановительный период возрастает необходимость воздействия на общее состояние раненых и больных, для чего необходима оценка их психофизиологического статуса и возможность его коррекции лечебными физическими факторами, количественной оценки роли этих факторов специфического и неспецифического воздействия в программах физиотерапевтической помощи.

Разработка вопросов оптимизации физиотерапевтической помощи в вооруженных конфликтах является одной из актуальных проблем восстановительной медицины и решается в настоящее время различными путями. В результате ее эффективность невысока и она не позволяет достигнуть полного выздоровления раненых и больных. Учитывая способность физических факторов повышать адаптационные и резервные возможностей организма, а также влиять на специфические компоненты системы регуляции внутренних органов, возможность их использования в восстановительном лечении раненых и больных в вооруженных конфликтах, научное обоснование использования новых физических методов лечения, апробации новых организационных подходов имеет важное научно-практическое значение. Особое значение приобретает возможность выделения критерий эффективности физиотерапевтической помощи раненым и больным, определение объема и содержания лечения, а также возможность оптимизации структуры физиотерапевтической помощи.

4.3.1. Раненые и больные хирургического профиля

Специализированная помощь, оказываемая раненым и больным в условиях вооруженного конфликта, является составной частью этапного лечения и включает комплекс мероприятий с активным использованием лечебных физических факторов, действие которых повышает эффективность лечения и способствует нормализации нарушенных функций организма, обеспечивая скорейшее восстановление боеспособности военнослужащих и трудоспособности гражданского населения.

У пациентов хирургического профиля, основную часть которых составили раненые в конечности и раненые с последствиями минно-взрывной травмы были выделены показания для назначения физических методов лечения на различных этапах медицинской реабилитации. На тренирующем этапе медицинской реабилитации физические методы лечения назначали пациентам с:

- посттравматическим общим астеническим состоянием, исключающим возможность эффективного проведения необходимого хирургического лечения;
- выраженными местными нейротрофическими расстройствами на поврежденной конечности при необходимости последующего оперативного вмешательства;
- наличием нестойких контрактур суставов и при их длительной иммобилизации при последующем хирургическом лечении;
- неокрепшей костной мозолью при длительном лечении замедленной консолидации и ложных суставах длинных трубчатых костей с фиксацией костных отломков внеочаговыми чрескостными аппаратами;
- этапными костно-пластическими операциями при лечении дефектов длинных трубчатых костей с фиксацией внеочаговыми чрескостными аппаратам;
- последствия повреждений периферической нервной системы.

На укрепляющем этапе медицинской реабилитации физические методы лечения использованы у пациентов с:

- консолидирующимися переломами длинных трубчатых костей;
- контрактурами суставов конечностей;
- неокрепшими рубцами мягких тканей;
- посттравматическими артрозами.

Анализ используемых лечебных физических факторов в программах ме-*тс*дицинской реабилитации больных с ранениями конечностей свидетельствует о преобладании факторов анальгетического и репаративно-регенеративного действия УВЧ-поля (31,2 %), лекарственный электрофорез (25,2%), средневолновое ультрафиолетовое облучение локально в эритемных дозах (12,2%), синусоидальные модулированные токи (9,8%), ультразвуковая терапия и ультрафонофорез лекарственных веществ (9,1%) и ингаляционная терапия (2,5%).

У пациентов с ранениями конечностей в фазе гидратации раны лечебные физические факторы применяли для аналгезии, подавления микрофлоры, увеличения кровотока, ускорения отторжения некротических тканей, усиления локальных нейро-трофических процессов и индукции местного иммунитета.

Под действием использованных лечебных физических факторов динамика исследованных показателей была различной.

Анализ статистических данных свидетельствует о преобладании у раненых в конечности противовоспалительных эффектов УВЧ-терапии, СУФ-облучения, анальгетических эффектов—у методов СМТ-терапии, диадинамотерапии и СУФ-облучения, репаративно-регенеративного действия—у ультразвуковой терапии и парафинотерапии.

Лечение раненых и больных с повреждениями верхних или нижних конечностей подразделялись на пять периодов. В начальном периоде медицинской реабилитации осуществляли иммобилизацию конечности несъемными гипсовыми повязками, аппаратами внешней фиксации или фиксации погружными конструкциями (штифты, пластинки, винты), а во втором и пятом периодах—съемными средствами иммобилизации, аппаратами внешней фиксации или погружными конструкциями. Наконец, в третьем и четвертом периодах иммобилизация гипсовыми повязками не применяли.

В первом периоде—стадии травматического воспаления—при повреждениях мягких тканей и переломах костей—проводили восстановительное лечение, направленное на купирование болевого синдрома, ликвидацию отека, ускорение рассасывания кровоизлияний и выпотов, предупреждение гематом, ускорение заживления ран мягких тканей. На этом этапе наиболее эффективным методом лечения являлось воздействие электрическим полем УВЧ, сопровождающемся пространственной поляризацией заряженных молекул фосфолипидов, поляризацией и релаксационными колебаний биомолекул, которые в свою очередь вызывают активацию метаболизма в клетках, ограничивают дегрануляцию лизосом и выход из них медиаторов повреждения. При нарастании интенсивности УВЧ поля в тканях образуется значительное количество тепла, что ускоряет процесс регенерации поврежденных тканей.

Низкоинтенсивное УВЧ-поле за счет активации тканевого пула вазоактивных пептидов стимулирует микроциркуляцию—происходит расширение артериол, увеличивается количество функционирующих кровеносных капилляров, интенсифицируется венулярный кровоток и лимфоток, что в совокупности уменьшает отек поврежденной ткани, наблюдается более интенсивный процесс грануляции раны и окружающей ткани. Имеет место активное противовоспалительное действие наряду с десенсибилизирующим и гипоальгезивным эффектами.

Воздействие электрическим полем УВЧ осуществляли в зоне повреждения по поперечной методике, курс лечения 10 процедур длительностью 6-15 минут (независимо от наличия гипсовой повязки) с ощущением слабого тепла. Процедуры в первые послеоперационные дни проводили непосредственно у постели раненого. При этом УВЧ-терапию сочетали с общей гальванизацией по Вермелю, действие которой направлено на регуляцию функции нервной и эндокринной систем, активизацию функций симпато-адреналовой и холинэргической систем, стимуляцию трофических и энергетических процессов в организме, увеличению поглощения кислорода, повышению углеводного и белкового обмена и реактивности организма. Уже в первом периоде реабилитации стремились к сочетанию общего и местного воздействия физических методов лечения на поврежденные участки тела и организм в целом, что в сочетании со специальными методами лечения пострадавших хирургического профиля значительно ускоряет их выздоровление.

Во втором периоде—перестройки мягкотканного рубца и образования первичной мозоли при переломах—физические методы лечения использовали для уменьшения болевого синдрома, стимуляции образования костной мозоли, предупреждения функциональных нарушений, тугоподвижности суставов и атрофии мышц, грубых рубцов и спаек. В этом периоде раненым назначали преимущественно электрофорез новокаина, кальция, прозерина по продольной методике при наличии гипсовой повязки. Использовали также общее СУФ-облучение в субэритемных дозах, активные дыхательные упражнения, лечебную гимнастику и лечебный массаж.

В третьем периоде—стадии образования костной мозоли—лечебные мероприятия были направлены на усиление минерализации костной мозоли, улучшение трофики тканей, предупреждение осложнений, тугоподвижности суставов и мышечных атрофий. В третьем периоде комплекс медикаментозного лечения дополняли ультрафонофорезом гидрокортизона на область послеоперационного рубца и поврежденных мышц по лабильной методике в непрерывном режиме ($0,4\,Вт/см'^2$) продолжительностью 6-10 мин.; курс лечения 10-12 процедур. Лекарственный ультрафонофорез гидрокортизона сочетали с электрофорезом кальция, лечебным массажем, лечебной гимнастикой, а также электромиостимуляцией, которую проводили дважды в день при помощи аппарата «Амплипульс» или другого аналогичного аппарата с возможностью подбора частоты и глубины модуляции, длительности посылки сигналов и пауз. Наиболее оптимальным оказался переменный режим с глубиной модуляции 50-75% частотой 100 Гц, II РР (посылки—паузы), 1-1,5 мин или 2-3 мин. в зависимости от переносимости и индивидуальной чувствительности; курс лечения—до 20 процедур. Механическое напряжение мышечных волокон, вызываемое стимуляцией определенных групп мышц, способствует активному восстановлению функций мышечной ткани и усиливает её метаболизм.

Курсовое воздействие импульсных токов на мышцы поврежденных или иммобилизированных конечностей, проводимое дважды в день по 20 мин. в течение 20 суток, приводило к предупреждению развития мышечных атрофий, прекращению или ослаблению болей. Увеличивалась длина окружности и тонус мышц, что имело большое значение не только в отношении функционального состояния, но и психоэмоциональной сферы пациентов. Прекращение боли хотя бы на несколько часов, как известно, разрывает «порочный круг», формирующийся между очагом патологического процесса и центральной нервной системой. Отсутствие боли способствует не только скорейшему восстановлению функций поврежденной части тела, но и позволяет увеличить обхаем движений в травмированной конечности.

Электромиостимуляция приводила к значимому изменению системной гемодинамики раненых в конечности: восстанавливались повышенные в первом периоде показатели минутного объема кровотока (МОК) на 18±2,3%, ударного объема (УО) на 24±8%, повышались общее периферическое сопротивление (ОПС) в 2,5-2,8 раза и уровень физической работоспособности—величина PWCno повышалась на 19,2±4,2%. Вместе с тем, электромиостимуляцию следует назначить не ранее 4-5 недель с момента получения ранения, травмы, в течение которых мышечная ткань, претерпевшая значительные изменения в результате повреждения, частично восстанавливается в анатомическом и функциональном отношении, чему в значительной степени способствуют описанные выше методы физиотерапии.

В четвертом периоде—остаточных явлений (последствий травматических повреждений при перестроившейся костной мозоли после перелома костей и выраженных функциональных нарушений)—реабилитационные мероприятия направлены на восстановление функции мышц конечностей и движений в суставах. В этом периоде продолжали электромиостимуляцию, лечебный массаж, активную лечебную гимнастику, при необходимости ультразвуковую терапию вовлеченных в процесс суставов по вышеуказанной методике.

В пятом периоде—последствий травм (ложных суставов, дефектов костей и других состояний, требующих длительного специализированного лечения)—физические методы лечения были направлены на стимуляцию защитных сил организма, улучшение местного лимфооттока и миркоциркуляции, предупреждение отеков, мышечных атрофий и контрактур, остеопороза, стимуляцию регенеративных процессов в поврежденных тканях. При неэффективности проведенных реабилитационных мероприятий таких раненых направляли для дальнейшего лечения в специализированные лечебные учреждения тыла страны.

Сроки медицинской реабилитации определяли, как правило, индивидуально для каждого раненого с учетом тяжести его состояния, местных изменений, прогноза и плана дальнейшего лечения. Средние сроки медицинской реабилитации раненых в конечности составили 29±2,3 суток, тогда как в контрольной группе-34±2Д суток (p<0,05). В некоторых случаях на заключительных этапах медицинской реабилитации их продлевали до 40-45 суток. При этом содержание физиотерапевтической помощи зависело от локализации патологического процесса и особенностей периода заболевания.

4.3.2. ПОСТРАДАВШИЕ С МИННО-ВЗРЫВНОЙ ТРАВМОЙ

Исходя из данных обзора литературы, значительный удельный вес в структуре раненых и больных хирургического профиля составляют пациенты с минно-взрывной травмой. Охват физиотерапевтической помощью этой категории раненых был максимален, а в ее структуре преобладали методы лекарственного электрофореза, СМТ-терапии и, УВЧ-терапии.

Основным отличием взрывной травмы головного мозга от коммоционно-контузионного синдрома при обычной черепно-мозговой травме является ее сосудистая основа в форме ангиоцеребральной дистонии или энцефалопатии, что выражается множественными микроочаговыми поражениями, симптомами орального автоматизма, диапедезными микрогеморрагиями, поражением слухового анализатора. С учетом изложенного, для оценки эффективности оказываемой физиотерапевтической помощи использовали методы оценки биоэлектрической активности головного мозга, микроциркуляции и неврологического статуса раненых с минно-взрывной травмой (МВТ).

Клиническую эффективность физических методов лечения у пациентов с акубаротравмой оценивали по степени регресса, интенсивности шума в ушах, выраженности нарушений слуха, повышения порогов аудиометрической кривой, четкости восприятия речи, вестибуловегетативной устойчивости.

Клиническую эффективность физических методов лечения у пациентов с акубаротравмой оценивали по: степени регресса интенсивности шума в ушах, выраженности нарушений слуха, повышения порогов аудиометрической кривой, разборчивости речи, вестибуловегетативной устойчивости. Указанные признаки повреждения органов и систем при взрывной травме по типу сотрясения головного мозга позволили определить тактику лечения пострадавших, отличающуюся от таковой при черепно-мозговой травме.

Нами были обследованы 112 пациентов в возрасте 19-32 лет, поступивших на лечение в Центральный военный госпиталь Республики Афганистан по поводу минно-взрывной травмы. Среди пациентов была выделена I группа (44)—с поражением слуховой системы слева, II группа (28)—с поражением слуховой системы справа, III группа (24)—с двусторонним поражением слуховой системы, IV группа (32)—без поражения слуховой системы. 36 пациентов составили контрольную группу—находившиеся в госпитале на излечении в связи с легкими ранениями невзрывного генеза, пребывавшие в аналогичных условиях горно-пустынной местности с жарким климатом. Основными физическими факторами, применявшимися для лечения раненых и больных, являлись методы седативного, нейростимулирующего и лимфодренирующего действия (УВЧ-терапия, магний—электрофорез, диадинамотерапия, амплипульстерапия, лазеротерапия).

У 98 раненых обследованной выборки наблюдали положительный клинический эффект комплексного лечения с использованием физических факторов, который был наиболее выражен у раненых с односторонним повреждением слухового нерва (70 из 72 раненых), и у лиц с минно-взрывной травмой без выраженной акубаротравмы (29 из 32).

В связи с тем, что одним из специфических признаков патогенеза взрывных травм являются сосудистые нарушения, прежде всего микроциркуляторного русла, нами была произведена оценка состояния микроциркуляции у пострадавших с минно-взрывной травмой различной степени тяжести, в лечении которых использовали физические методы лечения (УВЧ-терапия, диадинамотерапия и др.). Наиболее доступной и показательной оказалась методика оценки микроциркуляции бульбарного отдела конъюнктивы. Ее результаты изложены в ЛОР разделе настоящей работы.

В остром периоде МВТ у пациентов часто регистрировали различные дисфункции вегетативной нервной системы, синкопальные состояния, признаки симпатоадреналового гипертонуса—головная боль, артериальная гипертензия, тахикардия (до 100 ударов-мин "¹), ознобоподобный гиперкинез и повышенная тревожность.

Анализ клинического материала позволил заключить, что неврологические проявления пациентов с МВТ головного мозга значительно разнообразнее, чем при обычной закрытой черепно-мозговой травме. При взрывной травме повреждения головного мозга обусловлены в первую очередь сосудистыми нарушениями, причем тяжелая травма всегда сопровождается экстрацеребральными поражениями. При МВТ легкой и средней степени тяжести имеется множество пограничных расстройств ЛОР органов, зрительной системы и внутренних органов.

Результаты наших исследований свидетельствуют о значительной эффективности физиотерапевтической помощи пострадавшим с МВТ, сопровождавшейся снижением слуха I-II степени и существенными нарушениями микроциркуляции, что позволяет рекомендовать использование методов нейромиостимулирующего и сосудорасширяющего действия для включения в комплекс физиотерапевтической помощи пострадавшим с МВТ. Кроме того, показатели микроциркуляции могут быть эффективно использованы в качестве клинических критериев оценки тяжести и прогнозирования исхода взрывных повреждений слуховой системы, а также оценки эффективности проводимого комплексного лечения.

Наши наблюдения показали, что пациенты с минно-взрывной травмой по типу сотрясения головного мозга наиболее адекватно реагируют на применение физических методов уже в ранние периоды комплексного лечения, проводимого в условиях многопрофильного госпиталя.

Положительные биохимические, реологические и иммунологические сдвиги выявлены при электрофорезе гепарина в дозе не менее 25000 МЕ на одну процедуру по трансорбитальной методике; на курс лечения 8-10 процедур.

Уже в первые сутки поступления больного в стационар ему назначали синусоидальные модулированные токи (СМТ) на затылочную область при паравертебральном расположении электродов размерами 3х6 см, верхний край которых доходил до сосцевидных отростков. Применяли III, IV РР по 5 мин. каждый, при частоте модуляции 100 Гц и ее глубине 50-75%; на курс лечения-10-15 процедур. Такое воздействие способствовало прекращению головных болей в затылочной области и головокружений. По указанной схеме СМТ применяли на область синокаротидных зон, что обеспечивало седативный эффект и улучшало показатели церебрального кровотока и тонус кровеносных сосудов. Затем, после расширения двигательного режима пациента, ему назначали электрофорез брома на воротниковую зону по Щербаку.

Комбинация трансорбитального электрофореза гепарина с синусоидальными модулированными токами значимо сокращала сроки лечения легкой взрывной травмы и минно-взрывной травмы до 5-7 дней (p <0,05). Это позволяет рекомендовать данный метод для широкого применения.

При выявлении анизорефлексии, обусловленной контузионным очагом, воздействовали дециметровыми радиоволнами на область очага. Мощность излучения достигала 20 Вт, продолжительность процедур 10-12 мин., ежедневно; курс лечения 10-15 процедур.

При явлениях возбуждения (нарушение сна, артериальная гипертензия, тахикардия) применяли электросонтерапию с частотой следования импульсов 10 имп/с—использовали методы воздействия на нейровегетативную регуляцию, в том числе и при взрывной травме, путем пропускания через лоб-но-теменные электроды постоянного и импульсного тока с частотой 77 Гц и силой тока 4-7 мА на аппарате «Электронаркон» в течение 20-30 мин. Проводили 3-5процедур в подостром и восстановительном периоде травмы (по механизму действия аналогичен с электросном).

Данное воздействие, как известно, обеспечивает модуляцию уровня АКТГ, кортизола плазмы, уменьшает проявления вегетососудистой и нейроциркуляторной дистонии по гипертензивному типу.

В условиях жаркого климата гор и пустынь при взрывной травме развивается вторичный функциональный иммунодефицит. Поэтому назначение лечения при помощи аппарата «Электронаркон» целесообразно сочетать с инъекциями тималина, что способствовало восполнению в течение 5 дней недостатка Т-супрессоров по механизму активации функциональной оси АКТГ—кортизол—Т-лимфоциты.

Взрывная травма головного мозга, в отличие от обычной черепно-мозговой травмы, почти всегда сочетается с акубаротравмой ушей и последующим развитием нейросенсорной тугоухости. Поэтому лечение начиналось в максимально ранние сроки. Хороший лечебный эффект получен при сочетании «разгрузочных капельниц» и воздействия красного лазерного излучения транстимпанально в течение 1-2 мин., а также на рефлексогенные точки ушной раковины; курс лечения 8-10 процедур.

При взрывной травме по механизму декомпенсации нередко развивались различные логоневротические реакции, например, заикание и функциональное расстройство мочевого пузыря по типу энуреза. Наблюдали также нарушения в височной коре (речевой центр Вернике), в лобной коре (речевой центр Брока), в диэнцефальных и спинальных центрах мочеиспускания. При островозникшем заикании наибольший терапевтический эффект достигали гипносуггестией, подкрепленной физическими методами лечения: синусоидальные модулированные токи на шейные зоны голосовых складок. Использовали I, IV РР, в переменном режиме, с частотой модуляции 100 Гц, глубиной модуляции 50 %, посылка-пауза 2-3 секунды, длительность процедуры 4 минуты. На курс лечения назначали 8-10 процедур. Сеансы гипноза проводили в физиотерапевтическом кабинете в момент проведения лечения. Сочетанные методы значимо (p<0,05) уменьшали сроки лечения раненых и больных на 3-5 дней.

Общее воздействие на раненых с МВТ осуществляли с помощью 2-5% бром (магний, кальций)—электрофореза на воротниковую зону по Щербаку. При ночном недержании мочи с целью воздействия на сегментарные зоны мочевого пузыря и вегетативные центры мочеиспускания применяли 0,1% атропин-сукцинат-электрофорез. Анод размещали на пояснично-крестцовой области, катод—в надлобковой области. Площадь электродов 200 см^2, длительность процедуры 10-15 мин; курс лечения 8-10 процедур.

Атропин-электрофорез сочетали с электростимуляцией диадинамическими (вида ОР) или синусоидальными модулированными токами (режим работы I, род работы II, III), длительность процедуры составила 4-10 мин.; курс-10 процедур, частота модуляции 30-60 Гц, глубина модуляции 75 %. Силу тока подбирали индивидуально, до появления видимого сокращения мышц брюшной стенки.

4.3.3. Ранения мягких тканей

Физиотерапевтическую помощь раненым в мягкие ткани осуществляли в следующей последовательности. После проведения хирургической обработки ран мягких тканей конечность фиксировали съемной гипсовой лангетой в функционально-удобном положении до снятия швов. При ранениях нижних конечностей, в первые дни раненым предписывали постельный режим с приданием возвышенного положения конечности. Со второго дня приступали к физиотерапевтическим процедурам, лечебной гимнастике с целью ускорения заживления ран и предупреждения развития контрактур.

При наличии признаков воспаления со значительным покраснением кожи вокруг ран, повышением температуры тела и ухудшением общего состояния, признаков нагноения, швы снимали, рану раскрывали и хорошо дренировали. Для купирования воспалительных процессов применяли антибактериальную терапию, повязки с антисептическими растворами, коротковолновое и средневолновое ультрафиолетовое облучение в эритемных дозах локально.

В инфильтративно-пролиферативную фазу использовали красное лазерное излучение. В этом случае через 2-3 процедуры размеры раны уменьшались, снижался отек и гиперемия вокруг раны. К 4-5-й процедуре рана очищалась от некротических масс и фибрина и начинала заполняться грануляционной тканью. К 6-7 процедуре дно раны уплощалось и начиналась краевая эпителизация. Сроки эпителизации при использовании лазерного излучения уменьшались в 1,8 раза. Полная эпителизация ран при использовании физических методов лечения происходила в среднем к 21-23 сут., тогда как у раненых в контрольной группе—к 29-30 сут. ($p < 0,05$).

Лечебную физическую культуру назначали с первых дней после хирургической обработки, а при наличии болезненных инфильтратов—после стихания острых явлений. Использовали специальные упражнения с вовлечением в работу мышц поврежденной области под постоянным контролем общего состояния пострадавшего. Особое внимание уделяли раненым в мягкие ткани подмышечной области, подколенной ямки и локтевого сгиба, которые довольно часто осложняются контрактурами суставов. При съемной иммобилизации лечебную гимнастику проводили в перевязочной после физиотерапевтических процедур. Занятия заканчивали массажем проксимальных от места повреждения отделов конечности.

При использовании первично-отсроченных или поздних вторичных швов лечебную физическую культуру назначали на 2-4 день в зависимости от общего состояния пострадавшего и состояния раны. В период иммобилизации использовали статические напряжения мышц кисти, предплечья, голени, стопы, самомассаж проксимальных свободных от иммобилизации отделов конечностей. Лечебную гимнастику проводили 3-5 раз в день. Область раны облучали средневолновым ультрафиолетовым излучением в эритемных дозах (1-2-3 биодозы). После пересадки кожи рекомендовали дозированные движения неповрежденных отделов конечности и статические напряжения мышц в области трансплантации. После приживления лоскута кожи постепенно нагружали поврежденную конечность.

При формировании рубцов в комплекс мероприятий физиотерапевтической помощи включали лечебную физкультуру и лечебный массаж. Использовали активные и пассивные движения в соответствующих суставах с максимально возможной амплитудой. Наилучший результат давали занятия в стадии образования и формирования рубца. В дальнейшем даже энергичные упражнения были мало эффективны. Наиболее предпочтительными методами предупреждения развития стойких функциональных нарушений явились механотерапия и электромиостимуляция. Механотерапию проводили с целью восстановления движения в суставах. В экстремальных условиях многопрофильного госпиталя наиболее приемлемыми для продолжительной электромиостимуляции оказались портативные аппараты типа «ЭМС-80». Правильно подобранный режим многоканальной электромиостимуляции способствовал нормализации и поддержанию общего состояния, профилактике и восстановлению нервно-мышечных нарушений, атрофии и контрактур.

4.3.4. Раненые с переломами костей конечностей

При проведении восстановительного лечения у раненых с переломами костей конечностей целесообразно выделять группы пострадавших с полным нарушением целостности кости и неполным нарушением целостности кости (дырчатые, поднадкостничные переломы не сопровождающиеся смещением отломков). Медицинскую реабилитацию таких пациентов проводили с первых дней травмы. С целью улучшения кровообращения и нормализации метаболизма назначали лечебные физические факторы, обладающие анальгетическим, противовоспалительным и нейромиостимулирующим эффектами, а также лечебную физкультуру.

Особое внимание уделяли санации очагов хронической инфекции. При возникновении тяжелых гнойных осложнений, обострениях и рецидивах остеомиелита активные реабилитационные мероприятия не проводили. При дырчатых, поднадкостничных огнестрельных переломах с первых же дней пациентам разрешали движения в свободных суставах конечностей, статистические напряжения мышц под гипсовой повязкой, упражнения для здоровой конечности и свободных суставов поврежденной конечности. На этом этапе использовали средневолновое ультрафиолетовое излучение в эритемных дозах, низкоинтенсивное УВЧ поле, импульсную и низкочастотную электротерапию (диадинамические и синусоидальные модулированные токи). По мере консолидации переломов увеличивается амплитуда движений в конечностях, в этот период в комплекс реабилитационных мероприятий включают процедуры электромиостимуляции, наряду с добавлением пассивных движений, которые осуществляли с помощью специальных механотерапевтических аппаратов или под руководством инструктора ЛФК.

У раненых и больных с гипсовыми повязками и аппаратами внешней фиксации особое внимание уделяли правильности и надежности фиксации костных отломков, профилактике гнойных осложнений и нарушений иннервации, трофики и гемодинамики. Внеочаговый аппаратный остеосинтез требует постоянного контроля за состоянием кожи в местах выхода спиц, регулярной смены салфеток, смоченных антисептическими растворами. Значительной эффективностью у таких пострадавших обладает электростимуляция остеорепарации (в течение 4-8 нед. до образований рентгенологических признаков положительной динамики процессов консолидации), которая направлена на оптимизацию процессов консолидации костной ткани независимо от способа фиксации костных отломков и используемых средств иммобилизации. Электростимуляцию комбинировали с иными методами физиотерапии, лечебной физкультурой и лечебным массажем. Противопоказаниями к электростимуляции остеорепарации являлись генерализованные формы гнойных осложнений.

Важное значение в процессе медицинской реабилитации имеет восстановление опороспособности конечности. Опороспособность нижней конечности определяется отношением силы осевой нагрузки на конечность, вызывающей появление болевых ощущений в области травмы, к массе тела пациента, выраженного в процентах. Контроль опороспособности необходим при решении вопроса о расширении режима дозированной нагрузки и активизации пациента. Стоять на обеих ногах без помощи вспомогательных средств разрешается при опороспособности равной 50%, ходить без вспомогательных средств—при 120%, передвигаться ускоренным шагом—при 200%. Опороспособность определяли при помощи напольных весов один раз в неделю. Повышение опороспособности достигали путем продолжительной электромиостимуляции, лечебной физической культуры с учетом нагрузки на поврежденную конечность, не превышающую 85 % от исходной величины.

Соотношение лечебных физических факторов у раненых и больных с переломами конечностей свидетельствует о том, что основным методом их лечения является УВЧ-терапия (27,5%), лекарственный электрофорез (22,9%) и диадинамические токи (14,7%). Ультразвуковую терапию и лекарственный ультрафонофорез применяли у 9,5% раненых, ингаляционную терапию—у 7,3%, а средневолновое ультрафиолетовое излучение в эритемных дозах—у 4,9% пациентов.

4.3.5. Больные терапевтического профиля

Первичная заболеваемость военнослужащих в условиях горно-пустынной местности с жарким климатом характеризуется большим количеством больных с заболеваниями органов дыхания—до 31% от всех заболеваний внутренних органов; заболевания органов пищеварения составляют 4,5%, заболевания сердечно—сосудистой системы-2.1% от всего количества пациентов на первом этапе оказания медицинской помощи. Население и военнослужащие, оказавшиеся в зоне вооруженного конфликта, осложненной неблагоприятными условиями горно-пустынной местности с жарким климатом, подвержены целому ряду факторов, которые приводят к неадекватным реакциям организма на возбудители инфекционных заболеваний, вызывают обострения хронических соматических и нервных заболеваний, а также осложнения получаемых ранений и травм.

На долю соматических заболеваний приходится до 24% от всех пострадавших, находящихся на стационарном лечении с ранениями и травмами. В условиях многопрофильного госпиталя, где пострадавшие получают специализированную медицинскую помощь, наиболее часто встречаются лица с заболеваниями органов дыхания-40-56%, пищеварения-19,6%-27,9%, сердечно-сосудистой системы-9-19%.

Среди заболеваний сердечно-сосудистой системы чаще всего встречается нейроциркуляторная дистония (до 80%) в возрастной группе 18-22 года, тогда как ишемическая болезнь сердца преобладает в возрастной группе свыше 25 лет и составляет 10-12%. Терапевтам приходится уделять большое внимание боевой патологии, разворачивая палаты для раненых с учетом специфики полученных травм и повреждений. При торакальных ранениях наблюдаются механические повреждения внутренних органов: сотрясение-6,3%, ушибы сердца-9,4 %, ушибы легких-5,2%; ушибы почек-6,3% и инфекционно-токсические и воспалительно-дистрофические изменения: обструктивный бронхит (43,1%), пневмония (10,5%), плеврит (5,2%). При взрывных повреждениях, которые встречаются в 2,5 раза реже, чем огнестрельные ранения (27% и 73% соответственно), часто возникают поражения внутренних органов: сотрясение (2,2%) и ушибы сердца (2,2%), ушибы легких (2,2%), почек (2,2%).

Тактика применения физических методов лечения при боевой терапевтической травме близка к таковой при заболеваниях внутренних органов. На всех этапах медицинской реабилитации физиотерапевтическая помощь должна оказываться с учетом статистических данных и прогнозов частоты тех или иных заболеваний. Необходимо учитывать также, что длительное пребывание в условиях ведения локальной войны в конечном итоге приводит определенную часть населения и военнослужащих из состояния предболезни в устойчивое состояние болезни, требующее незамедлительного оказания медицинской помощи.

С учетом вышеизложенного, нами были проанализированы тактические подходы по применению лечебных физических факторов у пациентов с заболеваниями внутренних органов и выработаны следующие рекомендации.

У больных гипертонической болезнью лечебные физические факторы применяли по четырем направлениям патогенеза заболевания:

— оказывающие преимущественное действие на нейрогемодинамические регуляторные механизмы ЦНС;
— стимулирующие периферические вазопрессорные системы (синокаротидная зона, барорецепторы крупных сосудов, симпатические ганглии пограничной цепочки);
— способствующие улучшению почечного кровотока;
— общего воздействия.

При гиперадренэргической форме заболевания (вазопрессорные реакции, при ишемии миокарда с явлениями коронароспазма вследствие психоэмоциональных перенапряжений) с целью оказания седативного, стабилизирующего действия на пациента успешно применяли метод электросонтерапии, обзидан— (анаприлин)-СМТ-форез. При гипертонической болезни I—II стадии с астеническим синдромом среди всех общепринятых физических факторов лечения был наиболее эффективен метод гальванизации воротниковой зоны по Щербаку. При частых головных болях, головокружениях показан электрофорез ионов магния, папаверина, эуфиллина, новокаина, гексония или ганглерона, а при сопутствующем церебральном атеросклерозе эффективное действие оказывает йод-электрофорез, с целью достижения большего седативного действия—бром-электрофорез на воротниковую зону по Щербаку или по методу Бургиньона (глазнично-затылочное расположение электродов). При упорных головных болях с гиперсимпатикотонией показан электрофорез по Кассилю (интраназальная методика). С целью улучшения почечного кровотока успешно применяли методы ультразвуковой терапии в проекции почек, дециметроволновой терапии.

У больных нейроциркуляторной дистонией выделяют гипотензивную, гипертензивную, кардиальную формы, сопровождающиеся аритмическим или вазомоторным комплексами, отсюда и разные подходы к применению физических факторов лечения.

При болевом синдроме (кардиальгия, ангионевротическая стенокардия), нарушениях ритма сердечных сокращений использовали электросонтерапию (при частоте 10-15 имп/с), при гипотензивном типе (частота до 40 имп/с). Положительный эффект достигали путем применения бром-электрофореза, с использованием прокладок 100-120 см^2, расположенных в межлопаточной области (катод) и прокладки размерами 200-240 см^2 в поясничной области (анод). Лекарственные вещества были распределены в соот-ветствии с полярностью, длительность процедуры до 15 минут, которые проводятся через день; на курс лечения 10-12 процедур.

При гипертензивном типе использовали методы электрофореза брома, магния, кальция, эуфиллина, но-шпы, папаверина и дибазола. Выраженный гипотензивный эффект получен при анодной гальванизации головы по следующей схеме: прокладки располагали в следующем порядке: на лобной области размещали прокладку площадью 50 см^2, на поясничной области—площадью 200 см^2. Гальванизацию осуществляли в 1-2-ю процедуры, силой тока 0,5 мА; продолжительностью воздействия 15-16 мин. С 3-ей процедуры силу тока увеличивали до 0,6 мА, длительность—до 17 мин, с 4-ой процедуры—до 0,7 мА и длительность процедуры до 18 мин и к 5-ой процедуре сила тока составляла 0,8 мА, а продолжительность процедуры-18 мин.; процедуры проводили через день.

У больных острой пневмонией физические методы лечения применяли сразу после снижения температуры до нормальной или субфебрильной, а также на фоне некоторого улучшения общего состояния. Наиболее целесообразна оказалась высокочастотная магнитотерапия, оказывающая противовоспалительное, антиспастическое, дегидратирующее действие. Противопоказанием применения данного метода является наличие у пострадавшего легочно-сосудистой недостаточности второй степени.

Весьма эффективным методом оказалась сантиметроволновая СВЧ-терапия. Использовали большой излучатель аппаратов «Луч», который размещали в проекции воспалительного очага. Выходная мощность 15-20 Вт (ощущение легкого тепла), длительность процедуры 10-15 минут ежедневно, на курс 10 процедур. Следующим методом лечения таких больных является УВЧ-терапия. Этот метод лечения, уступая остальным методам по силе воздействия на гемодинамику малого круга кровообращения, выгодно отличается от них отсутствием отрицательного действия на кровоснабжение легких. Конденсаторные пластины располагают в проекции воспалительного процесса поперечно при зазоре от поверхности тела на 3 см. Воздействие при мощности, вызывающей ощущение легкого тепла, является оптимальным с длительностью процедуры 10-15 минут ежедневно, на курс 10 процедур.

Лекарственный электрофорез использовали при бронхолегочных заболеваниях, как правило, при поперечном расположении электродов. При двусторонней и левосторонней локализации воспалительного процесса используются электроды размером 10 x15 см, которые располагают по средне—подмышечной линии справа и слева. При правосторонней локализации процесса целесообразно использовать поперечную методику.

2-5%-кальций-электрофорез оказывает десенсибилизирующее действие, уменьшает проницаемость сосудов микроциркуляторного русла, способствует повышению тонуса симпатического отдела вегетативной нервной системы. Длительный кашель, сопровождающийся болями в области грудной клетки, является показанием для применения электрофореза этилморфина (0,l-0,2%), новокаина (2-4%), трипсина (5-10 мг на процедуру в воде для инъекций), химотрипсина.

Как показывает наш опыт, в условиях горно-пустынной местности с жарким климатом, целесообразно применение комплексных физических методов лечения. Так, например, УВЧ-терапию (6-8 мин. при слаботепловой дозировке) комбинировали с электрофорезом кальция или йода (длительность процедуры-10-15 мин; курс 8-10 процедур или с паровыми щелочными ингаляциями солутана (курс 6-8 процедур).

В комплексе медицинской реабилитации больных пневмонией также эффективно использовали перкуссионный массаж грудной клетки и лечебные дыхательные упражнения. Такой комплекс физических методов лечения в сочетании с антибактериальной терапией, витаминотерапией, способствует более быстрому разрешению патологического процесса и является профилактикой возможных последующих осложнений. Использованные физические методы лечения приводили к значимому улучшению функции внешнего дыхания у таких пациентов (табл. 1).

Таблица 1

Показатели спирографии у больных пневмонией, которым оказывали физиотерапевтическую помощь в условиях вооруженного конфликта

Показатель ФВД	Опытная группа (n=313)		Контрольная группа (n=57)	
	До лечения	После лечения	До лечения	После лечения
Дыхательный объем, мл	606±61	646±75	601174	627±47
ФЖЕЛ, л	6,5±0,3	8,2±0,3*	6,4±0,2	6,6±0,3
ОФВ, л с	5,5±0,2	7,0±0,2*	_5,8±0,3	6,5±0,3
Проба Штанге, с	64,2±6,9	69±5,3	62,5±5,3	64,7±6,2

* p<0,05

Показатели спирографии свидетельствуют о значимом (p<0,05) различии динамики скоростных показателей функции внешнего дыхания у больных, которым была оказана физиотерапевтическая помощь от пациентов контрольной группы, которым проводили только медикаментозную терапию. У больных обструктивным бронхитом действие лечебных физических факторов должно быть направлено на повышение эвакуаторной деятельности бронхов. При этом следует проводить дифференциальную диагностику происхождения болей в области грудной клетки, с учетом возраста пациентов. В частности, у пациентов 30-40 летнего возраста и старше возможно сочетание пневмоний с сопутствующими неврологическими заболеваниями (остеохондроз). У таких больных в ранние сроки назначали ингаляционную терапию.

При наличии аллергизирующей пыли во вдыхаемом воздухе, особенно у лиц 18-25 летнего возраста с повышенной реактивностью организма, часто возникает астматическое или псевдоастматическое состояние. У таких пациентов применяли синусоидальные модулированные токи (амплипульстерапию).

Электроды площадью 60 см^2 располагали паравертебрально в межлопаточной области. Использовали переменный режим III, V РР по 5 мин. каждый, с частотой модуляции 70-80 Гц, глубиной модуляции 50 %. На курс лечения назначали 8-10 процедур. Противопоказанием для использования синусоидальных модулированных токов являлась мерцательная аритмия брадиаритмической формы.

При наличии у больного бронхитом выраженного астматического компонента использовали 2% эуфиллин-СМТ-электрофорез с глубиной модуляции 75 % I РР, 6-8 мин; на курс лечения 6-8 процедур.

У больных гастритом с повышенной или нормальной секреторной функцией применяли электрическое поле УВЧ на область живота по поперечной методике, с зазором в 3 см, при интенсивности с ощущением слабого тепла, длительностью процедуры до 10-12 минут, проводимые ежедневно, на курс 10-12 процедур. При гастрите с секреторной недостаточностью использовали синусоидальные модулированные токи по следующей методике: один электрод площадью 80 см^2 располагали в эпигастральной области, второй—размерами 100 см^2—на уровне $Th_X r L_b$ в переменном режиме, род работы РР II, III по 8-10 мин каждый, с частотой модуляции 100 Гц, глубиной модуляции 25-75% и силу тока до ощущения вибрации; курс лечения 10-12 процедур. Возможно также применение диадинамических токов с аналогичным расположением электродов и подбором соответствующих видов воздействия (ДВ, КП, ДП). При выраженном болевом синдроме при воздействии указанных видов тока, осуществляли комбинацию электрофореза новокаина, а также ультразвуковой терапии интенсивностью 0,4-0,6 Вт/ см, лабильно в импульсном или непрерывном режиме в зависимости от выраженности болевого синдрома.

У больных язвенной болезнью желудка и двенадцатиперстной кишки во всех фазах болезни использовали гальванический «воротник» по Щербаку, электросонтерапию (3,5-5 имп/с) с длительностью процедуры 10-15 минут, 2-3 раза в неделю; на курс 8-10 процедур. С целью восстановления моторики желудочно-кишечного тракта, активизации процессов регенерации и купирования болей применяли 0,5% новокаин-СМТ-электрофорез по поперечной методике в переменном режиме, род работы I, IV PP по 3-4 мин. на каждый род работы, с частотой модуляции 100 Гц, глубиной модуляции до 75 %, на курс лечения 10 процедур.

Этим же больным назначали диадинамотерапию. Использовали токи ДВ—(1 мин.), ОВ (1 мин.), с чередованием вида тока в течение 6-8 мин; на курс 10 процедур. Хороший эффект выявлен при сочетании указанных процедур с УВЧ-терапией по поперечной методике с интенсивностью до ощущения слабого тепла, длительность процедуры 6-10 мин.

Учитывая особенности течения заболеваний у больных в вооруженных конфликтах, мы использовали комплексные методы физиотерапии с уменьшением их количества и продолжительности. В частности, сочетали методы электрофореза новокаина по поперечной методике с ультразвуковым облучением эпигастральной области или в проекции желудка, а также сегментарно, лабильно, в непрерывном или импульсном режиме (в зависимости от применения или отсутствия лекарственных веществ), интенсивностью 0,4-0,6 Вт см ^{2}, длительностью процедуры 6-8-10 мин.; курс лечения—до 10 процедур. Реже применяли сочетание электрофореза новокаина по поперечной методике с использованием УВЧ-воздействия до ощущения слабого тепла, по поперечной методике.

После купирования острых явлений при заболеваниях желчевыводящих путей назначали парафиновые аппликации на область печени, длительность процедуры 20-25 мин. при температуре от 40 до 42 °C; курс-8-10 процедур. С целью нормализации оттока желчи и оказания противовоспалительного действия использовали 2-5% магний-электрофорез на область печени по поперечной методике (плотность тока 0,02 мА см^2, продолжительность 15 мин.); курс 8-10 процедур. Таким пациентам успешно назначали УВЧ-терапию по поперечной методике, длительностью 6-8-10 минут, курс 8-10 процедур.

При дискинезии желчевыводящих путей применяли синусоидальные модулированные токи по поперечной методике, в выпрямленном режиме, I род работы, глубина модуляции-30%, частота модуляции 100 Гц, сила тока—до ощущения средневыраженной вибрации, длительность процедуры до 10 мин, на курс лечения-8-10 процедур.

Одним из распространенных заболеваний у раненых и больных в вооруженных конфликтах в условиях горно-пустынной местности с жарким климатом является реактивный артрит, поражающий в основном крупные суставы, сопровождающийся сильными болями, значительным ограничением движений. Патогенез и этиология данного заболевания требуют дальнейшего изучения, однако, известно, что важную роль в патологическом процессе играет иммунная система.

Как показали наши исследования, максимальный лечебный эффект достигался при помощи электрофореза гидрокортизона в чередовании с ультразвуковой терапией. Такая комбинация лечебных физических факторов позволяет значительно уменьшить болевой синдром, снять отек, восстановить объем движений в пораженных суставах. В ряде случаев положительный эффект достигали при использовании сантиметровых радиоволн низкой интенсивности (до ощущения слабого тепла), длительностью процедуры 8-10 мин; курс 7-10 процедур.

Таким образом, своевременно и эффективно оказанная физиотерапевтическая помощь закладывает основу для успешного завершения медицинской реабилитации раненых и больных в последующих этапах их медицинской эвакуации.

4.3.6. Раненные и больные неврологического профиля

Больные с астено-невротическими состояниями составляют в условиях специализированного медицинского учреждения, расположенного в зоне вооруженного конфликта, 7,6% от общего числа пострадавших терапевтического профиля. Полученные данные показывают, что у таких больных хороший клинический эффект оказывают методы магний-электрофореза (28%), диадинамотерапии (23%), УВЧ-терапии (14%), ультразвуковой терапии (14%).

Как уже отмечено ранее, перегревание организма, недостаток кислорода в горных районах, физическое и психоэмоциональное перенапряжение приводили к развитию астенического синдрома. Недостаточная психологическая подготовка военнослужащих и населения вызывали развитие истерических моносимптомов (парезы, диплопии, контрактуры), неврастенического состояния, проявлявшееся стойкими головными болями, тахикардией, отсутствием аппетита, дискинезией желчевыводящих путей и желудочно-кишечного тракта. У части больных наблюдали фобические синдромы. Все больные названного профиля нуждались в специализированной медицинской помощи, причем в безопасной от экстремальной ситуации зоне. Поэтому лечение с применением физических факторов начинали в ранние периоды болезни с индивидуальным подбором схем и дозировок, с учетом тяжести и глубины невротических расстройств.

Одним из проявлений астеноневротического состояния у лиц старше 35-45 лет являлась кортикальная импотенция. Положительный эффект лечения получен в результате сочетанного использования синусоидальных модулированных токов и ультразвуковых колебаний. Электроды площадью 70-80 см^2 располагали на пояснично-крестцовой и надлобковой областях и использовали синусоидальные модулированные токи в переменном режиме, III РР, с частотой модуляции 50 Гц, глубиной модуляции 75 %, силой тока 10-25 мА, длительностью процедур 10 мин. с ощущениями вибрации; курс лечения-4-6 процедур. Таким больным назначали ультразвуковое излучение интенсивностью 0,2-0,6 Вт см^2 на область промежности в непрерывном режиме, лабильно; длительностью процедур-6-8 мин. Затем продолжали лечение по следующей схеме: I, РР-2 мин. частотой модуляции 75 Гц, глубиной 100 %; III, РР-10 мин. с частотой модуляции 30 Гц, глубиной 100%. Первые 5 мин. электрод располагали в надлобковой области, вторые 5 мин.—в области промежности; курс лечения 7-14 процедур. При недостаточном терапевтическом эффекте курс лечения повторяли через 10-14 дней.

Нами доказано, что физические факторы лечения играют весьма существенную роль в комплексе специализированной помощи пострадавших неврологического профиля. Сочетанное применение различных физических методов лечения было обосновано возможностью дозированного воздействия малыми дозами с увеличением количества процедур, проводимых в течение дня. В результате проведенного лечения с использованием физических методов лечения значительно сокращались сроки лечения пациентов (18,4±3,4 сут.) по сравнению с больными контрольной группы (24,5±2,9 сут., p<0,05).

Компрессионные ишемические травмы нервных сплетений в экстремальных условиях у пораженных встречаются довольно часто и достигают 8% от указанного профиля пострадавших, что составляет 25% боевых санитарных потерь неврологического профиля.

В остром периоде травмы основной целью явилось восстановление кровоснабжения пораженных участков нерва с помощью сосудорасширяющих средств (например, никотиновая кислота внутривенно), теплового воздействия (соллюкс, парафин, мешочки с горячим песком), рефлекторной терапии (растирания с использованием согревающих мазей, иглорефлексотерапия, массаж).

Все раненые и больные подлежали немедленной эвакуации для оказания специализированной неврологической помощи (военный госпиталь, тыловая госпитальная база), так как неэффективная диагностика и лечение в течение нескольких суток приводили к развитию ишемического неврита или плексита, что в конечном итоге приводило к анатомическим и функциональным нарушениям нервных окончаний, и, как следствие—к длительной утрате функций верхних конечностей уже в первые дни болезни. Кроме того, резкие ограничения в движениях и значительная психоэмоциональная нагрузка создавали условия для формирования установочного поведения таких пациентов.

С целью восстановления двигательных расстройств в комплексе специализированной помощи применяли антихолинэстеразные препараты (0,1% прозерин

+ 0,25% галантамин), а также 0,02% дибазол-элекгрофорез, стимулирующий в малых дозах активность мотонейронов спинного мозга (на область шейного отдела позвоночника по продольной методике). Для стимуляции кровотока в мышцах поврежденной конечности использовали ультрафонофорез гидрокортизона в непрерывном режиме, лабильно (0,4 Вт см^2, длительность процедуры 6-8-10 мин). Поперечно, в проекции плечевого нервного сплетения назначали йод-электрофорез.

На всех этапах медицинской реабилитации, контролируемой классическими методами электродиагностики, наиболее эффективным методом являлась электростимуляция поврежденых нервных проводников и иннервируемых ими мышц, электромио—и нейростимуляция кардиосинхронизированными супрамаксимальными импульсами на пораженной (гомолатеральной) и непораженной (контралатеральной) сторонах верхней конечности. Электростимуляцию сочетали с низкоинтенсивной СВЧ-терапией.

Для электростимуляции использовали также диадинамические токи вида ДВ, КП, ДП (по 2-3 мин.), синусоидальные модулированные токи (переменный режим III, IV PP по 3-5 мин., частотой модуляции при резко выраженных болях-100 Гц, при слабых-30 Гц, с глубиной модуляции соответственно 50% или 75 %). Силу тока подбирали индивидуально до появления ощущений сильно выраженной вибрации. Таким больным воздействие осуществляли на 2-3 зоны, в частности, на паравертебральную область нервного сплетения, на вовлеченный в процесс нерв и на иннервируемые мышечные зоны при пальпаторно определяемой в них болезненности. Параллельно продолжали лечебный массаж, теплотерапию (парафинотерапия, озокеритотерапия), лечебную физкультуру. Из медикаментозных средств с целью предотвращения периаксонального процесса использовали пресоцил, витамины В12, В1 и анаболики (ретаболил, оротат калия или их аналоги).

Поражение периферических нервов часто встречалось при травме конечностей и неправильном наложении кровоостанавливающего жгута, после оперативного вмешательства на нижней конечности. У пострадавших в возрасте 35-45 лет и старше, как правило, развивались ишемические поражения различных тканей, экзогенная и эндогенная интоксикация. Из-за нарушений анатомических взаимоотношений органов в результате травмы часто возникали нарушения функции нервов, плохо подававшиеся лечению и восстановлению. Сразу после травмы у таких пациентов наблюдали экстензию стопы, появлялись боли в голени, позднее развивались гипотрофия мышц голени, проявлялись вегетативные повреждения различных слоев кожи. Во всех случаях поражения крупных периферических нервов необходимо значительно расширить местное воздействие до спинномозговых корешков и мотонейронов спинного мозга. Для этих целей показано раннее применение импульсной электротерапии, высокочастотной электротерапии, прозерин-электрофореза.

Использованные нами физические методы лечения раненых и больных в вооруженном конфликте, осложненном климатическими условиями горно-пустынной местности, позволили оказать эффективную физиотерапевтическую помощь уже на начальном этапе медицинской реабилитации. Лечение пациентов с применением физических факторов на последующих этапах проводили с учетом предыдущего курса лечения, что позволило не только сократить расходы на использование физиотерапевтических методов лечения, но и увеличить их эффективность. Следовательно, речь идет о необходимости преемственности в применении физических факторов лечения на всех этапах медицинской эвакуации и тем самым в значительной степени повысить эффективность медицинской реабилитации раненых и больных на последующих этапах медицинской реабилитации.

Проведенный анализ содержания физиотерапевтической помощи раненым и больным обусловливает необходимость рационального использования имеющейся в наличии табельной медицинской аппаратуры для комплектации не только физиотерапевтического отделения, но и специализированных физиотерапевтических кабинетов по отделениям. Такие кабинеты необходимо создавать в хирургических отделениях, комплектуя их аппаратами, генерирующими лечебные физические факторы, обладающими бактерицидным, анальгетическим и противовоспалительным эффектами. Еще одним необходимым условием является возможность проведения процедур в перевязочных и палатах непосредственно у постели раненых.

В отделении гнойной хирургии был организован физиотерапевтический кабинет, оснащенный аппаратом для КУФ-облучения, обладающего бактерицидным эффектом, а также СУФ-облучения и лазерного излучения, обладающих анальгетическим и репаративно-регенеративным эффектами. Такие процедуры успешно использовали у раненых с инфицированными ранами.

В отделении анестезиологии и реанимации возникла потребность в обеспечении переносными физиотерапевтическими аппаратами, позволившими проводить процедуры непосредственно у постели больных и раненых, причем несколько процедур в течение суток. Это позволило использовать физические факторы в комплексе мероприятий по спасению жизни больных и раненых, находившихся в критическом состоянии.

В урологическом отделении был оборудован кабинет для проведения полостных (уретральных и ректальных) физиотерапевтических процедур. В терапевтических отделениях был создан ингаляторий, а в неврологическом отделении—кабинет электросонтерапии.

Сравнительный анализ объема и структуры физиотерапевтической помощи пострадавшим в экстремальных условиях, свидетельствует о качественном улучшении работы физиотерапевтического отделения, на базе которого осуществлялась физиотерапевтическая помощь пострадавшим. Полученные результаты свидетельствуют, что существующие в мирных условиях методы применения физических факторов лечения требуют пересмотра для использования в экстремальных условиях с учетом географического расположения, природных условий, механизмов адаптации организма человека.

В этих условиях необходим индивидуальный подход к каждому раненому и больному при подборе схемы и дозировок лечебных физических факторов в комплексе с другими специальными видами лечения в одном из отделений многопрофильного госпиталя. Также необходимо учитывать прямое (специфическое) или опосредованное (неспецифическое) воздействие физических факторов на организм человека. Немаловажным фактором, определяющим эффективность применения физических методов лечения, является чувствительность поврежденной ткани, особенно в экстремальных условиях, осложненных неблагоприятными климатическими условиями. Здесь наиболее приемлемыми оказались методы сочетанного воздействия физическими факторами. Полученные данные показывают, что физиотерапевтическая помощь является одним из ведущих звеньев в комплексе медицинской реабилитации раненых и больных различного клинического профиля, причем уже в ранние сроки с момента поступления в медицинское учреждение, где была оказана первая врачебная помощь.

Этапы медицинской эвакуации раненых и больных в экстремальных условиях вооруженного конфликта позволяют спланировать тактику физиотерапевтической помощи таким образом, чтобы обеспечить преемственность и последовательность в применении физических методов лечения, тем самым, повышая эффективность их применения и способствуя снижению количества возможных осложнений от полученного заболевания или ранения.

Таким образом, важно отметить, что оказание специализированной помощи с включением физических методов лечения, существенно повышает ее эффективность, сокращает сроки их пребывания в стационаре, уменьшает продолжительность медицинской реабилитации военнослужащих и является важным компонентом в системе медицинской помощи раненым и больным в вооруженных конфликтах.

4.3.7. КРИТЕРИИ ЭФФЕКТИВНОСТИ ФИЗИОТЕРАПЕВТИЧЕСКОЙ ПОМОЩИ РАНЕННЫМ И БОЛЬНЫМ

Для оценки эффективности разработанных программ физиотерапевтической помощи был выполнен статистический анализ тактики применения лечебных физических факторов в программах медицинской реабилитации раненых и больных хирургического и терапевтического профилей в условиях вооруженного конфликта. Уже после первых физиотерапевтических процедур пациенты ощущали реальные позитивные изменения общего и локального характера: уменьшалась изнуряющая боль в области полученной травмы, ранения, стабилизировался сон, повышался аппетит, исчезало состояние тревожности, постепенно восстанавливались функциональные и анатомические нарушения поврежденных органов и тканей. Из 439 раненых и больных хирургического профиля опытной группы были выделены лица, получившие ранения (250 человек), в том числе пулевые (90 человек), осколочные (90 человек), минно-взрывные (70 человек), травмы, в том числе механические (189 человек).

Анализ полученных данных свидетельствует о том, что разработанные нами программы физиотерапевтической помощи оказались эффективными у 75% пострадавших хирургического профиля, тогда как в контрольной группе полное восстановление функций пострадавших после госпитального лечения происходило соответственно у 68% пострадавших в вооруженном конфликте в Афганистане. Количество пострадавших, получивших полный курс назначенных физических методов лечения в комплексном лечении в условиях многопрофильного госпиталя (опытная группа) значимо отличалось от групп пациентов, которые не имели должного лечебного эффекта от проводимого лечения физическими факторами в контрольных группах. В эти группы вошли также раненые и больные, которые не получили физиотерапевтическую помощь в полном объеме, эвакуированные для дальнейшего лечения в другие медицинские учреждения, а также лица, которые нерегулярно использовали лечебные физические факторы в процессе лечения.

Анализ структуры раненых и больных по виду повреждений свидетельствует, что наибольший эффект лечебных физических факторов достигали при лечении раненых с огнестрельными пулевыми изолированными и осколочными ранениями мягких тканей. У раненых и больных хирургического профиля, которым физиотерапевтическая помощь была оказана в полном объеме, сроки пребывания на стационарном лечении сокращались вследствие положительного эффекта проводимого лечения на 5-7 дней (p<0,05). Полученные сравнительные данные по срокам лечения пострадавших опытной и первой контрольной группы свидетельствуют о значимом сокращении сроков лечения раненых при использовании физических методов лечения. Наиболее выраженным сокращение сроков лечения было у раненых в голову и конечности. У раненых челюстно-лицевого и ЛОР отделений эффективность применения в комплексном лечении физических методов лечения также оказалась высокой и составила 80,2%. В контрольной группе (321 человек) эффективность медицинской реабилитации была значимо ниже-67% (p<0,05). Группу раненых и больных (13 %), у которых не отмечено выраженного лечебного эффекта составили в основном те, кто нуждался в специальном хирургическом лечении по восстановлению поврежденных органов, а также раненые и больные, эвакуированные по разным причинам и не завершившие назначенный курс лечения.

У раненых и больных с поражением ЛОР органов возникали воспалительные заболевания органа слуха (24%) и околоносовых пазух (15%). Акубаротравма была вызвана распространенностью минно-взрывной травмы (21 %), что также приводило к ранениям и травмам мягких тканей в области лица (15%). Последствия ранений, травм челюсти, мягких тканей подчелюстной области были обусловлены преимущественно огнестрельными и осколочными ранениями (25%).

Своевременное применение в комплексе лечебных мероприятий указанной группы раненых и больных физических методов лечения значительно сокращало сроки их лечения (до 5-7 дней) и уменьшало вероятность возникновения у них осложнений.

Оптимизация физиотерапевтической помощи на различных этапах медицинской реабилитации раненым и больным в вооруженных конфликтах

В настоящей работе представлены результаты исследований, проведенных в многопрофильном госпитале, располагавшемся в зоне ведения боевых действий, в сложных природных условиях горно-пустынной местности с жарким климатом. Полученные данные позволили научно обосновать систему оказания физиотерапевтической помощи раненым и больным в вооруженных конфликтах. Ее отличительной особенностью является многообразие вариантов использования физических методов лечения в рамках единой концепции медико-технического обеспечения.

Современные вооруженные конфликты создают экстремальные условия для профессиональной деятельности. В них зачастую отсутствуют четко обозначенные боевые позиции, затрудняющие этапную эвакуацию раненых и больных, действия отдельных подразделений могут осуществляться на значительном удалении друг от друга, что нередко исключает доврачебную и затрудняет первую врачебную помощь. В этих условиях возрастают требования к объему, качеству и оперативности оказания квалифицированной и всех видов специализированной медицинской помощи, к числу которых относится и физиотерапевтическая помощь.

В структуре санитарных потерь вооруженных конфликтов отмечен высокий удельный вес легкораненых и раненых средней степени тяжести, достигающий 65-70%. В вооруженных конфликтах последнего десятилетия имело место значительное преобладание пулевых ранений над осколочными, изолированных повреждений над сочетанными и множественными, значительное увеличение частоты минно-взрывных травм и ранений в голову.

Многофакторное исследование зависимости исходов лечения от варианта использованной физиотерапевтической помощи продемонстрировало однонаправленную тенденцию: повышение эффективности физиотерапевтической помощи при использовании лечебных физических факторов преимущественно патогенетического, а не симптоматического воздействия при сочетании специфического и неспецифического механизмов их лечебного воздействия.

В столь неблагоприятных условиях особое значение приобретают физические факторы лечения, оказывающие синдромно-патогенетическое действие на основные звенья патогенеза боевых повреждений и травм, заболеваний, а также стимулирующие защитные силы организма, способствующие уменьшению воспалительных, дистрофических нарушений. Они оказывают нейро-рефлекторное, нейро-гуморальное, местное и общее действие, и являются универсальными в комплексном лечении раненых и больных различного профиля, тем самым, способствуя скорейшему их выздоровлению.

В экстремальных условиях необходим учет целого ряда негативных явлений, отрицательно действовавших на организм человека, что приводит к неадекватным реакциям на повреждающие факторы современных видов оружия, осложнениям боевых ранений и травм (Нечаев Э.А., Фаршатов М.Н., 1994; Чиж И.М., 2000; Шанин Ю.Н., 1997). У участников боевых действий и лиц, оказавшихся в зонах вооруженного конфликта, стихийных бедствий и техногенных катастроф, возникает по-сттравматический стрессорный синдром (Нечаев Э.А., Фаршатов М.Н., 1994; Нигмедзянов Р.А. 2001), что способствует снижению резистентности организма, формированию стойкой депрессии и обострениям хронических заболеваний или может выступить триггерным механизмом возникновения новых заболеваний: язвенной болезни 12-перстной кишки, инфаркта миокарда, потери памяти, слуха, речи, возникновения стойкой депрессии. Такое положение потребовало новых подходов с учетом целого ряда негативных явлений, отрицательно действовавших на организм человека, приводивших к неадекватным реакциям на повреждающее действие возбудителей инфекционных заболеваний, вызывавших обострения хронических, нервных и соматических болезней, к различным осложнениям боевых ранений и травм (Цыганков Б.Д., Белкин А.И., Веткина В.А., Меланин А.А., 1992).

Лечебные физические факторы, использованные в комплексе лечебных мероприятий в условиях вооруженного конфликта, должны быть направлены на коррекцию психофизиологического статуса раненых и больных. С этой целью нами научно обосновано использование физических методов центрального и сегментарно-рефлекторного воздействия, обладающих выраженным психомодулирующим действием. После действия импульсных токов на мозговые структуры в организме происходят психосоматические изменения, снижается реактивная тревожность, которая рассматривается как ствол общей нейропсихической организации личности. У раненых и больных активируются механизмы нейрогуморальной регуляции и быстрее восстанавливаются физиологические резервы и боеспособность.

За последние десятилетия в арсенал военно-полевой физиотерапии прочно вошли импульсные токи центрального действия, ультразвук и лазерное излучение, первые результаты использования которых в физиотерапии были получены в 70-е годы. Лечебное использование импульсных токов у раненых и больных сегодня успешно реализовано в методах центральной импульсной электротерапии, впервые апробированных в условиях вооруженных конфликтов. Они позволили активировать эндогенные опиоидергические структуры головного мозга и оказывать анальгетический и трофический эффекты. Присущее им актопротекторное действие (повышение работоспособности) позволило успешно применять их для коррекции функционального состояния человека. Таким образом, анализ современного состояния физиотерапевтической помощи и тенденций ее развития свидетельствуют о настоятельной потребности военно-медицинской службы в разработке новых организационных форм применения лечебных физических факторов у раненых и больных различного клинического профиля. Как известно, в условиях локальных войн с применением обычного оружия в физических факторах лечения в стационарных условиях нуждаются до 90% пострадавших терапевтического и хирургического профиля и не менее 60 %, проходящих амбулаторное лечение.

Учитывая объективные сложности оказании физиотерапевтической помощи одновременно большому количеству раненых и больных, и отсутствие этапов медицинской реабилитации по месту ее проведения в условиях ведения боевых действий, мы считаем важным отметить необходимость и возможность формирования системы преемственности физиотерапевтической помощи на различных этапах восстановления функций раненых и больных. В то же время, раненые и больные, прошедшие комплекс лечебных мероприятий с использованием физических факторов, в последующем быстрее адаптируются к новым условиям жизни, имея меньшее количество осложнений вследствие полученного ранения, травмы, заболевания.

В ранний период ранения или заболевания у раненых и больных формируется мнение о необходимости продолжить лечение, так как они наблюдают его положительные результаты. Известно, что раннее начало использования физических факторов в комплексе лечебных мероприятий обусловливает максимально эффективное восстановление поврежденных органов и систем организма.

Разработанные нами подходы к широкому использованию физических факторов в комплексе лечения раненых и больных в вооруженных конфликтах позволили сократить количество осложнений, уменьшить количество дней пребывания в стационаре, а порой и сохранить жизнь человеку. Тактика применения физических лечебных факторов в комплексе медицинской реабилитации раненых и больных в экстремальных условиях вооруженных конфликтов, основанная на синдромно-патогенетическом принципе с учетом более, чем полувекового опыта военно-полевой физиотерапии отечественными военными медиками позволила добиться высокой эффективности физиотерапевтической помощи раненым и больным различного клинического профиля, уточнить структуру и последовательность использования лечебных физических факторов при их лечении.

Оптимизация структуры и этапов физиотерапевтической помощи позволили разработать тактику применения лечебных физических факторов для раненых и больных различных классов заболеваний (раненые и больные хирургического, терапевтического и неврологического профиля) в условиях вооруженных конфликтов. В результате проведенного исследования был установлен ряд особенностей формирования и протекания патологических процессов у личного состава в экстремальных условиях военных действий, что потребовало коррекции существующих подходов и алгоритмов оказания всех видов специализированной помощи. Полученные нами данные подтвердили результаты исследований различных групп специалистов (Трусов А.А., 1999) о снижении адаптационных возможностей организма в рамках формирования синдрома эколого-профессионального напряжения.

Роль своевременно оказанной физиотерапевтической помощи в данном случае имеет весьма большое значение, что следует из вышеизложенного материала, а физические факторы лечения, обладая свойством локального и общего воздействия на органы, системы органов и организм в целом, не требующие больших затрат, имеют высокую степень эффективности, что и подтвердили наши исследования.

Статистический анализ потоков больных и раненых в многопрофильном госпитале, расположенном в зоне вооруженного конфликта, позволил рационально использовать имеющуюся в наличии физиотерапевтическую аппаратуру, распределить ее по отделениям с учетом специфики полученных заболеваний, травм, ранений таким образом, что существенно улучшило качество работы физиотерапевтических кабинетов и физиотерапевтического отделения в целом.

Разработка тактики организации физиотерапевтической помощи в структуре медицинской реабилитации позволила улучшить количественные показатели работы физиотерапевтического отделения многопрофильного военно-полевого госпиталя, внесла порядок и стройность в преемственную систему медицинской реабилитации раненых и больных в результате ведения локальной войны. Физические методы лечения, применявшиеся в условиях вооруженного конфликта в многопрофильном госпитале, расположенном в горно-пустынной местности с жарким климатом, сыграли определенную роль в восстановлении нарушений здоровья у раненых и больных.

Безусловно, опыт отечественной военно-полевой физиотерапии велик (Бродерзон Б.М., 1952; Пономаренко Г.Н. 1998; 2005; Пономаренко Г.Н. 1999 и др.). Вместе с тем, особенности применения физических методов лечения в условиях современных вооруженных конфликтов и контртеррористических операций до настоящего времени изучены недостаточно. В столь сложных условиях необходим индивидуальный подход к каждому раненому и больному для подбора схемы и дозировок при назначении физических методов лечения в комплексе с другими специальными видами лечения в каждом из отделений многопрофильного госпиталя.

Немаловажным фактором, определяющим эффективность применения физических методов лечения, является нарушение чувствительности поврежденной ткани, особенно в экстремальных условиях, осложненных неблагоприятными климатическими условиями. В этих условиях наиболее приемлемыми оказались методы сочетанного воздействия физическими факторами лечения, с применением для электрофореза растворов лекарственных препаратов более низкой концентрации, чем в обычных условиях, с учетом фокального и общего действия на организм раненого или больного.

Все вышеизложенные принципы применения лечебных физических факторов при медицинской реабилитации раненых и больных, получивших ранения, травмы, заболевания в условиях вооруженного конфликта и оказавшихся в многопрофильном госпитале для прохождения стационарного лечения, были учтены при разработке рекомендаций по применению физических факторов для их лечения больных хирургического, терапевтического и неврологического профилей, так как основной поток раненых и больных в условиях бедствий различного происхождения, формируется по названным трем направлениям.

У больных хирургического профиля восстановительное лечение проводится с первых дней непосредственно в палате, а в последующем в специально оборудованном кабинете, который может быть приспособлен и для проведения физиотерапевтических процедур и психоэмоциональной разгрузки, имеющих место при всех видах боевой травмы. С целью улучшения кровообращения и нормализации биологических процессов необходимо обеспечить анальгетический и противовоспалительный эффекты физических методов лечения.

Как было отмечено, проведение медицинских реабилитационных мероприятий осуществляется силами и средствами медицинского состава госпиталя под руководством и непосредственном контроле лечащих врачей, причем медицинская сестра не только проводит лечение, но и обучает раненого или больного методам самомассажа, объясняет назначение и конечную цель процедур, тем самым вселяя уверенность пациенту в скорейшем восстановлении здоровья и осмысленному подходу к комплексу лечебных мероприятий. Необходимо учитывать, что правильный эмоциональный настрой раненых и больных, вера в излечение и восстановление трудоспособности повышает эффективность реабилитационных мероприятий и формирует в последующем психологическую готовность к выполнению служебных обязанностей в полном объеме.

В условиях многопрофильного госпиталя, где раненые и больные получают специализированную медицинскую помощь, охват физиотерапевтической помощью составил у пострадавших хирургического профиля с минно-взрывной травмой (72%), терапевтического—с заболеваниями органов дыхания (67%) и нервной системы (67%). Специфика клинического профиля раненых и больных была положена в основу тактики назначения физических методов лечения с учетом вышеизложенных механизмов действия физических факторов.

Заболевания нервной системы человека наиболее распространены в условиях вооруженного конфликта. Казалось бы, безобидные признаки болезни приводят в конечном итоге к частичной или полной нетрудоспособности населения. И вместе с тем, своевременное комплексное лечение, в котором используются физические факторы, позволяют в значительной степени сэкономить средства, необходимые для оказания медицинской помощи раненым и больным в условиях вооруженного конфликта, и направить на финансирование более остро стоящих проблем в зоне ведения боевых действий. Все пациенты неврологического профиля подлежат немедленной эвакуации для оказания специализированной медицинской помощи, так как неэффективная диагностика и лечение в течение нескольких суток приводит к анатомическим и функциональным нарушениям деятельности нервных окончаний и как следствие длительной утрате функций верхних конечностей уже в первые дни болезни. Кроме того, резкие ограничения в движениях, психоэмоциональная перегрузка создают неблагоприятные условия для формирования установочного поведения раненых и больных. Своевременное комплексное лечение больных неврологического профиля с применением физических методов лечения обеспечивает возможность сокращения срока стационарного лечения с наибольшей эффективностью конечного результата лечения.

Физические методы лечения являются одним из ведущих звеньев в комплексе медицинской реабилитации раненых и больных различного клинического профиля, причем уже в ранние сроки, с момента поступления для лечения в медицинское учреждение, где была оказана первая врачебная помощь. Этапность медицинской эвакуации раненых и больных в условиях вооруженного конфликта позволяет спланировать тактику их лечения таким образом, чтобы обеспечить преемственность и последовательность в применении физических факторов лечения, тем самым, повышая эффективность их применения, способствуя снижению количества возможных осложнений полученного заболевания или ранения.

Физиотерапевтические аппараты отечественного производства оказались весьма надежными и практичными в применении в условиях вооруженного конфликта, на всех этапах оказания медицинской помощи пациентам различного профиля. Для оборудования физиотерапевтического кабинета не требуется больших финансовых затрат, вместе с тем, своевременное использование физических факторов лечения позволяет сократить количество осложнений, возникающих вследствие несвоевременного лечения раненых и больных различного клинического профиля.

В структуре оказываемой физиотерапевтической помощи произошли существенные изменения. Приоритет в использовании получили низкоинтенсивные физические факторы (УВЧ-терапия, лазеротерапия), а также современные методы баротерапии (оксигенобаротерапия), тогда как широко применявшиеся в годы Великой Отечественной войны ультрафиолетовые облучения, парафин, постоянный и импульсные токи использовали значительно реже. Традиционно высокой оказалась частота использования лечебного массажа и ингаляционной терапии. К сожалению, число лиц, получавших процедуры лечебной физической культуры, снизилось в два раза, что существенно замедлило процессы выздоровления пострадавших с ранениями и травмами конечностей.

В современных вооруженных конфликтах увеличивается доля легкораненых, в лечении которых физические факторы наиболее эффективны. Вместе с тем, доля легкораненых, получавших физиотерапевтическую помощь оказалась минимальной, что свидетельствует о недостаточных знаниях лечащих врачей основ физиотерапии. Между тем, именно эта категория составляет основную часть возвращающихся в строй реконвалесцентов и, в соответствии с современной военно-медицинской доктриной (Нечаев Э.А., Фаршатов М.Н., 1994; Пономаренко Г.Н., Воробьев М.Г., 1995), требует повышенного внимания в подготовке специалистов-физиотерапевтов и выработке единых подходов к лечению таких раненых и больных.

Для оказания максимально возможной физиотерапевтической помощи лечащим врачам необходимо как можно раньше использовать консультации физиотерапевта. Для корректного применения лечебных физических факторов легкораненым в штат группы усиления МОСНа целесообразно ввести должность врача-физиотерапевта. Врачам-физиотерапевтам, работающим в других лечебных учреждениях на этапе квалифицированной медицинской помощи необходимо проводить свои консультации непосредственно на послеоперационном этапе хирургических отделений, где необходимо открыть физиотерапевтический кабинет, который целесообразно оснастить портативными (переносными) аппаратами. Проведенный анализ свидетельствует о необходимости введения в штат послеоперационного отделения сестры со специализацией по физиотерапии и инструктора ЛФК. Этим будет обеспечено приближение физиотерапевтической помощи к районам боевых действий, что находится в русле современных приоритетов развития военной медицины (Чиж И.М.,2000; Шанин Ю.Н., 1997). Опыт медицинского обеспечения войск в локальных вооруженных конфликтах показал также, что восстановительное функциональное лечение раненых и пораженных должен проводить специально обученный врачебный и средний медицинский персонал. Вместе с тем, несмотря на принятие в последние четверть века концепции медицинской реабилитации, целенаправленная подготовка таких специалистов, к сожалению, не проводится до настоящего времени по единой, унифицированной программе. Проведенный анализ структуры и объема физиотерапевтической помощи раненым и больным в условиях вооруженных конфликтов подтвердил положение о том, что лечебные физические факторы значительно ускоряют процессы заживления ран и значимо сокращают сроки восстановления боеспособности раненых. Он подтвердил незыблемость сформированных еще в годы Великой Отечественной войны основных принципов военно-полевой физиотерапии (Пономаренко Г.Н., Воробьев М.Г., 1995):

- Максимальное приближение физиотерапевтической помощи к передовым этапам медицинской эвакуации;
- Применение физиотерапевтических процедур в максимально ранние сроки после ранения или начала болезни;
- Различный объем физиотерапии и ее аппаратного оснащения на различных этапах медицинской эвакуации;
- Комплексное (сочетанное и комбинированное) применение лечебных физических факторов;

Проведенный анализ позволил дополнить современную стратегию оказания физиотерапевтической помощи в условиях ведения боевых действий следующими новыми принципами:

- Преемственность оказания физиотерапевтической помощи на разных этапах медицинской эвакуации;
- Соответствие структуры физиотерапевтической помощи профилю полевого лечебного учреждения;
- Различный удельный вес искусственных и природных лечебных факторов в передовых и тыловых лечебных учреждениях;
- Рациональное использование физиотерапии как при оказании квалифицированной, так и специализированной медицинской помощи раненым и больным;
- Применение на передовых этапах медицинской эвакуации преимущественно портативной физиотерапевтической аппаратуры с автономным питанием;
- Применение физических методов лечения с целью предупреждения у военнослужащих возникновения новых или обострения хронических заболеваний вследствие выраженных физических и эмоциональных перегрузок, связанных с постоянной угрозой для жизни и истощением резервов адаптации.

4.3.8. Практические рекомендации по применению физических методов в комплексном лечении боевых повреждений

Многообразие вариантов физиотерапевтической помощи раненым и больным в вооруженных конфликтах должно осуществляться в рамках единой схемы ее организации (объема, структуры и содержания). Этапы медицинской реабилитации раненых и больных в вооруженных конфликтах определяются степенью восстановления функций и проводятся в условиях многопрофильного полевого лечебного учреждения. Исходя из динамического характера восстановления морфо-функциональных взаимоотношений в организме, целесообразно выделять щадящий, тренирующий и укрепляющий этапы медицинской реабилитации раненых и больных.

1. В условиях вооруженного конфликта у военнослужащих в первые шесть месяцев развивается состояние

эколого-профессионального перенапряжения (ПТСР), проявляющееся снижением физической и умственной работоспособности и резистентности. Восстановление измененного психофизиологического статуса раненых и больных эффективно с помощью лечебных физических факторов, обладающих психокорригирующими эффектами (центральная импульсная электротерапия, трансорбитальный электрофорез, битемпоральная УВЧ-терапия), а также стимулирующими иммунитет и неспецифическую резистентность организма (средневолновое ультрафиолетовое облучение).

2. Физиотерапевтическая помощь повышает эффективность комплексного лечения более чем у 75% раненых и больных различного клинического профиля. Своевременное использование лечебных физических факторов локального и общего воздействия значимо увеличивает эффективность физиотерапевтической помощи, сокращает сроки медицинской реабилитации раненых и больных на 5-7 дней и снижает количество осложнений ранений, и травм.

3. Структура физиотерапевтической помощи раненым и больным в вооруженных конфликтах определяется их медицинским профилем, стадией и формой патологического процесса. На начальных этапах медицинской эвакуации наибольшей эффективностью обладают лечебные физические факторы синдромно-патогенетического воздействия. В программах заключительных этапов медицинской реабилитации возрастает удельный вес факторов неспецифической направленности.

4. Состав физиотерапевтической помощи раненым и больным должен включать лечебные физические факторы прямого (специфического) и непрямого (неспецифического) воздействия. Первые из них необходимо использовать для санации очага поражения, купирования болевого синдрома и основных проявлений раневого, травматического и воспалительного процессов, другие направлены на коррекцию посттравматических стрессовых расстройств у раненых и больных.

5. Полевые лечебные учреждения необходимо комплектовать унифицированной компактной недорогостоящей аппаратурой, функционирующей в режиме обратной связи "пациент-прибор-пациент", генерирующей лечебные физические факторы, обладающие преимущественно бактерицидным, анальгетическим, противовоспалительным, дефибролизирующим, бронходренирующим, иммуностимулирующим и катаболическим лечебными эффектами, которые значимо повышают качество медицинской реабилитации раненых и больных в вооруженных конфликтах.

6. В составе полевого медицинского учреждения, функционирующего в условиях вооруженного конфликта, помимо штатного физиотерапевтического отделения, необходимы физиотерапевтические кабинеты, модули (уголки), в лечебных отделениях для проведения процедур непосредственно у постели раненого и больного, с учетом специфики полученного ранения, травмы или заболевания. Такие кабинеты необходимо развертывать в составе гнойного хирургического, травматологического, реанимационного и инфекционного отделений и использовать в них методы преимущественно анальгетического, бактерицидного и противовоспалительного воздействия.

7. Физиотерапевтическая помощь раненым и больным, осуществляемая в комплексе с другими лечебными мероприятиями, максимально эффективна и полностью восстанавливает функции поврежденных органов в случае ее раннего использования—на 2-3-и сутки от начала госпитализации. Объем физиотерапевтической помощи максимален у раненых и больных хирургического и психоневрологического профилей, особенно эффективен для легкораненых.

8. Основными направлениями совершенствования организации физиотерапевтической помощи в системе медицинской реабилитации раненых и больных является оптимизация организационно-штатной структуры полевых лечебных учреждений, адекватное аппаратурное оснащение физиотерапевтических

отделений и кабинетов и наличие квалифицированного персонала физиотерапевтических отделений (кабинетов), подготовленных по унифицированной программе.

4.3.9. Литература

Anne Williams, Vivian Head Terror Attacks
Futura, 2006, 576 p.

Aphrodite Matsakis, I can't get over it
A handbook for Trauma Survivors
New Harbinger Publications, Inc., 1996, 395 p.

Brenda D. Phillips, Disaster Recovery
CRC Press, 2009, p. 521

Dena Rosenbloom, Mary Williams, Barbara Watkins, Life after trauma
The Guilford press, 1999, 352 p.

Lucien G. Canton, Emergency Managemenet
Concepts and Strategies for Effective Programs
Wiley—Interscience A John Wiley & Sons, Inc. Publication
2007, p. 349

Laurie B. Slone, Matthew J. Friedman, After the war zone
A practical guide for returning troops and their families
De capo Life long, 2008, 279 p.

Practice Guideline, Management of Post-Traumatic Stress
2010, p. 251

Frank Parkinson, Post-Trauma Stress
Da Capo Life Long 1993, 2000, 200p.

Glenn R. Shiraldi, The Post-Traumatic Stress Disorder, Sourcebook
A Guide to Healing, Recovery and Growth
Mc Graw-Hill, 1999, 441 P

Judith Herman, Trauma and Recovery
Basic Bocks, 1992, 290 p.

Randall. L. Braddom (edited by)
Physical Medicine & Rehabilitation
Saunders Elsevier
Third edition 2007, c.1472

Paul A. Erickson, Emergency Response Planning for Corporate and Municipal Managers
Elsevier, 2006, 416 p.

Philip P. Purpura, Terrorism and Homeland Security
Elsevier, 2007, 495 p.

Robyn D. Walser, Darrah Westrup, Acceptance & commitment therapy for the Treatment of Post-Traumatic Stress Disorder & Trauma related problems
New Harbinger Publications Inc., 2007, 255 p.

Richard Engel, War Journal; Simon & Schuster, 2009, p.392

Боголюбов В.М., Медицинская реабилитация (руководство в 3-х томах), М. 2007.

Пономаренко Г.Н., Воробьев М.Г., Руководство по физиотерапии ИИЦ Балтика, 2005, Фундаментальный труд по физиотерапии.

Александров В.Н., Сидорин В.С. Реабилитация иммунной системы после ранений и травм «Медицинская реабилитация раненых и больных» под редакцией Ю.Н.Шанина, СПб, Специальная литература, 1997,—С.117-126

Архив ВММ Минобороны. Ф77, оп. 58021.д1-12, С.45-112

Ахундов А.А. Зейналов ФА Мамедов АА Лечебная тактика при множественных и сочетанных переломах длинных костей нижних конечностей «Ортопедия, травматология и протезирование.-1989-№9, С.9-12

Балуда В.П., Балуда М.В, Деянов И.И., Физиология системы гемостаза.-М.Медицина, 1997.-312 с.

Бисенков Л.Н., Тынянкин Н.А. Особенности оказания хирургической помощи пострадавшим с минно-взрывными ранениями в Армии Республики Афганситан,-ВМЖ.,-1992.-№1.-С.19-22

Боголюбов В.М. Медицинская реабилитация (руководство в трех томах), М.-2007

Боголюбов В.М., Пономаренко Г.Н. Общая физиотерапия: Учебник.—М. :Медицина, 1999.-228с.

Бродерзон Б.М. Физиотерапия ранений мягких тканей» Опыт советской медицины в Великой Отечественной войне.-М.,1952.-Т.14.-С.220-242

Брюсов П.Г. Значение опыта медицинского обеспечения боевых действий в Афганистане., ВМЖ.-1992.-№4-5.-С.18-22

Брюсов П.Г.,Хрупкин В.И.Современная концепция сочетанной боевой травмы»Сочетанные ранения и травмы».-СПб.: ВМед.А., 1996.-С.9-11

Венедиктов Д.Д. Всемирная организация здравоохранения, история, проблемы, перспективы.-М.,Медицина,1975-247с.

Верховский А.И. Современные огнестрельные ранения позвоночника и спинного мозга: Дисс.д-ра мед.наук.-Л., 1992-300с.

Война в зоне Персидского залива 1991.Война в Корее 195-53 гг. Война сопротивления вьетнамского народа 1945-54 гг. «Военная энциклопедия.-М.:Воениздат,1994.-Т.2.-С. 235-239;244-247

Глазников Л.А., Баранов Ю.А., Гофман В.Р., Бутко Д.Ю. Структура психологических нарушений у пострадавших от взрывной травмы «Вестник гипнологии и психотерапии».-Л., 1991.-№1.,-С.52-54

Головкин В.И., Одинак М.М., Емельянов А.Ю. и др. Взрывная травма головного мозга неврологического профиля.-Л., 1990.-47с.91

Грицанов А.И., Мусса М., Миннулин И.П., Рахман М. Взрывная травма.-Кабул, 1987.-165с.

Гуманенеко Е.К., Самохвалов И.М. (под ред.) Военно-полевая хирургия локальных войн и вооруженных конфликтов.—ГЭТАР-Медиа.-2011, 672 с.

Ивашкин В.Т. Опыт организации медицинской помощи больным 40-й Армии в Афганистане.-ВМЖ.-1992.-№10,-С.12-18148

Ищук Ю.Г., Кожекин И.Г., Лямин М.В. Современные подходы к медицинской реаблитации больных психоневрологического на госпитальном этапе.-ВМЖ.-2000,-Т.321, №2.-С.49-55

Корбут В.Б. Проблемы совершенствования организации медицинской помощи раненым и больным в военное время»Доклад на заседании УМС.-М.1996.-16 с.

Литвинцев С.В. Клинико-организационные проблемы оказания психиатрической помощи военнослужащим в Афганистане: Дисс. Д-ра мед.наук.-СПБ, 1994.—Т71-371с.,Т.2.-271 с.

Хомутов В.П., Махлин И.А. Организация оказания специализированной ангиогравматологической помощи пострадавшим.—ВМЖ-1991.-№8.-С.18-22

Медицинское обеспечение СА в операциях ВОВ 1941-1945 гг.-М.:Воениздат,1993.-Т.1.-344с.;Т.2.-415с.

Миннуллин И.П., Каюми А.В., Беляев А.А. и соавт. Характеристика метаболических нарушений при минно-взрывных ранения и обоснование принципов их коррегирующей терапии (Научн.Конф.Кабул, 1987, С. 132-136

Нечаев Э.А., Тутохел А.К.,Грицанов А.И., Косачев И.Д. Хирургические аспекты уроков войны в Афганистане.-ВМЖ.-1991.-№8.-С.7-12

Нечаев Э.А., Фаршатов М.Н. Военная медицина и катастрофы мирного времен.—М.:НИО «Квартет», 1994.-320 с.

Организационно-штатная структура госпитальной базы мирного времени, формируемой в период возникновения локальных войн и вооруженных конфликтов. Отчет НИР «Жилет»-СПб., ВМА.-1997.-66с.

Пономаренко Г.Н. Общая физиотерапия:Учебник.-СПб.:ВМА, 1998-252с.

Пономаренко Г.Н. Физические методы лечения.-СПб., 1999.-252с.

Пономаренко Г.Н., Воробьев М.Г. Военно-полевая физиотерапия в годы ВОВ.—вопросы курортологии.-1995.-№2.-С.3-6.

Санаторно-курортное лечение: Справочник под ред. Г.Н.Пономаренко-СПб.:Мир Медицины, 1999.-С.208

Снедков Е.В. Психогенные реакции боевой обстановки: клинико-диагностическое исследование на материале Афганской войны.—автореферат дисс.канд.мед.наук.-СПб., 19922.-20с.

Трусов А.А. Особенности органиазции хирургической помощи раненым в совермнных экстремальных ситуайиях:Автореф. Дисс.докт.мед.наук.-СПб., 1999.-37с.

Ушаков И.Б., Гришин В.И., Беленький В.М., Тенденции и перспективы развития мобильных военно-полевых медицинских форрмирований.-ВМЖ-2000.-№2.-С.4-11.

Цыганков Б.Д., Белкин А.И., Веткина В.А., Меланин А.А. Пограничные нервно-психические нарушения у ветеранов войны в Афганистане (ПТС нарушения):Метод.рекоменд. МЗ РФ.-М., 1992-16 с.

Чиж И.М. Современные тенденции развития военной медицины.-М.:Воениздат,1995.-32с.

Чиж И.М. Некоторые итоги и выводы из опыта медицинского обеспечения войск в вооруженных конфликтах._ ВМЖ-2000.-№6.-Т.321.-С. 4-15

Шанин Ю.Н.(ред.) Медицинская реабилитация раненых и больных.-СПб.-Специальная литература, 1997.-959 с.

Янов Ю.К., Глазников Л.А. Минно-взрывные ранения ЛОР-органов.-Хирургия минно-взрывных ранений(ред. Л.Н.Бисенкова).-СПб., 1993.-С.84-94.

5

Реабилитация при боевых повреждениях периферической нервной системы в условиях локальных вооруженных конфликтов (Одинак М.М, Живолупов С.А., Самарцев И.Н.)

Значительная распространенность травм периферической нервной системы в мирное и в военное время, длительные сроки лечения, частая инвалидизация определяют медико-социальную значимость проблемы травматических невропатий. Несмотря на значительные достижения в лечении и реабилитации больных с повреждениями периферических нервов результаты остаются не вполне удовлетворительными. В статье освящены основные принципы организации медицинской реабилитации, рассмотренны современные лечебно-реабилитационные программы, используемые при травматических невропатиях, а также проведен анализ эффективности их применения у больных с травмами периферических нервов различной степени тяжести, полученных в условиях локальных военных конфликтов.

Реабилитация (от лат. re—возобновление, habilitas—способности) по определению ВОЗ (1980)—это активный процесс, целью которого является достижение полного восстановления нарушенных вследствие заболевания или травмы функций, или же—оптимальная реализация физического, психического и социального потенциала инвалида, наиболее адекватная интеграция его в обществе [4, 19].

Основными принципами организации медицинской реабилитации больных с патологией нервной системы являются этапность и преемственность, то есть постепенное и последовательное расширение двигательного режима, физической активности и тренирующей терапии в сочетании с медикаментозными и психотерапевтическими воздействиями [4,19].

Основными этапами медицинской реабилитации в настоящее время признаны: 1) госпитальный—неврологические стационары (стационарные реабилитационные центры); 2) санаторно-курортный—санатории специализированного или общего типа; 3) амбулаторно-поликлинический—поликлиники (поликлинические реабилитационные центры).

Первостепенной задачей госпитального этапа медицинской реабилитации является выработка наиболее рациональной программы реабилитационных мероприятий с обеспечением ее преемственности на последующих этапах. Определяется и проводится адекватный объем лечебно-диагностических мероприятий с учетом характера патологического процесса и личности больного. Разрабатываются диетические рекомендации, выявляются и устраняются факторы, способствующие хронизации заболевания.

Санаторный этап реабилитации является продолжением госпитального или поликлинического этапа и обеспечивает дальнейшее повышение работоспособности больных путем целенаправленного осуществления программы физической реабилитации и использования природных и физических факторов [20].

Амбулаторно-поликлинический этап медицинской реабилитации начинается после возвращения больного из стационара или санатория. Основными задачами амбулаторно-поликлинического этапа реабилитации являются проведение диспансерного динамического наблюдения, осуществление мероприятий по предупреждению прогрессирования и вторичной профилактике заболеваний, поддержание трудоспособности на достигнутом уровне.

Повреждения нервных стволов конечностей обычно возникают вследствие техногенных и природных катастроф, огнестрельных, дорожно-транспортных, спортивных, производственных, бытовых и вызванных медицинскими манипуляциями (послеоперационные, постинъекционные, родовые и др.) ранений и травм. Они могут вызывать разнообразные по степени патологические изменения нервов: невротмезис (полный или частичный)—макроскопическое нарушение анатомической целостности; невроапраксию— микроструктурные повреждения без нарушения целостности осевых цилиндров (при сотрясении нерва, туннельных синдромах); аксонотмезис—перерыв части осевых цилиндров при сохранении целостности эпиневрия (при компрессии или растяжении нерва). Несмотря на большой опыт, накопленный в лечении и реабилитации больных с повреждениями нервов конечностей, результаты остаются не вполне удовлетворительными, а у 6-17% больных положительная динамика отсутствует вовсе [1, 3, 5, 10, 17, 35, 42]. Особенно это касается пострадавших в локальных военных конфликтах, поскольку данная категория раненых и больных имеет существенные особенности, обусловленные спецификой патологии оказания медицинской помощи в до реабилитационный период [36]. Медицинской службой Вооруженных Сил РФ накоплен значительный практический и научно-теоретический опыт организации медицинского обеспечения войск в условиях крупномасштабной войны. Этот опыт сохраняет свою научно-практическую значимость и сегодня, но разработанная система медицинского обеспечения войск, прежде всего, ориентирована на решение задач в крупномасштабном вооруженном конфликте [32, 34, 37]. В настоящее время наиболее реальную угрозу для России в оборонной сфере представляют существующие и потенциальные очаги локальных войн и вооруженных конфликтов вблизи ее государственной границы, а так же террористические акты [29, 30]. Опыт лечебно-эвакуационного обеспечения советских войск в Афганистане и российских в Чеченской Республике показал, что адаптация классической системы лечебно-эвакуационных мероприятий (ЛЭМ) периода Второй мировой войны к условиям боевых действий "низкой интенсивности" требовала решения целого ряда организационных задач в короткое время, что не всегда приводило к желаемым результатам [29, 32, 37]. Существовавшая во время Великой Отечественной войны многоэтапность при эвакуации пострадавших и оказании им медицинской помощи была аргументирована "низкой интенсивности" требовала решения целого ряда организационных задач в короткое время, что не всегда приводило к желаемым результатам [29, 32, 37]. Существовавшая во время Великой Отечественной войны многоэтапность при эвакуации пострадавших и оказании им медицинской помощи была аргументирована рядом причин. Большинство раненых и больных последовательно проходило не только все войсковые этапы медицинской эвакуации, но и ряд эшелонов госпитальных баз, выполнявших примерно один и тот же объем специализированной помощи. Это было обосновано необходимостью повторного оказания хирургической помощи, вследствие невозможности проведения исчерпывающих хирургических вмешательств на войсковых этапах медицинской эвакуации, а также существовавшим порядком эвакуации железнодорожным транспортом. В местах необходимой перегрузки эвакуируемых с одного вида транспорта на другой развертывались соответствующие эшелоны госпитальных баз армии и фронта [7, 14]. На современном этапе развития нейрохирургии и неврологии качество и исход оперативных вмешательств на головном и спинном мозге, периферических нервах и сплетениях определяется не только мастерством подготовленного специалиста-нейрохирурга, но и соответствующим оснащением операционных и качеством предоперационной диагностики, основанной на анализе динамики данных неврологического осмотра, лабораторных и нейровизуализационных методов [7, 9]. Необходимое оснащение для этого имеется только в госпиталях окружного и центрального подчинения. На данный момент большинство из них оснащены аппаратами для КТ, МРТ и ЭНМГ. Иными словами, для пострадавших с повреждением нервной системы целесообразна и необходима скорейшая эвакуация на хорошо оснащенные этапы специализированной помощи. При оказании помощи раненым в Афганистане предпринимались попытки усиления этапов квалифицированной помощи группами специалистов, в которые входили нейрохирурги и неврологи [7,29]. Эффективность

Рис. 1. Эвакуация раненого с поля боя. Чечня, Грозный, 1997 г.

диагностики при этом значительно возрастала, однако даже при условиях локального военного конфликта подобное усиление существенно осложняло работу этапа и переводило его в режим деятельности специализированного стационара [7]. Развитие новых технических средств, предназначенных для эвакуации раненых, привело к сокращению времени для доставки пострадавших на этапы квалифицированной и специализированной помощи. Во время первой чеченской кампании сократилось количество раненых, прошедших все этапы эвакуации и увеличилось количество пострадавших с тяжелыми повреждениями ЦНС и ПНС, поступивших сразу непосредственно на этапы квалифицированной и специализированной помощи [7, 29]. Своевременное оказание квалифицированной и специализированной помощи позволило значительно сократить число осложнений и летальных исходов при тяжелых травмах, а, следовательно, подготовить пострадавших к проведению комплекса реабилитационных мероприятий (рис. 1) [7, 29, 34, 32].

Таким образом, реорганизация системы ЛЭМ необходима для улучшения проведения последовательных и преемственных лечебных мероприятий на этапах медицинской эвакуации в сочетании с эвакуацией раненых и больных в специализированные медицинские учреждения по медицинским показаниям. При этом следует учитывать особенности локального вооруженного конфликта, техническую оснащенность войск и современные возможности медицины [7, 28, 34].

В решении XXXVI Пленума Учёного медицинского совета ГВМУ МО РФ 1996 г. говорится: «Накопленный в последние годы практический опыт медицинского обеспечения войск требует изменения качественных характеристик медицинской помощи раненым и больным (содержания её видов и объёма), которые отражают характер взаимосвязи двух важнейших принципов построения и организации медицинского обеспечения—эшелонирования и приближения медицинской помощи к раненому (больному). Для их практической реализации необходима разработка таких научных, организационных и материально-технических предпосылок, которые бы явились основой формирования единой организации, отвечающей условиям развития вооружённых конфликтов любого масштаба» [14, 34, 37].

Тенденции в изменении структуры санитарных потерь неврологического профиля, по опыту локальных военных конфликтов последнего времени, позволяют обратить внимание на изучение наиболее ожидаемых нозологических форм на этапах медицинской эвакуации, совершенствование их диагностики и лечения [7, 31]. Прогнозирование течения болезни при различных повреждениях нервной системы, учет повреждающего фактора и условий окружающей обстановки способствуют предупреждению возможных и ожидаемых осложнений, улучшают диагностику [32]. Эти вопросы на сегодняшний день в литературе и руководящих документах определены недостаточно четко. Для сложных условий боевой обстановки необходимы стандартизированные лечебно-диагностические подходы с учетом большинства значимых факторов.

При локальном вооруженном конфликте, который, по сути, является военным столкновением различных социальных, этнических или других групп населения одного государства, а так же тактических, оперативно-тактических группировок войск или иррегулярных формирований других стран, осуществляется ведение боевых действий составом сил и средств мирного времени или при их ограниченном развертывании [7]. Все эти характерные особенности отражаются и на медицинском обеспечении войск. На основе анализа Чеченских кампаний установлено, что на формирование санитарных потерь и медицинское обеспечение влияли следующие факторы:

— преимущественное применение маневренных форм и способов вооруженной борьбы малыми группами и на изолированных направлениях;

— ведение боевых действий в условиях города и населенных пунктов, «снайперская война» в начальные периоды конфликта и «минная война» в последующем;

— влияние климатогеографических особенностей региона, сложная санитарно-эпидемиологическая обстановка [7, 14, 15, 34].

Выявлены характерные особенности санитарных потерь неврологического профиля и реабилитации пострадавших с повреждениями и заболеваниями нервной системы в период первой и второй Чеченской кампании:

— значительное увеличение числа военнослужащих с повреждениями и заболеваниями нервной системы на этапах медицинской эвакуации, наряду с утяжелением состояния пострадавших и разнообразием нозологических форм;

— преобладание повреждений черепа и головного мозга в структуре повреждений центральной нервной системы-97,5%. Преобладание легкой ЧМТ. Сотрясения головного мозга составили 70,9% от всей ЧМТ;

— преобладание минно-взрывной травмы (рис. 2);

— при достаточно широком охвате комплексом диагностических мероприятий пострадавших с тяжелыми ЧМТ, охват исследованиями пострадавших с легкой травмой головного мозга был незначительным. Это приводило к увеличению развития поздно диагностируемых осложнений, приводящих к инвалидизации пострадавших в отдаленный период после травмы или ранения;

— сокращение количества этапов медицинской эвакуации для пострадавших неврологического профиля. Все этапы эвакуации прошли только 15,7% пациентов с повреждениями нервной системы [7, 32].

Исходя из полученного опыта, были сформулированы приоритетные задачи для совершенствования оказания медицинской помощи, в частности неврологической, на этапах эвакуации:

— максимальное приближение сил и средств медицинской службы к районам возникновения санитарных потерь, быстрое выдвижение этих сил и средств к названным районам в соответствии с оперативно-тактической обстановкой и наличием резервов, маневр силами и средствами медицинской службы, объемом медицинской помощи;
— организация лечения легкораненых неврологического профиля;

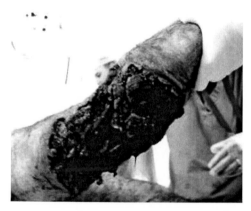

Рис. 2. В период Чеченских кампаний преобладала минно-взрывная травма нервов конечностей

— создание системы раннего выявления пострадавших неврологического профиля;
— приоритетное значение неотложного лечения на ранних стадиях;
— оказание одномоментной исчерпывающей медицинской помощи;
— подход к медицинской сортировке с учетом данных прогноза;
— возможное раннее рассредоточение эвакуационных потоков;
— улучшение подготовки личного состава по оказанию само—и взаимопомощи;
— стремление к максимальному сокращению этапов медицинской эвакуации [7, 14, 34].

Из-за гипоксии, низкой температуры и разреженности атмосферы усугублялась тяжесть течения патологического процесса у раненых. При проникающих ранениях головы, живота и груди, быстрее развивался и тяжелее протекал шок при ранениях, существенно замедлялось заживление ран мягких тканей, значительно увеличивался срок консолидации при переломах и усугубляется течение закрытых травм головного мозга и периферической нервной системы. Наряду с хронической гипоксией, присущей высокогорью, условия боевой обстановки являются предрасполагающими факторами для развития посткоммоционного синдрома (ПКС) [32]. Он возникает при сочетании травматического повреждения структур лимбико-ретикулярного комплекса, свойственного легкой ЧМТ, с уже развившимися в условиях хронического стресса изменениями в лимбической системе [31, 45]. ПКС является патологическим состоянием, которое впоследствии значительно ухудшает качество жизни пациента и плохо поддается терапевтическому воздействию во время проведения медицинской реабилитации. Выраженность многих симптомов ПКС не только не уменьшается со временем, но и продолжает нарастать [24, 26]. В генезе хронического посткоммоционного синдрома ведущую роль играют психогенные факторы, в то время как тяжесть травматического повреждения мозга не влияет на вероятность его развития. Хронизации ПКС способствуют преморбидные особенности личности, а так же психотравмирующие и астенизирующие внешние факторы. Впоследствии возможно возникновение персистирующей ситуации «ни здоров, ни болен». Лечение и реабилитация пациентов, получивших ЧМТ в стрессогенной боевой обстановке, является трудной и сложной задачей для военных и гражданских неврологов, особенно в отдаленные периоды после ЧМТ, с которой первоначально пациент мог даже не обращаться за медицинской помощью. Нейропсихологический анализ расстройств, связанных с легкой ЧМТ, показывает, что в первую очередь страдают функции интегративных структур мозга, обеспечивающих процессы внимания, оперативной памяти, прогнозирования, принятия решения и контроля поведения, которые очень лабильны и истощаемы на фоне любого перенапряжения. Через 1 год после легкой травмы в благоприятных условиях симптоматика ПКС сохраняется лишь у 10-15% пострадавших.

Сильная пересеченность местности в высокогорье препятствует массированному применению тяжелой артиллерии, танков и другой бронетехники. Это приводит к необходимости применять особые формы и методы ведения боевых действий в горах с широким использованием воздушных десантов. Разведывательно-диверсионные, обходящие и рейдовые отряды действуют на отдельных изолированных направлениях с различной оперативной и тактической плотностью и вооружены в основном стрелковым оружием [30, 34].

Особенности ведения боевых действий в горах и экстремальные природные условия высокогорья способны оказать влияние на формирование, величину и структуру санитарных потерь в войсках [13, 15]. Ведение боевых действий преимущественно на отдельных изолированных направлениях предполагает высокую тактическую плотность войск и возможность возникновения очагов массовых потерь. Вследствие меньшей плотности артиллерии и танков на высокогорье потери ранеными огнестрельным оружием в целом на 10-20% ниже, чем на равнинах [30, 34].

В первой чеченской кампании в структуре санитарных потерь 1-ое место занимали ранения-40,8%, 2-ое—заболевания, преимущественно инфекционной этиологии,-37,6%, 3-е—травмы (18,7%) [30, 34, 37]. В высокогорных ландшафтах Афганистана множественные и сочетанные ранения регистрировались в 65,1% (1984 г.) и в 66,8% (1986 г.), среди них особо тяжелой была МВТ (25% от общего числа раненых и больных) [29, 30].

179 Рис. 3. Большое значение в локальных конфликтах придается авиамедицинской эвакуации.

исключает использование механических средств вывоза раненых и больных с поля боя; приводит к необходимости нести раненых на носилках на значительные расстояния; в полтора-два раза увеличивает потребность выноса или сопровождения раненых с поля боя; в два-три раза с н и ж а е т работоспособность санитаров-носильщиков. Все перечисленное в полтора-два раза увеличивает количество санитаров в каждом звене [13, 15].

Редкая сеть дорог, низкое техническое состояние наземных путей сообщения затрудняют медицинскую эвакуацию и выдвижение медицинских пунктов и лечебных учреждений. Эвакуация наземными транспортными средствами оказывается продолжительной и травматичной [13, 15]. Крайне малое количество населенных пунктов в высокогорье почти исключает развертывание медицинских пунктов и лечебных учреждений в зданиях жилого и общественного фонда. В высокогорье значительные трудности при инженерном оборудовании районов развертывания медицинских подразделений и частей медицинская служба испытывает из-за особенностей почв, грунтов и резкой пересеченности местности [30, 34]. Поэтому в первую кампанию медицинская эвакуация в Чечне иногда представляла собой массированное, часто неплановое и не всегда эффективное использование всех возможных транспортных средств [13, 15].

Большие возможности при эвакуации в высокогорье имеет авиатранспорт (рис. 3). Это действительно наиболее эффективный способ медицинской эвакуации, но его нельзя считать абсолютно надежным [15]. Неустойчивая весенняя погода в горах Кавказа, воздушная обстановка и ряд других факторов могут нарушить даже хорошо спланированную авиамедицинскую эвакуацию. Выходом из положения является возврат к испытанной дренажной лечебно-эвакуационной системе с различными модификациями [15, 30].

Специализированная медицинская помощь (СМП) в 1999-2001 гг., как и в первой Чеченской кампании, оказывалась в лечебных учреждениях, развёрнутых непосредственно в зоне военного конфликта, в военных госпиталях и других лечебных учреждениях Северо-Кавказского и близлежащих военных округов, лечебных учреждениях Центра и во ВМедА.

Лечебные учреждения, оказывающие СМП, эшелонировались. Отчетливо выделилось три эшелона СМП.

Первый эшелон СМП составили лечебные учреждения, развернутые на границе с Чечней, непосредственно в зоне конфликта—военные госпиталя в городах Моздок, Владикавказ и Буйнакск. Для оказания специализированной медицинской помощи, в первую очередь, хирургической, эти лечебные учреждения усиливались многопрофильными группами медицинского усиления (ГМУ) из специалистов ВМедА, ГВКГ им. Н. Н. Бурденко и 3 ЦВКГ им. А. А. Вишневского. Состав ГМУ периодически изменялся и дополнялся.

Основные задачи лечебных учреждений этого эшелона: прием, размещение, проведение медицинской сортировки, проведение мероприятий СМП с целью подготовки раненых к эвакуации в госпитали 2-го и 3-го эшелона.

Во второй эшелон СМП входили лечебные учреждения Северо-Кавказского военного округа—военные госпиталя в городах Ростов-на-Дону, Краснодар, Ставрополь и близлежащих округов.

Основные задачи госпиталей этого эшелона: прием, размещение, проведение медицинской сортировки, оказание СМП, последующее специализированное лечение и медицинская реабилитация раненых, поступивших в основном из госпиталей 1 эшелона.

Третий эшелон СМП составили главные и центральные госпитали МО РФ, а так же ВМедА, в которые направлялись

самые тяжелые раненые. Изменение структуры санитарных потерь неврологического профиля в ходе последних вооруженных конфликтов в СКВО заставляет уделять более пристальное внимание преобладающим нозологическим формам, особенно в свете развития в последние десятилетия новых методов диагностики. Сфера курабельности в неврологии стремительно расширяется, разрушая сложившееся мнение о неврологах, как о «плохих лечебниках». При этом современные методы диагностики и лечения берутся на вооружение и военной медициной [7]. Количество повреждений и заболеваний нервной системы у военнослужащих, поступивших на этапы медицинской эвакуации, в целом за время второй Чеченской кампании мало отличается от таковых в первой Чеченской кампании (соответственно 17,2% и 17,1%). Однако заметно изменилась структура пострадавших неврологического профиля, поступивших на этапы эвакуации. Отмечено уменьшение количества больных неврологического профиля (4,4%) и увеличение пострадавших с ранениями и травмами (30,7%). По-прежнему наблюдается рост числа ЧМТ, в основном за счет закрытой легкой ЧМТ, что обусловлено преобладанием взрывных поражений, в частности минно-взрывной травмы, для которой характерны закрытые нетяжелые повреждения головного мозга. Увеличение числа повреждений периферической нервной системы (4,4%-2-ая; 3,2%-1-ая кампания) с преобладанием огнестрельных пулевых ранений обусловлено тактикой действия боевиков. После прицельного попадания в незащищенные конечности военнослужащего, боевики выводили из строя еще и тех, кто оказывал помощь раненому. Практически в 2 раза возросло количество повреждений позвоночника и спинного мозга (2,2%-2-ая кампания, 1,3%—первая) за счет механических повреждений в результате нередких для данного региона падений с высоты. В связи с этим чаще наблюдались комбинированные травматические невропатии и плексопатии, что значительно усложняло планирование и реализацию реабилитационной программы, составляемой для каждого пациента (рис. 4).

В реабилитации больных с травматическими поражениями периферических нервных стволов выделяют следующие периоды [7]:

- острый—до 3 недель после травмы; характеризуется острыми обменными нарушениями в пострадавшей конечности, не всегда позволяющими установить истинное нарушение функции нерва;
- ранний—от 3 недель до 2-3 месяцев; характеризуется проявлением истинного характера повреждения нервного ствола (восстановление функции нерва при его сотрясении, спонтанная регенерация при ушибах нерва, картина полного или частичного перерыва нерва при резаных ранах);

- промежуточный—от 2-3 месяцев до 6 месяцев после травмы; это период восстановления функции нерва, спонтанного или после реконструктивных операций;
- поздний—от 6 месяцев до 3-5 лет; характерен для случаев неполноценной регенерации поврежденных нервов;
- отдаленный—спустя 3-5 лет после травмы; неврологический дефицит обусловлен ограничением регенераторных возможностей нервного волокна.

Поскольку восстановление утраченных функций при травматических невропатиях определяется комплексом взаимосвязанных патофизиологических и репаративных процессов, лечебно-реабилитационные мероприятия пострадавших должны быть дифференцированными, многопрофильными и системными. Таким образом, стратегия и тактика ведения больных формируется в каждом конкретном клиническом случае с учетом стадии травматической болезни на основе тщательного анализа индивидуальных патофизиологических особенностей травматических невропатий и направлена на реализацию следующих задач: 1) создание благоприятных условий для ремиелинизации, регенераторного и коллатерального спрутинга, а также их стимуляция; 2) предупреждение или устранение болевых феноменов; 3) коррекция психоневрологических нарушений, возникающих, как реакция на травму; 4) борьба с отеком конечности; 5) защита поврежденной конечности от холода и модуляция кровообращения в ней; 6) предупреждение образования грубых рубцов на месте травмы и фиброза нервного ствола; 7) сохранение жизнеспособности денервированных мышц и других тканей конечности, предупреждение тугоподвижности в суставах и контрактур; 8) компенсация утраченного движения сходными за счет синергизма мышц.

Под наблюдением находилось 526 раненых (огнестрельная травма ПНС) и больных участников локальных военных конфликтов в Республике Афганистан и Чеченских кампаний с травматическими невропатиями и плексопатиями, проходивших медицинскую реабилитацию в клиниках Военно-медицинской академии, в неврологических отделениях 442 ОВКГ и 1ВМГ. Разнообразие индивидуальных клинических проявлений послужило предпосылкой для систематизации собственных наблюдений по механизмам развития клинического эквивалента травматических невропатий и плексопатий, что имеет важное значение для разделения сходных форм травм нервов и сплетений и правильного планирования лечебных мероприятий. Главным критерием для систематизации наблюдений была выбрана оценка морфо-функционального состояния поврежденных нервов и сплетений по данным динамического клинико-неврологического обследования, магнитной диагностики и электронейромиографии (ЭНМГ) (таблица 1).

Таблица 1. Распределение раненых и больных по патогенетическим вариантам травм нервов и сплетений.

	Невротмезис (абс/%)	Аксонотмезис (абс/%)	Невроапраксии и рефлекторно-дистрофические синдромы (абс/%)	Итого (абс/%)
Раненые	43/24,6	84/47,7	49/27,7	176/100
Больные	61/17,4	137/39,2	152/43,4	350/100

Травматические плексопатии у раненых были вызваны преимущественно пулевыми повреждениями надплечья и органов малого таза (у 11 человек из 15). В остальных случаях наблюдались осколочные ранения сплетений. В то время как у больных преобладали «лямочные» и «костыльные» компрессионно-ишемические плексопатии (20 человек), реже наблюдались плексопатии в результате дорожно-транспортных аварий (14 человек) и ножевых ранений надплечья и живота (5 человек). Огнестрельные, ножевые и дорожно-транспортные плечевые плексопатии проявлялись, как правило, в виде глубокого тотального пареза или паралича руки на поврежденной стороне, а компрессионно-ишемические—в форме синдрома Эрба-Дюшенна (таблица 2).

Таблица 2. Соотношение раненых и больных по виду травматизма

Вид травматизма	Абсолютное число		Относительное число (в % к численности соответствующей группы)	
	раненые	больные		
1. Огнестрельные ранения:				
Пулевые	69		39,2	
Осколочные	80		45,5	
Дробью	15		8,5	
2. Минно-взрывные ранения и травмы	12	15	6,8	4,3
3. Дорожно-транспортный		109		31,1
4. Спортивный		40		11,4
5. Производственный		37		10,6
6. Бытовой		118		33,7
7. Неправильные врачебные манипуляции		31		8,9
Всего:	176	350	100	

Пояснично-крестцовые плексопатии, как правило, протекали по типу мультиневропатии, преимущественно с синдромом малоберцового и бедренного нервов. И только у одного раненого наблюдался глубокий тотальный парез ноги на поврежденной стороне. В группе раненых травматические невропатии черепных нервов были вызваны преимущественно минно-взрывными и осколочными ранениями (15 человек) (таблица 3). У 6 пострадавших повреждение тройничного и лицевого нервов было вызвано пулевыми ранениями лицевой части черепа. В группе больных травматические невропатии черепных нервов были вызваны в основном дорожно-транспортными авариями (25 человек) и бытовыми черепно-мозговыми травмами (17 человек). Реже наблюдались ятрогенные изолированные повреждения тройничного и лицевого нервов (9 человек). При этом повреждения лицевого нерва у 30 пострадавших и предверно-улиткового—у 12 сочетались с переломом височной кости.

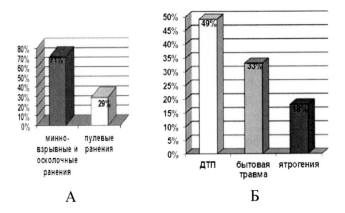

А   Б

Таблица 3. Распределение раненых и больных травматическими невропатиями черепных нервов по виду травматизма (А—раненые, Б—больные)

Частота неврологических нарушений у раненых и больных была различной. Статистическая обработка частоты встречаемости (в %) тех или иных симптомов у раненых и больных показала, что различие было значимым для следующих симптомов. Боли в области травмы, а также каузалгические боли наблюдались чаще у раненых (Р < 0,05), проекционные—больных (Р < 0,05). Из других чувствительных расстройств у больных чаще встречались гиперпатии (Р < 0,01), а у раненых—дизестезии (Р < 0,05). У раненых чаще наблюдалось отсутствие рефлексов (Р < 0,05), а реже—гиперрефлексия (Р < 0,01). Гипотрофии и атрофии, рубцовое сморщивание мягких тканей травмированной конечности шире были представлены у раненых (Р < 0,001).

С целью систематизации и обобщения данных все наблюдавшиеся нами неврологические симптомы были сведены в синдромы. Алгический синдром доминировал в клинической картине у раненых (в 79,3 %), а больных-60,4 %. Чувствительные расстройства по типу выпадения наблюдались у раненых в 86,9 %, а больных—в 67,7 %, а по типу ирритации—в 14,1 % и 23,3 % соответственно. Синдром двигательного дефицита был примерно одинаково выражен у больных и у раненых.

По распространению двигательные расстройства распределились следующим образом: наиболее часто наблюдались двигательные расстройства в зоне иннервации (рис.

5) (у раненых—в 61,9 %, у больных—в 50,8 %), реже—за пределами зоны иннервации (20,6 % и 23,3 % соответственно).

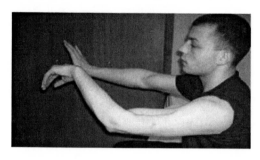

Рис. 5. Травматическая невропатия лучевого нерва. "Свисающая" кисть.

Двигательные расстройства в зоне определенного сосудистого бассейна встречались у раненых в 14,1 %, у больных—в 20,1 % случаев, особенно при травмах малоберцового нерва, плечевого сплетения, сочетанных повреждениях срединного и локтевого, срединного, локтевого и лучевого нервов. Нейрогенные контрактуры встречались у раненых в 55,4 %, у больных—в 35,4 % случаев.

И, наконец, рефлекторно-вегетативный синдром распределялся у исследуемых следующим образом: реперкуссивно—вегетативный вариант наблюдался у 34,7 % раненых и 38,7 % больных, а нейротрофический—в 57,6 % и 48,3 % случаев соответственно. Статистический анализ показал, что различие достоверно в частоте представленности алгического синдрома—$P < 0,01$ (у раненых он наблюдался чаще); кроме того, у раненых чаще наблюдался синдром чувствительных расстройств по типу выпадения ($P < 0,001$) и доминировали нейрогенные контрактуры ($P < 0,001$).

Проведенный анализ собственных материалов по проблеме патогенетической систематизации травматических невропатий (плексопатий) показывает, что для дифференциации различных форм травматического поражения нерва (сплетения) и, в необходимых случаях, для обоснованной рекомендации (или отмены) хирургического вмешательства необходимо использование МРТ, контрастной миелографии, магнитной диагностики и современных методов электронейромиографии (ЭНМГ). При дифференциальной диагностике травматических плексопатий использование дополнительных методов исследования целесообразно для определения уровня повреждения сплетения и объективизации факта отрыва спинномозговых корешков (рис. 6). Анализ течения травматических невропатий и плексопатий по типу невротмезиса или плексотмезиса проводился у 43 раненых и 11 больного (диагноз был подтвержден визуально при хирургических вмешательствах). В симптомокомплексе у лиц данной группы преобладали боли в области травмы, чувствительные расстройства по типу выпадения, ярко выраженный моторный дефицит (параличи и глубокие парезы) в зоне денервации, вазомоторные (цианоз и снижение кожной температуры) и секреторные (гипер—и гипогидроз) нарушения. Широко распространенными оказались трофические

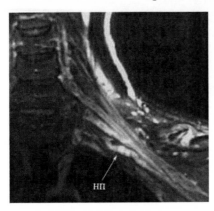

Рис. 6. МРТ картина (нейрография) поражения плечевого с полным перерывом его нижнего пучка

нарушения—гипотрофии и атрофии денервированных мышц (рис. 7), выраженные нарушения трофики кожи, отечность дистальных отделов травмированной конечности. Наряду с моторным дефицитом у обследованных лиц данной группы встречались контрактуры: чаще анталгические (у 11 раненых и 25 больных) и паралитические (у 14 раненых и 19 больных), в то время как рефлекторные—у 7 раненых и 7 больных.

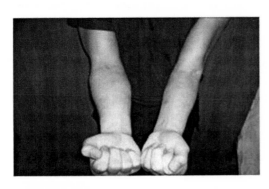

Рис. 7. Атрофия мышц левого предплечья у больного с травматической невропатией левого лучевого нерва

В клинической картине травматических плексопатий (плечевые-5 человек, пояснично-крестцовые-10 человек)

у пострадавших данной группы (5 раненых и 10 больных) преобладал резко выраженный болевой синдром, связа18нный с болезненной дизестизией в зоне денервации. Эти позитивные чувствительные симптомы часто усиливались при движениях головы. Кроме этого, установлено, что в зоне денервации болевая и температурная чувствительность нарушались в большей степени, чем дискриминационная, тактильная и вибрационная.

Моторный дефицит в виде глубоких вялых парезов (у 4-х человек) и параличей (у 11-ти человек) наблюдался, как правило, на всей поврежденной конечности. Однако, у 3-х пациентов с травматической плечевой плексопатией с отрывом 6-го и 7-го спинномозговых корешков, наряду с плегией руки и синдромом Горнера, наблюдались пирамидные нарушения в ноге на одноименной стороне в виде повышения коленного и ахиллова рефлекса и появления патологических стопных знаков (чаще других встречался симптом Бабинского).

Пояснично-крестцовые плексопатии значительно чаще (у 8-ми человек) проявлялись парциальным вариантом в форме изолированного или сочетанного поражения отдельных нервов, исходящих из сплетения с высоким уровнем их поражения.

Электрофизиологические исследования (магнитная диагностика, электронейромиография и методика оценки соматосенсорных вызванных потенциалов /ССВП/) выявили вполне специфические признаки аксонотомии и денервационной мышечной атрофии в виде полного блока невральной проводимости на электрическую и магнитную стимуляцию или частичного блока (сохранение только сенсорной проводимости), а также отсутствие электро—и магнитовозбудимости денервированных мышц.

Магнитная диагностика у большинства пострадавших в сроки более 4-х недель после травмы выявила полное отсутствие электровозбудимости поврежденного нерва (сплетения) и соответствующих мышечных групп. Однако данные магнитной диагностики не всегда дают возможность окончательно решить вопрос о степени и характере повреждения нерва, поскольку эта методика определяет функциональную активность только моторных осевых цилиндров. Поэтому результаты магнитной диагностики следует трактовать только в связи с клиническими, и, особенно, электромиографическими данными.

При глобальной ЭМГ определялось полное биоэлектрическое молчание над мышцами, иннервируемым пораженным нервом, а у части исследованных выявлены денервационные потенциалы в виде фибрилляций с длительностью до 2 мс и амплитудой 5-140 мкВ или положительных острых волн длительностью 3-7 мс.

При использовании стимуляционной ЭНМГ в большинстве случаев М-ответ не вызывался в денервированных мышцах и только у половины обследованных с частичным нарушением анатомической целостности нервного ствола обнаружены ССВП (N13, P23), потенциал действия пораженного нерва и вызванные потенциалы спинного мозга /ВПСМ/ (резко сниженные—до 3-15 мкВ). Полученные при ЭНМГ данные свидетельствуют, как правило, о наличии у пострадавших данной группы полного блока невральной проводимости поврежденного нерва.

Итак, суммируя накопленный опыт использования электрофизиологических методов исследования в изучении лиц, получивших при травме полный или частичный перерыв нервного ствола или сплетения, следует отметить их высокую информативность (таблица 4). Отсутствие ВПСМ при стимуляции нерва ниже раневого канала или уровня травмы во всех случаях совпадает с установленным нарушением целостности нерва, поэтому может быть маркером невротмезиса.

Таким образом, диагноз «травма нерва (сплетения) по типу невротмезиса» оправдано ставить при наличии у пострадавшего стойкого и значительного выпадения двигательных и чувствительных функций, быстром развитии трофических нарушений в зоне иннервации пораженного нерва в сочетании с полным блоком невральной проводимости по двигательным и чувствительным волокнам, устанавливаемого по результатам магнитной диагностики, ЭНМГ и ССВП. Деафферентация приводит к развитию нарушений рефлекторных отношений сегментарного аппарата спинного мозга и появлению пирамидной недостаточности у пострадавших с отрывом спинномозговых корешков.

Таблица 4. Электрофизиологические признаки нарушения невральной возбудимости и проводимости у пострадавших с травматическими невропатиями и плексопатиями по типу невротмезиса.

Методы исследования	Характеристика выявленных нарушений
1. Магнитная диагностика.	1. Отсутствие возбудимости поврежденного нерва (сплетения) и соответствующих мышц.
2. Глобальная ЭМГ.	2. «Биоэлектрическое» молчание в денервированных мышцах.
3. ЭНМГ, ССВП	3. Блокада моторной или сенсорной проводимости. 4. Снижение корковых и подкорковых ССВП, ВПСМ на стороне повреждения.

Травматические невропатии и плексопатии по типу невротмезиса характеризуются ярко выраженным моторным и сенсорным дефицитом, быстро развивающимися трофическими расстройствами в зоне денервации, необходимостью длительной реабилитации. Магнитная диагностика, ЭНМГ и ССВП позволяют объективизировать степень нарушения проводниковых и электровозбудимых свойств поврежденных нервных структур и нейромоторного аппарата. Процесс восстановления утраченных функций при повреждениях ПНС по типу невротмезиса отличается медленным течением регенераторного спрутинга, особенно у раненых, и определяется, прежде всего, уровнем повреждения нерва или сплетения.

Экспериментально установлено, что регенераторный спрутинг хорошо модулируется экзогенными агентами. Регенерацию аксонов мотонейронов при использовании лекарственных средств можно ускорить до 6,5 мм/сутки, по сравнению общепризнанной средней скоростью 1 мм/сутки [4, 13, 30, 34]. В связи с этим для реабилитации пострадавших использовали медикаментозную терапию, физиотерапию и массаж, кинезотерапию и ортезирование, рефлексотерапию, трудотерапию.

Среди лекарственных средств применяли следующие группы препаратов:

В остром и раннем периодах:

— болеутоляющие и противовоспалительные средства (при болевом синдроме): чаще всего использовали нестероидные противовоспалительные препараты (диклофенак, мовалис и др.) в общепринятых дозировках. Для профилактики формирования застойных очагов возбуждения в нервной системе применяли противоэпилептические средства (карбамазепин, нейронтин) и антидепрессанты;

— витамины группы В: витамин В1 (раствор тиамина хлорида 2,5% либо 5% по 2-3 мл внутримышечно ежедневно 1 раз в сутки, курс 30 инъекций, повторный курс через 3 недели); витамин В 12 (по 1000 мкг/сутки, курс 10-20 инъекций, внутримышечно). Оптимальным является использование поливитаминных комплексов: Мильгамма по одной ампуле (2 мл) внутримышечно 1 раз в сутки в течение 5 дней (в одной ампуле содержится по 100 мг витаминов В1 и В6, 1000 мкг витамина В12, 20 мг лидокаина и 40 мг бензинового спирта; помимо нейротропного действия, препарат обладает анальгезирующим эффектом) с последующим переходом на таблетированный формы витаминов группы В. Среди таблетированных форм все три нейротропных витамина В содержит препарат Нейромуль-тивит (в одной таблетке 100 мг витамина В1, 200 мг витамина В6 и 200 мкг витамина В12): назначается по 1-2 таблетки в день, повторными курсами по 3-4 недели. К числу препаратов, содержащих витамин В1 в жирорастворимой, т. е. лучше усваиваемой в кишечнике форме, относится препарат Бенфогамма, (в одном драже-150 мг жирорас-творимого бенфотиамина) и препарат Мильгамма в форме драже (одно драже содержит 100 мг бенфотиамина и 100 мг витамина В6); эти препараты назначались исходя из дозировки 300 мг в сутки, повторными курсами;

— при сопутствующих ишемических и трофических нарушениях в травмированной конечности—вазоактивные средства: трентал (в драже по 0,1-0,4 г три раза в сутки в течение 3-4-х недель, либо внутривенно капельно по 5 мл один раз в сутки), актовегин (от 80 до 200 мг внутримышечно или внутривенно ежедневно, курс 15-30 инъекций); активаторы метаболизма и стимуляторы регенераторных процессов (АТФ, рибоксин, анаболические гормоны, оротат калия, препараты альфа-липоевой кислоты—берлитион, тиогамма, эспа-липон), и ноотропы (глиатилин, аминалон); фосфолипидный комплекс—кельтикан [12]. Препарат обладает прямым нейротрофическим действием на поврежденный нерв за счет того, что нейрональная мембрана представляет собой фосфолипидный бислой, а инициальным механизмом патологии нейрона могут быть изменения липидов мембраны. Кельтикан использовался в виде внутримышечных инъекций по 1 ампуле ежедневно в течение 10 дней, а в последующем по 2 капсулы 2 раза в день на протяжении 30 дней.

В промежуточном и отдаленном периодах к вышеперечисленным добавляли препараты, действие которых направлено на профилактику и лечение рубцово-спаечного процесса: препараты гиалуронидазоактивного действия (лидаза, ронидаза), препараты протеолитического действия (папаин, лекозим, трипсин, эластаза), биостимуляторы обменных процессов (ФиБС, алоэ, стекловидное тело, гумизоль) [1, 3, 8, 16,18].

Рис 8. Применение массажа

Также использовали препараты, улучшающие синаптическую передачу за счет ингибирования антихолинэстеразы. Их применение целесообразно назначать лишь после появления признаков реиннервации мышцы или после исчезновения анестезии, поскольку блокаторы холинэстеразы действуют на уровне нервных окончаний, и назначение их до того, как нервные волокна достигли концевых зон не оправдано [18, 20, 43]. Использовали следующие лекарственные средства: оксазил (в таблетках по 0,005 г три раза в сутки после еды в течение 3 недель, повторный курс через 2-3 месяца), прозерин (0,05% раствор по 1 мл подкожно один раз в сутки в течение 30 дней, повторный курс через 3-4 недель), калимин, убретид.

Массаж назначался в возможно более ранние сроки с целью увеличения проприоцептивной информации от паретичных мышц и суставов, улучшения трофики, предупреждения и устранения контрактур в суставах. В первые дни применялся легкий релаксирующий массаж сегментарной зоны и соседних с пораженной областью участков тела. Постепенно (по мере заживления) захватывалась вся травмированная конечность и увеличивалась интенсивность воздействий. На этапе реиннервации нервных стволов был показан массаж по стимулирующей методике (рис. 8). Массаж должен быть умеренным и недлительным, но производиться в течение многих месяцев (между курсами делаются короткие перерывы) [10, 16]. Полезно обучить самого больного осторожному легкому непродолжительному массированию пораженной конечности 2-3 раза в день. Наряду с ручным массажем применяли и аппаратные методы: вибромассаж, пневмомассаж, гидромассаж, баромассаж.

Ортезирование применялось с целью предупреждения и устранения контрактур и растяжений сухожильно-связочного аппарата. Использовали гипсовые лонгеты и ортезы. Их применению предшествовали мероприятия, направленные на устранение реактивной отечности конечности (рис. 9).

Лечебная гимнастика способствует улучшению кровообращения и трофики в поврежденной конечности, предупреждению атрофии мышц и контрактур. В остром и раннем периодах при наличии гипсовой повязки использовали упражнения для здоровой конечности, для суставов пораженной конечности вне гипсовой повязки, упражнения с изометрическим напряжением мышц, находящихся под гипсом. После прекращения фиксации (либо изначально при ее отсутствии), если активные движения в пораженной конечности отсутствуют, применяли лечение положением, упражнения для мышц плечевого или тазового пояса с

Рис. 9. Тутор на верхнюю конечность.

целью улучшения лимфо—и кровооттока, пассивные движения во всех суставах паретичного сегмента или конечности с одновременным использованием мысленных волевых упражнений. После появления самопроизвольных движений особое внимание уделялось активным упражнениям с постепенным усилением физических нагрузок [3, 6, 8]. Вначале обучали активному дозированному сокращению и расслаблению отдельных мышечных групп, тренировали точность и скорость

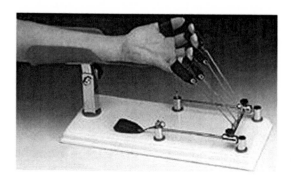

Рис. 10. Устройство для механотерапии верхних конечностей

простых движений, создавали облегченные условия движению (исключение силы тяжести конечности и силы трения о рабочую поверхность)(рис.10).Одновременно тренировали здоровую конечность. Следует отметить недопустимость интенсивных продолжительных физических нагрузок, поскольку паретичные мышцы характеризуются быстрой утомляемостью, а передозировка упражнений приводит к нарастанию мышечной слабости. Резкие сильные движения могут приводить также к смещению концов прерванного нерва. Во всех тех случаях, где не исключалась возможность полного анатомического перерыва нервного ствола, в раннем периоде повреждения рекомендовали воздержаться от механотерапии. По мере восстановления функции нерва переходили к упражнениям с

Рис 11. Тренажер для реабилитации нижних конечностей

отягощением, с преодолением сопротивления, к восстановлению не только элементарных движений, но и двигательных навыков (рис.11).

Физиотерапевтические процедуры выбирались с учетом срока заболевания, возраста сопутствующей патологии, эффективности предшествующего лечения. В первые 3-4 дня местно на область повреждения назначали УФ-облучение интенсивностью 2-3 биодозы, тепловые дозы электрического поля УВЧ по 5-10. Затем переходили к одной из следующих методик либо их чередованию [8, 14, 18]:

— электрофорез различных комбинаций лекарственных веществ (0,5% дибазола либо 0,1 % прозерина с анода и 2% калия йодида катода, 2% кальция хлорида или 5% новокаина с анода и 2% никотиновой кислоты с катода) на проекцию соответствующего сегмента спинного мозга по ходу поврежденных стволов, сила тока 10 мА, 15-20 мин, 12-15 сеансов на курс;

— синусоидальные—модулированные токи, III и IV род работ, глубина модуляции 75%, частота 80-30 Гц, 10 минут, 10-12 сеансов;

— ультразвук по ходу нервных стволов мощностью 0,8 Вт/см^2 в импульсном режиме, 6-10 минут, 10-12 сеансов;

— Д'Арсонваль по ходу пораженных нервных стволов, средняя мощность, 10-12 минут, 12-15 сеансов.

По завершении стационарного этапа лечения амбулаторно либо в условиях санатория применяли парафиновые, озокеритовые или грязевые аппликации.

Как на стационарном, так и на амбулаторном этапах лечения ключевым моментом восстановительной терапии служило использование функциональной электрической стимуляции (ФЭС) [7, 14, 18, 48]. При частичном поражении нерва стимулировался нерв (воздействие на его периферический конец предупреждает прогрессирование трофических расстройств, а стимуляция центральных отделов служит профилактикой дефицита возбуждения). При полном перерыве проводимости по нерву стимулировали непосредственно мышцу. Электрогимнастика мышц восполняет функциональный дефицит нервной импульсации, улучшая трофику и микроциркуляцию в мышечной ткани и нервных стволах, сохраняя синаптический аппарат денервированной мышцы и препятствуя ее атрофии. Также одним и важнейших положительных эффектов функциональной электрической стимуляции является предупреждение развития явления "learned non-use" ("разучился использовать"). В основе данного феномена лежит выключение нервных цепей (даже анатомически сохранных) после длительного периода бездеятельности. Подобно мышцам, которые атрофируются, если не используются, нервные цепи также могут подвергнуться атрофии. Поскольку больные после травмы периферических нервов восстанавливаются медленно и на долгий срок могут оставаться неактивными, возникающий феномен "learned non-use" может препятствовать функциональному восстановлению. Кроме электростимуляции периферических нервных стволов, предлагалось с помощью электрических полей активировать сегментарные образования спинного мозга на соответствующем поврежденному нерву уровне. ФЭС чувствительных нервов контралатеральной конечности, вызывая повышение рефлекторной возбудимости спинного мозга посредством синаптической активации, может интенсифицировать обменные процессы в нейронах противоположной стороны с последующим ускорением компенсации утраченных функций. Вместе с тем, некоторые другие авторы обнаружили, что электрическое поле, приложенное в месте расположения конусов роста нервных волокон, останавливает удлинение аксонов [27, 28]. Электростимуляция мышц проводилась в подпороговом режиме в течение длительного времени. Чаще всего использовали токи СМТ в переменном или выпрямленном режиме, II род работ, частота модуляции 70 Гц, глубина 75-100%, длительность серий 2-3. Важно не вызвать

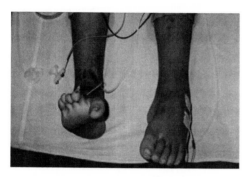

Рис.12. Функциональная электрическая стимуляция.

переутомление мышц, что приводит к нарастанию пареза. В связи с этим сила тока не должна превышать силы, вызывающей пороговые сокращения, получаемые при исследовании (гальванический ток должен применяться не выше 10-15 мА), длительность процедуры 10-15 мин с отдыхом через 2-3 мин (рис 12).

Наряду с функциональной электрической стимуляцией широкое распространение в комплексе реабилитационных процедур при травмах периферических нервов получила магнитная стимуляция. Среди лечебных эффектов магнитотерапии наиболее доказанным на сегодняшний момент считаются спазмолитический, общеукрепляющий, противовоспалительный,

Рис. 13. Транскраниальная магнитная стимуляция.

обезболивающий, стимуляция регенерации травмированных тканей и кроветворения, нормализация обмена веществ и образования нейротрансмиттеров. На молекулярном уровне низкоинтенсивные магнитные поля изменяют активность ряда ферментов и повышают уровень антиоксидантов крови [20]. Таким образом, магнитная стимуляция обладает выраженным стимулирующим влиянием на нейромоторный аппарат, способствует поддержанию мышечной возбудимости за счет ускорения восстановления функциональных способностей моторных волокон и улучшению проводимости нерва. В 1990 г. развитие технологии транскраниальной магнитной стимуляции позволило перейти к методике повторной транскраниальной магнитной стимуляции. Мозг в этом случае "бомбардируется" магнитными импульсами с частотой 50 Гц. Если воздействовать на определенную часть мозга человека слабой повторной магнитной стимуляцией (1 Гц и ниже), то область становится менее возбудимой. Обратный эффект вызывает высокочастотная повторная магнитная стимуляция. Этот эффект использовался для терапии фантомной боли у парализованных больных, а также при ампутациях. Обнаружено, что повторная транскраниальная магнитная стимуляция может вносить изменения в работу мозга, причем эти изменения могут сохраняться в течение дней, недель и даже месяцев [12]. В экспериментальных работах показана эффективность применения транскраниальной магнитной стимуляции с различной частотой (от 0,5 до 10 Гц) и индукцией магнитного поля (до 2,2 Тл), а также временем стимуляции (до 15-20 мин) у больных с патологией центральной и периферической нервной системы (в том числе и при травмах периферических нервов) [20] (рис. 13).

Трудотерапия назначалась по мере появления активных движений с учетом характера и степени двигательных расстройств. Больной обучался удержанию предметов и пользованию ими, застегиванию пуговиц и кнопок, завязыванию шнурков, сборке и разборке легких деталей, работе с ножницами и слесарными инструментами, вязанию крючком и на спицах, шитью, печатании на клавиатуре компьютера, а также, по мере восстановления движений—более сложным трудовым операциям. Профессиональная ориентация проводилась с учетом характера двигательного дефекта.

Существенное место в системе реабилитации больных занимали психологические (психотерапевтические) методы. Они способствовали формированию у больного адекватной психологической реакции на заболевание и веры в выздоровление. Эффективность медицинской реабилитации во многом зависит от сознательного отношения пациента к проводимым мероприятиям [1, 11].

Для оценки степени восстановления функций поврежденной конечности по мере реализации реабилитационной программы использовали клинические и электрофизиологические критерии. Все обследованные нами раненые и больные были разделены на однородные по патогенетическим вариантам группы. В контрольную группу вошли раненые (85 чел.) и больные (141 чел.), у которых реабилитационная программа была традиционна. В 1-й группе были раненые (34 чел.) и больные (49 чел.), в комплексной программе которых использовался кельтикан. Во 2-ю группу вошли 27 раненых и 85 больных, которым в комплексе с традиционными средствами применяли магнитостимуляцию головного и спинного мозга. И, наконец, в третьей группе были раненые (30 чел.) и больные (75 чел.), в реабилитации которых использовалась вибростимуляция сухожилий икроножных мышц.

Результаты реабилитации раненых и больных оказались следующие: в контрольной группе «отличные» результаты получены у 15 (17,6 %) раненых и 42 (29,8 %) больных; хорошие—у 31 (36,5 %) раненых и 37 (26,2 %) больных; удовлетворительные—у 21 (24,7 %) раненых и 35 (24,8 %) больных. Реабилитация была неэффективной у 18 (21,2 %) раненых и 27 (19,2 %) больных.

Среди пострадавших с отсутствием признаков восстановления после проведенной реабилитационной программы преобладали лица с повреждением сплетений или нервных стволов в проксимальном отделе по типу невротмезиса, поступившие на обследование и лечение позднее, чем через 6 месяцев после травмы.

Всем им были проведены нейрохирургические операции (шов или пластика поврежденного нерва), однако, из-за образовавшихся грубых рубцов, трофических расстройств и контрактур на поврежденной конечности, функции последней не восстанавливались.

Для оценки эффективности предлагаемых нами методов реабилитации (кельтикан, магнитная и вибростимуляция) на основе определения общих результатов лечения и сравнения их с таковыми в контрольной группе, раненые и больные I, II и III групп были объединены. С целью систематизации полученных результатов лечения использована общепринятая иерархия качественных показателей:

1. Отличный результат реабилитационных мероприятий— восстановление утраченных двигательных функций и чувствительности;

2. Хороший—улучшение до степени легких остаточных явлений;

3. Удовлетворительный—незначительное улучшение;

4. Неудовлетворительный—реабилитация неэффективна.

Статистическая обработка частотных показателей результатов реабилитации в контрольной и I—III группах показала, что различие было достоверным для "отличных", хороших и неудовлетворительных результатов реабилитации. У раненых «отличные» и хорошие результаты наблюдались достоверно чаще (Р < 0,01), а неудовлетворительные—реже (Р < 0,05). Анализ зависимости результатов реабилитации от степени повреждения нервов и сплетений представлен в таблице 5.

Результат / Степень повреждения	отличный		хороший		удовл.		неудовл		Всего
	контрольная группа	I-III группы	контрольная группа	I-III группы	контрольная группа	I-III группы	контр. группа	I-III группы	
Невротмезис	*-/2	3/8	4/5	8/18	11/9	9/7	7/2	1/-	43/61
Аксонотмезис	5/6	19/21	14/7	20/25	8/14	5/32	11/25	2/7	84/137
Неврапраксии и рефлекторно-дистрофические синдромы	10/34	20/58	13/25	4/33	2/2	-/-	-/-	-/-	49/152
Итого:	15/42	42/87	31/37	32/76	21/35	14/39	18/27	3/7	

Таблица 5. Результаты реабилитации пострадавших в зависимости от степени повреждения нервов и сплетений.

* Примечание: данные представлены в виде дроби, где в числителе количество раненых, в знаменателе—больных.

Очевидно преобладание отличных и хороших результатов при невроапраксиях и рефлекторно-дистрофических синдромах, а также аксонотмезисе. При реабилитации пострадавших с травматическими невропатиями и плексопатиями по типу невротмезиса, как правило, получали удовлетворительный и хороший результаты, наиболее четко выраженные в I—III группах. Достаточно информативные данные получены при анализе результатов реабилитации пострадавших в зависимости от локализации повреждения определенного участка ПНС (таблица 6).

Таблица 6. Результаты реабилитации раненых и больных в зависимости от локализации повреждения.

Результат лечения / Уровень повреждения	отличный		хороший		удовл.		неудовл.		Всего
	контр. группа	I-III группа	контр. группа	I-III группа	контр. группа	I-III группа	контр. группа	I-III группа	
Черепные нервы	2/4	5/1	3/5	6/13	3/11	1/7	1/-	-/-	21/51
Плечевое сплетение	-/-	2/3	1/4	4/11	1/1	2/2	1/3	1/2	12/32
Нервы верхних конечностей	11/14	25/39	16/14	18/30	7/18	8/19	13/17	1/2	99/153
Пояснично-крестцовое сплетение	-/-	-/-	-/-	1/2	-/1	1/3	1/1	-/1	3/8
Нервы нижних конечностей	2/24	10/28	11/14	3/20	10/4	2/8	2/6	1/2	41/106
Итого:	15/42	42/87	31/37	32/76	21/35	14/39	18/27	3/7	176/350

* Примечание: см. табл. 5.

Оказалось, что отличные и хорошие результаты чаще имеют место при реабилитации больных с травматическими черепными невропатиями. Данный факт объясняется тем, что черепные нервы имеют меньшую длину, чем нервы конечностей, что значительно сокращает время для достижения регенерирующими аксонами своих органов-мишеней.

Неудовлетворительные результаты чаще встречаются при реабилитации пострадавших с травматическими плексопатиями и невропатиями нервов верхних конечностей в проксимальных отделах. Данное обстоятельство подтверждает тот факт, что конечный результат регенерации тем хуже, чем ближе к телу родительского нейрона произошел аксонотмезис.

Одним из важнейших показателей эффективности реабилитации раненых и больных является число дней временной небоеспособности (для раненых) и нетрудоспособности (для больных). Этот показатель у исследованных нами лиц составил в контрольной группе в среднем 50-500 дней, а в I-III группах-30-240 дней (причем у раненых эта цифра во всех группах была в 1,5-2 раза больше, чем у больных).

Различие в сроках реабилитационных мероприятий в стационарных условиях раненых и больных контрольной и I—III групп в среднем составило: для травм нервов и сплетений с нарушением их анатомической целостности-32,4 дня; при частичном аксональном перерыве-17,6; при невроапраксиях-27,6.

Таким образом, анализ эффективности реабилитации пострадавших с травматическими невропатиями и плексопатиями показал, что использование кельтикана, вибростимуляции сухожилий и магнитостимуляция полями высокой интенсивности головного и спинного мозга позволяет улучшить результаты реабилитации и ускорить процесс восстановления нарушенных функций поврежденной конечности у раненых и больных.

Среди современных методов реабилитации больных с травматическими повреждениями нервных стволов одной из наиболее перспективных тенденций является использование факторов роста нервной ткани (ФРНТ). В ряде работ указывается на способность ФРНТ предотвращать ретроградную гибель нейронов после пересечение нервных проводников, а также улучшать регенерацию и рост аксонов. Установлено стимулирующее влияние ФРНТ на восстановление популяции клеток линии леммоцитов, что является компонентом процесса ремиелинизации при травмах периферических нервов [9, 15, 29].

Другим перспективных направлений реабилитации больных с травматическими повреждениями нервных стволов является трансплантация леммоцитов [46]. Известно, что леммоциты продуцируют миелин, а также, составляя основу оболочки аксонов, выделяют различные нейротрофические факторы: фактор роста нервов (NGF) [12, 21], нейротрофический фактор, синтезируемый в головном мозге (BDNF) [22] и реснитчатый нейротрофический фактор (CNTF) [23]. Эти факторы, также как внеклеточные матричные молекулы [30, 40], могут играть значительную роль в аксональной регенерации. Дополнительное введение нейротрофических факторов через мини-насос в область трансплантации леммоцитов позволяет увеличивать число миелинизируемых волокон в зоне трансплантации. Чтобы повысить свойственную леммоцитам способность выделять нейротрофические факторы, используются генетически модифицированные клетки. Было показано, что гемодифференцированные трансплантаты леммоцитов спонтанно образуют и вызывают увеличение роста аксонов, а также ремиелинизацию, по сравнению с немодифицированными клетками [33, 38, 39].

Большие надежды в настоящее время возлагаются на использование биополимеров. В ряде работ была доказана возможность восстановления функции поврежденных нервных стволов при использовании биополимерного моста между пересеченными нервными концами с добавлением стволовых клеток и факторов роста нервов. Подобная манипуляция с одной стороны препятствует образованию рубцов и спаек, а с другой стороны ускоряет регенераторных спрутинг поврежденного нервного проводника [2, 34, 41, 47] (рис 14).

Все реабилитационные мероприятия при травматических повреждениях нервов и сплетений должны проводиться длительно, при дистальных уровнях поражения—не менее 1 года, при проксимальных—не менее 3 лет. Оценка результатов оперативного вмешательства и восстановительных мероприятий проводится с учетом времени, необходимого для регенерации нерва [2, 26, 44]. При этом целесообразно учитывать, что конечной целью всех проводимых лечебных мероприятий является формирование полноценных контактов между регенерирующими нервными волокнами и денервированными мышцами. А поскольку время жизнеспособности денервированных мышц вполне ограничено (5-14 месяцев), регенераторный спрутинг не имеет практического значения через 1,5-2 года после невротмезиса, так как к этому периоду на месте мышцы остается соединительнотканное образование.

Рис 14. Использование биополимеров при травмах периферических нервов.

Поэтому при высоких повреждениях крупных нервных стволов по типу невротмезиса или плексопатиях с отрывом спинно-мозговых корешков, в тех случаях, когда имело место неполноценная регенерация, приводящая к значительной и стойкой декомпенсации функций поврежденной конечности, нашим пациентам проводились реконструктивные операции (невротизация денервированного региона нервно-мышечным лоскутом, мышечная пластика, пересадка сухожилий, артродез и др.)

Одной из важнейших проблем в комплексе лечебно-реабилитационных мероприятий является прогнозирование исходов травматических невропатий, позволяющее осуществлять планирование реабилитационных мероприятий, а также предварительно решать вопрос о перспективности раненых или больных в профессиональном и других аспектах. Прогноз строился с учетом сроков травмы, времени начала лечения с момента повреждения, общего состояния пострадавшего, побочного действия терапии, пола и возраста пострадавшего, конкретных возможностей лечебного учреждения. При этом наиболее неблагоприятный прогноз в не зависимости от качества нейрохирургической помощи и интенсивности консервативного лечения имели травматические невропатии длинных нервных стволов при их повреждении в проксимальных отделах по типу невротмезиса, а также те случаи, когда имелся длительный временной интервал между моментом повреждения и началом лечебно-реабилитационных мероприятий, так как при этом возникали необратимые дегенеративные процессы в денервированных мышцах.

Таким образом, травматические поражения ПНС, возникающие в условиях локальных военных конфликтов, имеют существенные особенности не только вследствие преобладания доли огнестрельных и комбинированных повреждений, но и по причине уникальности оказания первичной, квалифицированной и специализированной медицинской помощи в боевых условиях, которая проводится в соответствии с существующей доктриной этапной медицинской помощи. В следствие вышеуказанных причин реабилитация пострадавших должна проводиться по строго индивидуализированной программе, носить многоцелевой характер (для обеспечения воздействия на все уровни нервной системы), опираться на результаты периодичного мониторинга (данные магнитной диагностики ЭНМГ), а также использовать современные достижения нейронаук и генной инженерии для более интенсивной модуляции регенераторных возможностей нервной ткани.

СПИСОК ЛИТЕРАТУРЫ.

1. Акимов Г.А., Одинак М.М., Живолупов С.А., Силявин С.Б., Шапков Ю.Т. Современные представления о патогенезе, диагностике и лечении травматических поражений нервных стволов конечностей (обзор) // Журн. невропатологии и психиатрии им. Корсакова.-1989.—Т. 89, вып. 5.—С. 126-132.

2. Алексеев Е.Д. Дифференцированное лечение современных боевых огнестрельных повреждений периферических нервов: Автореф. дисс. канд. мед. наук.—СПб, 1998.-16 с.

3. Анкин Л.Н. Практическая травматология. Европейские стандарты диагностики и лечения—М., 2002.-479 с.

4. Бахарев В.Д., Герасименко Ю.П., Живолупов С.А., Загрядский П.В., Ложкина Т.К., Шапков Ю.Т. Восстановительное лечение больных с травматическими поражениями периферической нервной системы и некоторые пути его совершенствования // Тез. докл. науч. конф. « Реабилитация больных нервно-психическими заболеваниями и алкоголизмом»—Л., 1986.—С. 163-165.

5. Белова А.Н. Нейрореабилитация: Руководство для врачей.—М., 2000.-566 с

6. Бибикова Л.А., Живолупов С.А., Зырин М.В., Луценко В.Н., Чумаков О.Е. Механизмы повреждения нервов при огнестрельных ранениях // Анатомо-физиологические и патоморфологические аспекты микрохирургии и огнестрельной травмы / Мат. юбил. науч. конф., посвящ. 125-летию кафедры оперативной хирургии с топографической анатомией ВМедА им С.М. Кирова 15-16 ноября, 1990 г.—Л., 1990.—С. 92-93.

7. Боевая травма нервной системы в условиях современных локальных войн: Тез. докл. и матер. науч.-практ. конф.—М.: ГВКГ им. Академика Н.Н. Бурденко, 2002.-154 с.

8. Буйлова Т.В., Щепетова О.Н. Кинезотерапия больных с дегенеративно-дистрофическими заболеваниями тазобедренного сустава.—Н.Новгород, 1997.-167 с.

9. Верховский А.И. Современные огнестрельные ранения позвоночника и спинного мозга // Автореф. дис . . . . док—ра мед. наук, Санкт—Петербург, 1992.

10. Викторов И. В. Возбудимые клетки в культуре ткани.—Пущино, 1984.—С. 4-18.

11. Вильчур О.М. Консервативное лечение огнестрельных ранений периферических нервов // Опыт советской медицины в Великой Отечественной войне 1941-1945 гг.—М., 1952.—Т. 20.—С. 332-355.

12. Виноградова О.С. Проблема трансплантации в центральную нервную систему млекопитающих.// Журн. высш. нервн. деят., 1995.—Т. 35.—С. 132-138.

13. Военно-медицинские аспекты обеспечения боеспособности частей и соединений в горных условиях // Актуальные проблемы медицинского обеспечения войск в XXI веке: материалы Всероссийской конф. / ВмеДА.—СПб., 2004.—с.218-219.

14. Военно-полевая хирургия : учебник / под ред. П. Г. Брюсова, Э. А. Нечаева—Москва. : ГЭОТАР., 1996-413 с.

15. Воробьев И.Н. Опыт боевого применения специализированных формирований на горных ТВД // Военная Мысль.-2003.—№12.—с 64-69.

16. Головных Л. Л. Вопросы организации и лечения травмы нервной системы в РСФСР.—Л., 1977.—С. 143-144.

17. Живолупов С.А. Патогенетические варианты травматических невропатий и плексопатий // Избранные вопросы клинической неврологии / Сб. статей. Под ред. проф.Н.М.Жулева и доцента С.В.Лобзина.—С.-Петербург, 1999.—С. 89-91.

18. Живолупов С.А. Травматические невропатии и плексопатии (патогенез, клиника, диагностика и лечение): Автореф. дис . . . докт. мед. наук—СПб., 2000.-43 с.

19. Зяблов В.И. Проблемные вопросы регенерации нервной системы—Симферополь, 1986.-234 с.

20. Иванов А.О. Электростимулирующее лечение травматических и компрессионных невропатий // Акт. вопр. клинической и военной неврологии / Сб. тр. юбил. науч. конф., посвящ. 100-летию клиники нервных

болезней имени М.И. Аствацатурова Военно-медицинской академии. 19-21 ноября 1997.—СПб., 1997.—С. 104.

21. Клюшник Т.П. Система фактора роста нервов в норме и при патологии // Вестник Российской академии мед. наук.-1999.—№ 1.—С. 25-28.

22. Карчикян С.И. Травматические поражения периферических нервов.—Л.: Медгиз, 1962.

23. Коновалов А. Н., Лихтерман Л. Б. Нейротравматология. —М., 1994.—С. 300.

24. Комисаренко А.А. Последствия легкой черепно-мозговой травмы у лиц молодого возраста // Автореф. дисс. канд. мед. наук, Ленинград, 1977.

25. Линденбратен А.Л. Об оценке качества и эффективности медицинской помощи // Сов. здравоохранение.-1990.—N 3.—С.20-21.

26. Лихтерман Л.Б Фазность клинического течения черепно-мозговой травмы.—Горький, 1979,—С. 168-178.

27. Лобзин В.С., Ласков В. Б., Жулев Н.М. Травмы нервов.—Воронеж: изд. Воронежского университета, 1989.-190 с

28. Материалы Всеармейской научно-практической конференции «Особенности медицинского обеспечения войск в локальных вооружённых конфликтах» СПб., ВМедА, 1996.-373 С.

29. Обобщение опыта медицинского обеспечения контингента советских войск в Республике Афганистан: Отчет по теме №-16-91-п I / Науч. руководитель Э.А.Нечаев; М-во обороны СССР, Центр. Воен.-мед. упр., Воен.-мед. акад.: Т.1, Ч.1: (Оказание хирургической помощи раненым) / Отв. исполн. И.А.Ерюхин.—Инв. №-XIV-6501.—СПб., 1991.-285 с.

30. Образцов Л.Н. Особенности лечебно-эвакуационных мероприятий в войсках при ведении боевых действий в горной местности // Военно-медицинский журнал.-2004—№9.—с.4-10.

31. Одинак М.М. Невропатология сочетанной черепно-мозговой травмы // Автореф. дисс. доктора. мед. наук, Санкт—Петербург, 1995-337 с.

32. Одинак М.М. Структура боевой травмы мозга и организация оказания неврологической помощи на этапах медицинской эвакуации в вооруженных конфликтах / // Военно-медицинский журнал.-1997—№1.—с.56-62.

33. Одинак М.М., Шанин Ю.Н, Загрядский П.В., Емельянов А.Ю., Искра Д.А. Методические рекомендации по медицинской реабилитации при заболеваниях и травмах нервной системы.—СПБ: Специальная литература, 1997.-39 с.

34. Опыт медицинского обеспечения войск в вооруженном конфликте в республике Дагестан и Чеченской Республике. Отчёт по НИР "Опыт-2.1"., СПб.: ВМедА, 2003г.-259 с.

35. Рашидов Н.А. Клинико-экспериментальная оценка эффективности некоторых видов консервативной терапии травматических невропатий: Автореф. дисс. канд. мед. наук.—СПб, 2001.-24 с.

36. Соломин А.Н. Травмы нервов конечностей (Клиника, диагностика, лечение в мирное и военное время) // Автореф. дисс. д-ра мед наук; ВМедА.—Л., 1975-38с.

37. Чиж И.М. Методология обоснования и принципы организации современной системы медицинского обеспечения войск в военных конфликтах/ Автореф. дис . . . д-ра мед. наук.—М. 1996г.-430 с.

38. Abraham I., Sampson K.E., Powers E.A., et al. Increased PKA and PKC activities accompany neuronal differentiation of NT2/D1 cells. J Neurosci Res 1991; 28: 29-39.

39. Acheson A., Barker P.A., Alderson R.F., Miller F.D., Murphy R.A. Detection of brain-derived neurotrophic factor-like activity in fibroblasts and Schwann cells: inhibition by antibodies to NGF. Neuron 1991; 7: 265-275.

40. Bandtlow C., Zachleder T., Schwab M.E. Oligodenrocytes arrest neurite growth by contact inhibition. J Neurosci. 1990 10 (12): 3837-48.

41. Bunge R.P., Bunge M.B., Eldridge C.F. Linkage between axonal ensheathment and basal lamina production by Schwann cells. Ann Rev Neurosci 1986; 9: 305-328.

42. Iannotti J.P., Suk-Kee T., Williams Jr. G.R., et al.: Prognosis and management of peripheral nerve lesions affecting the

shoulder girdle. American Shoulder and Elbow Surgeons, Fourteenth Open Meeting, 1998, p 44.

43. Nakamichi K.I., Tachibana S.: Iatrogenic injury of the spinal accessory nerve. J Bone Joint Surg 80A:1616-1621, 1998.

44. Prinjha R., Moore S.E., Vinson M., Blake S., Morrow R., Christie G., Michalovich D., Simmons D.L., Walsh F.S. Inhibitor of neurite outgrowth in humans. Nature. 2000-403 (6768): 383-4.

45. Rizzo M. Tranel D. Head injury and postconcussive syndrome.—Churchill Livingstone. Edinburgh-1996-533 P.

46. Svendsen C.N., Caldwell M.A. Human neural stem cells: isolation, expansion and transplantation. Brain Pathol. 1999; 9: 499-513.

47. Tuszynski M.H., Weidner N., McCormack M., et al. Grafts of genetically modified Schwann cells: survival, axon growth and myelination. Cell Transplant 1998; 7: 187-196

48. Yuen E.C., So Y.T., Olney R.K. The electrophysiologic features of sciatic neuropathy in 100 patients // Muscle-Nerve.-1995.—Vol. 18, N. 4.—P. 414-420.

Lightning Source UK Ltd.
Milton Keynes UK
UKOW041826100413

209030UK00001B/12/P